U0927591

向为创建中国卫星导航事业

并使之立于世界最前列而做出卓越贡献的北斗功臣们

致以深深的敬意！

"十三五"国家重点出版物
出版规划项目

卫星导航工程技术丛书

主　编　杨元喜
副主编　蔚保国

GNSS 反射测量原理与应用

GNSS-Reflectometry Principle and Applications

金双根　吴学睿　邱　辉　著

国防工业出版社
·北京·

内 容 简 介

本书以卫星导航和环境遥感为对象，详细全面介绍 GNSS 反射测量（GNSS-R）的原理、方法及应用，包括全球卫星导航系统（GNSS）反射信号特性、地基 GNSS 多路径反射测量方法、干涉模式技术、多普勒时延图、空基 GNSS 反射测量理论、海洋测高、海冰监测、水文遥感、植被监测、冰冻圈遥感等。本书绝大部分内容为著者原创性的理论、方法和应用研究进展，反映该方向最新最前沿动态。

本书为从事卫星导航、卫星遥感、大地测量、海洋环境、气象服务和全球变化等专业的技术人员、研究生和科研人员提供重要的参考，同时为从事工程研究和转化应用的技术人员，特别是从事卫星导航应用开发和环境遥感应用的科技人员提供技术支持。

图书在版编目（CIP）数据

GNSS 反射测量原理与应用 / 金双根，吴学睿，邱辉著. —北京：国防工业出版社，2021.3
（卫星导航工程技术丛书）
ISBN 978-7-118-12158-2

Ⅰ. ①G… Ⅱ. ①金… ②吴… ③邱… Ⅲ. ①卫星导航-全球定位系统-应用-环境遥感-研究 Ⅳ. ①X87

中国版本图书馆 CIP 数据核字（2020）第 140677 号

※

国防工业出版社出版发行
（北京市海淀区紫竹院南路 23 号　邮政编码 100048）
天津嘉恒印务有限公司印刷
新华书店经售

*

开本 710×1000　1/16　**插页** 28　**印张** 17¾　**字数** 324 千字
2021 年 3 月第 1 版第 1 次印刷　**印数** 1—2000 册　**定价** 158.00 元

（本书如有印装错误，我社负责调换）

国防书店：(010)88540777　　书店传真：(010)88540776
发行业务：(010)88540717　　发行传真：(010)88540762

孙家栋院士为本套丛书致辞

探索中国北斗自主创新之路
凝练卫星导航工程技术之果

当今世界,卫星导航系统覆盖全球,应用服务广泛渗透,科技影响如日中天。

我国卫星导航事业从北斗一号工程开始到北斗三号工程,已经走过了二十六个春秋。在长达四分之一世纪的艰辛发展历程中,北斗卫星导航系统从无到有,从小到大,从弱到强,从区域到全球,从单一星座到高中轨混合星座,从 RDSS 到 RNSS,从定位授时到位置报告,从差分增强到精密单点定位,从星地站间组网到星间链路组网,不断演进和升级,形成了包括卫星导航及其增强系统的研究规划、研制生产、测试运行及产业化应用的综合体系,培养造就了一支高水平、高素质的专业人才队伍,为我国卫星导航事业的蓬勃发展奠定了坚实基础。

如今北斗已开启全球时代,打造"天上好用,地上用好"的自主卫星导航系统任务已初步实现,我国卫星导航事业也已跻身于国际先进水平,领域专家们认为有必要对以往的工作进行回顾和总结,将积累的工程技术、管理成果进行系统的梳理、凝练和提高,以利再战,同时也有必要充分利用前期积累的成果指导工程研制、系统应用和人才培养,因此决定撰写一套卫星导航工程技术丛书,为国家导航事业,也为参与者留下宝贵的知识财富和经验积淀。

在各位北斗专家及国防工业出版社的共同努力下,历经八年时间,这套导航丛书终于得以顺利出版。这是一件十分可喜可贺的大事!丛书展示了从北斗二号到北斗三号的历史性跨越,体系完整,理论与工程实践相结合，突出北斗卫星导航自主创新精神，注意与国际先进技术融合与接轨，展现了“中国的北斗，世界的北斗，一流的北斗”之大气！每一本书都是作者亲身工作成果的凝练和升华，相信能够为相关领域的发展和人才培养做出贡献。

“只要你管这件事，就要认认真真负责到底。”这是中国航天界的习惯，也是本套丛书作者的特点。我与丛书作者多有相识与共事，深知他们在北斗卫星导航科研和工程实践中取得了巨大成就，并积累了丰富经验。现在他们又在百忙之中牺牲休息时间来著书立说，继续弘扬“自主创新、开放融合、万众一心、追求卓越”的北斗精神，力争在学术出版界再现北斗的光辉形象，为北斗事业的后续发展鼎力相助，为导航技术的代代相传添砖加瓦。为他们喝彩！更由衷地感谢他们的巨大付出！由这些科研骨干潜心写成的著作，内蓄十足的含金量！我相信这套丛书一定具有鲜明的中国北斗特色，一定经得起时间的考验。

我一辈子都在航天战线工作，虽然已年逾九旬，但仍愿为北斗卫星导航事业的发展而思考和实践。人才培养是我国科技发展第一要事，令人欣慰的是，这套丛书非常及时地全面总结了中国北斗卫星导航的工程经验、理论方法、技术成果，可谓承前启后，必将有助于我国卫星导航系统的推广应用以及人才培养。我推荐从事这方面工作的科研人员以及在校师生都能读好这套丛书，它一定能给你启发和帮助，有助于你的进步与成长，从而为我国全球北斗卫星导航事业又好又快发展做出更多更大的贡献。

2020 年 8 月

祝贺卫星导航工程技术丛书

圆满出版

杨元喜

于2019年第十届中国卫星导航年会期间题词。

期待卫星导航工程技术丛书
助力中国北斗系统发展

于 2019 年第十届中国卫星导航年会期间题词。

卫星导航工程技术丛书
编审委员会

卫星导航工程技术丛书
编写委员会

丛书序

宇宙浩瀚、海洋无际、大漠无垠、丛林层密、山峦叠嶂,这就是我们生活的空间,这就是我们探索的远方。我在何处?我之去向?这是我们每天都必须面对的问题。从原始人巡游狩猎、航行海洋,到近代人周游世界、遨游太空,无一不需要定位和导航。

正如《北斗赋》所描述,乘舟而惑,不知东西,见斗则寤矣。又戒之,瀚海识途,昼则观日,夜则观星矣。我们的祖先不仅为后人指明了"昼观日,夜观星"的天文导航法,而且还发明了"司南"或"指南针"定向法。我们为祖先的聪颖智慧而自豪,但是又不得不面临新的定位、导航与授时(PNT)需求。信息化社会、智能化建设、智慧城市、数字地球、物联网、大数据等,无一不需要统一时间、空间信息的支持。为顺应新的需求,"卫星导航"应运而生。

卫星导航始于美国子午仪系统,成形于美国的全球定位系统(GPS)和俄罗斯的全球卫星导航系统(GLONASS),发展于中国的北斗卫星导航系统(BDS)(简称"北斗系统")和欧盟的伽利略卫星导航系统(简称"Galileo 系统"),补充于印度及日本的区域卫星导航系统。卫星导航系统是时间、空间信息服务的基础设施,是国防建设和国家经济建设的基础设施,也是政治大国、经济强国、科技强国的基本象征。

中国的北斗系统不仅是我国 PNT 体系的重要基础设施,也是国家经济、科技与社会发展的重要标志,是改革开放的重要成果之一。北斗系统不仅"标新""立异",而且"特色"鲜明。标新于设计(混合星座、信号调制、云平台运控、星间链路、全球报文通信等),立异于功能(一体化星基增强、嵌入式精密单点定位、嵌入式全球搜救等服务),特色于应用(报文通信、精密位置服务等)。标新立异和特色服务是北斗系统的立身之本,也是北斗系统推广应用的基础。

2020 年 6 月 23 日,北斗系统最后一颗卫星发射升空,标志着中国北斗全球卫星导航系统卫星组网完成;2020 年 7 月 31 日,北斗系统正式向全球用户开通服务,标志着中国北斗全球卫星导航系统进入运行维护阶段。为了全面反映中国北斗系统建设成果,同时也为了推进北斗系统的广泛应用,我们紧跟北斗工程的成功进展,组织北斗系统建设的部分技术骨干,撰写了卫星导航工程技术丛书,系统地描述北斗系统的最新发展、创新设计和特色应用成果。丛书共 26 个分册,分别介绍如下:

卫星导航定位遵循几何交会原理,但又涉及无线电信号传输的大气物理特性以及卫星动力学效应。《卫星导航定位原理》全面阐述卫星导航定位的基本概念和基本原理,侧重卫星导航概念描述和理论论述,包括北斗系统的卫星无线电测定业务(RDSS)原理、卫星无线电导航业务(RNSS)原理、北斗三频信号最优组合、精密定轨与时间同步、精密定位模型和自主导航理论与算法等。其中北斗三频信号最优组合、自适应卫星轨道测定、自主定轨理论与方法、自适应导航定位等均是作者团队近年来的研究成果。此外,该书第一次较详细地描述了“综合 PNT”、“微 PNT”和“弹性 PNT”基本框架,这些都可望成为未来 PNT 的主要发展方向。

北斗系统由空间段、地面运行控制系统和用户段三部分构成,其中空间段的组网卫星是系统建设最关键的核心组成部分。《北斗导航卫星》描述我国北斗导航卫星研制历程及其取得的成果,论述导航卫星环境和任务要求、导航卫星总体设计、导航卫星平台、卫星有效载荷和星间链路等内容,并对未来卫星导航系统和关键技术的发展进行展望,特色的载荷、特色的功能设计、特色的组网,成就了特色的北斗导航卫星星座。

卫星导航信号的连续可用是卫星导航系统的根本要求。《北斗导航卫星可靠性工程》描述北斗导航卫星在工程研制中的系列可靠性研究成果和经验。围绕高可靠性、高可用性,论述导航卫星及星座的可靠性定性定量要求、可靠性设计、可靠性建模与分析等,侧重描述可靠性指标论证和分解、星座及卫星可用性设计、中断及可用性分析、可靠性试验、可靠性专项实施等内容。围绕导航卫星批量研制,分析可靠性工作的特殊性,介绍工艺可靠性、过程故障模式及其影响、贮存可靠性、备份星论证等批产可靠性保证技术内容。

卫星导航系统的运行与服务需要精密的时间同步和高精度的卫星轨道支持。《卫星导航时间同步与精密定轨》侧重描述北斗导航卫星高精度时间同步与精密定轨相关理论与方法,包括:相对论框架下时间比对基本原理、星地/站间各种时间比对技术及误差分析、高精度钟差预报方法、常规状态下导航卫星轨道精密测定与预报等;围绕北斗系统独有的技术体制和运行服务特点,详细论述星地无线电双向时间比对、地球静止轨道/倾斜地球同步轨道/中圆地球轨道(GEO/IGSO/MEO)混合星座精密定轨及轨道快速恢复、基于星间链路的时间同步与精密定轨、多源数据系统性偏差综合解算等前沿技术与方法;同时,从系统信息生成者角度,给出用户使用北斗卫星导航电文的具体建议。

北斗卫星发射与早期轨道段测控、长期运行段卫星及星座高效测控是北斗卫星发射组网、补网,系统连续、稳定、可靠运行与服务的核心要素之一。《导航星座测控管理系统》详细描述北斗系统的卫星/星座测控管理总体设计、系列关键技术及其解决途径,如测控系统总体设计、地面测控网总体设计、基于轨道参数偏置的 MEO 和 IGSO 卫星摄动补偿方法、MEO 卫星轨道构型重构控制评价指标体系及优化方案、分布式数据中心设计方法、数据一体化存储与多级共享自动迁移设计等。

波束测量是卫星测控的重要创新技术。《卫星导航数字多波束测量系统》阐述数字波束形成与扩频测量传输深度融合机理,梳理数字多波束多星测量技术体制的最新成果,包括全分散式数字多波束测量装备体系架构、单站系统对多星的高效测量管理技术、数字波束时延概念、数字多波束时延综合处理方法、收发链路波束时延误差控制、数字波束时延在线精确标校管理等,描述复杂星座时空测量的地面基准确定、恒相位中心多波束动态优化算法、多波束相位中心恒定解决方案、数字波束合成条件下高精度星地链路测量、数字多波束测量系统性能测试方法等。

工程测试是北斗系统建设与应用的重要环节。《卫星导航系统工程测试技术》结合我国北斗三号工程建设中的重大测试、联试及试验,成体系地介绍卫星导航系统工程的测试评估技术,既包括卫星导航工程的卫星、地面运行控制、应用三大组成部分的测试技术及系统间大型测试与试验,也包括工程测试中的组织管理、基础理论和时延测量等关键技术。其中星地对接试验、卫星在轨测试技术、地面运行控制系统测试等内容都是我国北斗三号工程建设的实践成果。

卫星之间的星间链路体系是北斗三号卫星导航系统的重要标志之一,为北斗系统的全球服务奠定了坚实基础,也为构建未来天基信息网络提供了技术支撑。《卫星导航系统星间链路测量与通信原理》介绍卫星导航系统星间链路测量通信概念、理论与方法,论述星间链路在星历预报、卫星之间数据传输、动态无线组网、卫星导航系统性能提升等方面的重要作用,反映了我国全球卫星导航系统星间链路测量通信技术的最新成果。

自主导航技术是保证北斗地面系统应对突发灾难事件、可靠维持系统常规服务性能的重要手段。《北斗导航卫星自主导航原理与方法》详细介绍了自主导航的基本理论、星座自主定轨与时间同步技术、卫星自主完好性监测技术等自主导航关键技术及解决方法。内容既有理论分析,也有仿真和实测数据验证。其中在自主时空基准维持、自主定轨与时间同步算法设计等方面的研究成果,反映了北斗自主导航理论和工程应用方面的新进展。

卫星导航"完好性"是安全导航定位的核心指标之一。《卫星导航系统完好性原理与方法》全面阐述系统基本完好性监测、接收机自主完好性监测、星基增强系统完好性监测、地基增强系统完好性监测、卫星自主完好性监测等原理和方法,重点介绍相应的系统方案设计、监测处理方法、算法原理、完好性性能保证等内容,详细描述我国北斗系统完好性设计与实现技术,如基于地面运行控制系统的基本完好性的监测体系、顾及卫星自主完好性的监测体系、系统基本完好性和用户端有机结合的监测体系、完好性性能测试评估方法等。

时间是卫星导航的基础,也是卫星导航服务的重要内容。《时间基准与授时服务》从时间的概念形成开始:阐述从古代到现代人类关于时间的基本认识,时间频率的理论形成、技术发展、工程应用及未来前景等;介绍早期的牛顿绝对时空观、现代的爱因斯坦相对时空观及以霍金为代表的宇宙学时空观等;总结梳理各类时空观的内涵、特点、关系,重点分析相对论框架下的常用理论时标,并给出相互转换关系;重点阐述针对我国北斗系统的时间频率体系研究、体制设计、工程应用等关键问题,特别对时间频率与卫星导航系统地面、卫星、用户等各部分之间的密切关系进行了较深入的理论分析。

卫星导航系统本质上是一种高精度的时间频率测量系统,通过对时间信号的测量实现精密测距,进而实现高精度的定位、导航和授时服务。《卫星导航精密时间传递系统及应用》以卫星导航系统中的时间为切入点,全面系统地阐述卫星导航系统中的高精度时间传递技术,包括卫星导航授时技术、星地时间传递技术、卫星双向时间传递技术、光纤时间频率传递技术、卫星共视时间传递技术,以及时间传递技术在多个领域中的应用案例。

空间导航信号是连接导航卫星、地面运行控制系统和用户之间的纽带,其质量的好坏直接关系到全球卫星导航系统(GNSS)的定位、测速和授时性能。《GNSS 空间信号质量监测评估》从卫星导航系统地面运行控制和测试角度出发,介绍导航信号生成、空间传播、接收处理等环节的数学模型,并从时域、频域、测量域、调制域和相关域监测评估等方面,系统描述工程实现算法,分析实测数据,重点阐述低失真接收、交替采样、信号重构与监测评估等关键技术,最后对空间信号质量监测评估系统体系结构、工作原理、工作模式等进行论述,同时对空间信号质量监测评估应用实践进行总结。

北斗系统地面运行控制系统建设与维护是一项极其复杂的工程。地面运行控制系统的仿真测试与模拟训练是北斗系统建设的重要支撑。《卫星导航地面运行控制系统仿真测试与模拟训练技术》详细阐述地面运行控制系统主要业务的仿真测试理论与方法,系统分析全球主要卫星导航系统地面控制段的功能组成及特点,描述地面控制段一整套仿真测试理论和方法,包括卫星导航数学建模与仿真方法、仿真模型的有效性验证方法、虚-实结合的仿真测试方法、面向协议测试的通用接口仿真方法、复杂仿真系统的开放式体系架构设计方法等。最后分析了地面运行控制系统操作人员岗前培训对训练环境和训练设备的需求,提出利用仿真系统支持地面操作人员岗前培训的技术和具体实施方法。

卫星导航信号严重受制于地球空间电离层延迟的影响,利用该影响可实现电离层变化的精细监测,进而提升卫星导航电离层延迟修正效果。《卫星导航电离层建模与应用》结合北斗系统建设和应用需求,重点论述了北斗系统广播电离层延迟及区域增强电离层延迟改正模型、码偏差处理方法及电离层模型精化与电离层变化监测等内容,主要包括北斗全球广播电离层时延改正模型、北斗全球卫星导航差分码偏差处理方法、面向我国低纬地区的北斗区域增强电离层延迟修正模型、卫星导航全球广播电离层模型改进、卫星导航全球与区域电离层延迟精确建模、卫星导航电离层层析反演及扰动探测方法、卫星导航定位电离层时延修正的典型方法等,体系化地阐述和总结了北斗系统电离层建模的理论、方法与应用成果及特色。

卫星导航终端是卫星导航系统服务的端点,也是体现系统服务性能的重要载体,所以卫星导航终端本身必须具备良好的性能。《卫星导航终端测试系统原理与应用》详细介绍并分析卫星导航终端测试系统的分类和实现原理,包括卫星导航终端的室内测试、室外测试、抗干扰测试等系统的构成和实现方法以及我国第一个大型室外导航终端测试环境的设计技术,并详述各种测试系统的工程实践技术,形成卫星导航终端测试系统理论研究和工程应用的较完整体系。

卫星导航系统 PNT 服务的精度、完好性、连续性、可用性是系统的关键指标,而卫星导航系统必然存在卫星轨道误差、钟差以及信号大气传播误差,需要增强系统来提高服务精度和完好性等关键指标。卫星导航增强系统是有效削弱大多数系统误差的重要手段。《卫星导航增强系统原理与应用》根据国际民航组织有关全球卫星导航系统服务的标准和操作规范,详细阐述了卫星导航系统的星基增强系统、地基增强系统、空基增强系统以及差分系统和低轨移动卫星导航增强系统的原理与应用。

与卫星导航增强系统原理相似，实时动态（RTK）定位也采用差分定位原理削弱各类系统误差的影响。《GNSS 网络 RTK 技术原理与工程应用》侧重介绍网络 RTK 技术原理和工作模式。结合北斗系统发展应用，详细分析网络 RTK 定位模型和各类误差特性以及处理方法、基于基准站的大气延迟和整周模糊度估计与北斗三频模糊度快速固定算法等，论述空间相关误差区域建模原理、基准站双差模糊度转换为非差模糊度相关技术途径以及基准站双差和非差一体化定位方法，综合介绍网络 RTK 技术在测绘、精准农业、变形监测等方面的应用。

GNSS 精密单点定位（PPP）技术是在卫星导航增强原理和 RTK 原理的基础上发展起来的精密定位技术，PPP 方法一经提出即得到同行的极大关注。《GNSS 精密单点定位理论方法及其应用》是国内第一本全面系统论述 GNSS 精密单点定位理论、模型、技术方法和应用的学术专著。该书从非差观测方程出发，推导并建立 BDS/GNSS 单频、双频、三频及多频 PPP 的函数模型和随机模型，详细讨论非差观测数据预处理及各类误差处理策略、缩短 PPP 收敛时间的系列创新模型和技术，介绍 PPP 质量控制与质量评估方法、PPP 整周模糊度解算理论和方法，包括基于原始观测模型的北斗三频载波相位小数偏差的分离、估计和外推问题，以及利用连续运行参考站网增强 PPP 的概念和方法，阐述实时精密单点定位的关键技术和典型应用。

GNSS 信号到达地表产生多路径延迟，是 GNSS 导航定位的主要误差源之一，反过来可以估计地表介质特征，即 GNSS 反射测量。《GNSS 反射测量原理与应用》详细、全面地介绍全球卫星导航系统反射测量原理、方法及应用，包括 GNSS 反射信号特征、多路径反射测量、干涉模式技术、多普勒时延图、空基 GNSS 反射测量理论、海洋遥感、水文遥感、植被遥感和冰川遥感等，其中利用 BDS/GNSS 反射测量估计海平面变化、海面风场、有效波高、积雪变化、土壤湿度、冻土变化和植被生长量等内容都是作者的最新研究成果。

伪卫星定位系统是卫星导航系统的重要补充和增强手段。《GNSS 伪卫星定位系统原理与应用》首先系统总结国际上伪卫星定位系统发展的历程，进而系统描述北斗伪卫星导航系统的应用需求和相关理论方法，涵盖信号传输与多路径效应、测量误差模型等多个方面，系统描述 GNSS 伪卫星定位系统（中国伽利略测试场测试型伪卫星）、自组网伪卫星系统（Locata 伪卫星和转发式伪卫星）、GNSS 伪卫星增强系统（闭环同步伪卫星和非同步伪卫星）等体系结构、组网与高精度时间同步技术、测量与定位方法等，系统总结 GNSS 伪卫星在各个领域的成功应用案例，包括测绘、工业控制、军事导航和 GNSS 测试试验等，充分体现出 GNSS 伪卫星的“高精度、高完好性、高连续性和高可用性”的应用特性和应用趋势。

GNSS 存在易受干扰和欺骗的缺点，但若与惯性导航系统（INS）组合，则能发挥两者的优势，提高导航系统的综合性能。《高精度 GNSS/INS 组合定位及测姿技术》系统描述北斗卫星导航/惯性导航相结合的组合定位基础理论、关键技术以及工程实践，重点阐述不同方式组合定位的基本原理、误差建模、关键技术以及工程实践等，并将组合定位与高精度定位相互融合，依托移动测绘车组合定位系统进行典型设计，然后详细介绍组合定位系统的多种应用。

未来 PNT 应用需求逐渐呈现出多样化的特征，单一导航源在可用性、连续性和稳健性方面通常不能全面满足需求，多源信息融合能够实现不同导航源的优势互补，提升 PNT 服务的连续性和可靠性。《多源融合导航技术及其演进》系统分析现有主要导航手段的特点、多源融合导航终端的总体构架、多源导航信息时空基准统一方法、导航源质量评估与故障检测方法、多源融合导航场景感知技术、多源融合数据处理方法等，依托车辆的室内外无缝定位应用进行典型设计，探讨多源融合导航技术未来发展趋势，以及多源融合导航在 PNT 体系中的作用和地位等。

卫星导航系统是典型的军民两用系统，一定程度上改变了人类的生产、生活和斗争方式。《卫星导航系统典型应用》从定位服务、位置报告、导航服务、授时服务和军事应用 5 个维度系统阐述卫星导航系统的应用范例。“天上好用，地上用好”，北斗卫星导航系统只有服务于国计民生，才能产生价值。

海洋定位、导航、授时、报文通信以及搜救是北斗系统对海事应用的重要特色贡献。《北斗卫星导航系统海事应用》梳理分析国际海事组织、国际电信联盟、国际海事无线电技术委员会等相关国际组织发布的 GNSS 在海事领域应用的相关技术标准，详细阐述全球海上遇险与安全系统、船舶自动识别系统、船舶动态监控系统、船舶远程识别与跟踪系统以及海事增强系统等的工作原理及在海事导航领域的具体应用。

将卫星导航技术应用于民用航空，并满足飞行安全性对导航完好性的严格要求，其核心是卫星导航增强技术。未来的全球卫星导航系统将呈现多个星座共同运行的局面，每个星座均向民航用户提供至少 2 个频率的导航信号。双频多星座卫星导航增强技术已经成为国际民航下一代航空运输系统的核心技术。《民用航空卫星导航增强新技术与应用》系统阐述多星座卫星导航系统的运行概念、先进接收机自主完好性监测技术、双频多星座星基增强技术、双频多星座地基增强技术和实时精密定位技术等的原理和方法,介绍双频多星座卫星导航系统在民航领域应用的关键技术、算法实现和应用实施等。

本丛书全面反映了我国北斗系统建设工程的主要成就,包括导航定位原理,工程实现技术,卫星平台和各类载荷技术,信号传输与处理理论及技术,用户定位、导航、授时处理技术等。各分册:虽有侧重,但又相互衔接;虽自成体系,又避免大量重复。整套丛书力求理论严密、方法实用,工程建设内容力求系统,应用领域力求全面,适合从事卫星导航工程建设、科研与教学人员学习参考,同时也为从事北斗系统应用研究和开发的广大科技人员提供技术借鉴,从而为建成更加完善的北斗综合 PNT 体系做出贡献。

最后,让我们从中国科技发展史的角度,来评价编撰和出版本丛书的深远意义,那就是:将中国卫星导航事业发展的重要的里程碑式的阶段永远地铭刻在历史的丰碑上!

杨元喜

2020 年 8 月

前 言

全球卫星导航系统(GNSS)能在地球表面或近地空间的任何地点为用户提供全天候的三维坐标和速度信息,包括美国全球定位系统(GPS)、中国北斗卫星导航系统(BDS)、俄罗斯全球卫星导航系统(GLONASS)和欧盟伽利略卫星导航系统(Galileo系统),以及区域增强系统,具有全天候、全天时、高精度的特点,广泛应用于定位、导航与授时(PNT)。随着各卫星导航系统的逐渐完善,星座的增多,观测站的增加,其应用领域越来越广泛。GNSS 不仅应用于定位、导航和授时,还可以利用其表面反射信号进行遥感观测。GNSS 卫星持续向地球播发无线电信号,其中部分信号会被地球表面反射回来。从粗糙表面反射回来的 GNSS 延迟信号可以提供直射和反射信号不同的信息。这些信息包括反射信号的波形、幅值、相位和频率等变化,极化特征的变化直接与反射面相关,结合接收机天线位置和介质信息,利用延迟测量观测和反射表面属性可以确定表面粗糙度和表面特性,即 GNSS 反射测量(GNSS-R)。

GNSS 反射测量由欧洲空间局(ESA)Martin-Neira 于 1993 年提出,即 GNSS 地表反射信号和直射信号一起被接收机接收,它们之间的延迟可以用于干涉测量,即被动反射和干涉测量系统(PARIS)。随后各国利用双频 GPS 信号进行海面和陆面各种试验,对其反射信号的相关函数特性进行研究,表明反射信号相关函数与反射面的粗糙度有密切关系。如 2000 年 10 月,美国国家海洋与大气管理局(NOAA)的“飓风猎人”号飞机搭载了 GNSS-R 设备从南卡来罗纳州海岸飞入“迈克尔”飓风内,通过分析从热带气旋海面上反射回来的 GPS 信号得到了风速结果。2003 年,英国灾害监测星座(UK-DMC)卫星利用搭载的 GNSS-R 设备成功获得了海面粗糙度等地球表面物理系数,静海区域的 GPS 反射信号同样可以得到高精度的测高结果。2014 年第一颗技术验证卫星(TDS-1)发射,提供时延-多普勒图像(DDM)数据产品,开启了星载 GNSS 反射测量的应用。此外,许多其他科研机构也开展了一系列 GNSS 反射信号的理论研究和试验、新型 GNSS-R 接收机的研制,以及基于地基、海岸、桥梁、飞机等不同平台的试验,同时还进行了测试信号接收、原理验证,以及检验利用 GNSS-R 估计海面状况(如海面高和风速)和陆面参数等研究,获得了一些初步结果和进展。

GNSS-R 技术属于双基雷达观测,具有如下特点:①利用直射信号进行定位解算,具有自定位定时能力;②接收机直射信号与反射信号之间误差较小;③可全天候工作,不受云雨等天气影响;④使用 L 频段电磁波,其信号穿透力强,可穿透植被、雪、沙土等,对土壤中水分尤其敏感;⑤L 频段电磁波信号反射时衰减明显,高达 29 ~ 30dB,且在反射时极化方向会发生改变,如右旋直射信号会变成以左旋反射信号为主,根据极化方向可分离直射信号与反射信号。利用 GNSS-R 技术可获得地表粗糙特征和地球物理参数,即利用 GNSS 直射信号与地表镜面反射信号之间的延迟(时间延迟或相位延迟),以及根据 GNSS 卫星、接收机和镜面反射点之间的几何位置关系,反演地表特征。GNSS-R 技术包括传统型 GNSS-R(cGNSS-R)测高和干涉型 GNSS-R(iGNSS-R)测高。前者是配置左右圆极化天线并利用接收机记录的直射信号与反射信号的载波相位数据,通过固定模糊度和解算接收机钟差等方式,确定两者之间的传播路径延迟,进而计算天线至水面的高度;后者是利用直射信号与反射信号功率波形相关的原理,测得信号时延,进而计算得到天线到海面的垂直距离,但其涉及复杂的多普勒时延算法,数据处理方法复杂。海平面高度(SSH)变化范围广,对海洋学和气候学等研究都具有重要意义,如海洋环流、海洋潮汐模型建立、海啸预警以及中尺度气候研究。按照接收机放置的测量平台,GNSS-R 测高可分为地基、机载和星载 GNSS-R 测高。

GNSS-R 遥感技术是利用 GNSS 反射信号对海洋、陆地或冰川进行遥感探测的新兴手段。GNSS 卫星提供免费且长期稳定的 L 频段信号源,可充分发挥自身优势——全天候、全天时、覆盖范围广、时空分辨率高等。在海洋遥感上,可以进行海洋测高、反演海面风场、估计海水盐度以及海面溢油;在陆地遥感上,利用微波波段对水分敏感的特性,可以估计土壤湿度和植物生长量;在冰川遥感上,充分利用 GNSS 在时空分辨率上的优势,可以测量海冰厚度、积雪厚度、密度、粗糙度等。目前,GNSS-R 在海洋、土壤湿度和冰雪等遥感监测方面取得了较好的进展。随着 GNSS-R 技术的发展,将来或可能监测火山、地震形变和滑坡等自然灾害。

目前 GNSS 反射和散射信号作为一种遥感工具,被广泛应用于海洋、陆地、水文以及冰冻圈等研究领域。随着越来越多的全球永久国际 GNSS 服务(IGS)跟踪站和区域性 GNSS 连续跟踪站,多频多系统 GNSS 导航卫星星座以及空基增强系统,例如 GPS、BDS、GLONASS、Galileo 系统、日本准天顶卫星系统(QZSS)以及印度区域卫星导航系统(IRNSS)的投入使用,GNSS 地面跟踪站将能够获得更多的地表反射特征。随着将来越来越多的空基 GNSS 反射和折射实验计划的实施(如 FORMOSAT-7/COSMIC-2 和 CYGNSS 计划),人们将获取更多的高时空分辨率的地表特征信息。另外,相关人员正在研发更先进的 GNSS 接收机,以满足不同的应用需求,如未来空基高性能准实时数据处理能力(例如具备多模 GNSS 反射和折射测量功能的下一代 Tri-GNSS接收机)。未来几年里,公众使用一些大学等机构研发的低成本卫星将成为可能,GNSS 反射信号在遥感领域的应用也将扩展到全球范围。

本书详细和全面地介绍 GNSS-R 的原理、方法及应用,包括 GNSS-R 历史、反射信号特性、地基 GNSS 多路径反射测量、干涉模式技术、多普勒时延图、空基 GNSS 反射测量理论、海洋测高、水文遥感、植被监测、冰冻圈遥感等。本书较好地反映了国内外该领域研究现状和最新应用进展，并具有一定的前瞻性。著者一直从事 GNSS-R 理论和方法研究及应用，本书的主要内容为作者多年的工作积累，绝大部分为原创性的理论方法和应用研究进展，这些内容逐渐得到同学科领域的专家认可，主要科研成果如 GNSS-R 散射机理、GNSS-R 新应用等反映了本学科的最前沿动态，达到国际同类学术/技术水平，对海洋环境监测、资源环境遥感、全球变化监测、冰川冻土监测、气象农业应用等具有重要的参考价值和应用前景。

全书共 14 章，其中：金双根撰写第 1 ~5 章、第 12 章、第 14 章，以及第 6 ~ 8 章和第 10 章节部分内容；吴学睿撰写第 11 章、第 13 章，以及第 10 章部分内容；邱辉撰写第 8 章节，以及第 6 章部分内容；董州楠撰写第 9 章，以及第 7 章部分内容；李君海、钱晓东和彭沁贡献了部分工作。另外，感谢中国航天科技集团公司的丛飞为本书局部内容进行了修正。

由于时间有限，书中难免存在错误或不足，敬请同仁批评指正。

著者

2020 年 10 月

目录

第1章　绪　　论

1.1　全球卫星导航系统

全球卫星导航系统（GNSS），包括美国全球定位系统（GPS）、中国北斗卫星导航系统（BDS）（简称“北斗系统”）、俄罗斯全球卫星导航系统（GLONASS）和欧盟伽利略卫星导航系统（Galileo 系统），以及区域增强系统，如日本准天顶卫星系统（QZSS）和印度区域卫星导航系统（IRNSS）等。

GNSS 具有全天候、全天时、实时、高精度的特点，可持续发射 L 频段信号，广泛应用于定位、导航与授时（PNT）。随着各卫星导航系统的逐渐完善、星座的增多、观测站的增加，其应用前景越来越广泛。如今，GNSS 已广泛应用于交通运输、电力电信、公共安全、精细农业、基础测绘、资源调查、地球科学、空间科学以及一些尚待开发的新领域。

GPS 是 20 世纪 70 年代由美国陆海空三军联合研制的新一代空间卫星导航定位系统，可在任意天气和任何地域为用户提供地理位置和时间信息，发展最为完善。GPS 太空部分由 24 颗卫星组成（3 颗备用），分布在 6 个轨道面上，每个轨道面以右升交点角每 60°分割开来，倾斜角为 55°，轨道半径为 26600km，每个卫星轨道周期为严格的 1/2 恒星日。GPS 的地面部分由谢里佛尔空军基地（美国 Colorado）的主控站，以及全球分布的 10 个地基天线和监测站组成。GPS 星座每个轨道面至少有 4 颗卫星，从而保证全球每一地点任意时刻至少可以看到 4 颗卫星，但在实际运行中，卫星数多于 32 颗，这样在视野开阔的地球表面可以看到 8 颗及以上卫星，多出的卫星可以提高几何精度衰减因子（GDOP）和接收机自主完好性监测（RAIM），进而提高准确度和完好度。GPS 服务包括标准定位服务（SPS）和精确定位服务（PPS），采用码分多址（CDMA）的方式区分卫星，可全球全天候工作，利用差分定位的方式，精度高达毫米级，功能作用范围广且效率高、操作方便。在过去几十年里，美国已经数次成功提升了 GPS 服务，包括新技术的应用和增加新的民用信号以及提高精度和一致性，所有维护都同现有的 GPS 设备相兼容。如在 1997 年和 2009 年之间发射了 20 颗 Block ⅡR 和 Block ⅡR-M 卫星，其中 Block ⅡR-M 卫星 L2 频段民用编码对普通使用者开放。另外，2010 年 5 月 28 日发射的 Block ⅡF 卫星，其 L5 频段信号也逐渐应用于民用方面。GPS 现代化随着军事、民用和商业需求的发展而不断升级全球定位系统。通过增加一系列卫星，包括 GPS 的 Block Ⅲ 和下一代运行控制系统(OCX)。美国政府一直致力于改善 GPS 空间和地面部分以提高服务的广度和精度。

GLONASS 于苏联时期开发,后由俄罗斯继续升级,第一颗 GLONASS 卫星于 1982 年发射,1996 年开始整个系统的正常运行,并于 2010 年将服务范围拓展到全球。2011 年俄罗斯发射了第三代长寿命卫星 GLONASS-K,包括用于民用的 CDMA 信号,于 2020 年实现系统的完善。GLONASS 以 PE-90 为坐标系统,轨道周期为 11h15min,基本卫星数目也是 24 颗(21 +3),分布在距地 19100km 的 3 个轨道面,倾斜角为 65°,达到覆盖整个地球表面和近地空间的目的。GLONASS 卫星播发 L1 和 L2 频段的信号,利用频分多址技术实现通道连接。GLONASS 地面控制中心在莫斯科,遥测和跟踪站都在俄罗斯联邦国界范围内。GLONASS 的抗干扰能力强,采用军民合用、不加密的开放政策,将拥有越来越多的用户。

Galileo 系统是欧洲计划建设的新一代民用全球卫星导航系统,运行周期为 14h4min,卫星数目为 30 颗(27 +3),分布在距地 23616km 的 3 个轨道面上。系统定位精度可靠性稳定性高,防干扰性强。该系统的服务包括开放服务(OS)、生命安全服务(SOLS)、商务服务(CS)、公共特许服务(PRS)以及搜救服务。2005 年和 2008 年发射的两颗 Galileo 系统实验卫星(Giove A 和 B),是 Galileo 系统致力于迈向全球部署的在轨验证阶段的第一步,2 颗卫星完全运行并且播发 L1、E5 和 E6 频段。最近几年"伽利略计划"发展迅速。

BDS 是中国自行研制的全球卫星导航系统,新一代北斗星座旨在由亚太区域向全球延伸,提高 GPS、Galileo 系统的互操作性,通信容量得到了很大的提升。北斗系统已在 2020 年完成北斗三号卫星的发射组网任务,开始为全球用户提供导航定位服务。广播的信号在 L 频段,信号以二进制相移键控(BPSK)等方式调制,以 CDMA 技术实现通道连接。BDS 的 MEO 为小偏心率,高度在 21528km 处,倾角为 55°。BDS 同 Galileo 系统和 GPS 类似,但是提供不同类型的服务:标准信号民用服务,更高精度(加密)信号备用。BDS 相对于前 3 种系统,增加了通信功能,可全天候快速定位,属于无源定位系统。

在这 4 类全球卫星导航系统中,除 BDS 外,其他 3 类卫星导航定位系统的定位原理都是单向发射,终端接收后自解码自定位,而 BDS 则是双向通信,即地面终端发送定位请求到地面服务站,再由基站联系卫星,计算终端到地心和卫星到终端的距离,而后解码计算出坐标后再发送到终端,且各终端之间可以交互位置信息。

总之,GNSS 主要由空间 GNSS 卫星星座、地面监控设施以及 GNSS 接收机和用户三大部分组成,其主要功能是定位、导航、授时。目前,可以提供定位服务的独立系统有 GPS、GLONASS、BDS,结合其他区域的卫星系统可以获得更精准更全面的定位服务,多系统的结合将能保证可视卫星数目更多、覆盖面积更广。但是由于各个卫星系统之间采用的参考系和时间系统不同,所以在使用多系统定位之前,需要对系统之间的误差进行修正。

1.2 GNSS-R 技术

随着研究的深入，GNSS 不仅应用于定位、授时和导航，而且可以利用其表面反射信号进行一些遥感研究。GNSS 卫星持续向地球播发无线电信号，然而部分信号会从地球表面反射回来。从粗糙表面反射回来的 GNSS 延迟信号可以提供直接信号和反射信号的路径的不同信息。这些信息包括反射信号的波形变化，幅值、相位和频率等参数的变化，极化特征的变化等直接与反射面相关。因此利用 GNSS 反射测量(GNSS-R)技术可以估计地表反射信号信息(图 1.1)。结合接收机天线位置和介质信息、延迟测量值协同反射表面属性，可以确定表面粗糙度和表面特性。因此，GNSS-R 可以反演海洋、陆地、水文、植被和冰雪特征。

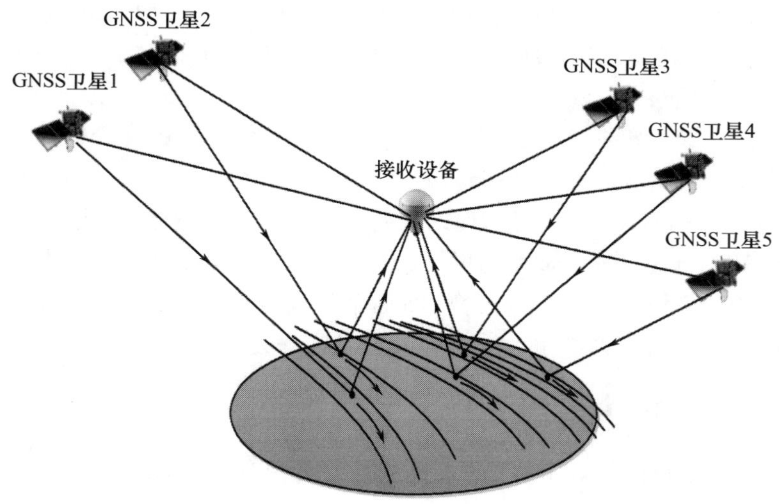

图 1.1 GNSS-R 几何图

针对 GNSS-R，常用 L 频段信号，现有两类反射技术可供使用，即相干反射测量和非相干反射测量。就相干反射测量而言，信号干涉部分是我们研究的中心，而非干涉部分将采用恰当的方法剔除；而就非相干反射测量来说，则需要采用恰当的方法抑制被视为误差源的干涉部分的产生。现有的大多反射测量模型都属于非相干反射测量模型，如 Z-V(Zavorotny-Voronovich)模型等。

1.2.1 GNSS-R 历史

GNSS 反射测量最早在 1988 年由美国马可尼空间系统有限公司 Hall 和 Cordey 科学家提出：应用类似 GPS 反射信号建立多基散射遥感概念，未来具有应用潜能。该思想的初衷是仅利用一台接收机就可以同时接收来自不同轨道的 GPS 卫星在不同入射角下的后向散射信号。当时对多基地散射系统的评价是进一步提高发射功率才可以实现业务应用。在此基础上，1993 年欧洲空间局（ESA）的 Martin-Neira[1] 提出 GPS 在地球表面的反射信号可以同直射信号一起被接收机接收，但反射信号与直射信号之间存在延迟，而这个延迟可以用于干涉测量技术，即提出了被动反射和干涉测量系统（PARIS），利用被动反射和干涉测量技术进行海洋遥感。1994 年进行了机载飞行试验，法国科学家 Auber[2] 发现接收机可以接收到海面反射信号，但是由于其对定位精度的影响，常将其作为多路径信号剔除。之后，反射信号引起美国科学家的关注——GPS 反射信号可能成为新型的遥感手段。1996 年，美国国家航空航天局（NASA）兰利研究中心的科学家 Katzberg 和 Garrison 利用双频 GPS 信号进行海面前向散射以获取并剔除电离层延迟，弥补传统卫星高度计的不足，但兰利研究中心的地基试验表明传统接收机难以进行长时间的跟踪和有效锁相，需研制新型的接收机。1997 年，该研究中心采用 GEC-Plessery GPS 软件接收机（该接收机的 12 个通道可重构）进行 5 次飞行试验，其中接收机的 6 个通道可接收卫星直射信号，剩余 6 个通道可用于接收反射信号，对反射信号的相关函数的特性进行研究，研究表明：反射信号相关函数与反射面的粗糙度有密切关系。同年，欧洲空间局在荷兰进行 GNSS-R 海面测高试验——PARIS 高度计 Zeeland 桥 I 试验[3]。此外，国外许多科研机构开展了一系列利用 GNSS 反射信号进行的理论研究和试验，新型 GNSS-R 接收机的研制，基于海岸、桥梁、飞机等不同平面的高度计、散射计试验，并开展了信号接收、原理验证，以及检验利用 GNSS-R 估计海洋参数（海面平均高度、有效波高、海面粗糙度等）的可行性的研究。随后，GNSS-R 遥感研究逐步从海洋发展到陆地、大气、冰川等。

1.2.2 GNSS-R 特点

GNSS-R 利用目标物对于 GNSS 电磁波信号的反射来探测目标物状态。由于全球卫星导航系统具有多星座同频的特点，且四大卫星导航系统共享互操作的特性使得同一 GNSS 接收机可以同时接收并分辨来自不同卫星信号发射源的信号，故 GNSS-R遥感系统是多发单收的多基雷达系统。一般地，GNSS 接收机有两副天线——右旋圆极化（RHCP）和左旋圆极化（LHCP），分别接收直射信号和反射信号。

GNSS-R 属于双基雷达技术，具有如下特点：①利用直射信号进行定位解算，具有自定位定时能力；②接收机直射信号与反射信号之间误差较小，这是由于 GNSS 卫星星座距离地面 20000km 以上，位于中高地球轨道，信号行程长；③可全天候工作，不受云雨等水化物影响，使用处于大气透明窗频段的 L 频段电磁波，其信号受电离层影响较小，穿透力强，如植被、雪、沙土等，对土壤中水分尤其敏感；④L 频段电磁波信号被反射时衰减明显，高达 29 ~ 30dB，而且在反射时极化方向会发生改变，如右旋直射信号会变成以左旋反射信号为主，根据极化方向可分离直射信号与反射信号。

1.3 GNSS-R 应用

1.3.1 海洋测高

1993 年，Martin-Neira 首次提出 PARIS 理念，开创了利用 GPS 反射信号进行海洋测高的先河。又经过多年的发展，海洋测高已经成为 GNSS-R 海洋遥感的重要分支，充分发挥了 GNSS 卫星数量多、信号实时连续、覆盖范围广的优势，有的接收机已经可以直接在系统中得到海面高度和有效波高（如西班牙 Starlab Oceanpal 接收机），GNSS-R 测高技术更已成为一种高时空分辨率的水面高监测技术。

根据接收机观测量的不同，GNSS-R 测高方法有两种：干涉型 GNSS-R（iGNSS-R）和传统型 GNSS-R（cGNSS-R）。前者利用直射信号与反射信号功率波形相关的原理，测得信号时延，进而计算得到天线到水面的垂直距离，但其涉及复杂的多普勒时延算法，数据处理方法复杂。后者配置左右圆极化天线并利用接收机记录的直射信号与反射信号的载波相位数据，通过固定模糊度和解算接收机钟差等方式，确定两者之间的传播路径延迟，进而计算天线至水面的高度。海平面高度（SSH）作用范围广，对海洋学和气候学都大有裨益，如大洋环流、大洋潮汐模型的建立，海啸预警以及中尺度气候研究。目前国内外利用岸基和机载 GNSS-R 等获得了一些初步结果。例如国内金双根等（2017 年）首次利用岸基 BDS 观测获得了海平面变化，与验潮站观测结果有较好的一致。

1.3.2 海面测风

海面在风的作用下，会产生波浪，从而引起海面粗糙度的变化。根据海面风场反演原理，反射信号的功率峰值随着风速的增大而减小，波形也相应变得更扁平。这说明海面散射能量随风速的变化而分布到更大的范围，即闪烁区范围变大。故可以通过和模拟波形相对比反演海面风速。此外，风速和风向还会影响海平面坡度。风向的变化会对闪烁区的非对称性产生影响。沿顺风方向，海面散射功率曲线函数的包络较宽，沿侧风方向则相对较窄，表现为曲线波形上的非对称性。

自 1997 年，NASA 兰利研究中心与科罗拉多大学联合开展了关于 GNSS-R 海面风场反演算法的研究，并进行多次机载飞行试验。试验发现，GPS 反射信号的相关功率波形与风速有直接关系，且海面风速越大，波形的后延变化越趋于平缓，反之越陡峭。1999 年，西班牙加泰罗尼亚西班牙研究学院/高等科学研究委员会（IEEC/CSIC）、Starlab 研究所与 NASA 在地中海联合进行了 GPSR-MEBEX 气球试验，经多次试验后选取了低增益天线在 38km 左右的高度成功接收到了反射信号，风速反演精度也达到了 2m/s。2000 年，Zavorotny 等[4]提出双尺度表面模型（即 Z-V 模型）在早期的 GNSS-R 海面风场反演模型中较为系统和成熟，但是该模型没考虑闪烁区之外由海水表面小尺度坡度造成的布拉格散射所产生的反射。2005 年，Elfouhaily 等[5]对 Z-V 模型进行了改进。除此之外，NASA 和科罗拉多大学、ESA、Starlab 研究所等进行了大量机载试验，并根据反演理论对试验数据进行了海面风场反演，风速反演精度达 ±2m/s，风向精度达 ±20°。2014 年，Clarizia 等[6]使用 GNSS-R 方法获得时延-多普勒图像（DDM）的 5 个观测量，并使用根据国家浮标数据中心（NDBC）浮标数据建立的经验地球物理模型函数（GMF），建立了基于回归分析的最小方差风速估算模型，结果表明使用最小方差风速估算模型的均方根误差比仅仅使用单个观测值进行反演的均方根误差要小得多。2016 年，Clarizia[7]又针对热带气旋全球卫星导航系统（CYGNSS）的第二等级产品为数据源，并从样本、功率的选择，使用二维地球物理模型函数等方面，改进之前他所提出的海洋测风算法，设置理想的 CYGNSS 在轨参数仿真得到的 DDM 对算法进行测试。

在国内，王鑫等[8]首次进行岸基 GNSS-R 海洋遥感试验，研究了利用 GPS 直射信号和反射信号反演海洋参数的方法，并将反演结果与实测数据进行对比验证。2008 年，王迎强等[9]利用 Z-V 提出的 GNSS 海面散射信号的理论模型，进行数值仿真试验，证实通过散射信号功率波形反演海洋风场在理论上的可行性。

1.3.3 土壤湿度探测

土壤湿度是地表土壤的一个重要参数。土壤水分在全球水循环中有着重要作用，是地表能量平衡的重要决定因素，影响着地表农作物的生长，影响着洪水、泥石流灾害的发生，也影响着全球天气变化。自 1993 年，Martin-Neira 提出 PARIS 理念[1]；2000 年，Zavorotny 和 Voronovich 建立双尺度表面模型进行海洋反射测量[4]；之后，Zavorotny 和 Voronovich[10]延伸了 Z-V 模型，使其适用于土壤湿度测量，但是他们发现反射信号的波形峰值虽然与土壤湿度相关，但是地面粗糙度对波形尾部有影响，这给利用波形反演土壤湿度带来困难，于是产生利用特制双天线接收机来接收信号从而利用反射信号来反演土壤湿度的构想。

2002 年以后，NASA 连续执行了一系列 GPS 反射信号土壤水分遥感试验，分析土壤介电常数与反射信号功率的定性关系。西班牙 Starlab 研究所设计了 L 频段土壤水分干扰模式 GNSS 观测（SMIGOL）探测装置，用于探测直射信号和反射信号干涉之后的信号，通过分析干涉信号波形特征与土壤水分的关系，反演地表参数，即干涉模式技术（IPT）。后来，Rodriguez-Alvarez 等利用 IPT，从最简单的裸土模型开始研究土壤水分反演算法，到有植被覆盖的复杂模型，证实土壤水分与干涉信号的振幅有关[11]。Larson 等[12]又提出利用传统的 GPS 接收机也可以进行土壤湿度反演，并对此进行了长期研究，与其他学者一起建立了基于物理的多路径正演模型[13-14]，很好地分析了多路径信噪比（SNR）的相位振幅随土壤湿度的变化而变化的特性，促进了 GNSS-R 技术在土壤湿度反演的发展。

2015 年，NASA 研制的土壤湿度主/被动（SMAP）遥感卫星发射成功，其与 2009

年欧洲空间局发射的土壤湿度和海洋盐度监测卫星(SMOS)一样,均采用L频段的微波传感器,对土壤湿度敏感。

在国内,中科院物理与数学研究所、武汉大学等,在岸基GNSS-R研究工作的基础上,开发了土壤水分观测设备和数据反演软件,进行了地基试验[15]。2009年,毛克彪等[16]改进了土壤湿度反演的高级积分方程模型(AIEM),用美国爱荷华州2002年土壤水分实验(SMEX02)实测数据对GPS反射测量的方法估计土壤湿度进行分析,得出利用GPS前向散射信号与噪声之比可以反演土壤水分且可获得较高精度。2014年,Wan(万玮)等[17]在河南郑州开展GNSS-R航空飞行试验,给出土壤湿度的估算方法和结果分析,为中国GNSS-R观测试验开展、自主载荷研制、陆面观测数据处理等提供参考。

1.3.4 植被监测

植被监测,主要是探测植物的含水量,通过探测可以确保农作物的正常生长,及时发现存在的问题并解决。而且,植物覆盖在土壤上,其含水量会影响土壤湿度的监测,而估计植物含水量可以提高土壤湿度的反演精度。随着GNSS的完善,GNSS台站已经遍布世界各地,同一时刻可观测的卫星个数、可接收到的卫星信号越来越多,有助于植物监测网的建立。GNSS信号属于微波频段,而微波对地表粗糙度、含水量等敏感,这一方面有利于对植物含水量的监测,但另一方面却会在监测植物含水量的同时,受地表粗糙度和土壤湿度的影响,所以在估计植物含水量时,需要采用一定的方法消除这些因素的影响。

2008年,Larson等[12]第一次提出传统的接收机可以利用GPS多路径测量来测量土壤湿度,这为GPS反射信号监测植物含水量奠定了基础。2010年,Small等[18]第一次基于GPS的噪声统计量MP1rms(L1频率多路径残差均方根)利用GPS多路径反射测量的方法定性地估计了植物生长,指出信噪比会随着植被的生长而减小。2014年,Chew等[19]在Larson等提出的用于土壤湿度反演的正演模型对植物含水量与信噪比和实际反射面高度进行了定量分析,研究发现在植被含水量不超过1kg/m^{2}时,植物含水量与信噪比振幅呈线性关系,而后Wan等[20]在实地试验分析了Chew的模型,试验结果与模型分析结果一致。2016年,Small等[21]提出了一种较为复杂的基于信噪比干涉图的振幅与频率分析的方法,以消除植被含水量在土壤湿度中的影响,并与之前较为简单的反演算法对比。

1.3.5 积雪探测

积雪是重要的淡水资源,对全球大气和海洋的热状况和区域性气候有着重要影响。积雪的融化一方面补给了地球水资源,但是另一方面却会造成海平面上升,淹没沿海城市,影响人类正常生活。积雪探测十分重要,但是由于积雪的时间、空间变化特性,使得积雪探测十分困难。传统的地基观测方法虽然可以观测到积雪厚度和密度,观测精度也高,但是依然存在时间分辨率较低或缺乏空间动态变化等缺陷,而新型的空基遥感探测,如光学星载传感器虽然可以提供积雪覆盖信息,但是积雪的厚度和密度等信息却无法获得。而近年来,逐步发展起来的 GNSS 技术,利用其优势在积雪探测方面取得了一定的成果。

2009 年,Larson 等[22]利用 GNSS-R 技术对科罗拉多发生的两次暴风雪的测量在积雪厚度方面的研究取得了初步结果,将 GPS 信噪比估计得到的积雪厚度与实际的积雪厚度进行对比,证明传统的 GPS 接收机可以用来测量积雪厚度。2013 年,Nievinski 和 Larson[23]建立了基于物理的多路径正演模型,充分考虑了 GPS 发射信号的左旋和右旋极化以及天线/地面的响应特性。他们还利用 Matlab 建立了该模型的模拟器,使用该模拟器可以用来分析反射测量的特征。2014 年,他们利用之前提出的多路径正演模型建立利用 GPS 多路径测量积雪厚度的反演模型,得到的最终结果与实地观测值达到了 0.97 以上的相关性[24]。同年,Jin 和 Najibi[25]再次利用GPS-L4 观测值和非参数的自举模型来估计积雪厚度的变化,与实测结果符合度良好,进一步推动了积雪探测的发展,2016 年,Jin 等[26]又利用 GPS 的 L2P 观测值的信噪比数据分析积雪厚度的变化,在高度角为 5°~30°时计算得到的相关系数高达 0.98,表明当 GPS 卫星高度角在 30°以下时更有利于雪深测量。

1.3.6 海冰探测

近年来,全球气候发生显著变化,冰川和冻土加剧融化,从而导致海平面产生明显波动。早期的海冰探测常通过设立观测站和雷达站,并利用海上工具进行实地监测,结合使用声呐技术以及光学测量技术获取海冰厚度。而后随着遥感技术的发展,利用光学遥感和雷达遥感测冰的技术得以发展,但前者会受云层和光照等因素的影响,而微波遥感则具有良好的穿透性且可全天候全天时工作等优势。近些年,全球卫星导航系统的发展与完善,使得 GNSS-R 技术在海冰探测方面的研究也取得了显著的成果。

1998 年 4 月,Komjathy 等[27]在美国阿拉斯加州东北岸和加拿大西北岸的波弗特海首次利用 GPS 反射信号进行海冰试验;第二年同月,又在北冰洋西北部阿拉斯加州的最北端巴罗地区进行机载试验监测海冰,并将实验结果与模拟结果进行对比,论证了 GPS 信号可以提供海冰信息,且分析了 GPS 反射信号功率峰值与雷达卫星的后向散射信号之间存在着相关性。Zavorotny 等(2002 年)指出 GNSS-R 垂直极化与水平极化之间的相位差与海冰厚度之间有较好的相关性。2003 年,Wiehl 博士等[28]以雷达高度计的相邻频段为基础建立了海冰 GPS 反射信号模型,并进行星载与机载的模拟分析,开发了用于模拟 GPS 反射信号的乳尖。他们发现 GNSS 反射信号对雪表面的粗糙度和一些粒学参数敏感,该研究弥补了一直以来在 L 频段非垂直前向散射方面的欠缺。

2008 年到 2009 年,欧洲空间局在格陵兰岛历时 7 个月,进行机载和岸基试验。

Maria 等根据机载实验数据发现 GNSS 既可以利用介电常数区分海冰覆盖区域、探测冰厚度,还可以提供冰层的粗糙度和北极冰盖变形信息。Gleason 等[29]在阿拉斯加州 Kuskowwim 湾用英国灾害监测星座(UK-DMC)卫星进行海冰探测,测得海冰厚度在 30~70cm,与美国国家冰雪中心和先进微波扫描辐射计-地球观测(AMSR-E)的观测数据进行对比,验证了利用星载 GPS 反射信号获取海冰信息的可行性。Fabra 等[30]利用 GNSS-R 双极化信号的相位延迟测得海冰厚度的变化,并记录下海冰的生成和融化过程。

相较于国外,国内对海冰探测的进展还处于起步阶段。2013 年,张云等[31]利用欧洲空间局格陵兰岛的数据进行模拟分析,得到 GNSS 反射信号的极化比与海冰密集度的关系,验证了 GNSS-R 监测海冰的可行性。尹聪等[32]在中国渤海进行岸基试验,对渤海海冰进行监测,通过模拟 GNSS-R 信号在海水和海冰表面的反射,建立三层辐射传输模型,得到 GNSS 信号的反射率和海冰厚度及入射角度间的关系,并将结果与 2013 年天津海冰消融过程的试验数据进行对比分析,进一步验证了 GNSS-R 信号对海冰探测的敏感。

1.4 结　　论

GNSS-R 遥感技术是利用 GNSS 的反射信号对海洋、陆地或冰川雪地进行遥感探测的新兴手段。GNSS 卫星作为提供免费且长期稳定的 L 频段信号源,可充分发挥 GNSS 自身优势——全天候、全天时、覆盖范围广、时空分辨率高等。在海洋遥感上,可以进行海洋测高、反演海面风场、估计海水盐度以及海面溢油;在陆地遥感上,利用微波频段对水分敏感的特性,可以估计土壤湿度和植物生长量;在冰川雪地遥感上,充分利用 GNSS 在时空分辨率上的优势,可以测量海冰厚度、积雪厚度、密度、粗糙度等。目前,GNSS-R 在海洋、土壤湿度和冰雪等遥感监测等取得较好的进展。随着 GNSS-R 技术的发展,将来或可能监测火山、地震形变和滑坡等自然灾害。

参考文献

[1] MARTIN-NEIRA M. A passive reflectometry and interferometry system(PARIS):application to ocean altimetry[J]. ESA Journal,1993,17(4):331-355.

[2] AUBER J C,BIBAUT A,RIGAL J M. Characterization of multipath on land and sea at GPS frequencies[C]//Proc. of ION GPS-94,1994:1155-1171.

[3] MARTIN-NEIRA M,CAPARRINI M,FONT-ROSSELLO J,et al. The PARIS concept:an experimental demonstration of sea surface altimetry using GPS reflected signals[J]. IEEE Transactions on Geoscience and Remote Sensing,2001,39(1):142-150.

[4] ZAVOROTNY V U,VORONOVICH A G. Bistatic GPS signal reflections at various polarizations from

rough land surface with moisture content[C]//IGARSS 2000. IEEE 2000 International Geoscience and Remote Sensing Symposium. Taking the Pulse of the Planet:The Role of Remote Sensing in Managing the Environment,Proceedings(Cat. No. 00CH37120)IEEE 2000,7:2852-2854.

[5] THOMPSON D R,ELFOUHAILY T M,GARRISON J L. An improved geometrical optics model for bistatic GPS scattering from the ocean surface[J]. IEEE Transactions on Geoscience and Remote Sensing,2005,43(12):2810-2821.

[6] CLARIZIA M P,RUF C S,JALES P,et al. Spaceborne GNSS-R minimum variance wind speed estimator[J]. IEEE Transactions on Geoscience and Remote Sensing,2014,52(11):6829-6843.

[7] CLARIZIA M P,et al. Wind speed retrieval algorithm for the cyclone global navigation satellite system(CYGNSS) mission[J]. IEEE Transactions on Geoscience and Remote Sensing,2016,54(8):4419-4432.

[8] 王鑫,孙强,张训械,等. 中国首次岸基 GNSS-R 海洋遥感实验[J]. 科学通报,2008(5):589-592.

[9] 王迎强,严卫,张锐,等. GNSS 海面散射信号的海面风场遥感[J]. 海洋技术学报,2008(2):72-76,82.

[10] ZAVOROTNY V U,VORONOVICH A G. Scattering of GPS signals from the ocean with wind remote sensing application[J]. IEEE Transactions on Geoscience and Remote Sensing,2000,38(2):951-964.

[11] RODRIGUEZ-ALVAREZ N,CAMPS A,Vall-llossera M,et al. Land geophysical parameters retrieval using the interference pattern GNSS-R Technique[J]. IEEE Transactions on Geoscience & Remote Sensing,2010,49(1):71-84.

[12] LARSON K M,SMALL E E,GUTMANN E,et al. Using GPS multipath to measure soil moisture fluctuations:initial results[J]. GPS Solutions,2008,12(3):173-177.

[13] LARSON K M,SMALL E E,GUTMANN E D,et al. Use of GPS receivers as a soil moisture network for water cycle studies[J]. Geophysical Research Letters,2008,35(24):851-854.

[14] NIEVINSKI F G,LARSON K M. Inverse modeling of GPS multipath for snow depth estimation—part I:formulation and simulations[J]. IEEE Transactions on Geoscience and Remote Sensing,2014,52(10):6555-6563.

[15] 严颂华,龚健雅,张训械,等. GNSS-R 测量地表土壤湿度的地基实验[J]. 地球物理学报,2011,54(11):2735-2744.

[16] 毛克彪,王建明,张孟阳,等. 基于 AIEM 和实地观测数据对 GNSS-R 反演土壤水分的研究[J]. 高技术通讯,2009,19(3):295-301.

[17] WAN W,BAI W H,et al. Initial results of China's GNSS-R airborne campaign:soil moisture retrievals[J]. Science Bulletin,2015(10):964-971,984.

[18] SMALL E E,LARSON K M,BRAUN J J. Sensing vegetation growth with reflected GPS signals [J]. Geophys. res. lett,2010,37(12):245-269.

[19] CHEW C C,SMALL E E,LARSON K M,et al. Effects of near-surface soil moisture on GPS SNR data:development of a retrieval algorithm for soil moisture[J]. IEEE Transactions on Geoscience and Remote Sensing,2014,52(1):537-543.

[20] WAN W, LARSON K M, SMALL E E, et al. Using geodetic GPS receivers to measure vegetation water content[J]. GPS Solutions, 2015, 19(2): 237-248.

[21] SMALL E E, LARSON K M, CHEW C C, et al. Validation of GPS-IR Soil Moisture Retrievals: Comparison of Different Algorithms to Remove Vegetation Effects[J]. IEEE Journal of Selected Topics in Applied Earth Observations & Remote Sensing, 2016, 9(10): 4759-4770.

[22] LARSON K M, GUTMANN E D, ZAVOROTNY V U, et al. Can we measure snow depth with GPS receivers? [J]. Geophysical Research Letters, 2009, 36(17): L17502.

[23] NIEVINSKI F G, LARSON K M. Inverse modeling of GPS multipath for snow depth estimation—part Ⅱ: application and validation[J]. IEEE Transactions on Geoscience and Remote Sensing, 2014, 52(10): 6564-6573.

[24] NIEVINSKI F G, LARSON K M. Forward modeling of GPS multipath for near-surface reflectometry and positioning applications[J]. GPS Solutions, 2014, 18(2): 309-322.

[25] JIN S G, NAJIBI N. Sensing snow height and surface temperature variations in greenland from GPS reflected signals[J]. Advances in Space Research, 2014, 53(11): 1623-1633.

[26] JIN S G, QIAN X, KUTOGLU H. Snow depth variations estimated from GPS-reflectometry: a case study in Alaska from L2P SNR data[J]. Remote Sensing, 2016, 8(1): 63.

[27] KOMJATHY A, MASLANIK J, ZAVOROTNY V U, et al. Sea ice remote sensing using surface reflected GPS signals[C]//IGARSS 2000. IEEE 2000 International Geoscience & Remote Sensing Symposium, Proceedings(Cat. no. 00 CH 37120), 2000.

[28] WIEHL M, LEGR'ESY, B, DIETRICH R. Potential of reflected GNSS signals for ice sheet remote sensing-abstract[J]. Journal of Electromagnetic Waves and Applications, 2003, 17(7): 1045-1047.

[29] GLEASON S. Towards sea ice remote sensing with space detected GPS signals: demonstration of technical feasibility and initial consistency check using low resolution sea ice information [J]. Remote Sensing, 2010, 2(8): 2017-2039.

[30] FABRA F, CARDELLACH E, RIUS A, et al. Phase altimetry with dual polarization GNSS-R over sea ice[J]. IEEE Transactions on Geoscience and Remote Sensing, 2012, 50(99): 1-10.

[31] 张云,郭建京,袁国良,等. 基于GNSS反射信号的海冰检测的研究[J]. 全球定位系统, 2013, 38(2): 1-6.

[32] 尹聪,曹云昌,朱彬,等. GNSS-R海冰遥感的模拟和试验验证[J]. 华中师范大学学报(自科版), 2016, 50(4): 612-618.

第 2 章　GNSS 信号基础

2.1　GNSS 信号结构

GNSS 信号是 GNSS 卫星向用户播发的一种用于导航定位的调制波。采用调制波的原因有 3 点:①作为用户定位使用的测距码、导航电文是数字信号,而数字信号无法直接在无线信道传输;②可以有效地搬移频谱,合理利用频谱资源;③将低频的导航信息调制到高频信号中,有利于信号的传播和提高抗干扰能力,减小接收机天线的尺寸。因为 GNSS 信号为调制波,作为调制波应该包括低频数据波和高频信号载波,低频数据波又包括伪随机测距码和导航电文。

2.1.1　载波信号

在通信技术上,载波(carrier wave)是一种在调制过程中被当作基波的高频信号波,其实质是由振荡器产生并在信道上传播的一种电波。一般输入信号的频率要低于载波频率,将输入信号卷积到高频载波的过程称为调制。调制的方式有幅移键控(ASK)、频移键控(FSK)、相移键控(PSK)。针对 GNSS 信号采用的调制方式为 PSK,GNSS 信号采用的载波频率集中在 L 频段,这是综合了电磁波的大气窗口和电磁波的衰减率综合考量的一个频率范围。各导航系统的载波中心频率分别为:美国 GPS 信号的载波中心频率为 1575.42MHz(L1)、1227.60MHz(L2)和 1176.45MHz(L5),俄罗斯 GLONASS 信号的载波中心频率为 $1602 + 0.5625 * k$(MHz)和 $1246 + 0.4375 * k$(MHz)(k 为 GLONASS 卫星编号),中国北斗导航卫星的载波中心频率为 1561.098MHz(B1I)和 1207.140(B2I),欧盟 Galileo 导航系统的载波中心频率为 1589.74MHz(E1)、1561.1MHz(E2)、1176.45MHz(E5a)、1207.14(E5b)和 1278.75MHz(E6)。各导航系统载波频率占用频谱分布如图 2.1 所示。

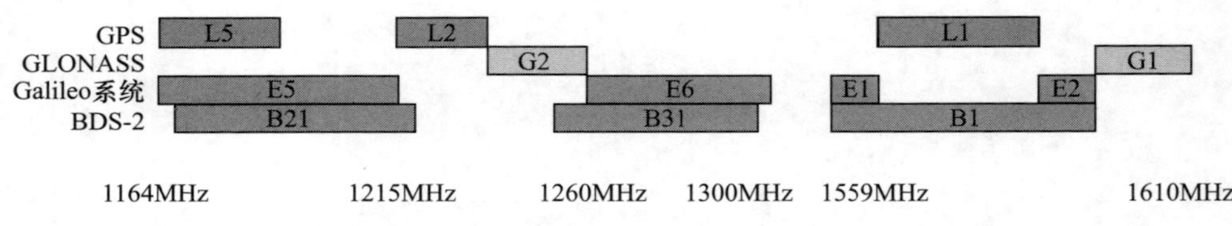

图 2.1　GNSS 信号的频谱分布(见彩图)

2.1.2 伪随机噪声码

伪随机噪声(PRN)码是 GNSS 卫星发射器产生的一段能测定码元对应的宽度为 29.3m,测距精度为 ±0.3m,调制在 L1 和 L2 两个载波上的数字编码,采用双频观测可以有效地消除电离层影响。为了提高系统可靠性,美国军方又将 P 码与完全绝密的 W 码模二相加产生完全绝密的 Y 码,在反欺骗(anti-proofing)策略生效时,由卫星向下播发,供授权用户使用。所用的 GPS 测距码使用二进制相移键控(BPSK)的方式调制在频率相同的 L 频段载波上,以码分多址技术区分卫星编号,所以 GPS 的卫星编号以 PRNXX 来表示。在 GPS 现代化的过程中,在 L2 频段上又增加了民用测距码 L2C,在 L1、L2 频段上调制新的军用码 M 码,这两种测距码是使用二进制偏移载波(BOC)的方式调制到载波上(图 2.2)[1]。

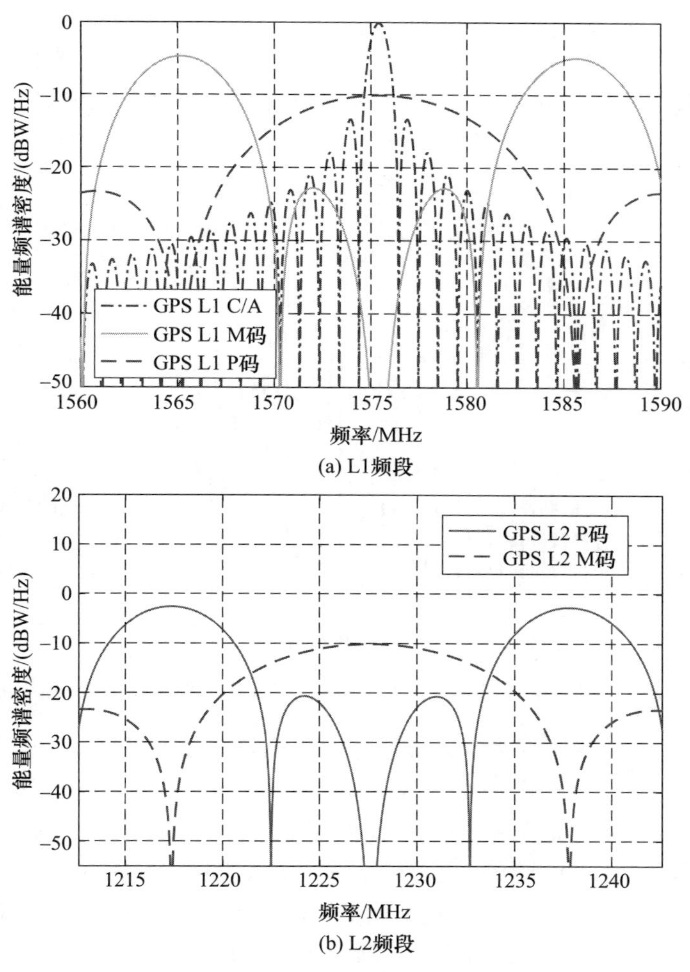

图 2.2 GPS L1、L2 频段测距码频谱能量分布图(见彩图)

GPS 的 C/A 码是由 2 个 10 级移位寄存器产生的 Gold 序列进行相加产生的。第一个移位寄存器生成的序列可以表示成多项式$G_1 = 1 + X^3 + X^{10}$，第 2 个移位寄存器产生的序列可以表示成多项式$G_2 = 1 + X^2 + X^3 + X^6 + X^8 + X^9 + X^{10}$。在$G_2$选择两个移位寄存器的输出进行模 2 加，再与$G_1$的第 10 个移位寄存器相加，从而产生 C/A 码序列。而 GPS 的 P 码是由 2 个 1500 万位的 PRN 序列乘积码衍生出来的。

GLONASS 的伪随机噪声码也是分 2 种：粗码 S 码和精码 P 码。S 码码长 511 个码元，码（速）率为 0.511Mchip/s，每个码元对应的空间距离为 587m；P 码码率为 5.11Mchip/s，每个码元对应的空间距离大约为 58.7m，码长约为 5.11×10^6个码元，重复周期为 1s，远小于 GPS 的 P 码一个星期的重复周期，所以也有极佳的捕获特性，但是由于码长短，相关性不如 GPS 好[2]。GLONASS 采用军民共用的测率，无论是 S 码还是 P 码的结构均公开（图 2.3）。GLONASS 的测距码以 BPSK 的方式调制在 L 频段上，采用频分多址技术区分不同的卫星编号。

GLONASS 的 S 码序列是由一个 9 级移位寄存器直接生成的，它的生成表达式为$G_s = 1 + X^5 + X^9$。P 码序列是由一个 25 级移位寄存器直接生成的，生成的表达式可以记作$G_P = 1 + X^3 + X^{25}$。

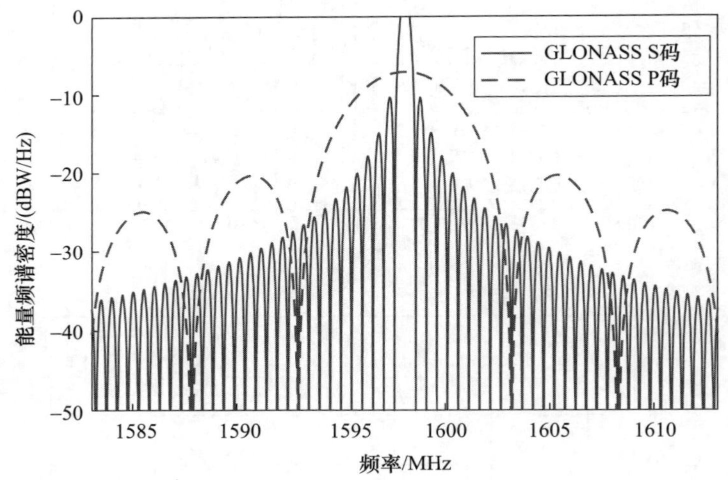

图 2.3　GLONASS SV1 卫星 L1 频段测距码频谱能量分布图（见彩图）

Galileo 系统的测距码因为其设计应用领域比较细致而设计得比较复杂。Galileo 信号一共存在于 3 个频段共 10 条信道上，E5 频段上分布 4 条信道，E6 信道上分布 3 条，E2-L1-E1 信道上分布 3 条。E5 频段上为未加密的测距码 E5a-I、E5a-Q、E5b-I、E5b-Q，码率均为 10.23Mchip/s，码长分别为 20ms、100ms、4ms、100ms。采用 alternate BOC 的调制方法调制到载波上；E6 频段上为供政府使用的测距码 E6-A，供商业目的使用的测距码 E6-B、E6-C，它们的码率均为 5.115Mchip/s，由于码结构加密，码长未知，E6-A 采用 BOC 的方式调制，E6-B、E6-C 采用的是 BPSK 的方式调制；E2-L1-E1

频段上存在供政府使用的测距码 L1P,码率为 2.5575Mchip/s,码结构加密,供公众使用的 L1F 测距码,码率为 1.023Mchip/s,码长分别是 4ms 和 100ms,E2-L1-E1 频段上的 3 种测距码均采用 BOC 的调制方式[3]。Galileo 系统与 GPS 一样也采用 CDMA 的方式区别不同卫星,但实际上它的信号分布在 E5、E6、E2-L1-E1 三个频段上,也可以说 Galileo 系统的信号既采用了码分多址,在实际上又以频分多址加以区分[4]。

北斗二代导航系统的测距码分别使用四相相移键控(QPSK)的方式调制到 B1、B2 两个频段的 I、Q 两条支路上。B1I 和 B2I 信号测距码的码率为 2.046Mchip/s,码长为 2046chip。它们是由两个 11 级线性移位寄存器产生的线性序列通过模二加组合产生的,是一种 Gold 码。两个线性序列可以表示为

$$G_1 = 1 + X + X^7 + X^8 + X^9 + X^{10} + X^{11}$$

$$G_2 = 1 + X + X^2 + X^3 + X^4 + X^5 + X^8 + X^9 + X^{11}$$

通过对 G_2 产生的序列的不同抽头可以实现 G_2 序列相位的不同偏移,与 G_1 序列模二加后可生成不同卫星的测距码,以码分多址的方式进行频率复用区分不同卫星。

表 2.1 归纳了 GPS、北斗系统、GLONASS、Galileo 系统和区域系统 QZSS、IRNSS 的星座和信号特征。

表 2.1　各系统信号归总表[5]

卫星 项目	GPS	北斗系统	GLONASS	Galileo 系统	QZSS	IRNSS
时间系统	GPS 时(GPST) 协调世界时(UTC)-美国海军天文台(USNO)	北斗时(BDT)	GLONASS 时(GLONASST) (UTC-RUS(俄罗斯))	GPST		
坐标系统	WGS-84	CGCS2000(北斗二号) BDCS(北斗三号)	PZ-90	ITRS		
星座	21+3 (6 轨道面)	5GEO+5IGSO+4MEO(北斗二号标准星座) 3GEO+3IGSO+24MEO(北斗三号标准星座)	24+3	27+3	初期:3IGSO+1GEO 最终(2020):4IGSO+3GEO	3GEO+4IGSO,2 轨道面

（续）

卫星 项目	GPS	北斗系统	GLONASS	Galileo 系统	QZSS	IRNSS
卫星信号频点	试验卫星： Block Ⅰ； 工作卫星： Block Ⅱ； Block ⅡA （卫星间通信）； Block ⅡR； Block ⅡF （第三民用频率）	B1I、B2I、B3I、 B1Q、B2Q、B2Q （北斗二号） B1I、B1A、B1C、 B2a、B2b、B3Q、 B3A、B3I （北斗三号）	试验阶段： GLONASS-M； 商用阶段： GLONASS-K； GLONASS-K1； GLONASS-K2； GLONASS-KM	试验卫星： GIOVE-A； GIOVE-B； IOV（In-Orbit Validation Satellites）； FOC（Full Operational Capability）		IRNSS-1A； IRNSS-1B； IRNSS-1C； IRNSS-1D； IRNSS-1E； IRNSS-1F； IRNSS-1G
调制方式	BPSK；MBOC	UQPSK （北斗二号） BOC(1,1)、 MBOC (6,1,4/33)、 ACEBOC (15,10)、 BPSK （北斗三号）	BPSK	BPSK； MBOC； AltBOC		BPSK； BOC(5,2)
卫星多址方式	CDMA	CDMA	频分多址 （FDMA）	CDMA	CDMA	
载波频率/MHz	L1:1575.42 L2:1227.60 L5:1176.45	B1:1561.098 B2:1207.140 B3:1268.52 （北斗二号） B1:1575.42 B2:1191.795 B3:1268.52 （北斗三号）	L1:1598.0625 ~ 1604.25 L2:1242.9375 ~ 1247.75 L3:1197.648 ~ 1212.255	E1:1589.74 E2:1561.1 E5a:1176.45 E5b:1207.14 E6:1278.75	L1:1575.42 L2:1227.60 L5:1176.45 LEX:1278.75	L5(1176.45)； S(2492.028)
注：MBOC—复用二进制偏移载波；AltBOC—交替二进制偏移载波；GEO—地球静止轨道；IGSO—倾斜地球同步轨道；MEO—中圆地球轨道						

2.1.3 导航电文

导航电文是由一组含有卫星位置、卫星状态、钟差参数及电离层修正参数等一系列重要数据的二进制代码，其被调制在载波上通过卫星向用户播发，交由用户定位时使用。导航电文又称广播星历、预报星历。不同的导航卫星系统的导航电文的功能

基本相同,但具体内容不尽相同。

GPS 导航电文按照导航电文播放的规定格式构成主帧,以 50bit/s 的速率发送给用户(图 2.4)。内容包括卫星的状态信息、卫星的运行参数以及电离层延迟改正参数和 UTC 改正等参数,播发一次需要 12.5min。GPS 以开普勒轨道根数的形式播发并加以卫星摄动拟合参数,星历参数的时间间隔为 2h,通过插值的方式计算 GPS 卫星在 WGS-84 坐标系中的瞬时位置。

GLONASS 导航卫星有两种导航电文,分别调制在标准测距码和精密测距码。在标准测距码上调制的导航电文包括 5 个子帧,每个子帧历时 30s,需要 2.5min 播发完毕,包括本颗卫星的星历数据、时间标识、卫星状态;在精密测距码上调制的导航电文包括 72 个子帧,需要 12min 播发完毕。GLONASS 包含参考历元的卫星位置、速度及日月对卫星的摄动加速度,星历参数的时间间隔是 30min,采用 4 阶龙格-库塔积分,得到 GLONASS 卫星参考历元在 PZ-90 坐标系中的瞬时位置。

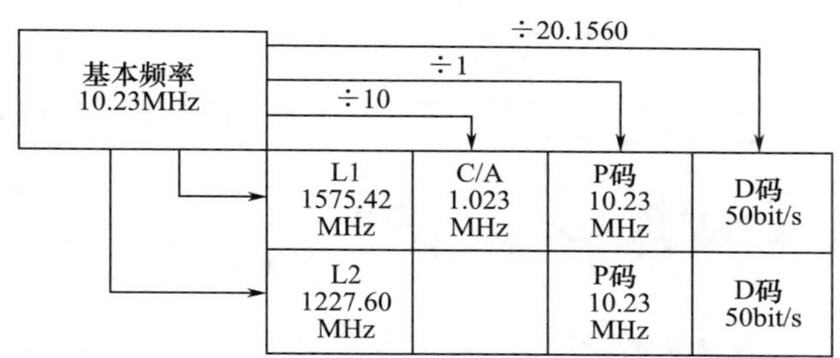

图 2.4 GPS 信号示意图

Galileo 系统的导航电文分为主帧、子帧、页面三级格式。一个完整的 Galileo 系统卫星导航电文包含一个主帧,持续时间为 600s,每个主帧分为 12 个子帧,每个子帧持续时间为 50s,每个子帧包含 5 个页面,每个页面持续时间为 10s,页面是导航电文的基本组成部分。导航电文里包含 4 类参数,分别是星历、时钟修正参数、导航服务参数和历书。这 4 类参数通过上述的 12 个子帧的导航电文向用户播发并以此来获取 Galileo 系统所承诺的各种服务[6]。

北斗系统导航电文分为 D1 型和 D2 型,分别由 MEO/IGSO 卫星和 GEO 卫星播发。D1 型导航电文包含本卫星的基本导航信息、全部卫星历书及与其他系统时间同步信息,整个 D1 型导航电文全部播发完要 12min。D2 型导航电文包括 D1 型导航电文内容外加北斗系统完好性及差分信息、格网点电离层信息。

2.2 GNSS 信号调制

2.2.1 调制方式

GNSS 需要多个卫星同时测距才能采用空间后方交会的方法计算接收机位置,

但是由于频谱资源有限，所以 GNSS 信号系统必须采用扩频系统。如前面所述，GNSS 定位所需要的测距码和导航电文是直接调制在高频载波上，这种扩频方式称为直接序列扩频(DSSS)。

扩频的过程称为调制，GNSS 系统的调制方式主要包括二进制相移键控(BPSK)、四相相移键控(QPSK)和二进制偏移载波(BOC)。如 GPS 采用 BPSK 的调制方式(图 2.5)。

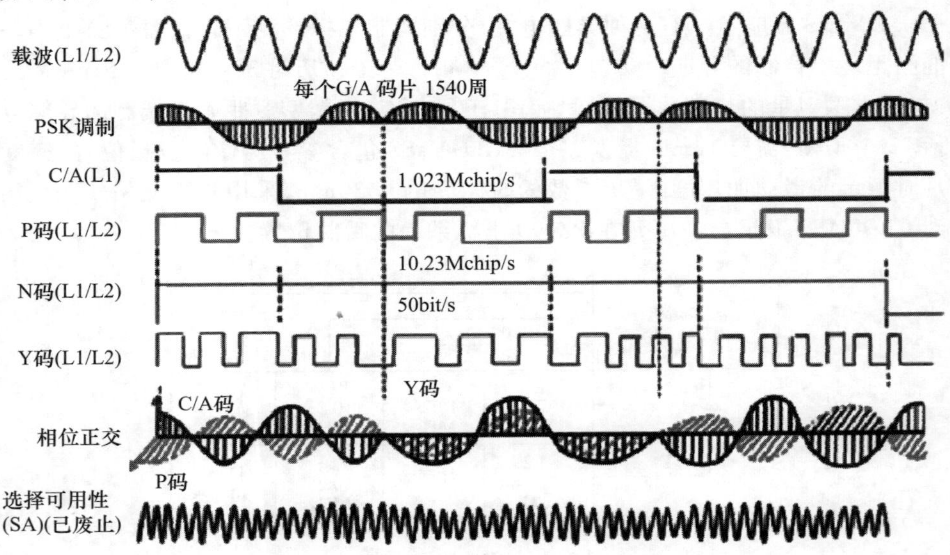

图 2.5　GPS BPSK 调制示意图(见彩图)

2.2.2　调制过程

BPSK 是相移键控中最简单的一种方式，是利用载波的相位变化来传递数字信息，而幅度和频率保持不变(图 2.6)。BPSK 通常使用初始相位 0 和 π 来表示二进制的 0 与 1(图 2.7)。由于其调制的简单性，所以 BPSK 的调制方式抗噪声干扰性最强，即使信号严重失真，也能将数字信号从模拟信号中恢复出来。BPSK 信号的时域表达式可以表达为

$$P_{\mathrm{BPSK}}(t) = A\cos(\omega_c t + \phi_0)$$

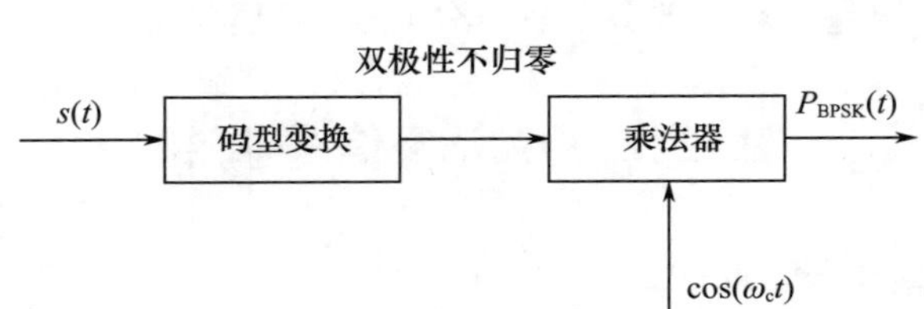

图 2.6　BPSK 信号调制过程示意图

早期的GNSS均采用BPSK的调制方式,如GPS卫星L1频段上的C/A码,L1、L2频段上的P码,现代化后的GPS卫星L2频段上的L2C码,GLONASS卫星的S码(标准测距码)、P码(精密测距码),Galileo卫星上的E6频段上的E6c信道。

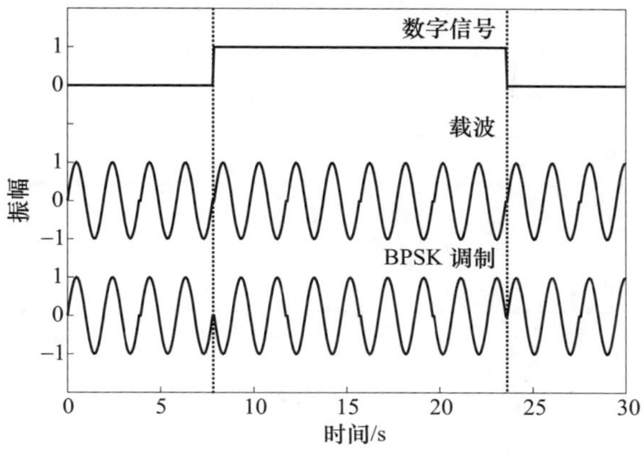

图2.7 BPSK调制示意图

四相相移键控(QPSK)利用载波的4种不同相位差来表征输入的数字信息,是四进制相移键控(图2.8)。它规定了4种载波相位,分别为45°,135°,225°,275°,调制器输入的数据是二进制数字序列,为了能和四进制的载波相位配合起来,则需要把二进制数据变换为四进制数据,这就是说需要把二进制数字序列中每两个比特分成一组,共有四种组合,即00,01,10,11,其中每一组称为双比特码元。每一个双比特码元由两位二进制信息比特组成,它们分别代表四进制4个符号中的一个符号。QPSK中每次调制可传输2个信息比特,这些信息比特是通过载波的4种相位来传递的。解调器根据星座图及接收到的载波信号的相位来判断发送端发送的信息比特(图2.9)。

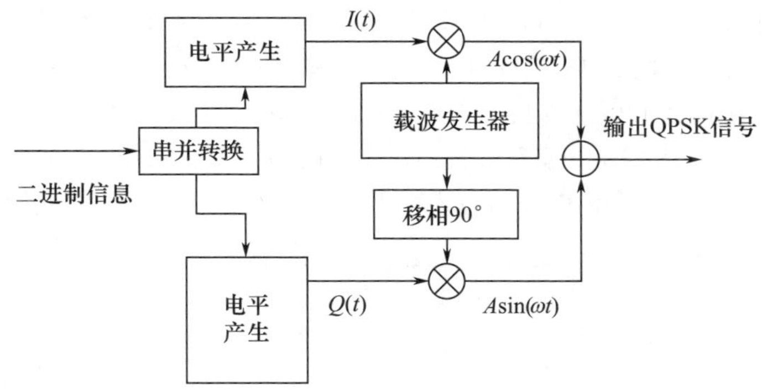

图2.8 QPSK调制过程示意图

QPSK可以看作两个正交载波的BPSK信号相干合成。所以原始的数字信号经过串并变换,变成两路速率减半的序列,电平发生器分别产生双极性的电平信号$I(t)$和

$Q(t)$,然后对两路载波 $A\cos(\omega t)$ 和 $A\sin(\omega t)$ 进行调制后相加即可得到 QPSK 信号[7]。

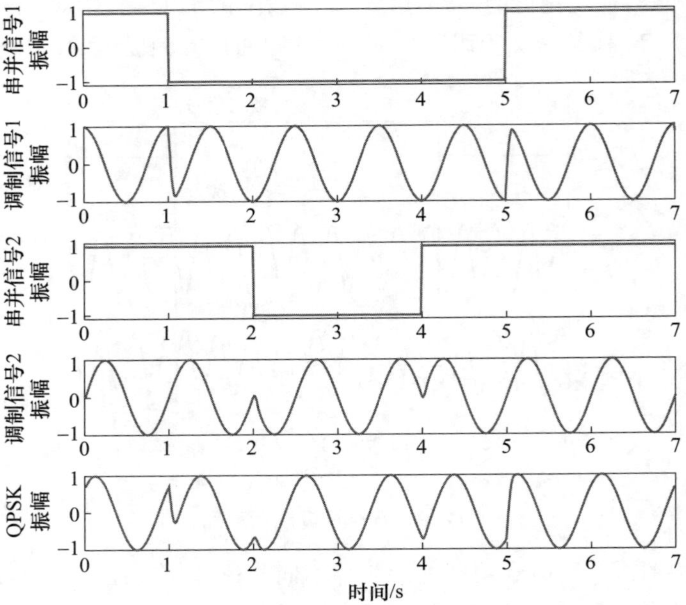

图 2.9　QPSK 调制示意图

采用 QPSK 调制方式的导航系统只有我国北斗二代导航系统。

BOC 是在原有的 BPSK 调制增加一个二进制副载波,使其频谱产生适当偏移。这种调制方式的特点是将信号的功率谱发生分裂,变成了两个对称的部分,并且根据所选择的参数可以变动两个分裂主瓣之间的距离(图 2.10)[8]。实际上,BOC 调制就是以一个方波作为副载波,对调制在主频上的信号再一次调频,使信号分成两个部分,位于主载波的左右两侧,所以 BOC 其实是一种频谱赋形技术(图 2.11)。基于 BOC 技术及其衍生出的类 BOC 技术被广泛应用于现代 GNSS,如 Galileo 系统的 E2-L1-E1 频段使用了 MBOC 调制技术、现代化后的 GPS 的 L2 上的民用码 L2C,全新的军用码 M 使用了复合二进制偏移载波(CBOC)调制技术,Galileo 系统的 E5 频段上使用了两路交替的 BOC AltBOC 调制技术[9-10]。

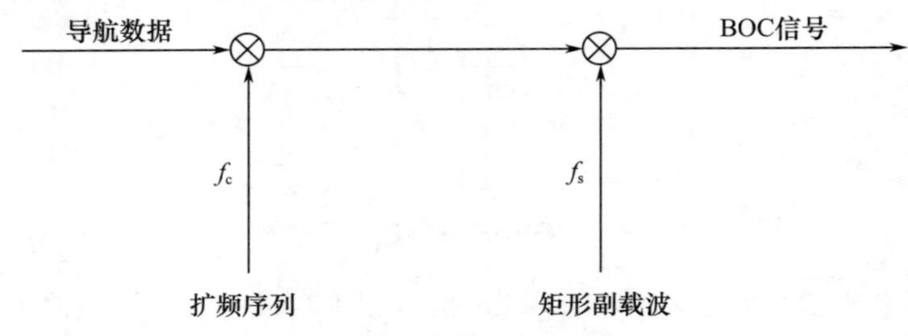

图 2.10　BOC 调制过程示意图

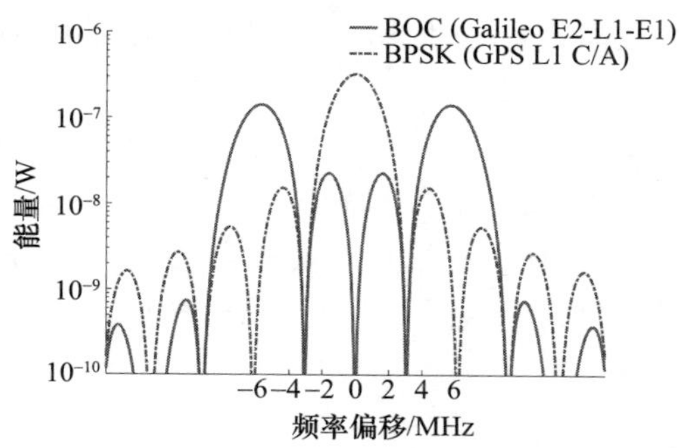

图 2.11　BOC 调制技术与 BPSK 调制技术波瓣对比(见彩图)

2.3　GNSS 信号捕获与跟踪

2.3.1　捕获方法

GNSS 信号的捕获是指接收机通过相关搜获的过程第一次发现 GNSS 信号并且记录信号的频移和相移参数以锁定信号的过程,它是信号解扩解调的必要步骤。GNSS 接收机的捕获系统常常由 3 部分组成:相关器、信号检测器和搜索控制逻辑。

GNSS 卫星接收机捕获信号的基本原理是通过接收机内部的 PRN 码发生器复现需要捕获的卫星的 PRN 码。移动接收机生成的 PRN 码与接收到的 PRN 码进行互相关处理,当接收机所复现的 PRN 码与所接收到 PRN 码有最大相关时,即捕获到所要捕获的卫星的导航信号。在捕获的过程中,由于接收机与卫星间存在视距的相对运动,且接收机码发生器基准振荡器不稳定,都会造成 1 个明显的多普勒频移效应。所以导航信号的捕获过程是码与载波二维的信号复现过程。在实现的过程中,一般会首先搜索卫星的载波多普勒频移,然后跟踪卫星的载波多普勒效应,在载波的多普勒效应里实现对码的匹配。因为如果先搜索复现码,即使一开始成功地捕获到卫星信号,也会由于载波频率的误差,失去对卫星的跟踪。在搜索多普勒频率时,首先调节接收机码发生器的基准振荡器的标称频率以补偿接收机和卫星之间的视距运动造成的多普勒频移。接收机的基准振荡器相对于规定频率也会有 1 个频率偏移,但是这个偏移对于接收机正在跟踪的所有的卫星来说是一致的,可以由导航滤波器作为 1 个时间偏移率的参数来确定[11]。

根据捕获系统的相关器、信号检测器配置的不同,有多种方式实现信号的捕获。码串行载波串行的搜索方式是指粗略估计 1 个载波频移,将本地码与接收的信号码相关,相关超过阈值,记录此时的相位和频移以实现后面的跟踪,当没有超过阈值时,移动码块继续相关,如果移动超过 1 个码周期仍没有超过阈值,变动载波频移,继续进行码相关操作,直至码相关超过阈值。码串行载波并行搜索方式是,将本地码与 N_f 个频点上对应的载波上的信号码进行相关取得 N_f 个相关值,若有超过阈值的频点,则记录下当前相位和频率以实现跟踪,当没有频点超过阈值时,移动码片继续相关操作。码并行载波串行的搜索方式是,使用 N 个码相关器对给定的载波频移上的信号码进行相关操作,找出超过阈值的码片并记录当前载波频移完成信号捕获。码并行载波并行的搜索方式是 N 个码相关器和 N_f 个频点上同时进行相关操作,找出超过阈值的码片频移组合,一次性完成对信号的捕获。

信号被捕获后,跟踪模块使接收机在一定动态范围内保持对载波和测距码的同步,同时完成对载波频移及相位、测距码的相位的精确估计,获得导航计算的原始数据。

2.3.2 信号接收与解调

完成对 GNSS 信号进行捕获跟踪后,接收机接收到的卫星信号是一种调制波,在接收到的调制波中提取载波频移、测距码信号及导航电文的过程称为解调。

GPS 卫星的 L1、L2 频段上的测距码均以 BPSK 的方式调制在载波上,所以本书以 BPSK 解调为例介绍解调的原理与步骤。BPSK 信号往往采用相干解调的方法,原理是用接收机产生的本地码,在锁定跟踪的条件下与卫星的测距码相干(图 2.12)。因为本地码与测距码经过相关时延差后可以实现完全同步,所以原来 $x-1$ 的相位,现在又一次 $x-1$ 而得到恢复,之后在低通滤波器的作用下,过滤掉信号的噪声和导航电文的影响(无法提前知道导航电文的码结构),最后通过抽样判决器恢复出数字信号,从而实现 BPSK 信号的解调(图 2.13)。

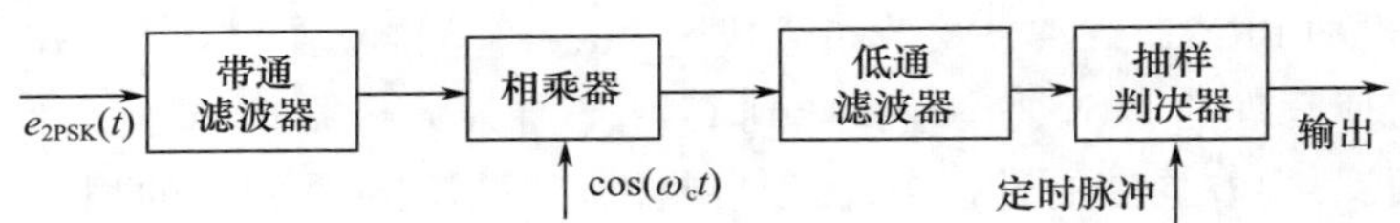

图 2.12 基于 BPSK 调制的 GPS 信号的解调示意图

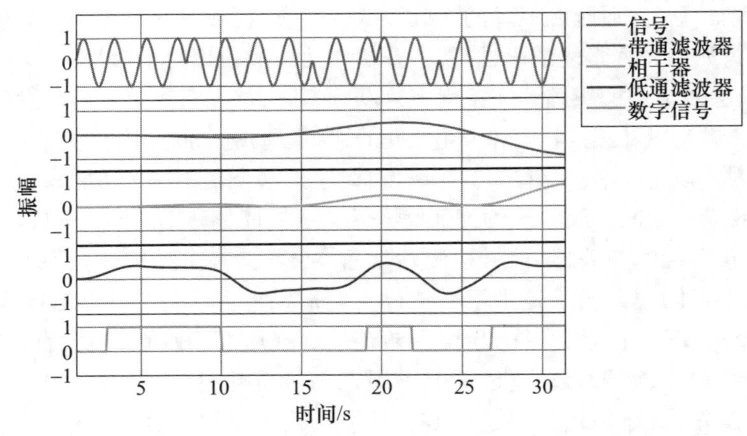

图 2.13 基于 BPSK 调制的 GPS 信号的解调示例(见彩图)

参考文献

[1] BORRE K. A software- defined GPS and galileo receiver: a single- frequency approach[M] Berlin: Springer Science & Business Media, 2007.

[2] STEIN B A, TSANG W I, 郑铁男. GPS 与 GLONASS 的伪码比较[J]. 遥测遥控, 1991(4):66-71.

[3] BETZ J W. Binary offset carrier modulations for radionavigation[J]. Navigation, 2001, 48(4):227-246.

[4] European Union. European GNSS(Galileo) open service: signal in space interface control document [M]: Office for Official Publications of the European Communities, 2010.

[5] VYASARAJ G, LACHAPELLE G, VIJAYKUMAR S B. Analysis of IRNSS over Indian subcontinent [C]//Proceedings of ITM11, The Institute of Navigation, San Diego, 2011:24-26.

[6] 高书亮, 杨东凯, 洪晟. Galileo 系统导航电文介绍[J]. 全球定位系统, 2007, 32(4):21-25.

[7] HODGART M S, BLUNT P D. Dual estimate receiver of binary offset carrier modulated signals for global navigation satellite systems[J]. Electronics Letters, 2007, 43(16):877-878.

[8] KIM S, YOO S, YOON S, et al. A novel unambiguous multipath mitigation scheme for BOC(kn, n) tracking in GNSS[C]//2007 International Symposium on Applications & the Internet Workshops, IEEE, 2007:57.

[9] AVILA-RODRIGUEZ J A, HEIN G W, WALLNER S, et al. The MBOC modulation: the final touch to the Galileo frequency and signal plan[J]. Navigation, 2008, 55(1):15-28.

[10] ZHENG Y, CUI X, LU M, et al. Pseudo-correlation-function-based unambiguous tracking technique for Sine-BOC signals[J]. IEEE Transactions on Aerospace & Electronic Systems, 2010, 46(4):1782-1796.

[11] BLUNT P. Advanced global navigation satellite system receiver design[M]. United Kingdom: University of Surrey, 2007.

第 3 章　GNSS 反射信号特征

3.1　电磁波极化与反射

GNSS 载波作为 L 频段的电磁波，其传播遵循电磁运动规律。在电磁波传播过程中，对应一任意时刻 t，空间电磁波中具有相同相位的点构成的等相位面，称为波阵面。波阵面为平面的电磁波称为平面波。本节通过介绍平面波的基本概念和性质来简单介绍电磁波的极化与反射。

3.1.1　电磁波极化

电磁波，是由同相且互相垂直的电场与磁场在空间中衍生发射的振荡粒子波，是以波动的形式传播的电磁场。在磁导率为 μ 和介电常数为 ε 的无源区，对于各向同性的均匀媒质，电磁场的解可仅由限定形式的麦克斯韦方程组的两个旋度方程求出[1]：

$$\nabla \times \boldsymbol{H} = \varepsilon \frac{\partial \boldsymbol{E}}{\partial t} \tag{3.1}$$

$$\nabla \times \boldsymbol{E} = -\mu \frac{\partial \boldsymbol{H}}{\partial t} \tag{3.2}$$

为了求解上述方程，对上述任一式子（如式(3.2)），两边再取旋度：

$$\nabla \times \nabla \times \boldsymbol{E} = -\mu \frac{\partial (\nabla \times \boldsymbol{H})}{\partial t} \tag{3.3}$$

将矢量恒等式 $\nabla \times \nabla \times \boldsymbol{A} = \nabla\nabla \cdot \boldsymbol{A} - \nabla \cdot \nabla \boldsymbol{A}$ 及式(3.1)带入式(3.3)，并根据 $\nabla \cdot \boldsymbol{E} = 0$，得

$$\nabla^2 \boldsymbol{E} - \mu\varepsilon \frac{\partial^2 \boldsymbol{E}}{\partial t^2} = 0 \tag{3.4}$$

同理可得到

$$\nabla^2 \boldsymbol{H} - \mu\varepsilon \frac{\partial^2 \boldsymbol{H}}{\partial t^2} = 0 \tag{3.5}$$

式(3.4)和式(3.5)分别是关于场量 $\boldsymbol{E}$ 和 $\boldsymbol{H}$ 的波动方程。

对于平面波，我们知道波的传播方向（波矢 k 的方向）对于空间各点和任意时刻都是固定不变的，选择此方向为 z 轴方向；其电场矢量和磁场矢量彼此相互垂直，选择方向为 x，y 方向，故电磁波沿着 z 轴方向传播，其场量 $\boldsymbol{E}$ 的波动方程为

$$\boldsymbol{E}(z,t) = \boldsymbol{E}_0\cos(\omega t \pm kz) \tag{3.6}$$

式中：$\boldsymbol{E}_0$为常矢量；ω 为角频率；k 为波矢，式(3.6)表示沿 z 轴在两相反方向上传播的具有时间相位 ωt 和空间相位 kz 的两个波。电磁波的极化常以电场矢量的端点在空间(随时间变化)所画的轨迹来划分极化的类型。为方便起见，选取沿 z 轴方向传播的均匀平面波为研究对象，一般可用 E_x 和 E_y 方向的分量来表示。在一般情况下，E_x 和 E_y 分量都存在，这两个分量的振幅和相位不一定相同，因此波的极化方向也是复杂的。

1) 直线极化

时变电磁场的电场矢量 $\boldsymbol{E}$ 在空间的方向固定不变的极化称为直线极化。对于直线极化波，电场矢量的两个分量的相位应该相同或相差180°。假定电场矢量在 x 轴方向分量为

$$E_x = E_{x0}\cos(\omega t - kz + \phi) \tag{3.7}$$

则 y 轴方向分量为

$$E_y = E_{y0}\cos(\omega t - kz + \phi) \tag{3.8}$$

式中：E_{x0}、E_{y0}为振幅值；ϕ 为初始相位。合成电场的大小为

$$E = \sqrt{E_{x0}^2 + E_{y0}^2}\cos(\omega t - kz + \phi) \tag{3.9}$$

合成电场方向与 x 轴夹角 θ 为

$$\theta = \arctan\frac{E_y}{E_x} = \arctan\left(\frac{E_{y0}}{E_{x0}}\right) \tag{3.10}$$

由于 E_{x0}，E_{y0} 是常数，不随时间变化，故 θ 也不随时间变化，是常数，其在空间轨迹始终为一条直线，称为直线极化波。特殊情况下当 x 轴分量或 y 轴分量为0时，极化为 x 轴极化或 y 轴极化。

2) 椭圆极化

对于直线极化波，x 轴与 y 轴分量不存在相位差且随时间变化相同。假定两轴分量随时间变化不同且相位差为 θ，则合成后的电场即两直线极化波之和：

$$\boldsymbol{E} = x\,E_{x0}\cos(\omega t - kz + \phi) + y\,E_{y0}\cos(\omega t - kz + \phi + \theta) \tag{3.11}$$

为了简化，固定 z 值为0，则

$$E_x = E_{x0}\cos(\omega t + \phi) \tag{3.12}$$

$$E_y = E_{y0}\cos(\omega t + \phi + \theta) \tag{3.13}$$

式(3.13)组成一个中心在 xy 平面的坐标原点的椭圆参数表示式。电场矢量 $\boldsymbol{E}$ 的端点轨迹在空间是一个椭圆，称为椭圆极化波，其本质是两个空间相隔90°的两个线极化波之和。可以看出，当$E_{x0} = E_{y0}$，且 $\theta = \pm 90°$或 $\pm 270°$时，式(3.13)变化为圆参数表达式，该波是圆极化的。合成后的电场矢端在一椭圆周上以角速度 ω 运动，且运动方向根据E_x和E_y的差值分为顺时针运动和逆时针运动。如果空间各点 $\boldsymbol{E}$ 的矢端顺时针方向旋转，则称为右旋波；如果矢端逆时针方向旋转，则称为左旋波。

电磁波的极化在通信、广播、电子侦察等领域有着广泛的应用。调幅电台发射特

定极化的电磁波,只有采用特定极化的天线才能被接收。导航卫星发射右旋圆极化信号,天线也只能采用右旋圆极化,可以抑制反射信号的接收。此外,利用电磁波的极化类型还可以对目标进行识别。当某种极化类型的电磁波照射到目标后,其反射波的极化类型可能会发生改变[2]。

3.1.2 电磁波反射

电磁波离开发射源向外辐射遇到界面或地表会像光一样发生反射、折射、散射现象,具体发生什么现象取决于界面的形状、粗糙度等,也与电磁波的波长有关[3]。此外,不同的物质或者同一物质的角度不同,都将使电磁波的反射、折射等现象出现不同的特性。下面从粗糙分界面和光滑(镜面)分界面两种情况分别介绍电磁波的反射。

3.1.2.1 镜面反射

在理想的镜面条件下,电磁波入射反射面发生镜面反射。根据上节所述,均匀平面波的场矢量始终在垂直于其传播方向的平面内,且任意二维矢量都能分解成两个正交分量,所以单独讨论线极化分量反射就足够。通常入射平面是包含分界面的法向矢量和平面波传播矢量的平面。当入射波 $\boldsymbol{E}$ 矢量垂直于入射平面时,所产生的反射称为垂直极化反射;当入射波 $\boldsymbol{E}$ 矢量平行于入射面时,所产生的反射称为平行极化反射。如图 3.1 所示,入射平面是 Oxz 平面,入射波的电场矢量平行于入射面。

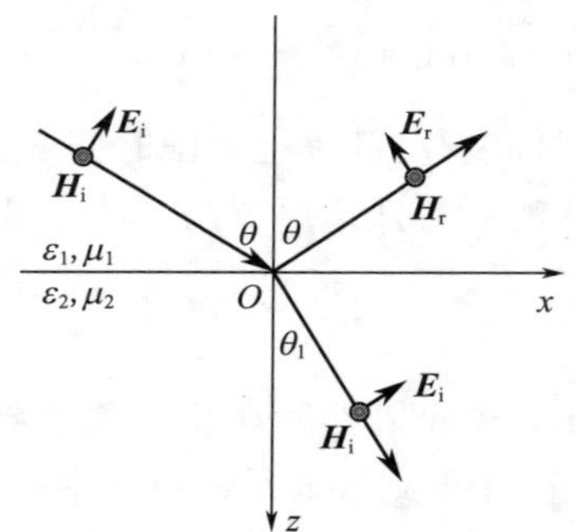

图 3.1 水平极化波的入射和透射

对于水平极化入射,其反射系数为[1]

$$R_{\mathrm{H}} = \frac{\cos\theta - \sqrt{\varepsilon - \sin^2\theta}}{\cos\theta + \sqrt{\varepsilon - \sin^2\theta}} \tag{3.14}$$

对于垂直极化入射,其反射系数为

$$R_{\mathrm{V}} = \frac{\varepsilon\cos\theta - \sqrt{\varepsilon - \sin^2\theta}}{\varepsilon\cos\theta + \sqrt{\varepsilon - \sin^2\theta}} \tag{3.15}$$

式中:$\varepsilon = \dfrac{\varepsilon_2}{\varepsilon_1}$。

在电磁波斜入射的情况下，只要满足一定的条件，就可能发生没有反射波的现象，这就是波的全折射现象。由于发生全折射时，没有反射波，所以要满足要求就是令波的反射系数为零。对于垂直极化波的入射，其反射系数如下式所示，发生全折射时

$$R_V = \frac{\varepsilon\cos\theta - \sqrt{\varepsilon - \sin^2\theta}}{\varepsilon\cos\theta + \sqrt{\varepsilon - \sin^2\theta}} = 0 \tag{3.16}$$

即

$$\varepsilon\cos\theta = \sqrt{\varepsilon - \sin^2\theta} \tag{3.17}$$

可得

$$\sin\theta = \sqrt{\frac{\varepsilon_2}{\varepsilon_1 + \varepsilon_2}} \tag{3.18}$$

或者

$$\theta_p = \arcsin\sqrt{\frac{\varepsilon_2}{\varepsilon_2 + \varepsilon_1}} \tag{3.19}$$

θ_p 是全折射角，称为布儒斯特角，也称极化角或偏振角。对于垂直极化波的入射，当入射角等于布儒斯特角时，电磁波全部折射，不发生反射。对于平行极化波的入射，如让其不发生反射现象，则

$$R_H = \frac{\cos\theta - \sqrt{\varepsilon - \sin^2\theta}}{\cos\theta + \sqrt{\varepsilon - \sin^2\theta}} = 0 \tag{3.20}$$

即

$$\cos\theta - \sqrt{\varepsilon - \sin^2\theta} = 0 \tag{3.21}$$

根据折射定律解得 $\theta = \theta_1$，但由于两介质的介电常数不可能相同，故在平行极化波的斜入射情况下，波的全折射现象不可能发生。

3.1.2.2　漫反射

对于粗糙的反射面，电磁波不再发生镜面反射，而是发生漫反射。图 3.2 描述了电磁波散射与表面粗糙度的关系，可以看出微粗糙表面与极粗糙表面的不同。对于微粗糙表面的情况，在辐射方向性图中，既包含了反射分量，也包含了散射分量，在镜像上仍存在反射分量，但其幅值比光滑表面要小（图 3.2(a)）。镜像分量有时也称为相干散射分量，而散射分量则称为非相干分量；对于极粗糙表面，则各个方向的散射分量强度近乎相同，相干分量逐渐减小甚至可以忽略，辐射方向图仅包含散射的情况（图 3.2(b)）。

GNSS-R 的主要反射区域都集中在镜面反射点周围，该镜面反射点一般表示为反射区域中反射信号里路径延迟最短的理论反射点，即理想状态下表面完全光滑时反射信号所处的位置。如图 3.3 所示，镜面反射点为菲涅耳反射区的中心点，四周各个方向的散射信号也会到达接收机，这些散射点和反射点所在的区域称为闪烁区，其大小和形状与入射角、反射面的粗糙程度以及接收天线和发射天线的增益有关，通常延伸到几千赫多普勒频率和十几个延迟码片区，闪烁区的大小由下式界定：

$$\beta < \beta_0 = \arctan(2\delta_\zeta / l) \tag{3.22}$$

式中：δ_ζ 为表面高度变量的标准差；l 为表面相关长度；β 为散射矢量与垂直方向的夹角；β_0 为散射矢量与垂直方向的最大夹角。理想情况下，反射表面完全光滑，只存在镜面反射，此时闪烁区最好，近似于一点，随着表面粗糙度的增大，闪烁区逐渐增大。在 GNSS-R 技术中，GNSS-R 接收机的左旋天线（向下接收反射信号）增益越高，对应的波束范围就越窄、闪烁区越小。

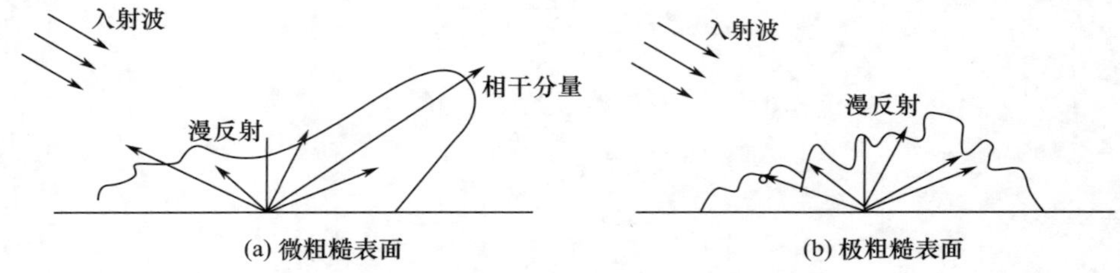

图 3.2　电磁波散射与表面粗糙度的关系

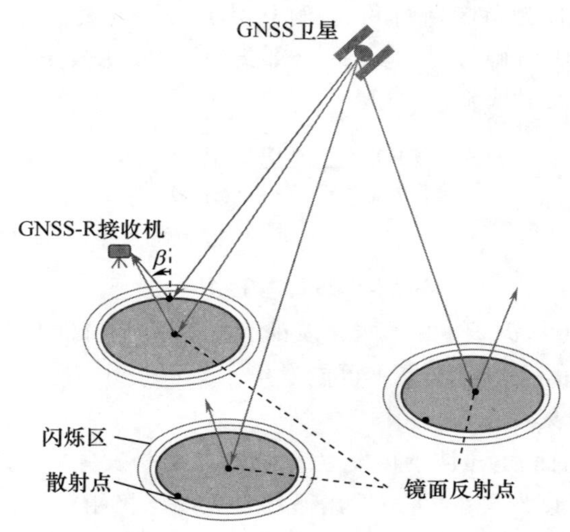

图 3.3　闪烁区示意图（见彩图）

3.2　GNSS 反射信号基础

GNSS 包括美国的 GPS、俄罗斯的 GLONASS、中国的北斗系统、欧洲的 Galileo 系统以及其他一些增强的地基和空基系统。GNSS 经历 40 余年的发展，已经在国家的经济社会和人们的日常生活中发挥越来越重要的作用，并逐渐成为国家空间信息基础设施的重要组成部分。它是以人造卫星作为导航平台的星基无线电导航系统，具有覆盖范围广，不受气候条件影响，精度与自动化程度高等优点，在导航技术发展史

中具有划时代的意义。GNSS 发射的信号是 L 频段的电磁波,具有稳定度高,无偿免费使用,全天候不间断的特点。随着 GNSS 的完善与发展,其应用不再仅仅是传统的 PNT 等方面。由于 GNSS 的全天候、高覆盖、多信号源、免费无偿的特点,基于全球卫星导航系统的微波遥感技术得到了发展,在海面测风、海面测高、土壤湿度、积雪厚度、植被覆盖方面显示了广泛的应用前景[3]。

3.2.1　GNSS 反射信号特征

在一般的 GNSS 接收机应用中,信号接收天线需要朝向天顶方向,由于 GNSS 卫星发射的电磁波为右旋圆极化信号,所以接收直射信号的天线极化特性为右旋圆极化。与直射信号相比,GNSS 反射信号特性较为复杂,下面做简单介绍。

3.2.1.1　极化特性

GNSS-R 卫星发射的信号为右旋圆极化(RHCP)信号,用右旋极化天线指向天顶可以有效地接收到直射信号。当信号到达海面,经过海面散射后,反射信号的极化特性就发生了改变,变为以左旋圆极化为主要分量,信号极化特性改变的程度不仅与入射的角度有关,还与散射介质的介电常数有关。在同一散射介质中,随着卫星高度角的不断增大,左旋圆极化的分量会增加,因此大多数情况下用左旋圆极化方式的天线向下来接收反射信号。但是对于低卫星高度角的多路径反射测量,由于观测时的卫星高度角较低,反射信号的分量多为右旋圆极化,因此仍然需要右旋圆极化的天线向下来接收反射信号[4]。

同时,反射信号极化特性也与反射介质直接相关,如图 3.4 所示,可以看到在干雪和土壤中,不同卫星高度角下的反射信号的极化特性是有较大区别的。

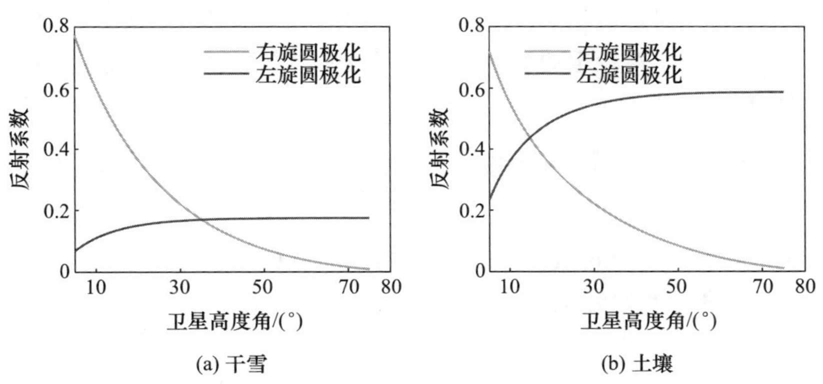

图 3.4　反射信号极化特性随卫星高度角的变化(见彩图)

3.2.1.2　信号强度

为了让各频段之间保持隔离度,各导航卫星发射信号的功率比较小,且信号经过大气的衰减后容易被噪声淹没,故需要通过扩频码的增益来获取信号。而信号在反射面上反射时也存在一定的衰减,加上传播路径的空间衰减,得到的反射信号强度比直射信号更低。为了提高接收的反射信号的强度,需要经过相关处理,采用较高增益的接收天线才能使反射信号不被噪声淹没。不同高度接收平台和不同应用对天线的增益要求不同:在陆基或岸基应用中,反射信号的空间衰减较小,采用全向低增益天线即可满足要求。

3.2.1.3 相关函数

在处理 GNSS 直射信号的过程中,将任意t_0时刻的本地伪距观测码的复制码 a 与接收天线经过 τ 时间(此时时刻为$t_0+\tau$)输出的信号u_d的相关函数定义如下:

$$Y_d(t_0,\tau) = \int_0^{T_i} u_d(t_0+t'+\tau)a(t)\exp[2\pi j(f_1+f_d)(t_0+t')]dt' \quad (3.23)$$

式中:T_i 表示积分时间;f_1 表示接收信号的中心频率;f_d 表示本地多普勒估计值,用来补偿接收信号的多普勒频移。通过与不同时刻的本地码进行相关性的分析,可在接收信号码与本地码对齐时获取相关函数的最大值。

反射信号的相关函数与直射信号的相关函数定义基本类似,同样为接收的反射信号码与本地产生的信号码片之间的相关值。但由于反射面是粗糙的,信号到达不同的反射面元上经反射后会具有不同的信号幅度衰减、时间延迟和多普勒频率,这些具有不同信号幅度衰减和不同时延以及具有不同多普勒的信息叠加让反射信号的特征较为复杂。

不同的时延与多普勒可以与反射面的不同反射单元相对应。在多普勒频率固定的情况下,由于信号在反射面上也存在散射,闪烁区(以镜面反射点为中心的反射,散射能量较高点的集合)能量分布在不同的时延上,对应的相关功率波形在时延空间上镜面反射点处迅速上升,并且会有一个十几码片的延伸,由此可以获得时延一维相关功率映射图,即时延图(DM)。反射信号的时延一维相关函数与直射信号的相关函数定义类似,表示在特定的多普勒频移下,接收到的反射信号与本地复制码在不同时延下的相关值,公式如下[5]:

$$Y_{r\_delay}(t_0,\tau) = \int_0^{T_i} u_r(t_0+t'+\tau)a(t+t')\exp[2\pi j(f_1+f_r+f_0)(t_0+t')]dt' \quad (3.24)$$

式中:T_i 为积分时间;f_1 为接收信号的中心频率;f_r 为反射点处信号的多普勒估计值。反射信号时延以相关功率定义如下所示:

$$|Y(\tau)|^2 = \frac{1}{T_a}\int_0^{T_a} |Y(t_0,\tau)|^2 dt \quad (3.25)$$

式中:T_a 为非相干累加时间。

在遥感海面风速反演中,时延一维相关功率波形受海面风场的影响,时延一维相关功率映射图中功率上升沿的斜率和码片的延伸的长度与风速密切相关。故在 GNSS-R 技术中,常通过匹配时延一维相关功率波形来反演海洋风场。

反射信号的多普勒一维相关函数是在特定的某个码延迟 τ_0 下,接收的反射信号

和本地复制码信号在不同多普勒频移 f 下的相关值，表示如下：

$$Y_{r\_doppler}(t_0, f) = \int_0^{T_i} u_r(t_0 + t' + \tau_0) a(t_0 + t') \exp[2\pi j(f_1 + f_r + f)(t_0 + t')] dt' \tag{3.26}$$

式中：f_r 为多普勒估计值；T_i 为相干时间；f_1 为接收信号的中心频率。多普勒一维相关函数可以反映反射面上特定等延迟环内不等多普勒区内反射信号的分布情况，且多普勒一维相关功率曲线受风向的影响较大，在精度要求较低的情况下可以此来进行风向的估计。

在某些情况下，需要结合多普勒频率信息和时延信息同时进行分析，即需要将时延-多普勒图像（DDM）作为观测量。

3.2.2　GNSS-R 反射系数

3.1.2 节介绍了电磁波从一个介质入射到另一个介质的垂直极化和水平极化反射系数。由于圆极化天线可以接收任一线极化信号，且可以有效地消除一些由电离层法拉第旋转效应引起的各种极化畸变影响，以及右旋圆极化天线还能抑制多路径干扰，故 GNSS 卫星均采用右旋圆极化电磁波。从 3.1 节我们知道任何一个圆极化电磁波都可以分解为正交的线极化波，因而圆极化波的反射系数可以由水平极化和垂直极化的反射系数得到。以 GNSS 的右旋圆极化波为例，经过地表反射后其极化特性会发生改变，一部分变为左旋极化波，一部分依然为右旋。左旋与右旋的比例取决于相对应的反射系数，右旋圆极化反射后依然为右旋的反射系数为

$$R_{RR} = \frac{R_H + R_V}{2} \tag{3.27}$$

同理，反射后为左旋的反射系数为

$$R_{RL} = \frac{R_H - R_V}{2} \tag{3.28}$$

从式中可以看出反射系数主要与入射角和反射物质的复介电常数有关。同时复介电常数与电导率、电磁波波长等有关

$$\varepsilon = \varepsilon_r - j60\lambda\sigma \tag{3.29}$$

式中：ε_r 为介电常数；λ 为波长；σ 为电导率。介电常数与电导率除了与电磁波的频率有关外，主要与反射面的自然特性有关，如温度、含水量等。

3.3　反射信号描述

3.3.1　直射信号

对于 GNSS 信号可以将其看作准单色的相位调制球面波信号，在接收点 $\boldsymbol{R}$ 处的直射信号场强可以表示为[6]

$$E_{\mathrm{d}}(\boldsymbol{R},t) = A_{\mathrm{RF}}(R_{\mathrm{d}})a\left(t-\frac{R_{\mathrm{d}}}{c}\right)\exp(\mathrm{j}k R_{\mathrm{d}} - 2\pi \mathrm{j} f_{\mathrm{L}} t) \tag{3.30}$$

式中：$A_{\mathrm{RF}}(R_{\mathrm{d}})$ 为接收到的该卫星射频信号的幅度电平；R_{d} 为发射点 T 到接收点 $\boldsymbol{R}$ 的距离，是随时间变化的函数；$a(t)$ 为 GNSS 调制信号；c 为光速；$k = k(f_{\mathrm{L}}) = 2\pi f_{\mathrm{L}}/c$，为发射机和接收机之间的载波数；$f_{\mathrm{L}}$为 GNSS 载波频率。同时，信号幅度又可以表示为信号功率的形式，距离卫星 R_{d} 处的信号功率可以表示为

$$P(R_{\mathrm{d}}) = \frac{P_{\mathrm{t}} G_{\mathrm{t}} G_{\mathrm{r}} \lambda^2}{L_{\mathrm{f}}(4\pi)^2 R_{\mathrm{d}}^2} \tag{3.31}$$

式中：$P_{\mathrm{t}} G_{\mathrm{t}}$ 为卫星发射功率；G_{r} 为接收天线增益；L_{f}为大气损失等；λ 为载波波长。信号幅度与接收机处的信号功率关系为 $A_{\mathrm{RF}}(R_{\mathrm{d}}) = P(R_{\mathrm{d}})^{-1/2}$，令 A 为幅度因子，表达为

$$A = \sqrt{\frac{P_{\mathrm{t}} G_{\mathrm{t}} G_{\mathrm{r}} \lambda^2}{L_{\mathrm{f}}(4\pi)^2 R_{\mathrm{d}}^2}} \tag{3.32}$$

则式(3.32)可重新表达为

$$E_{\mathrm{d}}(\boldsymbol{R},t) = \frac{A}{R_{\mathrm{d}}}a(t-\frac{R_{\mathrm{d}}}{c})\exp(\mathrm{j}k R_{\mathrm{d}} - 2\pi \mathrm{j} f_{\mathrm{L}} t) \tag{3.33}$$

3.3.2 反射信号

反射信号的数学表达形式可以直接从直射信号推导而来，对于不同的反射面反射的信号略有不同，但表达形式是一致的。本小节以海平面为例，以海面信号的反射介绍其数学表达形式。

由式(3.33)可知，在反射点 $\boldsymbol{S}$ 处的入射信号可表示为

$$E_{\mathrm{d}}(\boldsymbol{S},t) = \frac{A}{R_{\mathrm{d}}}a\left(t-\frac{R_{\mathrm{d}}}{c}\right)\exp(\mathrm{j}k R_{\mathrm{d}} - 2\pi \mathrm{j} f_{\mathrm{L}} t) \tag{3.34}$$

根据克希霍夫近似模型，在接收机 $\boldsymbol{R}$ 处的反射信号场强可表示为

$$E_s(\boldsymbol{R},t) = \iint D(\boldsymbol{r},t)\left[\frac{\partial E(\boldsymbol{S})}{\partial N} + E(\boldsymbol{S})\frac{\partial R_{\mathrm{r}}}{\partial N}\left(\mathrm{j}k - \frac{1}{R_{\mathrm{r}}}\right)\right]\frac{\mathcal{R}}{4\pi}\frac{\exp(\mathrm{j}k R_{\mathrm{r}})}{R_{\mathrm{r}}}\mathrm{d}^2 r \tag{3.35}$$

式中：$D(\boldsymbol{r},t)$为接收天线方向性函数；$\mathcal{R}$为不同极化反射系数；$\frac{\partial}{\partial N}$ 表示法向求导，将式(3.35)化简可得[7]

$$E_s(\boldsymbol{R},t) = A\cdot\exp(-2\pi \mathrm{j} f_{\mathrm{L}} t)\cdot\iint D(r,t)a[t-(R_{\mathrm{t}}+R_{\mathrm{r}})/c]g(\boldsymbol{R},t)\,\mathrm{d}^2 r \tag{3.36}$$

式中

$$g(\boldsymbol{R},t) = -\frac{\mathcal{R}}{4\pi \mathrm{j} R_{\mathrm{t}} R_{\mathrm{r}}}\exp[\mathrm{j}k(R_{\mathrm{t}}+R_{\mathrm{r}})]\frac{\boldsymbol{q}^2}{q_z} \tag{3.37}$$

式中：$\boldsymbol{q}$ 为散射单位矢量；q_z 为散射单位矢量的垂直分量（表面法线方向）的模。

3.4　反射信号几何关系

3.4.1　地基 GNSS-R

我们可以根据接收机搭载位置的不同将 GNSS 反射测量分为地基反射测量和空基反射测量。对于地基 GNSS 反射测量而言，通常可以利用传统的大地型接收机或者特制的反射测量接收机来获取数据。

3.4.1.1　多路径反射测量

在 GNSS 反射测量中，测站附近反射物反射的信号进入接收机，与直射信号产生干涉，使得观测值偏离了真实值，即产生了多路径误差。图 3.5 所示为传统的 GNSS 接收机接收信号的多路径，接收机天线接收到直射信号和反射信号发生干涉后的组合信号，由于 GNSS 卫星距离地面较远，所以可将直射信号和反射信号看作平行，反射信号比直射信号多经过的距离称为程差，根据几何关系可以计算得到程差 Δ 为

$$\Delta = 2H\sin\theta \tag{3.38}$$

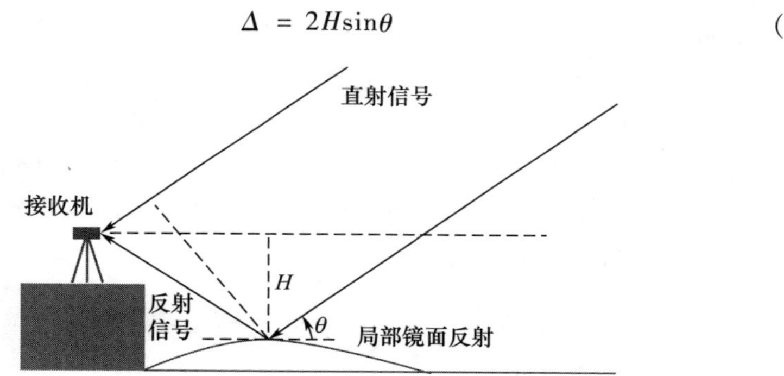

图 3.5　地基 GNSS-R 几何原理（见彩图）

同理也可以计算得到两信号之间的相位延迟 φ 为

$$\varphi = \Delta \times \frac{2\pi}{\lambda} = 4\pi H \lambda^{-1}\sin\theta \tag{3.39}$$

式中：H 为反射点到接收天线之间的高程差；λ 为载波波长；θ 为卫星高度角。

可以通过分析直射波和反射波的叠加矢量图来获取接收信号载波相位在多路径中的情况，如图 3.6 所示。A_d 和 A_m 分别为直射信号和反射信号的振幅，φ 为反射信号与直射信号的相位差，α 为叠加波与直射波的相位差，即多路径误差。根据几何关系可以计算叠加波的振幅 A 为

$$A^2 = A_d^2 + A_m^2 + 2A_d A_m\cos\varphi \tag{3.40}$$

将式(3.39)和式(3.40)联合求解可以得到相位差，如下式所示，式中 σ 表示反射系数。

$$\alpha = \arctan\left(\frac{\sigma\sin(4\pi H\lambda^{-1}\sin\theta)}{1+\sigma\cos(4\pi H\lambda^{-1}\sin\theta)}\right) \tag{3.41}$$

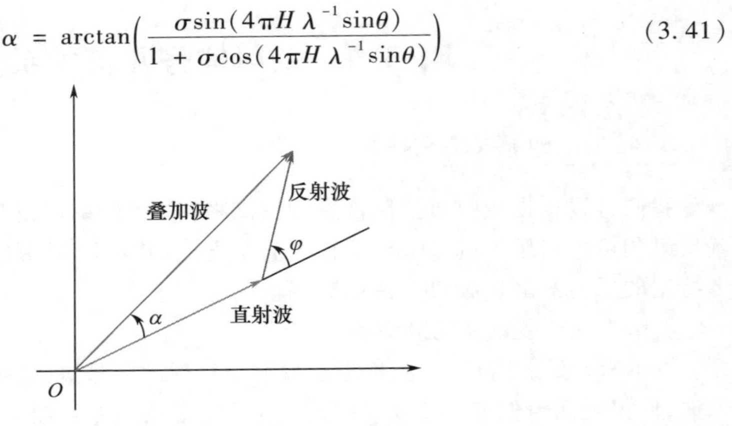

图 3.6　多路径反射测量矢量图(见彩图)

当反射信号与直射信号的相位差为 0°时,反射波和直射波相位相同,两者叠加使得到达接收机的信号的功率增强,当相位差达到 180°时,两者叠加使得接收的信号功率减弱。由于反射波的相位一直处于变化之中,在不同时刻不同地方,反射波的相位变化是随机的,故而叠加后的信号的振幅和相位也会出现不稳定的现象。对于地基 GNSS 而言,由于接收机是静态的,所以多路径效应会使得观测值出现部分增强、部分减弱的振荡现象。以上现象与接收机的天线构造和反射信号的极化方式有很大的关系,如图 3.7 所示,虚线同心圆表示接收机天线增益为 G(图中的实线)时接收的信号功率,直虚线为卫星高度角刻度。由图中可以看出,在较低卫星高度角时 $G(+\theta)$ 和 $G(-\theta)$ 相差较小,反射信号的功率也较强。

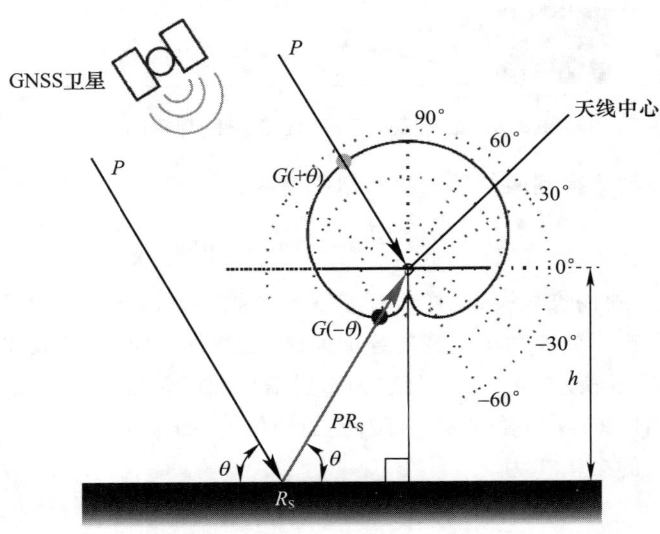

图 3.7　大地型接收机天线增益与卫星高度角的关系

对多路径的观测是地基 GNSS-R 测量中重要的一部分,多路径反射测量的核心就是从接收的 GNSS 信号中获取多路径,利用多路径的频率、振幅、相位等信息来反演地表的物理参数,如土壤湿度、积雪深度、海平面变化等。由于 GNSS 信号源的丰富性,我们可以信噪比、L4 双频组合以及三频组合等方法来提取多路径。

3.4.1.2 干涉模式

干涉模式技术(IPT)是一种新的 GNSS-R 技术,需要特制的干涉型接收机,利用 GNSS 直射信号和反射信号之间产生的干涉来进行反射面参数的反演。早期已经有研究人员利用传统的 IPT 方法在面积为 200m×100m 的小水库进行了水位测量并证实 IPT 方法能够出色地反演水库的实况信息。特制的干涉型接收天线能够抑制其他方向反射过来的不必要的反射信号,从而更好地保持干涉模式的形状。图 3.8 显示了传统的 IPT 几何配置,其中 H 是天线相位中心到反射面之间的垂直距离,θ_{inc} 表示直射信号的入射角,θ_{elev} 表示卫星高度角,对于直射信号来说入射角和卫星高度角为互补角。

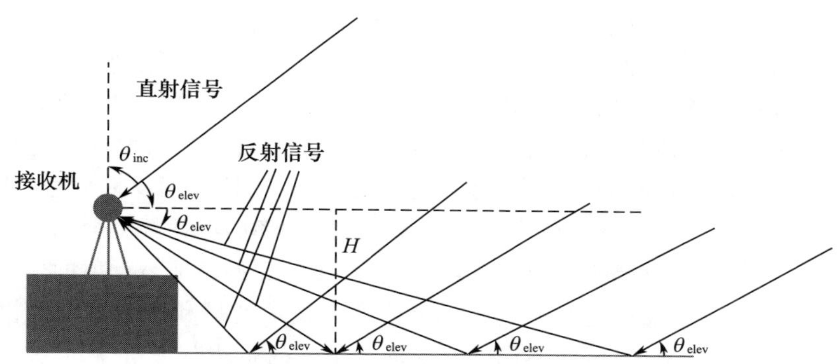

图 3.8 粗糙表面上的 IPT 几何形状(见彩图)

接收机位置处的接收功率 P_{R} 为

$$P_{\text{R}} \propto |E_{\text{i}} + E_{\text{r}}|^2 \tag{3.42}$$

$$|E_{\text{i}} + E_{\text{r}}|^2 = |E_{0\text{i}}|^2 \cdot \left| F_{\text{n}}(\theta_{\text{elev}}, \phi_{\text{elev}}) + \sum_{m=1}^{M} F_{\text{n}}(\theta_m, \phi_m) A_m \mathrm{e}^{\mathrm{j}\Phi_m} \mathrm{e}^{\mathrm{j}\frac{4\pi H_m}{\lambda}\sin(\theta_m)} \right|^2 \tag{3.43}$$

式中:E_{i} 为入射电场;E_{r} 为包含许多散射的反射电场;$E_{0\text{i}}$ 为入射电场振幅;F_{n} 为天线辐射模式;θ_{elev} 和 ϕ_{elev} 分别为 GNSS 卫星高度角和方位角;λ 为电磁波波长(通常用 L1 频段电磁波作为观测信号,其波长为 19cm);m 为散射序号;M 为散射发生的总数;θ_m 和 ϕ_m 分别为第 m 个散射的高度角和方位角;A_m 和 Φ_m 分别为第 m 个散射的散射振幅和相位。

理想情况下,当反射面光滑时,反射信号中主要为反射分量,随着反射面粗糙度的增加,反射信号中的散射分量逐渐增加,并且反射信号的衰减还与反射面的非涅耳系数有关，故可以将入射波和菲涅耳系数以及反射面的粗糙度建立方程来反映这个反射过程，并与直射信号建立联系。考虑到这一点，可以将式(3.43)简写为

$$|E_i + E_r|^2 = F_n(\theta) \cdot |1 + R \cdot e^{j\Delta\phi}|^2 \tag{3.44}$$

式中：$F_n(\theta)$ 为归一化的天线方向图；R 为反射介质的反射系数模型；$\Delta\phi$ 为直射信号和反射信号的相位差，可以表示为

$$\Delta\phi = \frac{4\pi}{\lambda} H\cos\theta \tag{3.45}$$

由以上公式可以看出，接收机处接收的信号总功率和入射角有关，并且会随着入射角的变化发生周期性振荡。在干涉模式技术中，相较于传统的左旋圆极化(LHCP)和右旋圆极化(RHCP)接收天线，特制的接收机采用的是线性极化天线，这种天线有其独特的优势。信号的水平和垂直极化反射系数受卫星高度角影响较大，会随之呈现更加明显的变化，这有利于干涉现象的获取。线性极化天线能够在任意角度同时接收直射和反射信号。对垂直极化而言，接收信号的功率振幅先会随着卫星高度角的增大而减小，但是到了一定的角度，接收信号的功率振幅到达最小值，我们将这个角度称为槽点，然后信号功率又逐渐变大，最后又随着卫星高度角的变大而减小。这种现象的出现与垂直极化的反射系数有关，垂直极化入射的反射系数在入射角度等于布儒斯特角时为零，即此时不发生反射，无法接收到反射信号，从而使得干涉振幅趋近于零。而对水平极化而言信号的接收功率的波动幅度会随着卫星高度角的增大而逐渐减小，这是由于卫星高度角越大，接收到的经地表反射的信号越来越小，故而产生的干涉的振荡也越来越小。干涉模式技术就是利用垂直极化模式下的这一特性进行地表参数的反演，不同的反射面有不同的布儒斯特角，因此在这些反射面上对应的槽点的位置也就不同。我们可以通过获取槽点的位置从而反演得到反射面的相关参数。

3.4.2 空基 GNSS-R

3.4.2.1 空基 GNSS-R 观测关系

对于 GNSS-R 几何关系要用到镜面反射点，即从反射区域反射的信号中路径延迟最短的理论反射点。根据 GNSS 卫星、接收机和镜面反射点的几何关系建立如图 3.9所示的本地坐标系。该坐标系的原点为镜面反射点，z 轴为地球切面的法线方向，GNSS 卫星 T、镜面点和接收机 R 位于 yz 平面内，x 轴按右手定则确定。

图 3.9 中，h_t为卫星到地球参考椭球面的高度，h_r为接收机到地球参考椭球面的高度，R_e为地球半径，G 为卫星到地心的距离，L 为接收机到地心的距离，R_t和 R_r分别是卫星和接收机到镜面反射点的距离，β 是镜面反射点、地心和 GNSS 卫星间的夹角，α 是 GNSS 卫星、地心和接收机间的夹角，θ 为镜面反射点处卫星的高度角（亦称“仰角”）。其他参数可以计算得到，如下[8]：

$$G = R_e + h_t \tag{3.46}$$

$$L = R_e + h_r \tag{3.47}$$

$$R_t = -R_e\sin\theta + \sqrt{G^2 - R_e^{\ 2}\cos^2\theta} \tag{3.48}$$

$$R_r = -R_e\sin\theta + \sqrt{L^2 - R_e^{\ 2}\cos^2\theta} \tag{3.49}$$

$$\beta = \arccos\left(\frac{R_t^{\ 2} - G^2 - R_e^{\ 2}}{-2R_eG}\right) \tag{3.50}$$

$$\varphi = \arccos\left(\frac{R_e^{\ 2} - R_r^{\ 2} - L^2}{-2R_rL}\right) \tag{3.51}$$

$$\alpha = \frac{\pi}{2} + \beta - \varphi - \theta \tag{3.52}$$

$$R_d = \sqrt{(R_t\cos\theta + R_r\cos\theta)^2 + (R_t\sin\theta - R_r\sin\theta)^2} \tag{3.53}$$

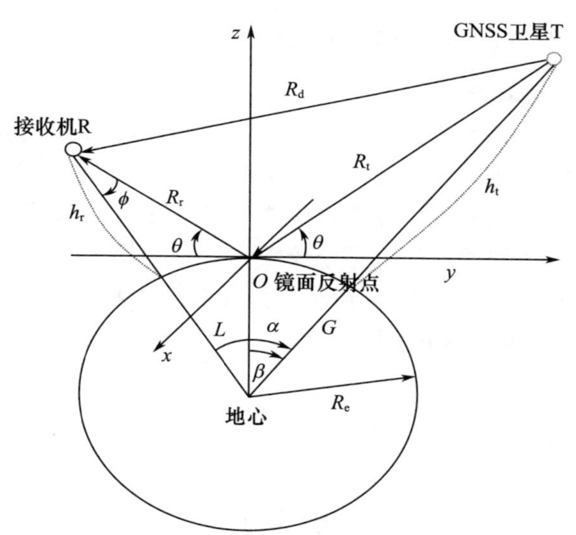

图 3.9　GNSS 反射测量几何关系

3.4.2.2　时延-多普勒图

空基 GNSS-R 海洋监测过程中,由于 GNSS 卫星和接收机的位置在不断改变,且两者具有不同的运动速度,每个散射点都对应不同的多普勒频移和码延迟,如图 3.10所示,分别将具有相同码延迟和相同多普勒频移的点连起来可以得到等码延迟线和等多普勒线。码延迟是信号经反射路径相较直射路径的延迟,镜面反射路径具有最小的码延迟和多普勒频移,离镜面反射点越远的散射点具有越大的延迟,故等码延迟线形状近似为椭圆分布在镜面点周围。由于星载接收机的运动,接收的信号发生了多普勒频移,故等多普勒线形状近似双曲线横切等码延迟线。在获取时延-多普勒图的过程中,计算闪烁区内的镜面反射点以及每个镜面反射点对应的延迟和多普勒至关重要。

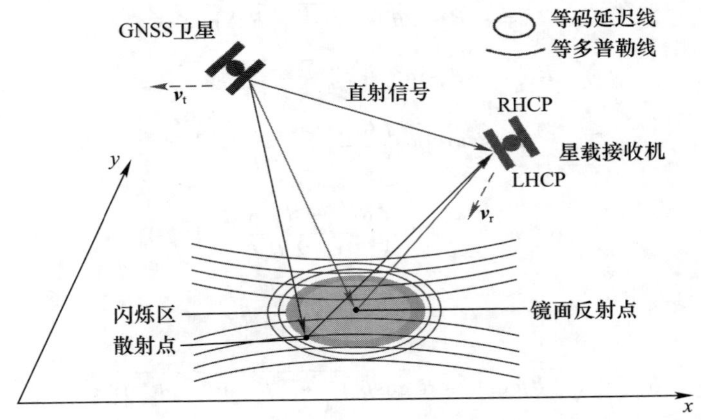

图 3.10　GNSS 双基雷达散射等码延迟线和等多普勒线(见彩图)

3.4.2.3　多普勒频移

由于信号源和接收端的位置处于相对变化之中,经每个散射点散射的信号发生的多普勒频移也是不相等的。通过计算多普勒频移并对其进行补偿,可以提高采样信号信噪比。此外还可以通过多普勒频移进行空间滤波,将观测区域划分为多个观测单元从而能够提高观测数据的空间分辨率。

通常以镜面反射点为参考点,将通过镜面反射点反射的信号的多普勒频率 f_0 视为参考频率,将经其他散射点的散射信号定义为 $f_D(r)$,则可计算散射点对于参考点的多普勒频移为

$$\Delta f = f_D(r,t_0) - f_0 \tag{3.54}$$

式中

$$f_D(r,t_0) = f_t(r,t_0) + f_s(r,t_0) \tag{3.55}$$

$$f_t(r,t_0) = [\boldsymbol{v}_t \cdot m(r,t_0) - \boldsymbol{v}_r \cdot n(r,t_0)]/\lambda \tag{3.56}$$

$$f_t(r,t_0) = [m(r,t_0) - n(r,t_0)] \cdot \boldsymbol{v}_s/\lambda \tag{3.57}$$

式中:$f_D(r,t_0)$ 为总的多普勒频移;$f_t(r,t_0)$ 为由 GNSS 卫星和接收机相对运动引起的多普勒频移;$f_s(r,t_0)$ 为由散射点相对运动引起的多普勒频移;$\boldsymbol{v}_t$ 和 $\boldsymbol{v}_r$ 分别为 GNSS 卫星和接收机的速度矢量;$\boldsymbol{v}_s$ 为散射点的速度矢量,由于 $\boldsymbol{v}_s$ 非常小,所以可以忽略由散射点相对运动引起的多普勒频移。

以镜面反射点的时延和多普勒频移为参考中心,计算闪烁区各个散射点的时延和多普勒频移,将其映射到多普勒和延迟空间,可以获得二维时延-多普勒图,如图 3.11所示。

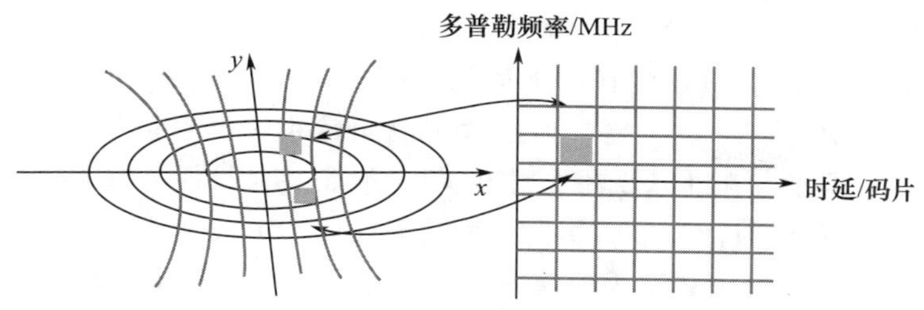

图3.11 映射时延-多普勒图(见彩图)

3.5 GNSS-R观测模式

GNSS观测信号的接收方式直接影响后续信号处理的方式,而GNSS信号的接收首先取决于接收装置,天线的安装方式直接影响接收机接收到的直射和反射信号的功率[9]。现有的天线安装方式主要有2种:第1种是在安装指向天顶的接收天线来接收直射信号基础上,再安装一个特殊研制的天线水平向下来接收反射信号[10],这种观测模式称为双天线模式(DAP),见图3.12(a);第2种方式不增加额外的天线,同一个天线同时接收直射信号和反射信号,这种观测模式称为单天线模式(SAP),见图3.12(b)。下面对2种模式分别进行探讨分析。

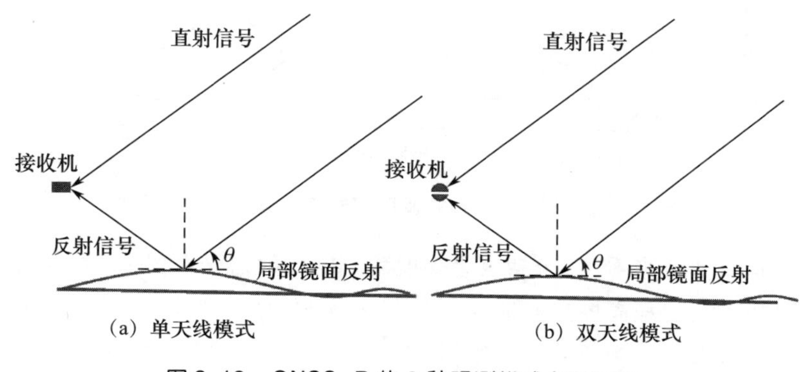

图3.12 GNSS-R的2种观测模式(见彩图)

3.5.1 双天线模式

对于双天线模式,由于是用指向天顶和指向地面的天线分别接收直射和反射信号,并且可将2种天线之间用抑径板隔离,在理想的情况下这种模式可以将接收到的直射信号和反射信号完全分离,这有利于后期的数据处理。在实际情况中,由于存在多路径效应和波的衍射,指向天顶的直射信号接收天线也会接收到少量反射信号,同时指向地面的天线也会接收到一些直射信号,但由于两者都比较微弱,故可以当噪声处理。

以岸基海面状态探测为例，在探测过程中为了避免近岸对测量的影响，需要探测的镜面点距离海岸较远，故而将指向地面的天线以 30°或 45°的较小角度安装，将指向天顶的天线以 90°安装，以便更多地接收观测角较小的反射信号并且使天顶天线接收的反射信号减小。在陆基观测中，接收机一般安装在长杆上或者观测塔上，镜面反射点离杆或塔不远，故而可以将指向地面的天线以 0°水平安置。

从观测量来看，GNSS-R 双天线模式主要观测量为信号功率，对于较为粗糙的表面，观测的信号功率包含相干分量和非相干分量两部分。图 3.13 为 GNSS-R 直射和反射信号的相关功率波形特征图，直射信号的相关功率波形图为一个规则的三角形，但由于反射面的粗糙性及成分等不同，反射信号的功率波形不再是规则的三角形，而是存在一个波形后沿延拓。以土壤为例，地表土壤含水量越高，反射信号的相关功率峰值就越大，我们可以此来估算地表土壤的含水量。并且随着反射面粗糙度的增加，反射信号的功率峰值会随之减小，功率波形变得扁平，可以此来估算反射面的粗糙度信息[11]。并且由于反射信号相对于直射信号多走了一段路程，两者之间存在一定的时间延迟，可通过这个时间延迟来测量反射面的高度信息。

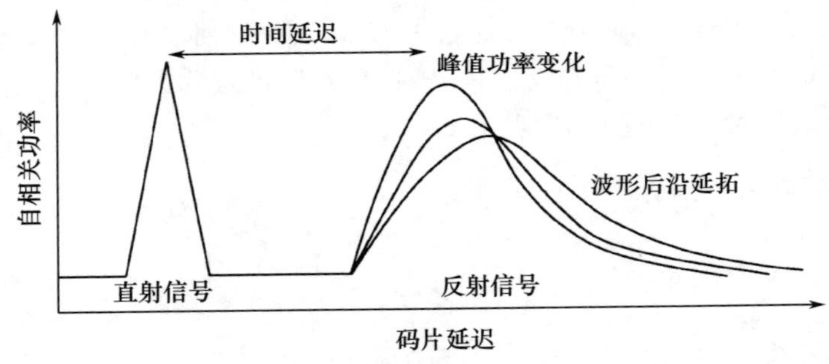

图 3.13　GNSS-R 直射和反射信号的相关功率波形特征

从理论建模方法来看，由于高卫星高度角时的反射信号主要为 LHCP 信号，双天线模式主要接收高卫星高度角时的反射信号来建模，此时 RHCP 信号可以忽略。通过分析伪随机码的相关函数波形和延迟，可以得到 GNSS 直射和反射信号功率，结合电磁波散射理论可以获取地表的特征信息。

3.5.2　单天线模式

对于单天线模式，天线会同时接收到直射和反射信号，两者之间会发生干涉效应，所以在后期处理数据时，需要将混合信号中的直射分量和反射分量分离开来，处理过程需要借助信号干涉理论来获取反射信号的强度。

从观测量来看，GNSS-R 单天线模式主要观测量为直射和反射信号的干涉模式相关参数。接收天线同时接收了直射信号和反射信号，由于反射信号的多路径效应，接收到的 GNSS 信号存在多路径误差，且这种误差在低卫星高度角时尤为明显，存在

较强的干涉现象。

从理论建模方法来看，由于低卫星高度角的干涉现象比较明显，单天线模式主要接收低卫星高度角的反射信号，通过直射和反射信号的干涉特性，利用干涉测量的观测值（相位、振幅和频率）来建立与地表特征参数之间的反演模型[10,12]。

综合来看，两种观测模式都能够接收GNSS反射信号，且观测范围的区别是由于天线架构、观测量、分离直射信号和反射信号的方式以及建模方法有较大的不同，双天线模式在接收信号时就完成了直射信号和反射信号的分离，而单天线模式则是在接收信号后处理数据的过程中实现两者的分离。目前这两种观测模式均已发展出了反演地表和海洋表面参数的模型和方法[8,13-14]。

3.6 结　　论

本章节从电磁波的基本概念出发介绍了电磁波极化与反射的基本知识，然后根据电磁波的基本理论介绍GNSS反射信号的特征、GNSS-R几何关系和GNSS-R几何系数，最后从数学表达上描述了GNSS反射信号与直射信号，为后续分析提供了理论基础。

参考文献

[1] 陈乃云，魏东北，李一玫．电磁场与电磁波理论基础[M]．北京：中国铁道出版社，2001.

[2] 乌拉比 F T. 微波遥感：第一卷 微波遥感基础和辐射测量学[M]．北京：科学出版社，1988.

[3] 杨东凯，张其善．GNSS反射信号处理基础与实践[M]．北京：电子工业出版社，2012.

[4] 李征航，黄劲松．GPS测量与数据处理[M]．武汉：武汉大学出版社，2010.

[5] 谢钢．GPS原理与接收机设计[M]．北京：电子工业出版社，2009.

[6] 马小东．GNSS-R反射信号特征分析及仿真[D]．北京：北京化工大学，2013.

[7] 吴红甲．GNSS反射信号接收与处理方法研究[D]．北京：北京化工大学，2010.

[8] JIN S G，FENG G P，GLEASON S. Remote sensing using GNSS signals：current status and future directions[J]. Advances in Space Research，2011，47(10)：1645-1653.

[9] PARKINSON B W，ENGE P K，SPILKER J J. Differential GPS[M]//Global positioning system：theory and applications. US：AIAA，1996.

[10] KAPLAN E，HEGARTY C. Understanding GPS：principles and applications[M]. Boston：Artech House，2005.

[11] JIN S G，CARDELLACH E，XIE F. GNSS remote sensing：theory，methods and applications[M]. Dordrecht：Springer，2014.

[12] ZAVOROTNY V U，VORONOVICH A G. Scattering of GPS signals from the ocean with wind remote sensing application[J]. IEEE Transactions on Geoscience & Remote Sensing，2000，38(2)：951-964.

[13] CLARIZIA M P. Investigating the effect of ocean waves on GNSS-R microwave remote sensing measurements[D]. Southampton:University of Southampton,2012.

[14] GLEASON S. Remote sensing of ocean,ice and land surfaces using bistatically scattered GNSS signals from low earth orbit[D]. Guildford:University of Surrey,2006.

第 4 章　地基 GNSS 多路径反射测量

GNSS 反射测量根据接收机搭载位置的不同分为地基和空基反射测量，对于地基反射测量，如果想充分接收反射信号，就要用特制的符合反射信号极化的接收机，除此之外接收机天线要朝向水平方向以便于接收来自地表的反射信号。然而，目前大部分 GNSS 监测网或控制网所采用是大地测量型接收机，接收机天线方向朝向天顶，且以接收右旋圆极化信号为主。虽然大地测量型接收机抑制了反射信号的接收，但是在低卫星高度角处依然可以接收到反射信号，并会和来自卫星的直射信号产生干涉，影响 GNSS 测量，造成多路径误差。这种由于多个路径的信号传播所引起的干涉时延效应被称作多路径效应。对于传统接收机，反射信号与直射信号耦合在一起造成多路径效应，反射信号携带的地表特性信息就会体现在多路径中，因而可以利用提取的 GNSS 多路径反演地表特性。例如图 4.1 表示 GPS L1 和 L2 信号的 RHCP 和 LHCP 在一般选择表面的反射过程。

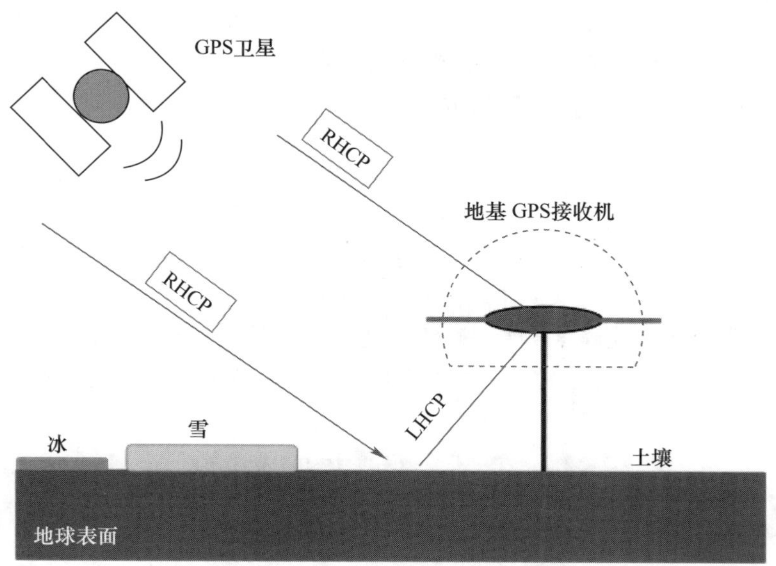

图 4.1　GPS L1 和 L2 信号的 RHCP 和 LHCP 在一般选择表面的反射过程(见彩图)

从 GPS 卫星或存在的表面可以通过地面 GPS 接收器、RHCP 和 LHCP 获得 2 种类型的偏振信号。对于地基 GNSS 多路径反射测量，多路径提取与地表参数估计是核心部分。下面将介绍 GNSS 多路径特征，多路径估计以及如何用提取到的多路径进行地表参数估计。

4.1 GNSS 多路径特征

4.1.1 物理反射

在 GNSS 测量中,被测站附近的反射物所反射的卫星信号如果进入接收机天线,就将和直接来自卫星的信号产生干涉,从而使观测值偏离真实值,产生多路径误差[1]。

GNSS 天线接收到的信号是直射信号和反射信号发生干涉后的组合信号,可以通过分析直射波和反射波的叠加矢量图来研究 GNSS 载波相位所受到的多路径影响。

根据第 3 章关于地基 GNSS-R 的介绍,我们可以依据式(3.38)至式(3.41)来描述接收到信号的特征,将式(3.39)代入式(3.41)可得

$$\alpha = \arctan\left(\frac{\sigma\sin(4\pi H\lambda^{-1}\sin\theta)}{1+\sigma\cos(4\pi H\lambda^{-1}\sin\theta)}\right) = \alpha(\lambda,\sigma,\theta,H) \tag{4.1}$$

式中:$\sigma = \dfrac{A_{\mathrm{m}}}{A_{\mathrm{d}}}$ 是反射系数。

对于式(4.1),假设 σ 是一个恒定比值,将从以下两个条件分析。

4.1.1.1 多路径与卫星高度角变化的关系

如果对式(4.1)考虑变量替换,取

$$M = 4\pi\frac{H}{\lambda} \tag{4.2}$$

则式(4.1)可写为

$$\alpha = \arctan\left(\frac{\sigma\sin(M\sin\theta)}{1+\sigma\cos(M\sin\theta)}\right) = \alpha(\sigma,M,\theta) \tag{4.3}$$

如果假设 GPS 天线高度不变,则 M 在此期间也不会改变,因此与卫星仰角 θ 的变化(卫星高度角变化速度 V_θ)有关的多路径变化(多路径信号变化速度 $V\alpha$)可以被定义为

$$\frac{V_\alpha}{V_\theta} = \frac{\dfrac{\mathrm{d}\alpha}{\mathrm{d}t}}{\dfrac{\mathrm{d}\theta}{\mathrm{d}t}} = \frac{\mathrm{d}\alpha}{\mathrm{d}\theta} = \frac{\dfrac{\mathrm{d}}{\mathrm{d}\theta}\left(\dfrac{\sigma\sin(M\sin\theta)}{1+\sigma\cos(M\sin\theta)}\right)}{1+\left(\dfrac{\sigma\sin(M\sin\theta)}{1+\sigma\cos(M\sin\theta)}\right)^2} \tag{4.4}$$

简化式(4.4)可得

$$\frac{V_\alpha}{V_\theta} = \frac{\mathrm{d}\alpha}{\mathrm{d}\theta} = M\sigma\frac{\sigma\cos\theta + \cos\theta\cos(M\sin\theta)}{(1+\sigma\cos(M\sin\theta))^2} \tag{4.5}$$

式(4.5)表示多基于卫星高度角变化的多路径信号变化显著地取决于 H 值,因为 M

是 H 的直接函数,即式(4.2)。

此时需要考虑两个临界条件。第 1 个临界条件:在卫星高度角 θ 等于零的定点处有

$$\theta = 0 \longrightarrow \frac{\mathrm{d}\alpha}{\mathrm{d}\theta} = M\sigma \frac{\sigma + 1}{(1 + \sigma)^2} = \frac{M\sigma}{1 + \sigma} \tag{4.6}$$

由式(4.6)可明显看出在卫星高度角为零的定点处,多路信号变化对卫星高度角变化的影响与 GPS 天线高度直接相关。

第 2 个临界条件:当 GPS 卫星天顶角类似于卫星高度角等于 π/2 时,有

$$\theta = \frac{\pi}{2} \longrightarrow \frac{\mathrm{d}\alpha}{\mathrm{d}\theta} = 0 \tag{4.7}$$

式(4.7)描述了当 GPS 卫星恰好位于 GPS 接收机天线垂直上方时,多路径信号的变化率对 θ 变化无影响。

4.1.1.2　多路径与天线高度变化的关系

同样,如果多路径信号变化受 GPS 天线高度的影响可以在特定的时间段内进行计算,则其可以写成

$$\frac{V_\alpha}{V_H} = \frac{\frac{\mathrm{d}\alpha}{\mathrm{d}t}}{\frac{\mathrm{d}H}{\mathrm{d}t}} = \frac{\mathrm{d}\alpha}{\mathrm{d}H} = \frac{\frac{\mathrm{d}}{\mathrm{d}H}\left(\frac{\sigma\sin(NH)}{1 + \sigma\cos(NH)}\right)}{1 + \left(\frac{\sigma\sin(NH)}{1 + \sigma\cos(NH)}\right)^2} \tag{4.8}$$

式中:N 由卫星高度角 θ 定义为

$$N = \frac{4\pi}{\lambda}\sin\theta \tag{4.9}$$

将式(4.9)代入式(4.8),可以获得多路径信号的变化速度和 H 之间的简单关系为

$$\frac{V_\alpha}{V_H} = \frac{\mathrm{d}\alpha}{\mathrm{d}H} = N\sigma \frac{\cos(NH) + \sigma}{[\sigma + \cos(NH)]^2 + \sin^2(NH)} \tag{4.10}$$

同样地,考虑临界条件,即若 GPS 天线高度 H 为零,则

$$\frac{\mathrm{d}\alpha}{\mathrm{d}H} = N\frac{\sigma}{1 + \sigma} \tag{4.11}$$

参照式(4.9),式(4.11)表明当 GPS 天线高度平行变化时卫星高度角对多路径信号变化分析的重要性。

此外,还要研究多路径信号变化(此时多路径信号变化的情况独立于 GPS 天线高度平行变化)受 GPS 天线高度变化的影响,重点分析该影响在何时何地会降为零,如下式所示:

$$\frac{\mathrm{d}\alpha}{\mathrm{d}H} = 0 \longrightarrow N\sigma(\cos(NH) + \sigma) = 0 \longrightarrow \begin{cases} \theta = \arcsin\left(\frac{\lambda}{8H}\right) \\ \theta = \arcsin\left(\frac{3\lambda}{16H}\right) \end{cases} \tag{4.12}$$

由式(4.12)得出 $\arccos(-\sigma) \approx \pi/2$ ($\sigma = 0.06$)，即卫星高度角在特定时间跨度内不等于零。换句话说，如果卫星高度角等于式(4.12)中等号右侧的值，则多路径信号变化将独立于任何 GPS 天线高度的变化。

4.1.2 反射特性

通常电磁波的偏振是指电场矢量的方向，电场矢量垂直于传播方向和磁场矢量[2]。偏振表示在一个波经过的垂直于传播方向的静态平面上的几何投影[3]。事实上，当无线电波从折射率为 n_1 的材料或者空间传播到折射率为 n_2 的第 2 个材料或空间时，波的反射和折射都会发生[4-6]。在光谱中，菲涅耳方程确定波的反射和折射部分(如光的传播过程)。此外，人们认为相位偏移与反射波有关[7]。然而所有这些情况下，我们需要了解反射表面的物理性质，特别是电导率和相对介电常数。通常在表面反射域中对 2 个波进行分析：其中一个入射信号为 s 极化(R_s)，其电场垂直于入射信号与反射信号所在的平面；另一个入射信号为 p 极化(R_p)，着其电场方向垂直于 s 极化的方向。

4.1.2.1 表面反射线性和圆偏振

当一个信号从一个密集的空间进入一个密度较低的空间(即 $n_1 > n_2$)，且在大于入射角的临界角上时，整个反射信号 $R_s = R_p = 1$。这一现象定义为全内反射[8]。

众所周知，水平和垂直极化的反射系数可以分别简单地由下面 2 个公式表示：

$$\mathrm{RC_H} = \frac{\sin\beta - \sqrt{\varepsilon - (\cos\beta)^2}}{\sin\beta + \sqrt{\varepsilon - (\cos\beta)^2}} \tag{4.13}$$

$$\mathrm{RC_V} = \frac{\varepsilon\sin\beta - \sqrt{\varepsilon - (\cos\beta)^2}}{\varepsilon\sin\beta + \sqrt{\varepsilon - (\cos\beta)^2}} \tag{4.14}$$

式中：$\varepsilon = \varepsilon_r - \mathrm{j}\dfrac{\sigma}{\omega\,\varepsilon_0}$，为假定时间依赖于 $\mathrm{e}^{-\mathrm{j}\omega t}$ 的复介电常数[9]；β 为掠射角(入射余角)。在表示 ε 的函数中替换 ω 和 ε_0 可得 $\varepsilon = \varepsilon_r - \mathrm{j}60\lambda\sigma$，因此每个线性系数能直接用给出的频率(如 GPS L1 和 L2 频率值)、掠射角 β、反射表面的介电常数和导电值进行计算[10]。

根据 GPS 接收机天线只能接收 RHCP 信号的特性，有必要在正交极化和联合极化条件下评估这些选定的表面[3]。联合极化方程为

$$\Gamma_0 = \frac{\mathrm{RC_H} + \mathrm{RC_V}}{2} \tag{4.15}$$

同样，正交极化的方程式为

$$\Gamma_X = \frac{\mathrm{RC_H} - \mathrm{RC_V}}{2} \tag{4.16}$$

式中：Γ_0和Γ_X表示联合极化和正交极化的反射系数；RC_H和RC_V分别为式(4.13)和式(4.14)表示的水平和竖直线性极化的反射系数。通过使用 GPS L1 和 L2 信号作为散射信号来对所选择表面不同信号掠射角的反射系数进行计算。

4.1.2.2 表面反射特性的卷积函数

为了得到 GPS 信号的总表面反射率，需得到每个 L1 和 L2 信号垂直和水平部分之间的互相关性。由于反射信号的横向相关性和纵向相关性，则其互相关函数是RC_H和RC_V的卷积，写为$RC_H * RC_V$，定义为将其中的一个函数转置后与另一个函数的乘积。因此，它是一种特殊的积分变换：

$$(RC_H * RC_V)(t) = \int_{-\infty}^{+\infty} RC_H(\tau) * RC_V(t-\tau)\mathrm{d}\tau = \int_{-\infty}^{+\infty} RC_H(t-\tau) * RC_V(\tau)\mathrm{d}\tau \tag{4.17}$$

式中：τ为自由变量；t不一定代表时域。因此，在半平面角度域(0°～180°)，垂直和水平的总角度部分，测试表面有不同的反应与 GPS L1 和 L2 信号交互。我们研究了在雪、冰和土壤表面两个 GPS 信号的线性极化卷积。

同样，每一个 L1 和 L2 信号在联合极化和正交极化之间的互相关极化发生在两个偏振函数的卷积中。因为整个表面反射信号的相关性，其正交关联方程是Γ_0和Γ_X的卷积，写为$\Gamma_0 * \Gamma_X$，定义为将其中的一个函数转置后与另一个函数的乘积的积分。因此，它也是一种特殊的积分变换，即

$$(\Gamma_0 * \Gamma_X)(t) = \int_{-\infty}^{+\infty} \Gamma_0(\tau) * \Gamma_X(t-\tau)\mathrm{d}\tau = \int_{-\infty}^{+\infty} \Gamma_0(t-\tau) * \Gamma_X(\tau)\mathrm{d}\tau \tag{4.18}$$

式中：τ是自由变量；t并不一定代表时域。选定表面的半平面角度域对 GPS L1 和 L2 信号进行了不同的处理。

4.1.3 多路径变化

由前可知，式(3.41)和式(4.1)均表示了 GNSS 接收到的多路径误差。从式(4.1)可以知道反射信号与直射信号的相位差可以是 0°～180°的任意值，故当$\phi=0°$时，反射波和直射波相位相同，两者叠加的结果使接收信号的功率增强，故这种情况下的多路径对接收机来说是有益的；当$\phi=180°$时，反射波与直射波反相，两者叠加的结果使接收信号的功率减弱。由于反射波的相位变化量在不同时刻、不同地方是随机的，因而叠加后接收信号的振幅与相位也会出现不稳定现象。而对于静态的接收机，多路径效应会导致观测值出现有些部分增强、有些部分减弱的振荡现象。图 4.2 示出 GPS 信噪比观测值，从图可以看出信噪比观测值呈现振荡现象，功率时而增强时而减弱，并且在低卫星高度角时呈现出近似的周期性现象。

从图 4.2 也可以看出,信噪比观测值在低卫星高度角时受多路径影响较大,观测值出现振幅较大的波动。随着卫星高度角的变大,观测值逐渐平稳。对于传统的大地型接收机,这也是其受多路径影响的特征之一。低卫星高度角易受到多路径效应的影响,这与接收机的天线构造以及反射信号的极化有很大关系。另外,从 3.2 节可以分析得到:卫星高度角在低于布鲁斯特角时,反射信号极化不会改变,其依然是右旋,这有益于接收机的接收,同时也是容易造成多路径效应的原因[7]。从分析中也可以看出对大部分反射面来说布鲁斯特角一般较小,这也是低卫星高度角易受多路径影响的另一个原因。

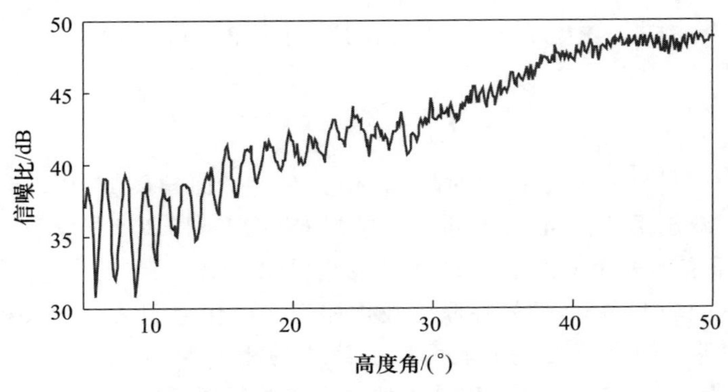

图 4.2　GPS 信噪比观测值

4.2　多路径估计

前面介绍了 GNSS 多路径的概念、特征以及造成多路径的原因,接下来将介绍多路径反射测量中常用的几个多路径提取的方法,包括 SNR、L4 线性组合以及三频观测值的线性组合。

4.2.1　SNR 方法

SNR 观测值是 GNSS 主要观测值之一,它是衡量接收机信号质量与噪声程度的量,通常通过信号功率与噪声功率的比值求得,并且会对比值取其对数,用单位 dB 表示。在 GNSS 与接收机无关的交换格式(RINEX)观测文件中,S1,S2 代表 L1 和 L2 载波的信噪比观测量。通常,信噪比观测值在传统的大地测量中使用不多,但是对于多路径反射测量有着独特的优势。信噪比观测值数据处理简单,可以直接从观测值文件中提取并拿来使用,并且不受电离层、接收机钟差、卫星钟差等误差的影响,且不同卫星之间互不影响,可以独立处理使用。对于一个光滑的反射表面,通常考虑为镜面反射,并且对信号捕获模型进行简化,即信噪比与直射信号和反射信号的关系可以用下式得到[5]

$$SNR^2 = A_d^2 + A_m^2 + 2A_d A_m \cos\phi \tag{4.19}$$

式中：A_d为直射信号的振幅；A_m为反射信号的振幅；ϕ 为直射信号与反射信号的相位差，也可以用式(3.39)具体表达。

从式(4.19)可以看出信噪比观测值分为趋势项和周期项，从信噪比观测值中减去趋势项，就能得到直射信号与反射信号造成的干涉项，即

$$SNR^2 - A_d^2 + A_m^2 = 2A_d A_m \cos\phi \tag{4.20}$$

同时，从干涉相位可以看出信噪比多路径的频率与天线高度和卫星高度角的变化有关。假定天线高度 H 不变，则就与卫星高度角的变化有关。将干涉相位 ϕ 对时间求导可得

$$\frac{d\phi}{dt} = 4\pi H \lambda^{-1} \cos\theta \frac{d\theta}{dt} = 4\pi H \lambda^{-1} d\sin\theta \tag{4.21}$$

令 $\sin\theta = x$，则

$$\frac{d\phi}{dx} = 4\pi H \lambda^{-1} dx \tag{4.22}$$

即对于固定的天线高度，信噪比多路径的频率是关于 $\sin\theta$ 的一个固定值，也就说明在理想情况下（光滑平面满足镜面反射）信噪比多路径是一个周期信号，可以用下式表达

$$mSNR = A\cos(4\pi H \lambda^{-1} \sin\theta + \varphi) \tag{4.23}$$

经过式(4.23)分析，为了从信噪比观测值中提取多路径，我们只需要减去其中趋势项就可以得到需要的多路径项，图 4.3 和图 4.4 分别是四阶多项式拟合和去除趋势项后的信噪比观测值，从图中可以看出多路径是一个近似的周期信号。

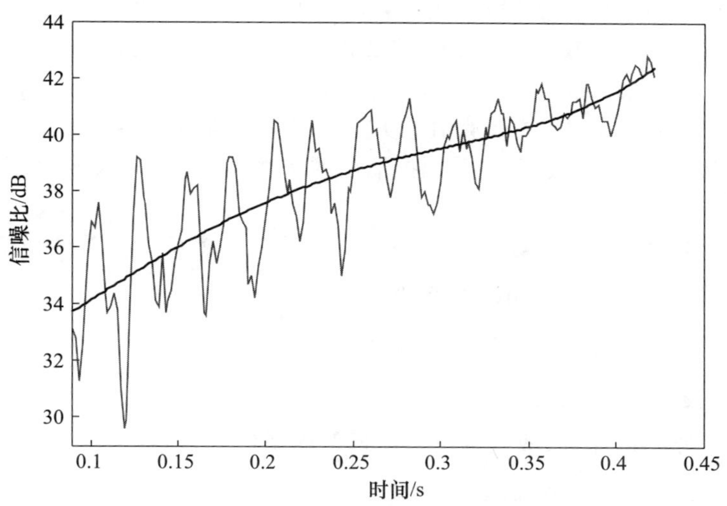

图 4.3　GPS 信噪比观测值进行四阶多项式拟合（见彩图）

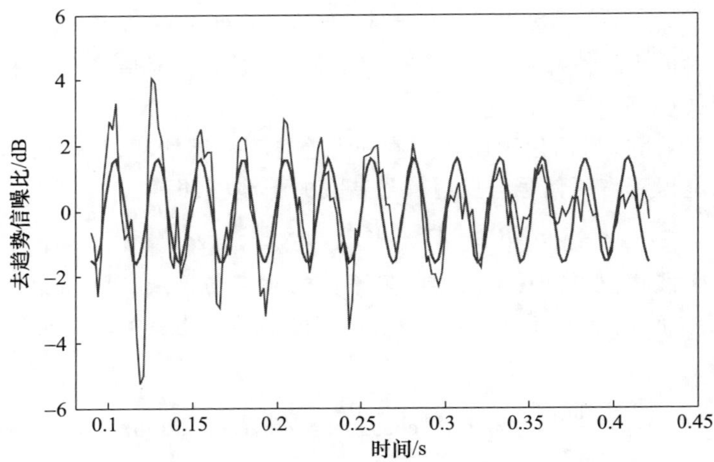

图 4.4　去除趋势项后的信噪比观测值(红色线是正弦拟合的结果)(见彩图)

4.2.2　L4 线性组合方法

虽然利用信噪比观测值提取多路径十分简单,但是 GNSS 原始观测值中可能没有信噪比观测量。对于 GNSS 常用观测量伪距和载波相位观测值,直接从中提取多路径十分复杂,常用的是通过观测值间的线性组合来进行多路径的提取。对于 GNSS 双频 L1、L2 信号,载波相位观测值可以表示为[4]

$$L_1 = (\varphi_1 + N_1)\lambda_1 = \rho + I(f_1) + T + M_1 + \text{noise}_1 \tag{4.24}$$

$$L_2 = (\varphi_2 + N_2)\lambda_2 = \rho + I(f_2) + T + M_2 + \text{noise}_2 \tag{4.25}$$

式中:φ_1、φ_2为不满整周的相位值;N_1、N_2为整周模糊度;λ_1、λ_2为载波波长;ρ为卫星到接收机间的几何距离;$I(f_1)$、$I(f_2)$为电离层误差;T为对流层误差;M_1、M_2为多路径误差;noise_1、noise_2为噪声。对 L1 和 L2 观测值 L_1 和 L_2 求差如下:

$$L_4 = L_1 - L_2 = I(f_1) - I(f_2) + M_1 - M_2 + \text{noise}_1 - \text{noise}_2 \tag{4.26}$$

从式(4.26)可以看出 L4 观测值是 L1 与 L2 观测值的差值,依然含有部分电离层和噪声残差;同时,我们也可以看到提取出的多路径误差是 L1 与 L2 多路径误差的组合值。

载波相位多路径的表达如式(4.1)所示,从该式知道反射系数的量值很小,故可以简化近似得到载波相位多路径的表达为

$$\alpha = \frac{A_\text{m}}{A_\text{d}}\sin(4\pi H\lambda^{-1}\sin\theta) \tag{4.27}$$

可以看出载波相位多路径也是近似周期项。由于 L4 观测值提取的多路径残差是 L1 与 L2 多路径的差值,故其也是一个近似周期项。

4.2.3　三频观测值组合方法

虽然 L4 组合观测值提取出多路径残差,但是可以看出残差项依然含有二阶电离

层。考虑到二阶电离层残差的影响,L4 组合观测值得到的结果精度不会很高。为了去除二阶电离层残差的影响,我们可以使用三频观测值进行线性组合,这样既能消除几何项也能消除二阶电离层残差[11]。对于 GNSS 三频 L1、L2、L3 信号,载波相位观测值只考虑二阶电离层影响,可以表示如下:

$$L_1 = (\varphi_1 + N_1)\lambda_1 = \rho + I(f_1) + T + M_1 + \text{noise}_1 \tag{4.28}$$

$$L_2 = (\varphi_2 + N_2)\lambda_2 = \rho + I(f_2) + T + M_2 + \text{noise}_2 \tag{4.29}$$

$$L_3 = (\varphi_3 + N_3)\lambda_3 = \rho + I(f_3) + T + M_3 + \text{noise}_3 \tag{4.30}$$

式中各项参数意义与 4.2.2 节表达式中相同,将 L1、L2、L3 载波相位观测值进行线性组合,使得其满足如下条件:

$$L = a\,L_1 + b\,L_2 + c\,L_3 \tag{4.31}$$

为消除几何项和二阶电离层 I,则应满足如下条件:

$$a + b + c = 0 \tag{4.32}$$

$$aI(f_1) + bI(f_2) + cI(f_3) = 0 \tag{4.33}$$

又

$$I(f) = \frac{40 \times 3 \times \text{TEC}}{f^2} \tag{4.34}$$

式中:TEC 为电子总含量。

则可求出通过三频组合得到的多路径残差:

$$\text{MP}_\phi = \lambda_3^2(\phi_1 - \phi_2) + \lambda_2^2(\phi_3 - \phi_1) + \lambda_1^2(\phi_2 - \phi_3) \tag{4.35}$$

式中

$$\phi = (\varphi + N)\lambda \tag{4.36}$$

根据 4.2.2 节 L4 组合观测值,三频线性组合提取出的多路径也是单频的线性组合,故提取出的多路径也是近似周期的。同理也可以得到三频伪距观测值组合多路径:

$$\text{MP}_\text{p} = \lambda_3^2(P_1 - P_2) + \lambda_2^2(P_3 - P_1) + \lambda_1^2(P_2 - P_3) \tag{4.37}$$

图 4.5(a)是利用三频伪距观测值组合提取得到的多路径残差,图 4.5(b)是其 Lomb-Scargle 频谱图[8]。从频谱图可以看出三频多路径残差只有一个频谱图,这是由于 GPS L2 和 L5 载波波长较为接近,当两者平方再相减就削弱了 L1 多路径的分量,因而主要部分就是 L2 和 L5 多路径残差。

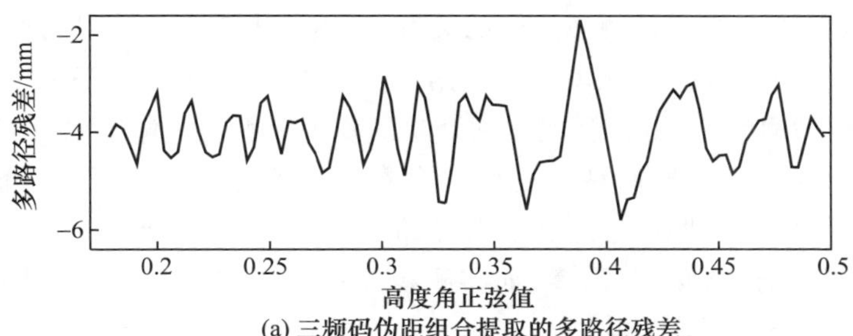

(a) 三频码伪距组合提取的多路径残差

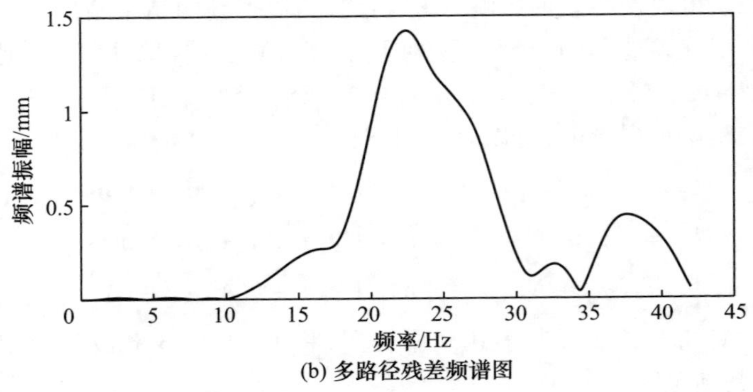

(b) 多路径残差频谱图

图 4.5　多路径残差和频谱图

4.3　地表参数估计

4.3.1　积雪厚度

通过前一章节介绍我们知道，信噪比或由载波相位提取出的多路径量是一个周期项，可以近似表示为一个周期信号的形式[5]：

$$MP = A\cos(4\pi H \lambda^{-1}\sin\theta + \varphi) \tag{4.38}$$

式中：A 为振幅；H 为天线到反射面的高度；λ 为波长；θ 为卫星高度角；φ 为相位。从式中可以看出多路径的频率与天线到反射面的高度 H 有关且可以表达为

$$H = \frac{1}{2}\lambda f \tag{4.39}$$

由式(4.39)可以看出天线高度 H 的变化会导致多路径频率的变化，随着积雪厚度的增加天线高度 H 会降低，则多路径的频率也会减小，如果可以求得多路径的频率就可以间接得到积雪厚度的变化。为了得到周期信号的频率，可以利用傅里叶变换得到频谱图，找到最大振幅所对应的频率。不同的积雪厚度对应着不同的峰值频率[8]。积雪厚度的改变会导致 H 的改变，从而引起多路径频率的改变，这与式(4.39)的分析具有一致的结论。

利用天线高度与多路径频率之间的关系，利用信噪比观测值得到积雪厚度结果，并与实测结果进行比较[8]。该图显示了两个雪季的比较结果，GPS 估计结果是利用 L1 和 L2 载波信噪比得到的。信噪比估计出的积雪厚度与实测结果具有较好的一致性，变化趋势大致相同。同时两者之间也存在一些差异，尤其在积雪峰值期差异较大。这是由于积雪实际厚度会随着积雪量的增多变化较大，继而造成反射面估计的误差较大，同时也有其他一些因素，如实测积雪厚度台站与 GNSS 站相距较远，积雪厚度随时间空间分布不均匀等。

4.3.2　土壤湿度

通过 4.2 节介绍我们知道信噪比或载波相位提取出的多路径量是一个周期项，可以近似表示为一个周期信号的形式。对于裸露的土壤来说，其反射面高度变化很小，通过最小二乘可以估计出多路径的振幅和相位，通过对比相位与单位体积土壤含水量的关系可以看出两者之间存在一个近似的线性关系[5]。该结果只是定性地表明了多路径相位与土壤含水量之间的关系，并没有定量地得出结论。

为了定量地得到多路径相位与土壤湿度之间的关系，Chew[12]等利用多路径正演物理模型模拟了信噪比观测值，其中分层考虑了地表土壤湿度变化对反射信号的影响，利用模型得到多路径相位与土壤湿度间的理论关系。对于不受地表植被影响的裸露土壤，多路径相位与土壤湿度间为线性关系，线性变化率为 $1.48 cm^3 cm^{-3} (°)^{-1}$，因而对于裸露的土壤，只要知道多路径相位时间序列，就可以将其转化为土壤湿度时间序列。该线性关系对于裸露的土壤湿度的匹配程度较高，但是对于含有地表植被的土壤就要加以修正去除植被覆盖的影响。为了量化植被覆盖对土壤湿度的影响，可以利用多路径振幅与土壤湿度间的关系，植被覆盖的增加会降低多路径振幅，因而可以将其作为是否受到植被影响的度量指标[13]。

4.3.3　植被生长

植被生长监测对于全球气候和水文变化有着重要意义，传统上植被生长监测是利用微波遥感技术，GNSS 监测植被生长为传统遥感技术提供了验证手段。对于积雪厚度检测，GNSS 多路径反射测量利用的是多路径频率与反射面高度的关系；对于土壤湿度反演，利用的是多路径的相位与土壤湿度的关系。对于植被生长监测如植被高度或植被含水量，GNSS 多路径的振幅与其存在一定的线性关系。Chew 等进行实地实验探究植被覆盖对多路径的影响，该实验结果表明 GPS 多路径序列与植被高度和植被含水量有着一定的相关性，两者变化趋势大体一致[10]。该结果只是定性分析了 GNSS 多路径与植被含水量之间的相关性，随后，Chew[14]等利用多路径正演模型定量分析了多路径振幅与植被含水量之间的关系，提出当植被含水量低于 $1kg/m^3$ 时，两者之间存在近似的线性关系，可以利用简单的线性模型反演植被含水量。同时由于 MP1 多路径序列精度较低，Wan[15]等利用信噪比提取多路径分析多路径振幅与植被高度、植被含水量的关系。实验结果与先前 MP1 分析一致，多路径振幅与植被高度、植被含水量有着很强的相关性，但是 GNSS 信噪比振幅又容易受到多种因素的影响，如土壤湿度就会影响估计结果。同时利用多路径振幅与植被含水量的简单线性模型估计含水量又有一定的限制，当植被含水量高于 $1kg/m^3$ 时这种线性关系就不再适合。由于多种因素的影响，利用 GNSS 多路径反射测量进行植被生长监测还存在很多问题，如何去除这些影响、提高植被反演精度是当前的首要工作。

4.3.4 海岸海平面变化

由于冰川融化和热膨胀,最近全球气候变化导致了海平面的变化,进而影响了人类尤其是沿海的生存环境。传统意义上,海平面变化由验潮仪(TG)测量得到,但是TG 提供的相关的海平面变化与 TG 所在陆地有关。最近,GPS-R 被证明能够测量海平面变化、土壤湿度以及积雪深度。与典型的潮汐测量相比,GPS 同样能够测量陆地的影响。基于多路径反射理论,海平面变化能由大地测量型 GPS 接收机测量,但是大多使用 GPS 或者 GLONASS L1 和 L2 SNR 数据来进行测量。另外,三频相位组合观测值和 GPS 的 L4 线性组合观测值测量能够用来进行海平面变化的测量。例如金双根等首次利用岸基北斗观测获得了海平面变化,与验潮站观测结果有较好的一致性[3]。

4.4 结　论

本章主要介绍 GNSS 多路径反射测量的理论知识与基本应用。首先从 GNSS 多路径特征引入,介绍多路径的基本概念与特性;然后分别介绍 GNSS 多路径估计的方法,包括 SNR 方法、L4 线性组合方法和三频观测值组合方法;最后介绍利用提取的多路径进行地表参数估计,包括积雪厚度、土壤湿度和植被生长等。

参考文献

[1] 李征航,黄劲松. GPS 测量与数据处理[M]. 武汉:武汉大学出版社,2010.

[2] JIN S G, QIAN X, KUTOGLU H. Snow depth variations estimated from GPS-reflectometry: a case study in Alaska from L2P SNR data[J]. Remote Sensing,2016,8(1):63.

[3] JIN S G, QIAN X, WU X. Sea level change from BeiDou navigation satellite system-reflectometry (BDS-R): first results and evaluation[J]. Global & Planetary Change,2017,149:20-25.

[4] QIAN X, JIN S G. Estimation of snow depth from GLONASS SNR and phase-based multipath reflectometry[J]. IEEE Journal of Selected Topics in Applied Earth Observations & Remote Sensing, 2016,9(10):4817-4823.

[5] LARSON K M, SMALL E E, GUTMANN E, et al. Using GPS multipath to measure soil moisture fluctuations: initial results[J]. GPS Solutions,2008,12(3):173-177.

[6] LARSON K M, SMALL E E, GUTMANN E D, et al. Use of GPS receivers as a soil moisture network for water cycle studies[J]. Geophysical Research Letters,2008,35(24):851-854.

[7] NIEVINSKI F G, LARSON K M. Forward modeling of GPS multipath for near-surface reflectometry and positioning applications[J]. GPS Solutions,2014,18(2):309-322.

[8] QIAN X, JIN S G, WU X. Snow depth variations estimated from three-frequency GPS interferometric reflectometry[C]//Proceedings of the Geoscience & Remote Sensing Symposium: IEEE,2016.

[9] SMALL E E, LARSON K M, BRAUN J J. Sensing vegetation growth with reflected GPS signals [J]. Geophysical Research Letters, 2010, 37(12): 245-269.

[10] CHEW C. Soil moisture remote sensing using GPS-interferometric reflectometry[D]. Colorado: University of Colorado, 2015.

[11] YU K, WEI B, ZHANG X, et al. Snow depth estimation based on multipath phase combination of GPS triple-frequency signals[J]. IEEE Transactions on Geoscience & Remote Sensing, 2015, 53(9): 5100-5109.

[12] CHEW C C, SMALL E E, LARSON K M, et al. Effects of near-surface soil moisture on GPS SNR data: development of a retrieval algorithm for soil moisture[J]. IEEE Transactions on Geoscience & Remote Sensing, 2013, 52(1): 537-543.

[13] CHEW C, SMALL E E, LARSON K M. An algorithm for soil moisture estimation using GPS-interferometric reflectometry for bare and vegetated soil[J]. GPS Solutions, 2016, 20(3): 525-537.

[14] CHEW C C, SMALL E E, LARSON K M, et al. Vegetation sensing using GPS-interferometric reflectometry: theoretical effects of canopy parameters on signal-to-noise ratio data[J]. IEEE Transactions on Geoscience & Remote Sensing, 2015, 53(5): 2755-2764.

[15] WAN W, LARSON K M, SMALL E E, et al. Using geodetic GPS receivers to measure vegetation water content[J]. GPS Solutions, 2015, 19(2): 237-248.

第 5 章　干涉技术和多普勒时延图

干涉模式技术(interference pattern technique)是一种新的 GNSS-R 技术,主要利用 GNSS 直射信号与反射信号的干涉。该技术需要特制的干涉型接收机,利用反射信号的极化特性。另外,基于 GNSS-R 技术,结合 Zavorotny-Voronovich (Z-V)模型和均方坡度(MSS)模型,通过时延-多普勒图像(DDM),进而反演散射系数 σ^0,可获得表面粗糙参数,如海面粗糙度(风速越高,表面粗糙度越大,DDM 在时延和频域内越大)、海洋风场反演、飓风眼探测、海面溢油等。通过第 3 章我们已经知道电磁波反射过程中反射系数的表达式(3.14)至式(3.21),本章将通过从菲涅耳反射系数入手,介绍干涉模式技术和多普勒时延图及其应用。

5.1　干涉模式技术

5.1.1　互相干模型

在 3.1 节我们介绍了垂直和水平极化入射的反射定义[1]和反射系数,并分析了布儒斯特角对反射系数的影响。这一节,我们将介绍 GNSS 信号的相干散射模型。如图 5.1 所示,GNSS 卫星发射信号一部分直接被接收机接收,称为直射信号,另一部分通过地表反射再被接收机接收,称为反射信号。根据 3.1 节,我们知道对于两个不同介质 ε_i、ε_{i+1},垂直和水平极化入射的反射系数可以表达为

$$r_{\mathrm{H}i,i+1} = \frac{\varepsilon\cos\theta - \sqrt{\varepsilon - \sin^2\theta}}{\varepsilon\cos\theta + \sqrt{\varepsilon - \sin^2\theta}} \tag{5.1}$$

$$r_{\mathrm{V}i,i+1} = \frac{\cos\theta - \sqrt{\varepsilon - \sin^2\theta}}{\cos\theta + \sqrt{\varepsilon - \sin^2\theta}} \tag{5.2}$$

式中:$\varepsilon = \varepsilon_i/\varepsilon_{i+1}$。对于不同的分层反射面 $\varepsilon_0,\varepsilon_1,\varepsilon_2$,为了方便书写,3 层介质反射模型可以表达为[2]

$$R = \mathrm{e}^{-(\frac{4\pi\sigma}{\lambda})^2} \cdot \frac{r_{i,i+1} + r_{i+1,i+2} \cdot \mathrm{e}^{s} \cdot \mathrm{e}^{\mathrm{j}2\psi}}{1 + r_{i+1,i+2} \cdot r_{i+1,i+2} \cdot \mathrm{e}^{s} \cdot \mathrm{e}^{\mathrm{j}2\psi}} \tag{5.3}$$

式中:σ 是表面粗糙度;相位 ψ 可以表达为

$$\psi = \frac{2\pi}{\lambda} t_{i+1}\sqrt{\varepsilon_{i+1} - \varepsilon_i\sin\theta} \tag{5.4}$$

式中：λ 为 GNSS 载波波长；t_{i+1}为第 $i+1$ 层的地表厚度；θ 为入射角。

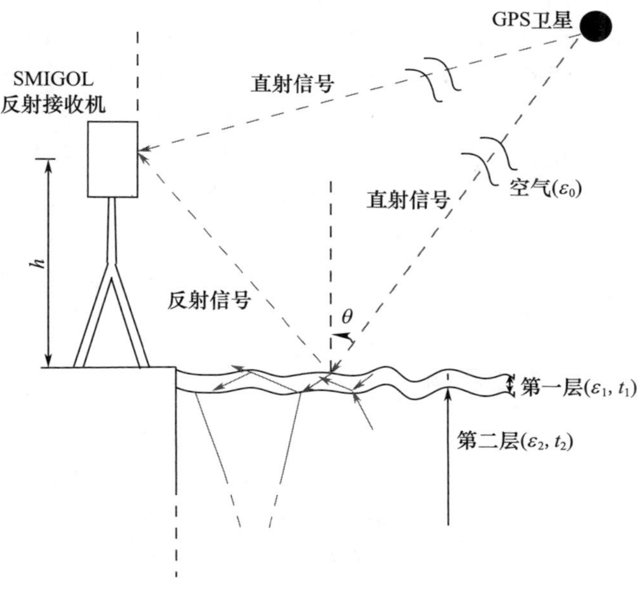

图 5.1　GNSS 信号经过多层介质的反射图（见彩图）

根据式(5.4)可以得到接收机接收到的总功率为

$$P \propto |E_i + E_r|^2 = F_n(\theta) \cdot |1 + R \cdot e^{j\varphi}|^2 \tag{5.5}$$

式中：E_i和 E_r分别为 GNSS 信号的入射和反射场；$F_n(\theta)$为归一化的天线方向图；R 为式(5.4)表达的复合介质的反射系数模型；φ 为直射信号与反射信号的相位差，可以表达为

$$\varphi = \frac{4\pi}{\lambda} h_1 \cos\theta \tag{5.6}$$

从式(5.6)可以看出接收机接收到的总功率会随着入射角的变化而呈现出近似周期性的振荡。

5.1.2　极化影响

5.1.1 节介绍了 GNSS 信号的互相干模型，为干涉模式技术（IPT）提供了理论基础。对于采用的不是传统的左旋圆极化（LHCP）或右旋圆极化（RHCP）接收机天线，而是线性极化天线，相比圆极化天线，线性极化天线有着特有的优势：①水平和垂直极化反射系数会随着卫星高度角的变化呈现出更加明显的变化，提供更多的有用信息；②线性极化天线可以在任何角度同时接收直射信号和反射信号。

对于水平极化，信号功率随着卫星高度角的变大而波动幅度慢慢变小，这种现象是因为高度角越来越高经地表的反射信号就越来越少，导致干涉振幅也越来越小。然而，对于垂直极化接收信号功率振荡幅度却不是逐渐变小，其先随着卫星高度角的变化在某一角度达到一个振幅最小值，然后振幅又逐渐变大，最后随着卫星高度角的升高而变小。从中可以看到在中间某一角度出现了一个凹槽，在凹槽处振荡幅度达到最小，这一现象的出现与垂直极化入射的反射系数有关。在 3.1 节处我们分析到，当入射角度等于布儒斯特角时，垂直极化入射的反射系数为零，在该角度不发生反射，那么就无法接收到反射信号，不能与直射信号发生干涉，就会导致干涉振幅接近为零。干涉模式技术就是利用垂直极化入射的这一特性进行地表参数的反演，对于不同的反射面其布儒斯特角不同，则出现槽点的位置也就不同。通过得到槽点的位置就可以间接得到反射面的相关参数。

5.1.3 表面粗糙度影响

从 GNSS 互相干模型可以看出，反射系数与表面粗糙度有着密切关系，会影响 GNSS 接收机接收到的信号功率。Rodriguez-Alvarez[2] 详细给出了表面粗糙度与层间交界面粗糙度对凹槽位置与振幅的影响。随着表面粗糙度的增加，振幅逐渐减小，这是由于地面粗糙度增加，镜面反射逐渐减小，会造成相应的漫反射，从而导致直射信号与反射信号无法造成干涉，就会影响到振幅的幅度，而凹槽的位置不受表面粗糙度的影响。假定地表粗糙度已知，层间粗糙度的误差会导致土壤湿度的估计误差达到 10%。利用凹槽的位置估计地表土壤湿度比利用凹槽的振幅更加精确可靠。

5.2 IPT 与 SNR 比较

前面我们介绍了 IPT 的相关理论模型以及特性，本节进一步与 SNR 技术进行比较，探讨两种技术的差异。

SNR 技术也是 GNSS 反射测量的一种，也利用了直射信号与反射信号的干涉，但是两者却有不同之处，具体体现如下。

（1）两者采用的接收机天线不同。SNR 采用的是传统测量型接收机，天线为右旋圆极化天线；IPT 采用的是特制接收机，天线为线性极化。

（2）SNR 技术一般只能利用低卫星高度角信号；IPT 可以利用所有卫星高度角信号。

（3）两者利用的观测量不同。SNR 利用干涉图的周期，振幅或相位值；IPT 利用槽点出现的高度角位置。

（4）IPT 接收机使用的天线更有利于接收反射信号；SNR 使用的传统接收机不利于反射信号的接收。

（5）SNR 使用传统的测量型接收机，可以利用现有的大地测量观测网数据。

5.3　DDM 理论与模型

5.3.1　DDM 理论

DDM 是伴随着当地生成的发射信号与时间同步的 C/A 码复制的发射信号，通过所接收信号的互相关生成的。这样的互相关通常在 1ms 的间隔里处理得到，并且严重受到斑点噪声的影响，所以考虑使用大量的连续互相关值的非相干积累可以减弱噪声，此类型星载 DDM 的非相干积累时间是 1s。

GPS 卫星发射右旋圆极化信号，当到达海面，大部分会转化成左旋圆极化。来自于海面的反射信号汇集成一个闪烁区，其规模与风速相关。不同规模的闪烁区域根据不同的时延和多普勒频移促成了全部接收信号。因此 DDM 的形状可以表征表面粗糙度：风速越大，表面粗糙度越大，DDM 在时延/频移区域也就越大。在理想平面，散射信号来自于镜像反射点，此点是根据 GPS 卫星发射机与接收机之间的最短距离决定的。而且，表面越粗糙，闪烁区域则越大，该区域是用于收集散射信号的。如果表面是平面，则连续时延是一系列等距的椭圆，连续的多普勒频移是一系列等距双曲线，如图 5.2 所示。因此，每一个表面点都将有一个特定的时延值和多普勒频移值，但是实际上，同样的时延值和多普勒频移值对应的有两个不同的点[3]。

5.3.2　散射模型

在 GNSS-R 技术中，利用 2D 空间中散射信号的时延-多普勒频移的功率分布形成的 DDM 去衡量信号和时延-多普勒之间的关系，即 Z-V 模型，表达公式为

$$\langle | Y(\Delta\tau,\Delta f_{\mathrm{D}}) |^2 \rangle = \frac{T_i^2 P_{\mathrm{T}} G_{\mathrm{T}} \lambda^2}{(4\pi)^3} \times \iint_S \frac{G_{\mathrm{R}}(\boldsymbol{\rho})\,\sigma^0(\boldsymbol{\rho})\,\chi^2(\Delta\tau,\Delta f_{\mathrm{D}})}{R_{\mathrm{t}}^2(\boldsymbol{\rho})\,R_{\mathrm{r}}^2(\boldsymbol{\rho})}\mathrm{d}^2\boldsymbol{\rho}$$

可简化为

$$\langle | Y(\Delta\tau,\Delta f_{\mathrm{D}}) |^2 \rangle = \chi^2 ** P_{\mathrm{scat}}(\Delta\tau,\Delta f_{\mathrm{D}}) \tag{5.7}$$

式中：$\langle\cdot\rangle$ 表示求均值；S 为闪烁区 GZ；$\boldsymbol{\rho}$ 为 GZ 内每一个散射点位置的矢量；$R_{\mathrm{t}}(\cdot)$ 和 $R_{\mathrm{r}}(\cdot)$ 分别为散射点到发射机和接收机的距离；P_{T}，G_{T} 和 G_{R} 分别为发射功率、发射天线增益、接收机天线增益；T_i 为相干积分时间；$\Delta\tau$ 和 Δf_{D} 分别为与镜像反射点相关的时延和多普勒差异；$\chi(\cdot)$ 为伍德沃德模糊度函数（WAF）[4]；$\sigma^0(\cdot)$ 为散射系数（归一化（双基）雷达散射截面（NRCS））；$**$ 为二维卷积操作符。

先根据每一个多普勒频率生成时延波形，接着根据多普勒频率校准生成的波形进而获得仿真的 DDM。

WAF 是 GNSS 的特有特征，可以分隔成表征沿时延轴的信号的三角形函数和沿多普勒轴的信号的正弦形函数

$$\chi^2(\Delta\tau,\Delta f_{\mathrm{D}}) = \Lambda^2(\Delta\tau)\cdot \mathrm{S}^2(\Delta f_{\mathrm{D}}) \tag{5.8}$$

$$P_{\text{scat}}(\Delta\tau,\Delta f_{\text{D}}) = T_i^2 A \times \iint_S \frac{G_{\text{R}}(\boldsymbol{\rho})\ \sigma^0(\boldsymbol{\rho})}{R_{\text{t}}^2(\boldsymbol{\rho})\ R_{\text{r}}^2(\boldsymbol{\rho})} \delta(\Delta\tau)\delta(\Delta f_{\text{D}})\ \mathrm{d}^2\boldsymbol{\rho} \tag{5.9}$$

式中：$A = \frac{P_{\text{T}}\ G_{\text{T}}\ \lambda^2}{(4\pi)^3}$；$\delta(\Delta\tau)$和$\delta(\Delta f_{\text{D}})$为$\Delta\tau$和$\Delta f_{\text{D}}$的狄拉克δ分布函数，δ函数解释了来源于散射表面无限小椭圆环和无限小椭圆夸张点的贡献；S 为辛格函数；$\Lambda(\Delta\tau) = \begin{cases} 1-\Delta\tau/\tau_{\text{C}} & |\Delta\tau| \leqslant \tau_{\text{C}} \\ -\tau_{\text{C}}/\text{T}_i & |\Delta\tau| > \tau_{\text{C}} \end{cases}$，$\tau_{\text{C}}$为码片长度。

5.3.3 散射系数

为得到海面散射系数分布，$\sigma^0(\Delta\tau,\Delta f)$需要从时延-多普勒区域映射到空间域。但是每一个时延-多普勒通道对应着海面上的两个分开的物理区域（图 5.2），这就是模糊问题。为解决这个问题，一种方法是在生成 DDM 时仅使用一半的闪烁区域[5]，$\sigma^0(\Delta\tau,\Delta f)$能直接从时延-多普勒区域映射到空间域[5]，另一种方法是使用一束可操纵的天线阵列或使用位于两个不同视角的两个分离的天线去生成无模糊的散射系数分布图。在使用双天线的方法时，可以将天线参数与英国灾害监测星座（UK-DMC）卫星设置一致，两天线间的倾斜角需要满足“覆盖整个闪烁区域”这一条件。

(a) 地表视图

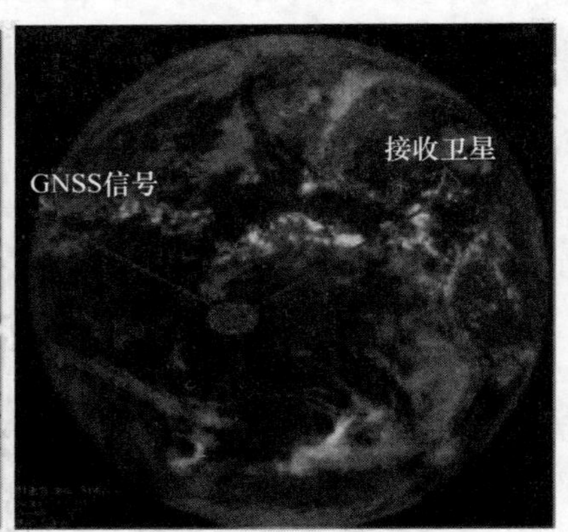

(b) 全球视图

图 5.2 基础 GNSS 双基几何模型（地球表面上的两条等多普勒线（双曲线）和两条等时延线（椭圆）交汇成两个分开的区域，这就是模糊问题）（见彩图）

为了重建 NRCS，首先需要将式（5.7）转化以获得$P_{\text{scat}}(\cdot)$，然后从$P_{\text{scat}}(\cdot)$可直接获得重建 NRCS σ^0_{rec}。为了将来自于不同空间位置但具有相同时延-多普勒频移的散射点的散射能量区分开，需要根据 Li[6] 等提出的原理，使用基于雅可比行列式（J（·））的方法。

$$P_{\text{scat}}(\Delta\tau,\Delta f_{\text{D}}) = T_i^2 A \times \frac{G_{\text{R}}[\boldsymbol{\rho}(\Delta\tau,\Delta f_{\text{D}})]\ \sigma^0[\boldsymbol{\rho}(\Delta\tau,\Delta f_{\text{D}})]}{R_{\text{t}}^2[\boldsymbol{\rho}(\Delta\tau,\Delta f_{\text{D}})]\ R_{\text{r}}^2[\boldsymbol{\rho}(\Delta\tau,\Delta f_{\text{D}})]} |\text{J}(\Delta\tau,\Delta f_{\text{D}})| \tag{5.10}$$

将式(5.10)代入式(5.7),可得

$$\langle |Y(\Delta\tau,\Delta f_{\mathrm{D}})|^2\rangle = \chi^2 ** \frac{T_i^2 P_{\mathrm{T}} G_{\mathrm{T}} \lambda^2}{(4\pi)^3} \times \frac{G_{\mathrm{R}}[\boldsymbol{\rho}(\Delta\tau,\Delta f_{\mathrm{D}})]\,\sigma^0[\boldsymbol{\rho}(\Delta\tau,\Delta f_{\mathrm{D}})]}{R_{\mathrm{t}}^2[\boldsymbol{\rho}(\Delta\tau,\Delta f_{\mathrm{D}})]\,R_{\mathrm{r}}^2[\boldsymbol{\rho}(\Delta\tau,\Delta f_{\mathrm{D}})]} |\mathrm{J}(\Delta\tau,\Delta f_{\mathrm{D}})| \tag{5.11}$$

按照数学的观点,式(5.7)是基于平滑核的第一类 Fredholm 积分函数。这类问题可以下面的形式处理:

$$L(X) = \boldsymbol{B} \tag{5.12}$$

式中:$\boldsymbol{X}$ 为离散化散射能量,即$P_{\mathrm{scat}}(\cdot)$,$(\cdot)$代表卷积操作符;$\boldsymbol{B}$ 为对应的 DDM,即$\langle |Y(\cdot,\cdot)|^2\rangle$。按 F. Lenti[7] 等提出的截断奇异值分解(TSVD)方法,式(5.8)可以改写为

$$\boldsymbol{A}_1 \boldsymbol{X} \boldsymbol{A}_2^{\mathrm{T}} = \boldsymbol{B} \tag{5.13}$$

式中:$\boldsymbol{A}_1$为$\Lambda^2(\Delta\tau)$转型得到的矩阵;$\boldsymbol{A}_2$为辛格函数 S^2 转型得到的矩阵。

通过将 $\boldsymbol{X}$ 和 $\boldsymbol{B}$ 矢量化为 $\boldsymbol{x}$、$\boldsymbol{b}$ 改写成等价的形式:

$$\boldsymbol{A}\boldsymbol{x} = \boldsymbol{b} \tag{5.14}$$

式(5.14)需要用正则化方法处理,这种方法的基本思想就是将残差范数最小化。为得到一个稳定的解决方案,可以使用下述正则化方法:

$$\min \|\boldsymbol{A}\boldsymbol{x} - \boldsymbol{b}\| \qquad \boldsymbol{x} \in \boldsymbol{P} \tag{5.15}$$

式中:$\boldsymbol{P}$ 为采用最小化限度的空间;$\boldsymbol{A}$ 为 $\boldsymbol{A}_1$、$\boldsymbol{A}_2$ 的克罗内克积。对于残差的处理可以采用不同的规范。当使用 2-D TSVD 的方法重建得到P_{rec}后,式(5.14)可以转换得到重建的σ_{rec}^0:

$$\sigma_{\mathrm{rec}}^0[\boldsymbol{\rho}(\Delta\tau,\Delta f_{\mathrm{D}})] = \frac{P_{\mathrm{rec}}(\Delta\tau,\Delta f_{\mathrm{D}})}{|J(\Delta\tau,\Delta f_{\mathrm{D}})|} \times \frac{1}{T_i^2 A} \times \frac{R_{\mathrm{t}}^2[\boldsymbol{\rho}(\Delta\tau,\Delta f_{\mathrm{D}})]\,R_{\mathrm{r}}^2[\boldsymbol{\rho}(\Delta\tau,\Delta f_{\mathrm{D}})]}{G_{\mathrm{R}}[\boldsymbol{\rho}(\Delta\tau,\Delta f_{\mathrm{D}})]} \tag{5.16}$$

5.3.4　参数获取

来自于每一个栅格元素的能量与散射系数的分布紧密相关。

$$\sigma^0 = \pi |\mathcal{R}|^2 \left(\frac{|\boldsymbol{q}|}{q_z}\right)^4 P\left(-\frac{\boldsymbol{q}_\perp}{q_z}\right) \tag{5.17}$$

式中:$|\mathcal{R}|^2$为菲涅耳反射系数,由极化方向、复介电常数以及当地高度角决定;$\boldsymbol{q}$ 为散射单位矢量;$\boldsymbol{q}_\perp$ 为 $\boldsymbol{q}$ 的水平分量;q_z 为 q 的垂直分量的模;$P\left(-\frac{\boldsymbol{q}_\perp}{q_z}\right)$ 为海洋表面梯度的概率密度函数。为了简化,风向可以假设沿着 ECXI 系统的 x 轴,则概率密度函数(PDF)可以简化为

$$P\left(-\frac{\boldsymbol{q}_\perp}{q_z}\right) = \frac{1}{2\pi\sigma_{\mathrm{u}}\sigma_{\mathrm{c}}}\exp\left[-\frac{1}{2}\left(\frac{\left(-\frac{\boldsymbol{q}_{\perp,\mathrm{u}}}{q_z}\right)^2}{\sigma_{\mathrm{u}}^2} + \frac{\left(-\frac{\boldsymbol{q}_{\perp,\mathrm{c}}}{q_z}\right)^2}{\sigma_{\mathrm{c}}^2}\right)\right] \tag{5.18}$$

式中：$-\frac{q_{\perp,u}}{q_z}$、$-\frac{q_{\perp,c}}{q_z}$分别为逆风和侧风的海洋梯度成分；σ_u^2、σ_c^2分别为逆风和侧风方向的 MSS 成分，关于 MSS 的模型用 Cox-Munk 模型表示[8]：

$$
\begin{gathered}
\sigma_{c,c}^2 = 0.003 + 1.92 \times 10^{-3} U_{10} \\
\sigma_{u,c}^2 = 3.16 \times 10^{-3} U_{10} \\
\sigma_{c,s}^2 = 0.003 + 0.84 \times 10^{-3} U_{10} \\
\sigma_{u,s}^2 = 0.005 + 0.78 \times 10^{-3} U_{10} \\
\sigma_u^2 = 0.45[3.16 \times 10^{-3} f(U_{10})] \\
\sigma_c^2 = 0.45(0.003 + 1.92 \times 10^{-3} U_{10}) \\
f(U_{10}) = \begin{cases} U_{10} & U_{10} \leqslant 3.49 \\ 6\ln(U_{10}) - 4 & 3.49 < U_{10} \leqslant 40 \\ 0.411 \times U_{10} & U_{10} > 40 \end{cases}
\end{gathered}
\tag{5.19}
$$

式中：c 和 u 表示 MSS 侧风和迎风成分；U_{10}表示海面上方 10m 处的有效风速。由于 MSS 模型本来是用于光信号公式，其中 MSS 与风速之间的关系过高估计了有效斜率对于在 GPS 频段的风速的依赖性。

为了得到海面散射系数分布，$\sigma^0(\Delta\tau, \Delta f)$需要从时延-多普勒区域映射到空间域。但是每一个时延-多普勒通道对应着海面上的两个分开的物理区域，这就是模糊问题。为解决这个问题，一种方法是在生成 DDM 时仅使用一半的闪烁区域，$\sigma^0(\Delta\tau, \Delta f)$能直接从时延-多普勒区域映射到空间域[5]，另一种方法是使用一束可操纵的天线阵列或使用位于两个不同视角的两个分离的天线去生成无模糊的散射系数分布图。在使用双天线的方法时，可以将天线参数与 UK-DMC 卫星或 TDS(技术验证卫星)-1 设置一致，两天线间的倾斜角需要满足“覆盖整个闪烁区域”这一条件。

5.4 DDM 应用

5.4.1 海洋遥感

5.4.1.1 海洋风场

DDM 可以表征海面粗糙度情况，风速越高，表面粗糙度越大，时延和频域内的 DDM 也更大。

采用 Z-V 经典模型，并利用 Cox-Munk 提出的干净海面模型以及针对 L 频段 GNSS-R 信号的经验改正，计算得到 MSS。通过将 MSS 成分和风向代入海洋表面梯度的概率密度函数，并使用 Z-V 模型仿真得到不同风速条件下的 DDM。将与实测 DDM 最佳匹配的仿真 DDM 去估计风相关信息，为更好地对两 DDM 之间的匹配关系进行定量分析，需使用最小二乘损失函数。通过最小二乘拟合法将二维模拟所得的 GNSS-R DDM 与实际测量的数据进行对比可以反演得到海洋风场[9]。

风速估计器是通过来自于 GNSS-R 时延-多普勒图像(DDM)的 5 个观测量构造的。这 5 个观测量包括时延-多普勒均值(DDMA)、时延-多普勒方差(DDMV)、艾伦时延-多普勒图方差(ADDMV)、前缘坡度(LES)、后缘坡度(TES),开拓了 DDM 的特性并记录了海洋表面风速的变化。具体反演方法为:收集所有可获得的 DDM 观测量与相匹配的浮标风;使用最小二乘回归分析并构建经验 GMF;将 GMF 作为映射 DDM 观测量的基础,并估计风速;求得反演算法的估计风速与浮标真实测量风速之间的均方根差异[10]。

这里的反演方法并没有利用任何信号散射的理论模型,采用 4 个观测量——权重区域、质心到 DDM 最大值的二阶欧几里得距离、几何中心到 DDM 最大值处的距离、质心到 DDM 最大值处的 1 阶欧几里得距离,进行线性回归[11]。

5.4.1.2　海面高

相对于星载雷达,GNSS 卫星对于地表的单项观测的能力大大缩减。为了克服 GNSS 的这一缺陷,提出了一种针对 GNSS-R 测高的基于全 DDM 的创新型的后处理方式、重跟踪理念。GNSS-R 多普勒系统可在镜像点的多普勒频移附近产生若干个频率位移复制码,并实现频移复制码与反射信号之间的若干次互相关[12]。

传统的 GNSS-R 海啸探测方法主要是基于 GNSS-R 测高方法,测高灵敏度仅仅只能达到 20cm。但是基于 Z-V 双基散射模型、Cox-Munk 海面 MSS 模型以及海啸风扰动模型可以从 DDM 中获得海面高度异常(SSHA)。假设所有的 DDM 是在海啸发生的情况下获得的,则由海啸引起的 SSHA 可以通过背景风速的分布相关知识获得。首先从 DDM 中反演得到散射系数 σ^0,再根据散射系数反演得到风速(WS)分布,之后 SSHA 可以从 WS 中测得,提取 SSHA 轮廓并拟合成正弦波模型,评价 SSHA 并测定海啸参数[13]。其中有效风速 WS_{eff} 与海啸参数紧密相关,并且与无海啸影响的背景风速 WS_0 可以用一系数区分开,该系数可以表示为

$$M = 1 - \frac{\kappa a c}{H u_* \ln\beta} \tag{5.20}$$

式中:$\kappa = 0.4$;$u_* = 0.04U_{10}$;H 为背景对数边界层(background logarithmic boundary layer)的高度;a 为由海啸引起的 SSHA;$c = (gD)^{1/2}$ 为海啸传播速度;g 为重力加速度;D 为海水深度;

$$\beta = \frac{\kappa u_* T_0}{2\pi z_0} \tag{5.21}$$

式中:$z_0 = 0.01 u_*^2 / g$ 为粗糙度长度;T_0 为海啸周期。式(5.20)和式(5.21)为海啸导致的风扰动模型,该模型已经成功用于雷达后向散射强度的仿真和海啸 DDM 的仿真中。由式(5.20)和式(5.21)可知,海啸导致的 SSHA a 可以从反演的 WS_{eff}、先验的 WS_0 分布、高度 H 以及相关的海啸参数 T_0 和 c 得到:

$$a = \left(1 - \frac{WS_{eff}}{WS_0}\right)\frac{H u_* \ln\beta}{\kappa c} \tag{5.22}$$

5.4.1.3 海冰变化

Komjathy 等[14]首次利用 GNSS-R 技术探测海冰,发现峰值功率会出现,表明 GPS 反射信号不仅可以探测海冰,还可以提供关于海冰状态的重要信息。相对于海水,海冰的 DDM 在延迟轴和多普勒轴只有较小的扩散现象。这一特性使得我们可以通过研究不同的 DDM 观测量,将海冰与海水区分开,这就是说针对 DDM 的一个观测量设置一定的阈值,当大于和小于此阈值时,可以分别被分类成海冰和海水。最后将基于 DDM 观测量的探测结果与实地测量结果海冰数据做对比,可以证明此方法的可行性。利用 GNSS-R 对海冰进行星载探测,很有前景,如使用 TDS-1 数据[15]等方法。将来,为深入研究海冰,需要结合海冰表面类型来考虑 DDM 峰值功率的变化趋势,海冰浓度也值得研究。

5.4.1.4 海面溢油

利用 DDM 模拟溢油区域的方法是基于将溢油区域的散射模型与 Gleason 接收机软件中的散射模型相结合,并将溢油区域的分布情况合并在 DDM 中[6,16-17]。溢油区域的散射系数相对于干净的海面来说,当散射点远离镜像点时会衰减得更快,这是因为漫反射现象在干净海面更强而且更频繁。虽然闪烁区域的直径大于 400km,但是溢油区域可以通过溢油区域的散射系数的差别区别出来。

5.4.2 土壤/植被监测

GNSS 信号可以通过双基雷达的方法去遥远地感知地球表面特性,使用 GNSS 接收机可以接收表面反射的 GNSS 信号,这种被动双基雷达技术被称为 GNSS-R。地球表面特性会改变前向散射信号,目前很多研究已经证明 GNSS-R 可以用于推断海洋表面风场信息、土壤湿度信息和雪相关信息等。DDM 是由于发射机、反射面、接收机之间的路径延迟和相对移动的互相关信号而创建的。

GNSS-R 的信号中包含相干散射成分和非相干散射成分,但是当裸土或者只有少量植被覆盖时,所观测表面的粗糙度尺度小于信号波长,这就导致集中在镜像反射附近的相干散射远大于非相干散射。针对 GNSS-R 土壤水分监测和定量反演方面的研究主要是利用导航卫星直射信号和反射信号的干涉波形图进行分析,现有研究多依赖于地面观测数据,建立 GNSS-R 信号或者 GNSS 多路径信号与土壤水分和植被参数的相关性或建立区域性的定量反演算法,但对其散射特性机理模型的研究相对较少。以现有的海洋表面 GPS 散射信号模型为基础,通过对 Z-V 双基雷达散射截面模型针对陆面土壤/植被应用进行修改,进而模拟分析土壤水分和地表粗糙度对于接收机 DDM 的影响[18]。研究表明,土壤湿度越大,地表粗糙度越大,DDM 波形峰值范围变化越大。目前已经发射的 TDS-1,搭载有 GNSS 双基雷达接收机,可以提供关于陆地大量的反射数据。

如果表面粗糙度满足布拉格散射的条件,双基散射截面(散射系数)成比例于

$$\sigma_{\alpha\alpha_0}(\boldsymbol{\kappa},\boldsymbol{\kappa}_0) \propto |g_{\alpha\alpha_0}(\boldsymbol{\kappa},\boldsymbol{\kappa}_0)|^2 \Psi(\boldsymbol{\kappa},\boldsymbol{\kappa}_0) \tag{5.23}$$

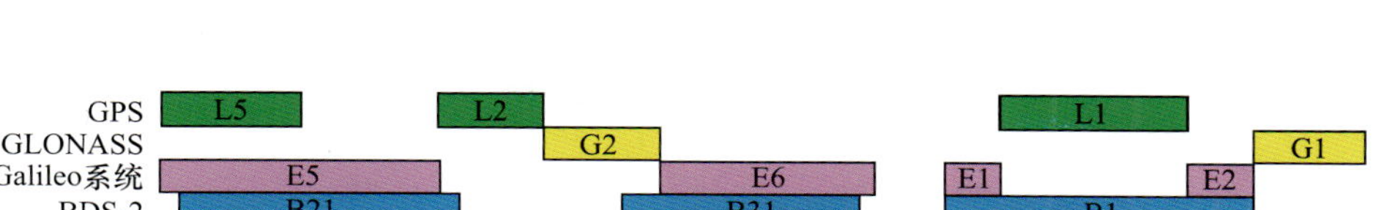

图 2.1　GNSS 信号的频谱分布

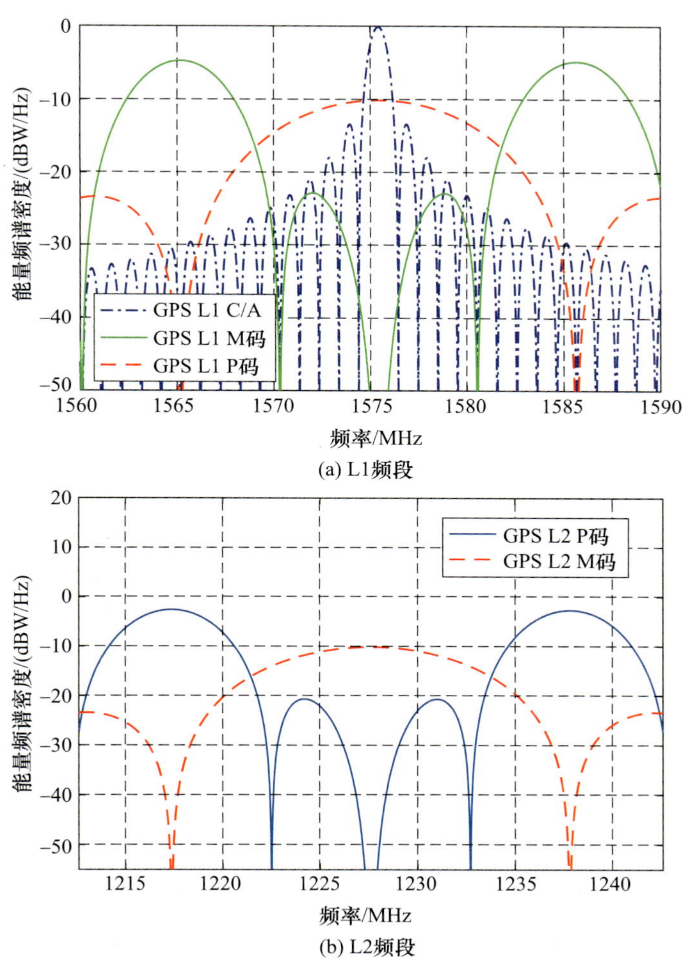

图 2.2　GPS L1、L2 频段测距码频谱能量分布图

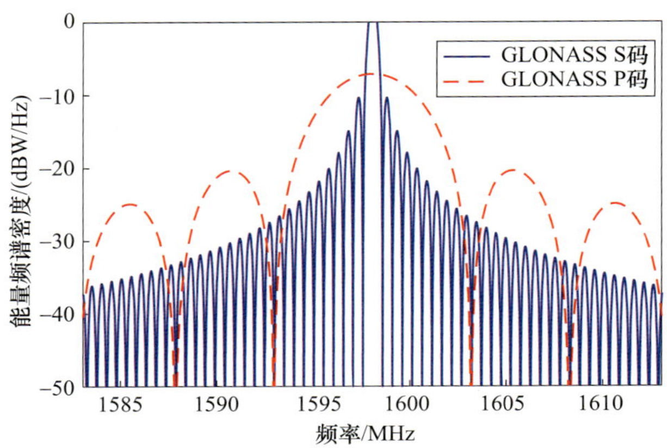

图 2.3　GLONASS SV1 卫星 L1 频段测距码频谱能量分布图

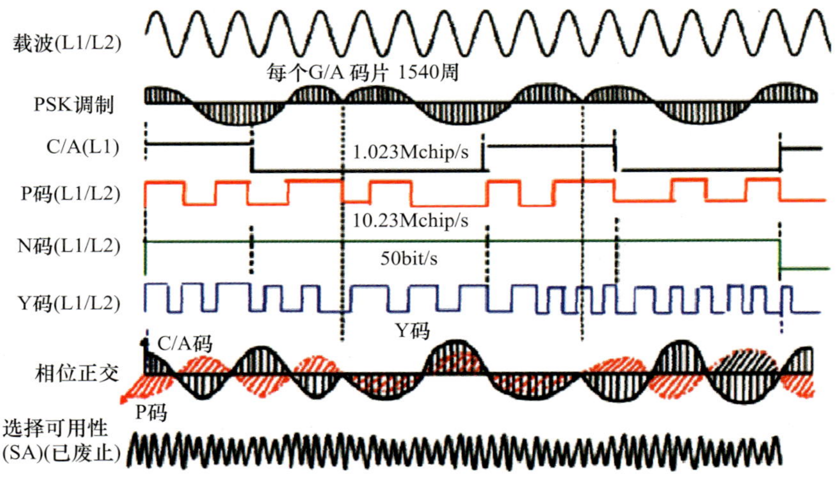

图 2.5　GPS BPSK 调制示意图

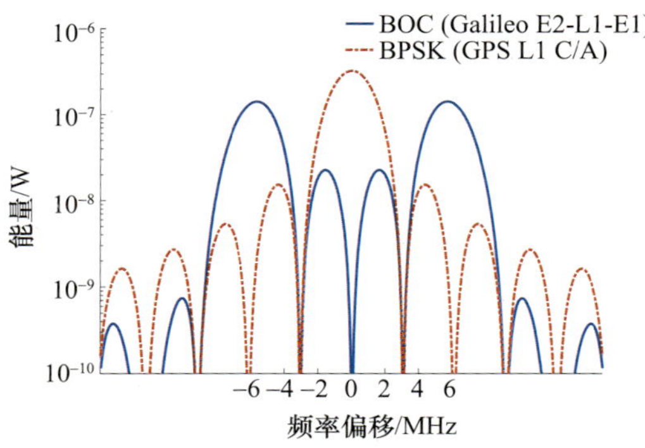

图 2.11　BOC 调制技术与 BPSK 调制技术波瓣对比

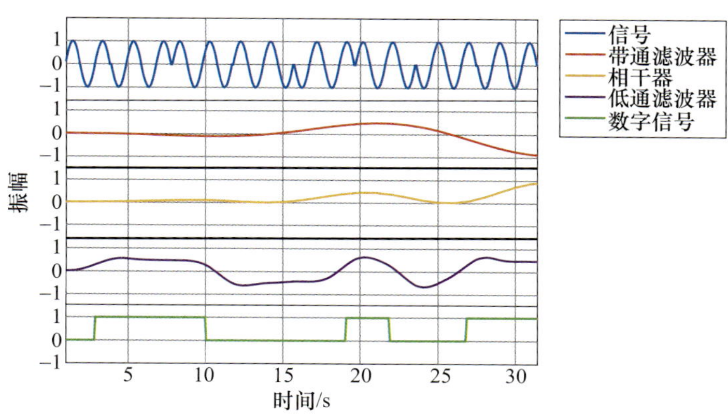

图 2.13　基于 BPSK 调制的 GPS 信号的解调示例

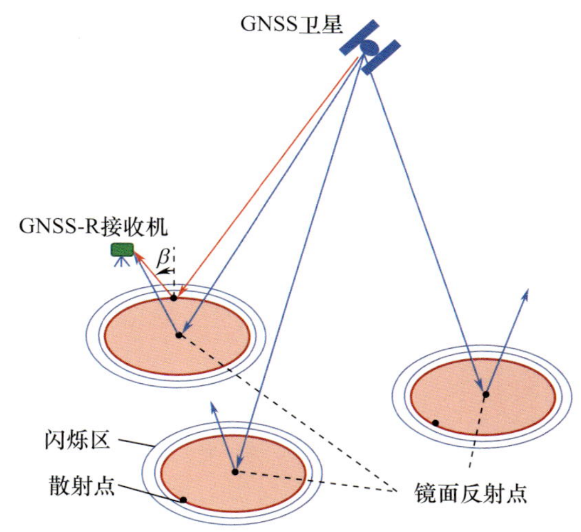

图 3.3　闪烁区示意图

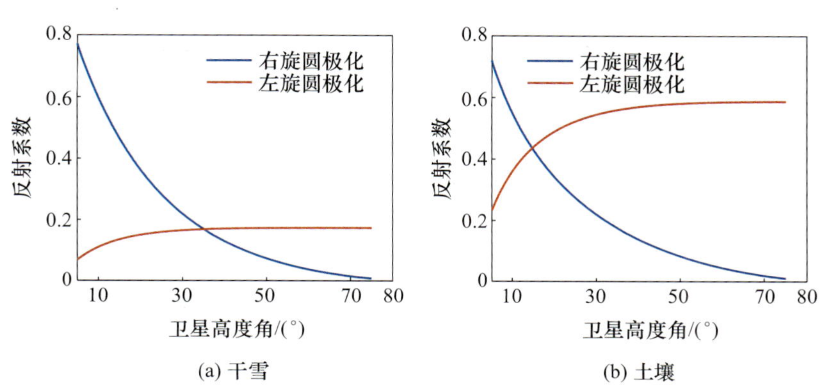

图 3.4　反射信号极化特性随卫星高度角的变化

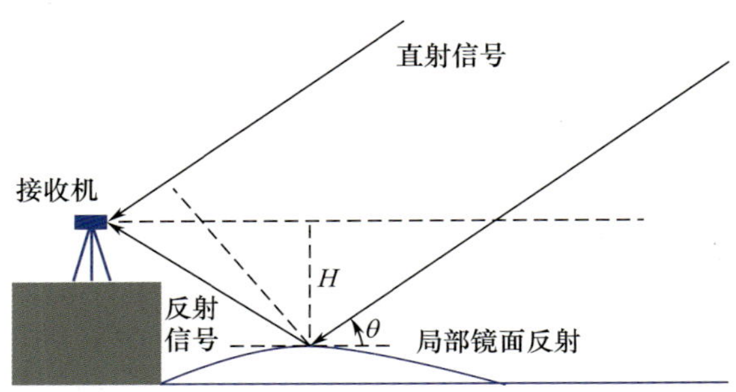

图 3.5　地基 GNSS-R 几何原理

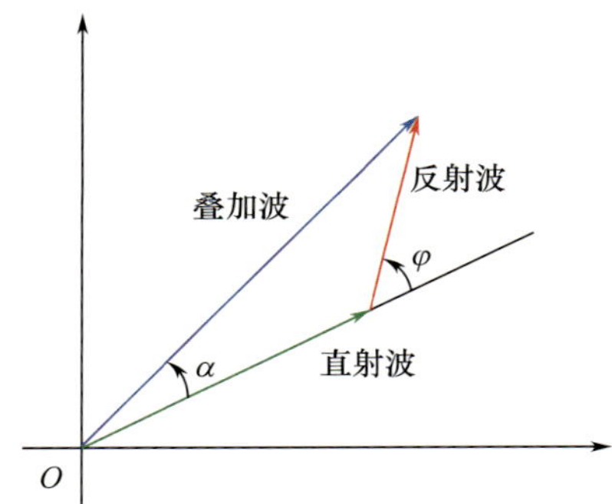

图 3.6　多路径反射测量矢量图

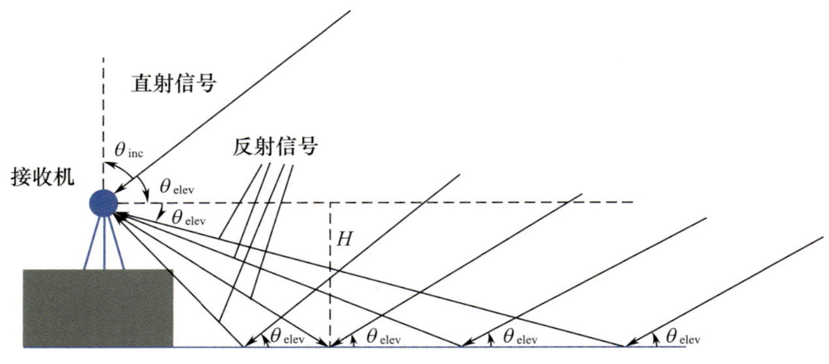

图 3.8　粗糙表面上的 IPT 几何形状

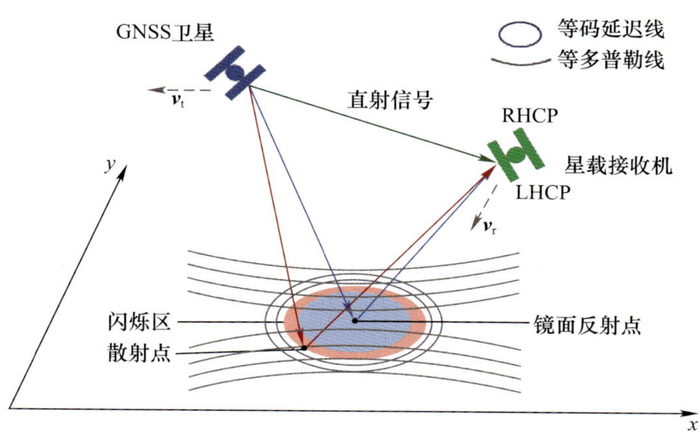

图 3.10　GNSS 双基雷达散射等码延迟线和等多普勒线

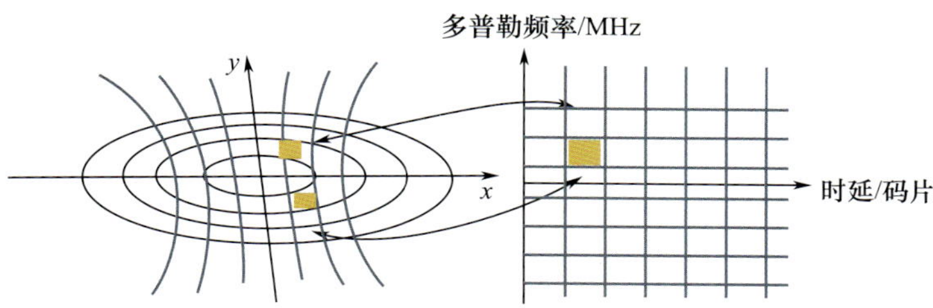

图 3.11　映射时延-多普勒图

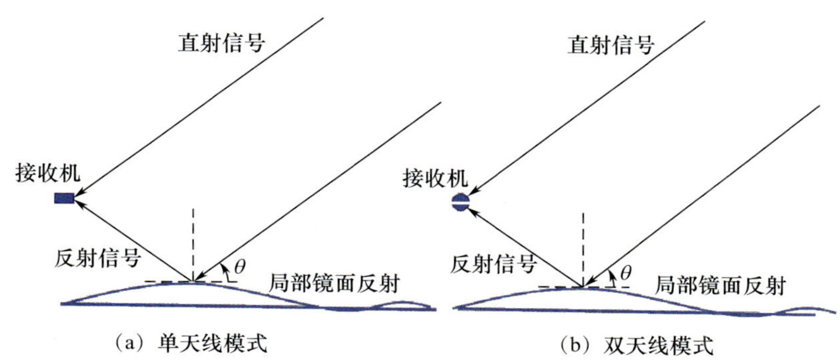

图 3.12　GNSS-R 的 2 种观测模式

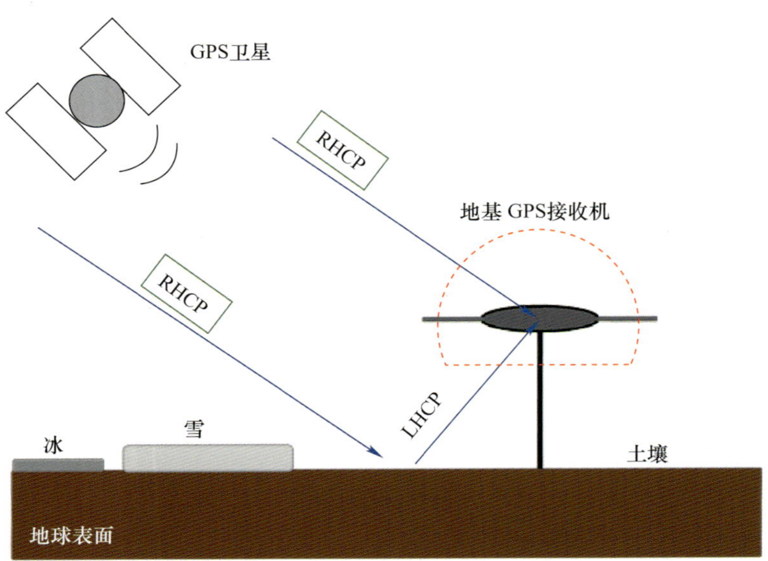

图 4.1　GPS L1 和 L2 信号的 RHCP 和 LHCP 在一般选择表面的反射过程

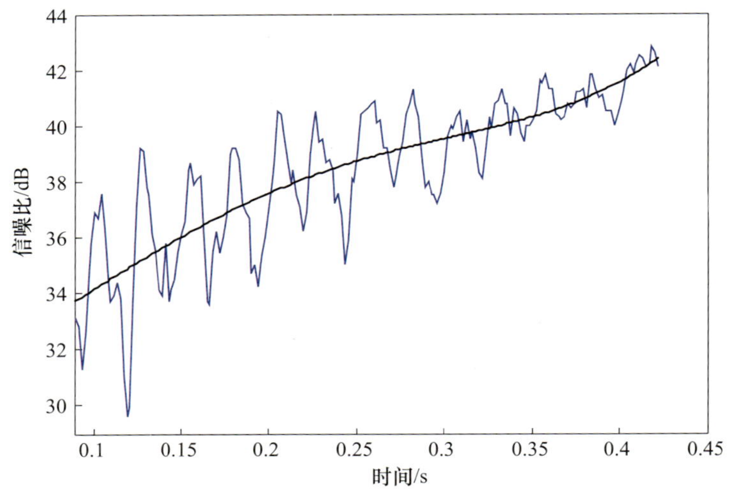

图 4.3　GPS 信噪比观测值进行四阶多项式拟合

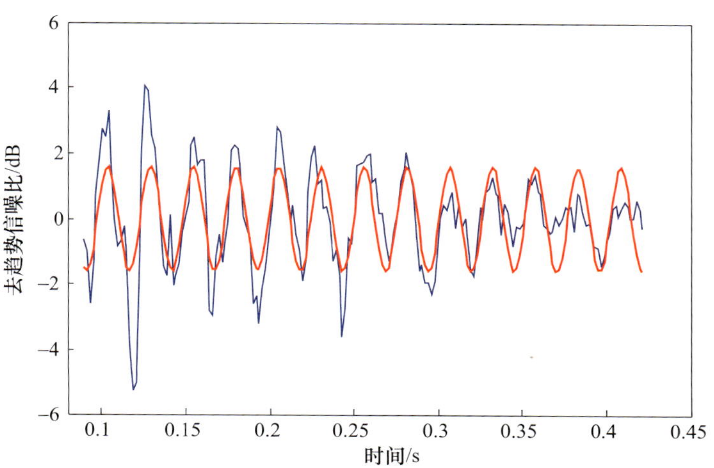

图 4.4　去除趋势项后的信噪比观测值（红色线是正弦拟合的结果）

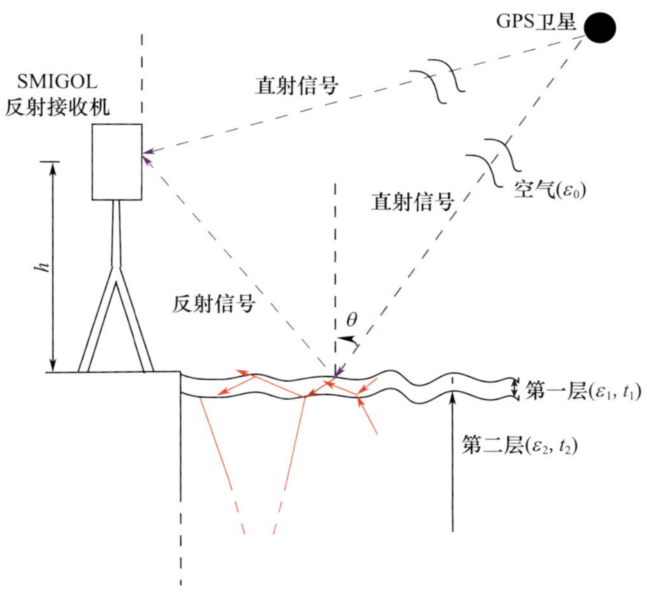

图 5.1　GNSS 信号经过多层介质的反射图

(a) 地表视图

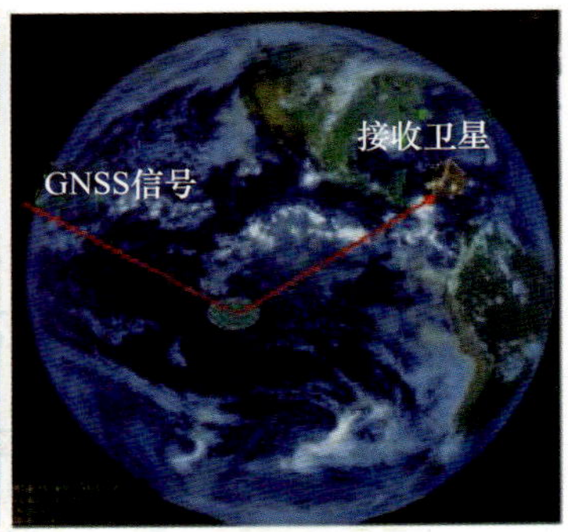

(b) 全球视图

图 5.2 基础 GNSS 双基几何模型(地球表面上的两条等多普勒线(双曲线)和两条等时延线(椭圆)交汇成两个分开的区域,这就是模糊问题)

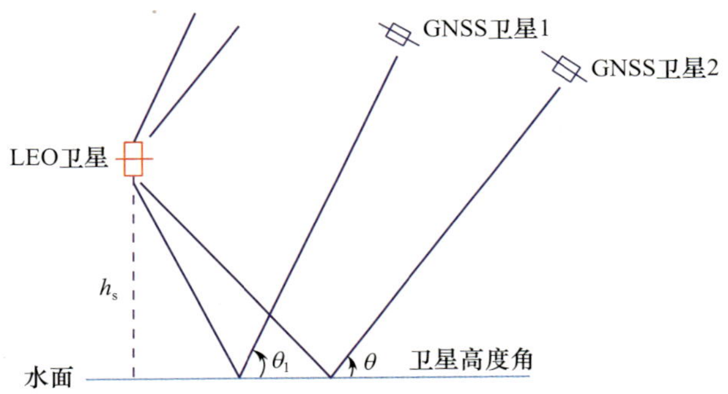

图 6.2 星载 GNSS-R 测高示意图

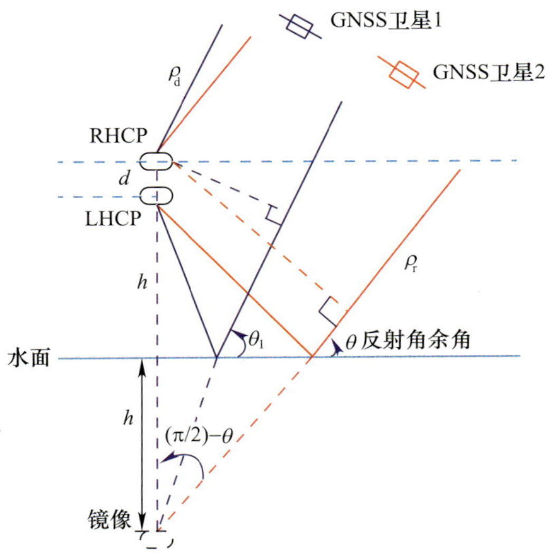

图 6.3 cGNSS-R 测高几何关系示意图

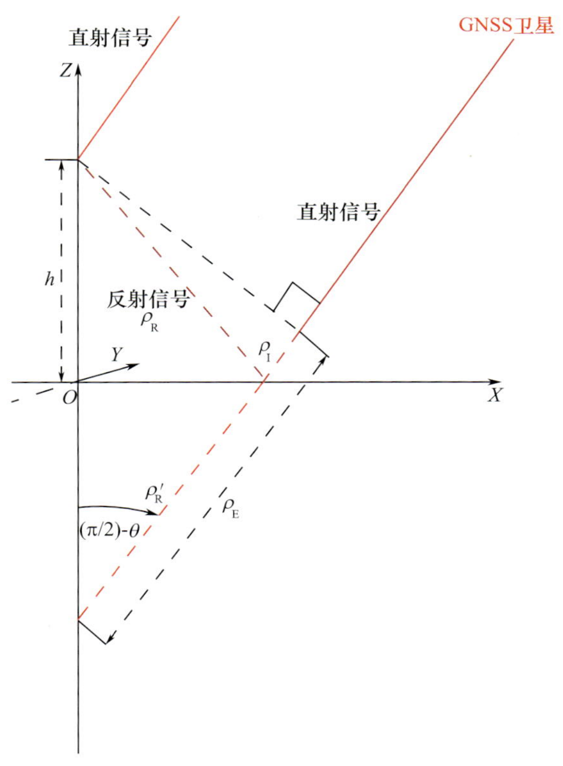

图 6.6　海冰监测的几何关系图

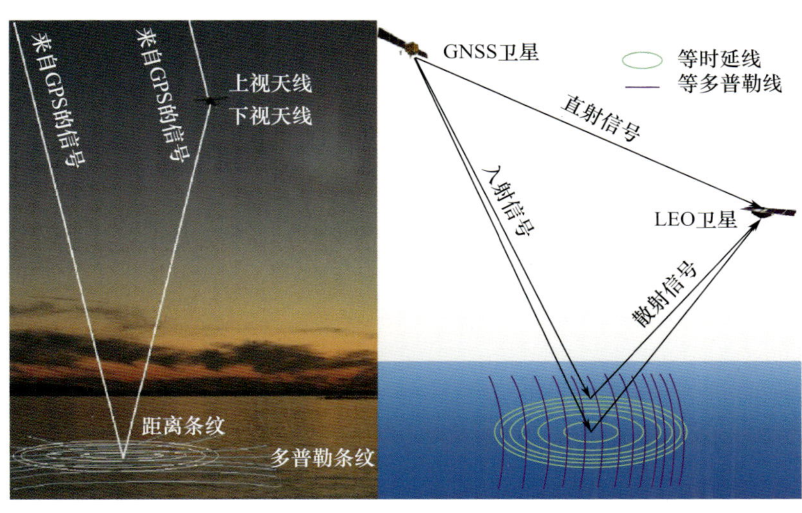

图 7.1　空基和天基 GNSS-R 技术原理图

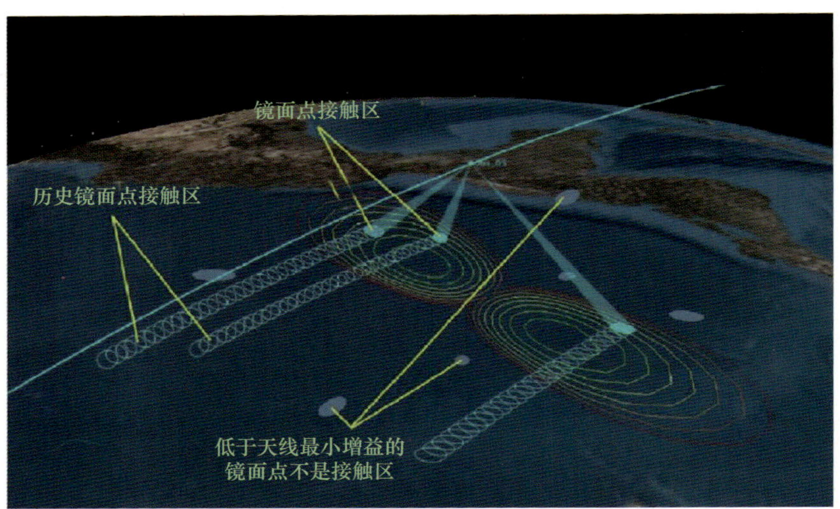

图 7.2　天基 GNSS-R 接收机同时跟踪多组地表反射轨迹

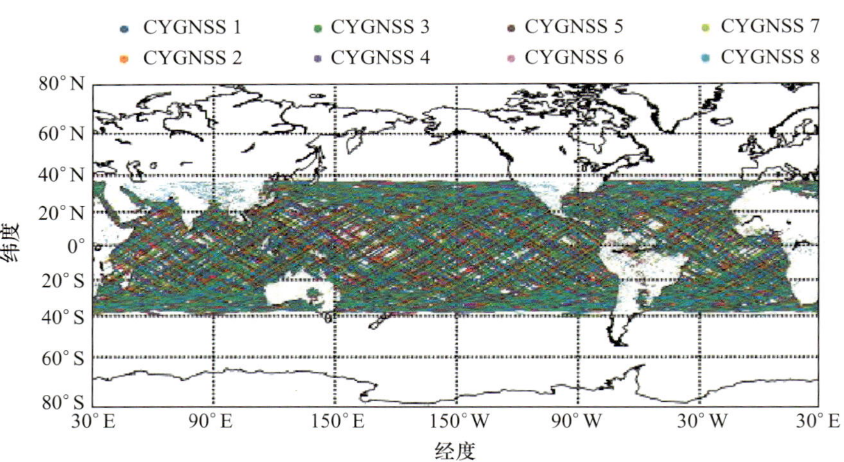

图 7.3　CYGNSS 星座 8 颗卫星单天镜面点轨迹

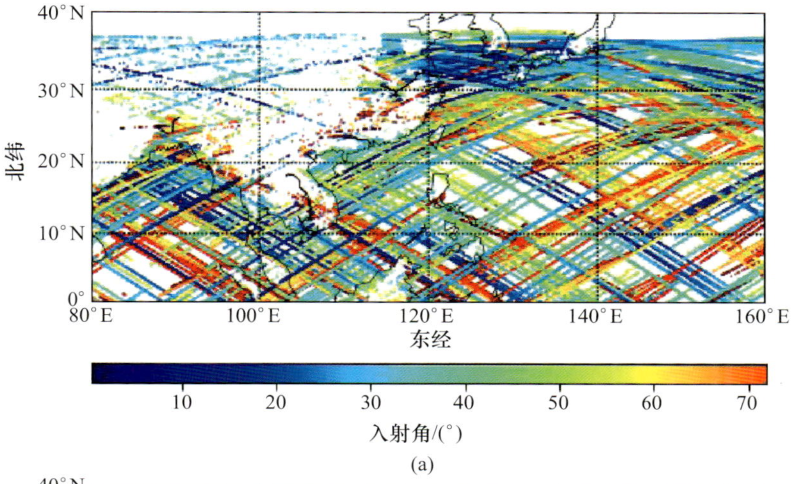

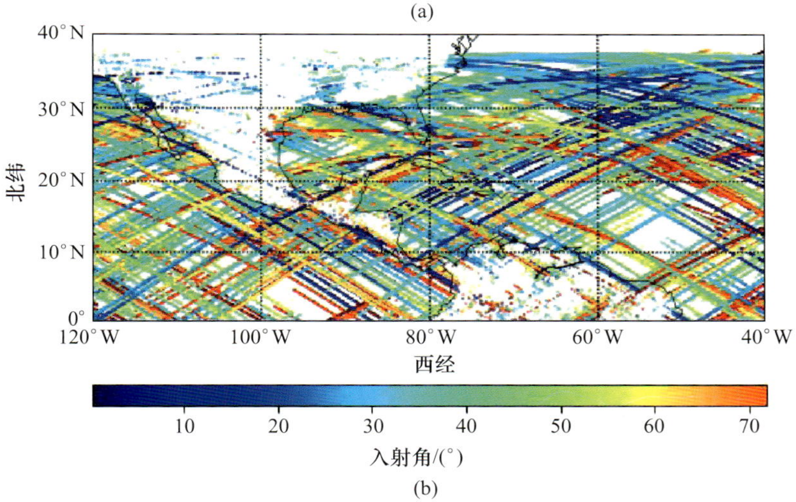

(a)

(b)

图 7.4　CYGNSS 星座在东南亚(a)和美洲中部(b)的镜面点轨迹

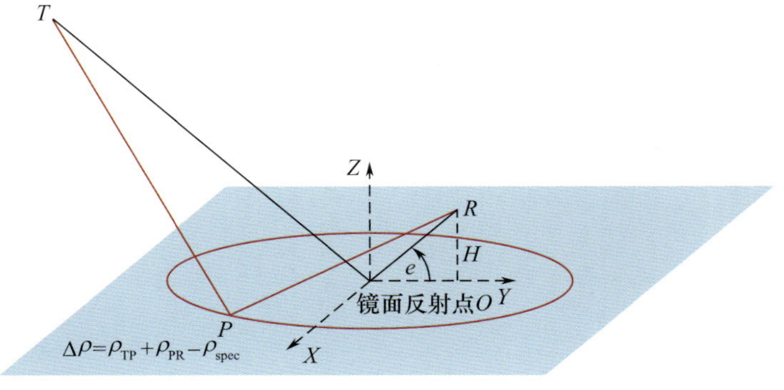

图 7.5　散射坐标系

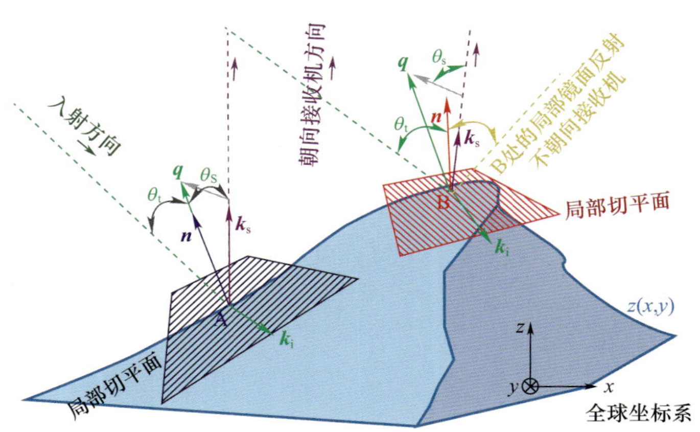

图 7.7 在点 A 处的稳态相位条件(式(7.20)与式(7.21)),不适用于 B 点[14]

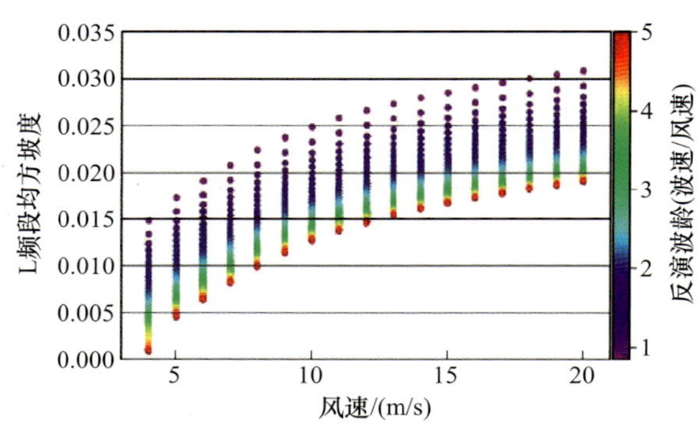

图 7.8 使用 L 频段获得的海面 MSS(与坡度方差有关,MSS $=2\sigma_{slops}^2$)[24]

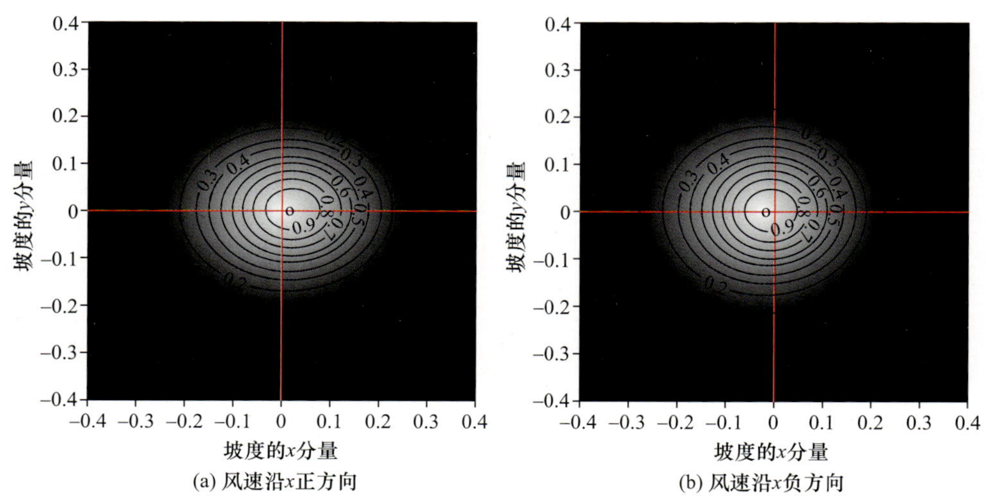

图 7.9 两种情况下的 Gram-Charlier 分布(风速设定为 8m/s,沿 x 轴)[25]

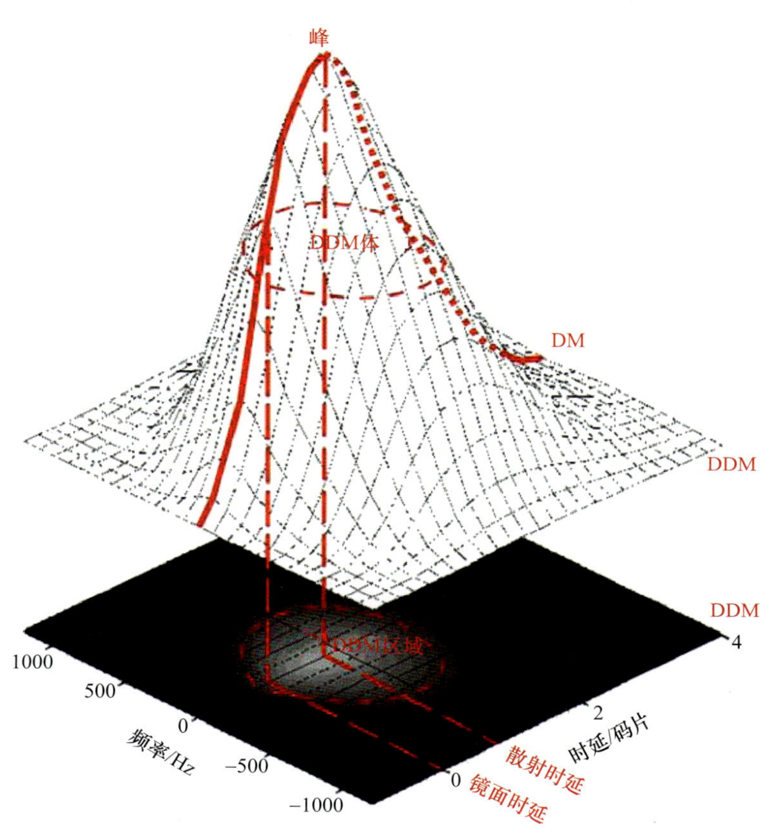

图 7.10　延迟与时延-多普勒示意图[27]

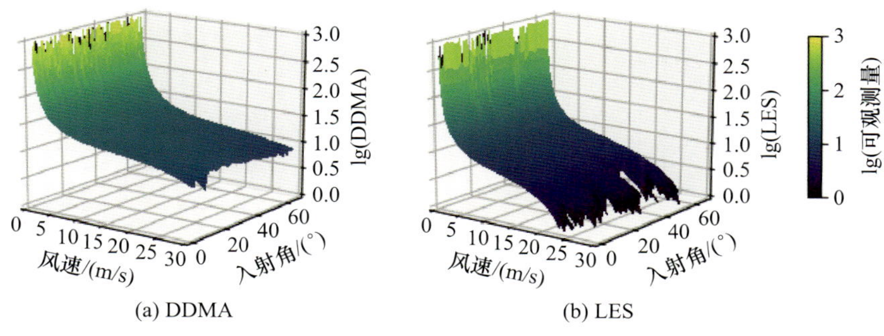

图 7.11　反演风速观测量分别是 DDMA 和 LES 时的 GMF

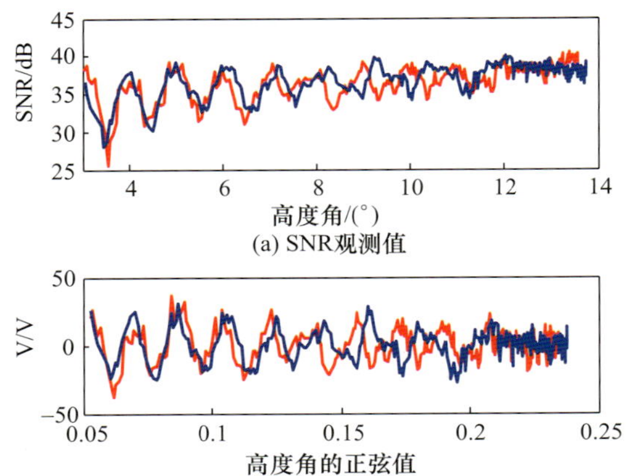

(a) SNR观测值

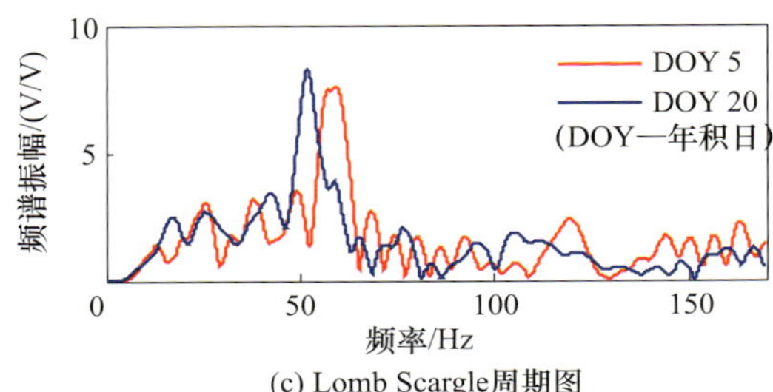

(b) 去趋势后的多路径效应(V/V是SNR一种变化模式的单位, 见10.1节)

(c) Lomb Scargle周期图

图 8.1　PRN7 卫星的 BDS L7 SNR 观测值、多路径模式以及其 Lomb Scargle 周期图

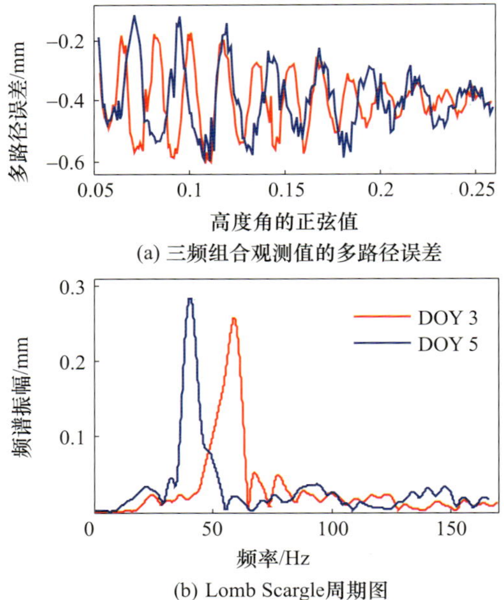

(a) 三频组合观测值的多路径误差

(b) Lomb Scargle周期图

图 8.2　BDS PRN9 卫星的三频相位组合观测值的多路径误差以及其 Lomb Scargle 周期图

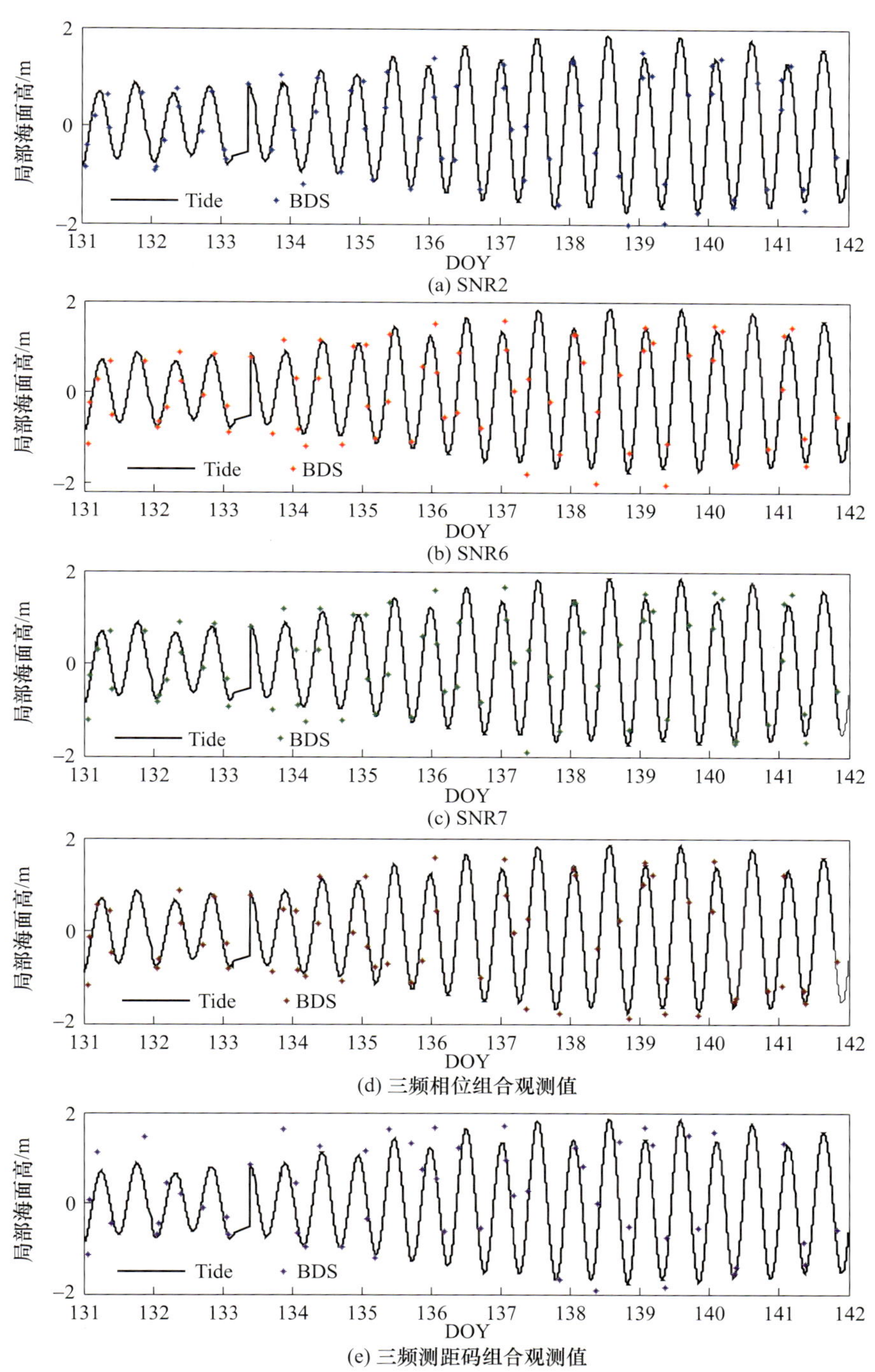

图 8.4　从 BDS L2、L6 和 L7 信噪比数据、三频组合观测值和验潮站观测值得到的 10 天的海平面变化

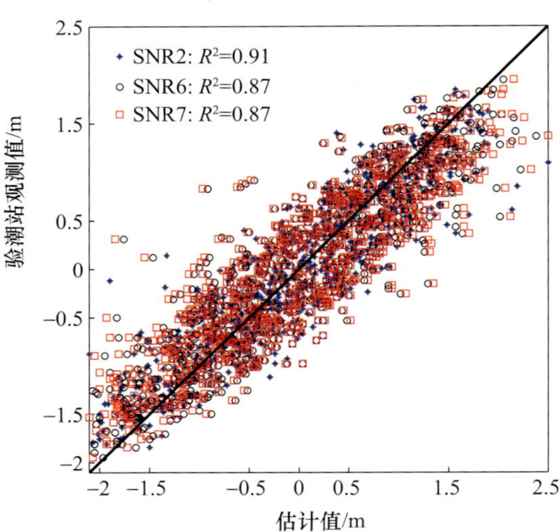

图 8.5 BDS L2 L6 L7 SNR 估计值和验潮站观测值的相关性

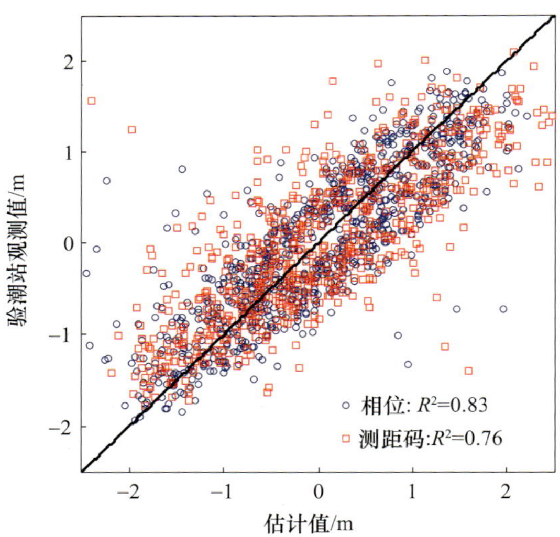

图 8.6 BDS 三频相位和测距码估计值和验潮站测量值的相关性

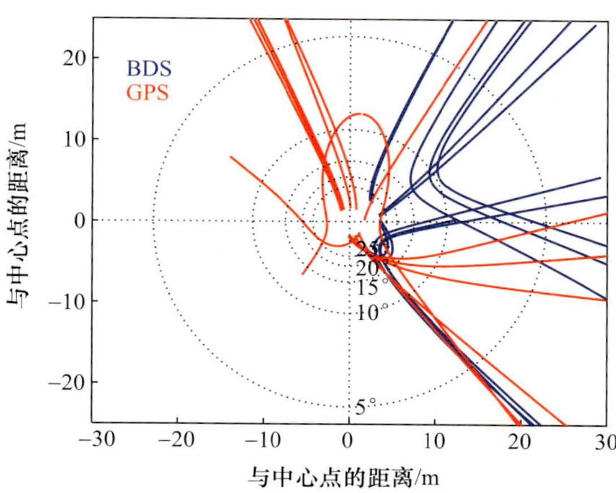

图 8.8 2015 年 1 月 2 日在 MAYG 站上 GPS 和 BDS 的多路径反射点

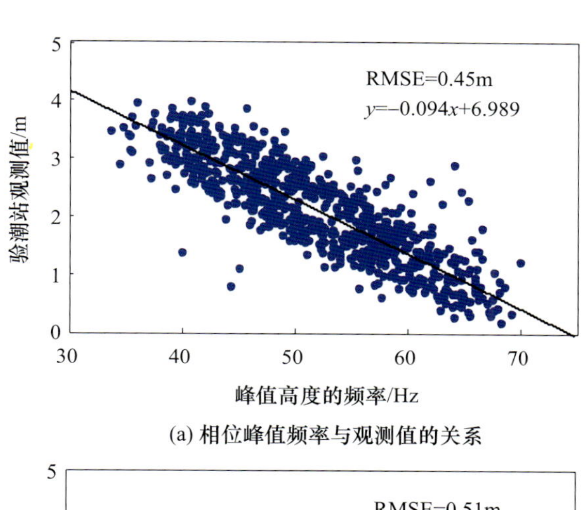

(a) 相位峰值频率与观测值的关系

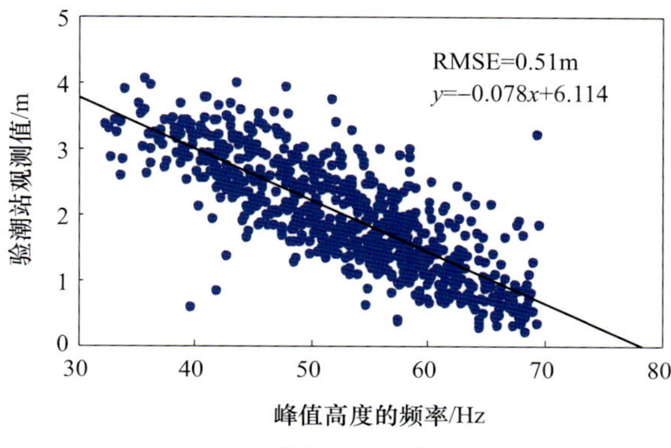

(b) 码峰值频率与观测值的关系

y—纵坐标的值; x—横坐标的值。

图 8.9 BDS 相位-测距码峰值频率和验潮站观测值的关系

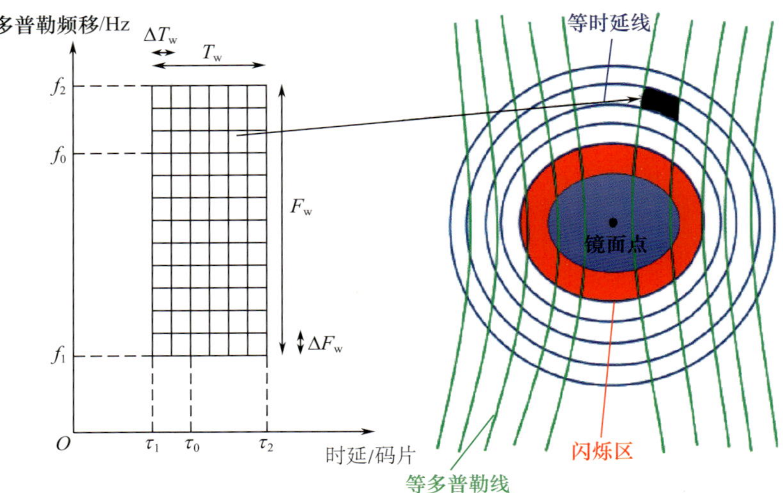

图 8.10 时延-多普勒单元与空间反射面单元的对应关系

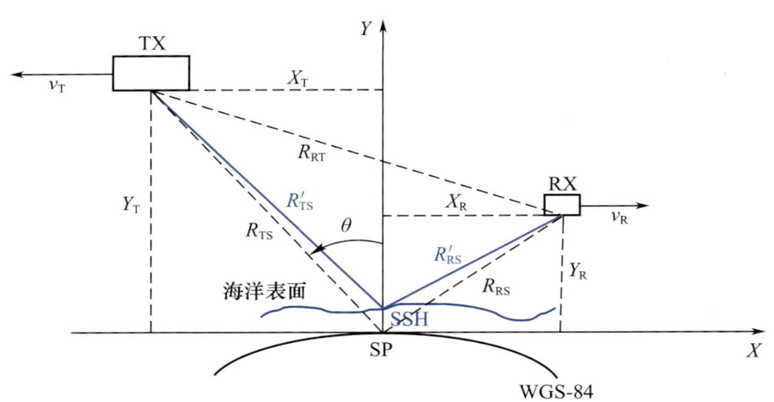

图 8.11 反射测量测高几何图

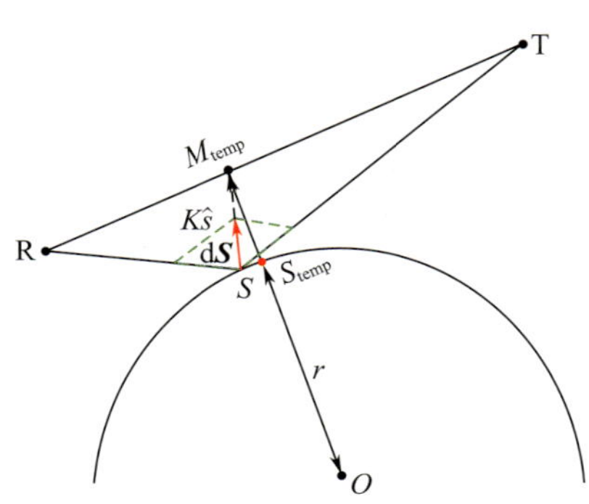

图 8.12 基于角平分线的镜面反射点搜索

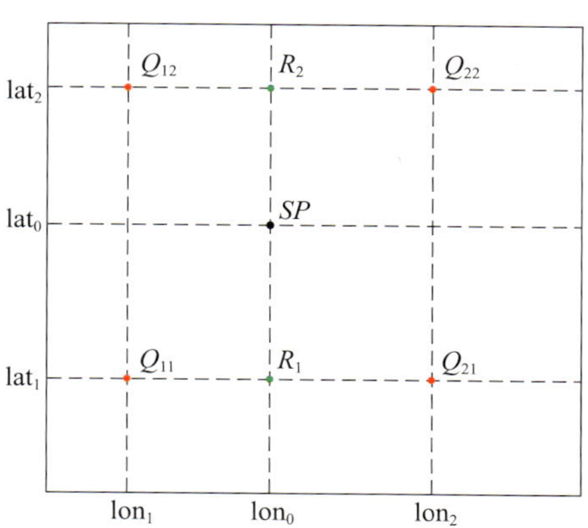

图 8.13　双线性内插原理图

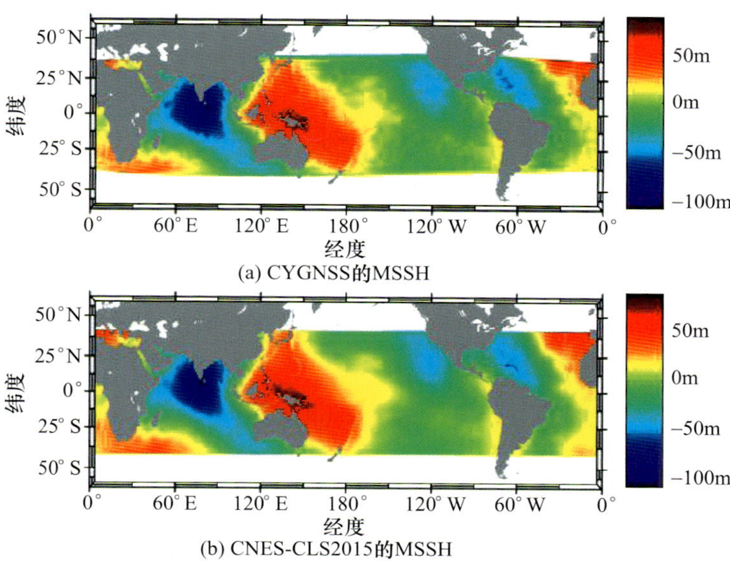

图 8.14　利用 CYGNSS 估计的全球平均海面高分布图与利用 CNES_CLS2015 模型得到的监测海域平均海面高分布图

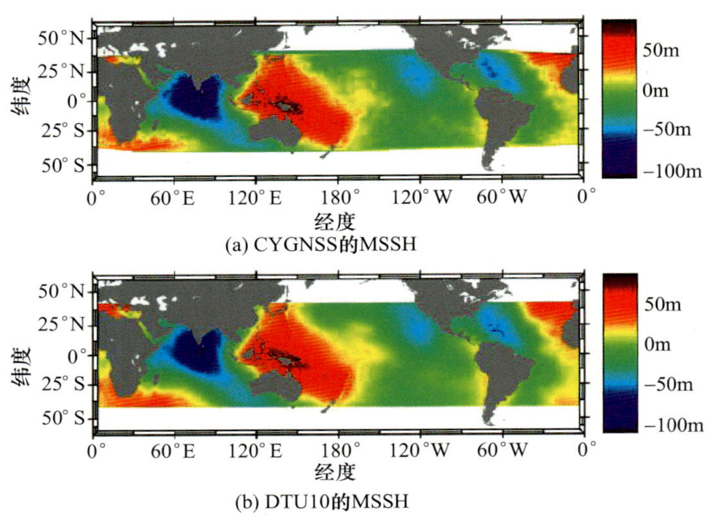

图 8.16 利用 CYGNSS 估计的全球平均海面高分布图及 DTU10 模型得到的平均海面高分布

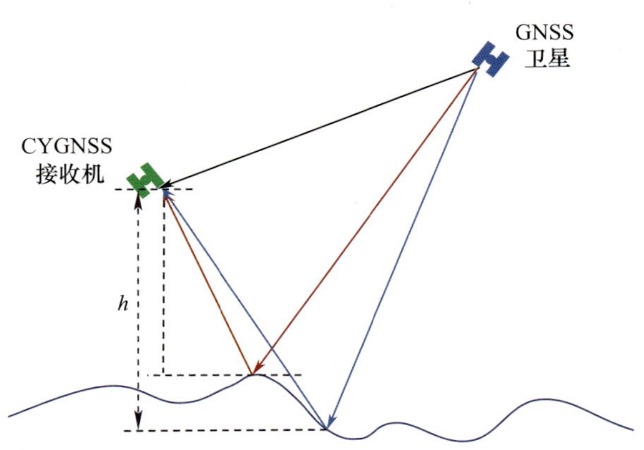

图 8.18 CYGNSS 卫星接收的直接信号和海面反射信号路径

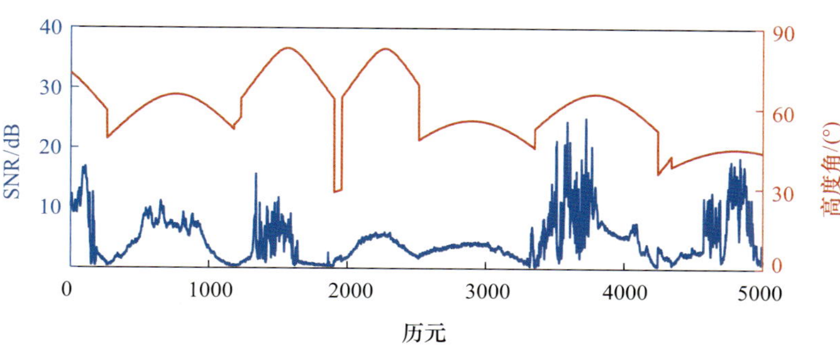

图 8.19 2017 年 4 月 1 日卫星高度角和 SNR 的变化趋势

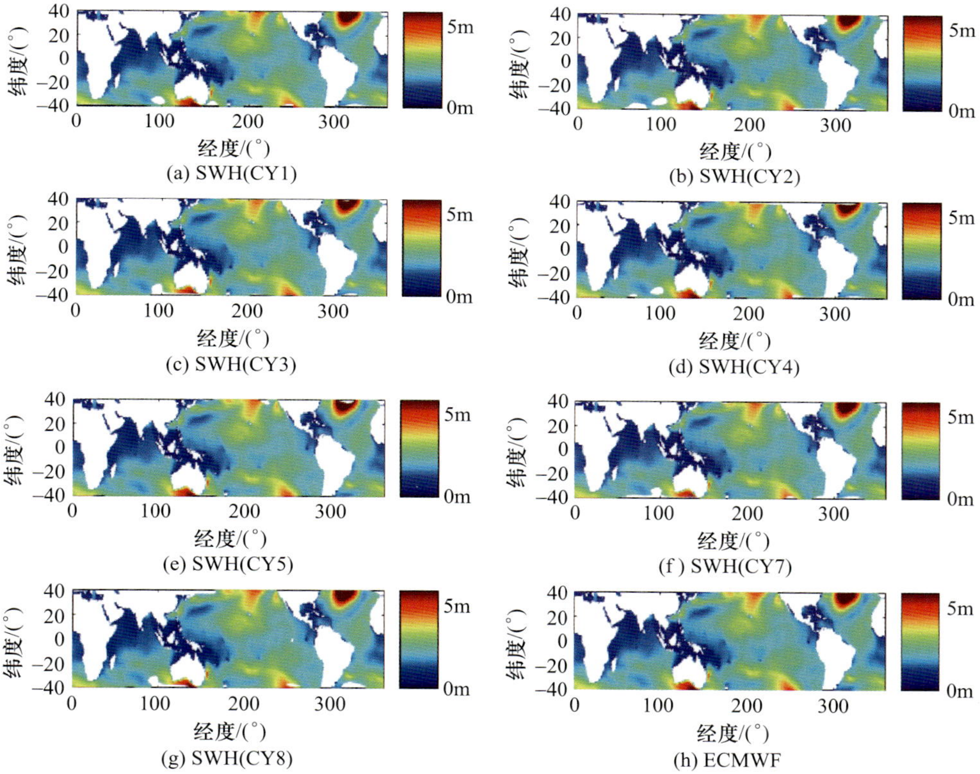

(a) SWH(CY1)

(b) SWH(CY2)

(c) SWH(CY3)

(d) SWH(CY4)

(e) SWH(CY5)

(f) SWH(CY7)

(g) SWH(CY8)

(h) ECMWF

图 8.21 与 2017 年 4 月 1 日欧洲中尺度天气预报中心(ECMWF)SWH 模型相比的 CYGNSS 有效波高(SWH)估计值(包括 CY1、CY2、CY3、CY4、CY5、CY7 和 CY8 卫星)

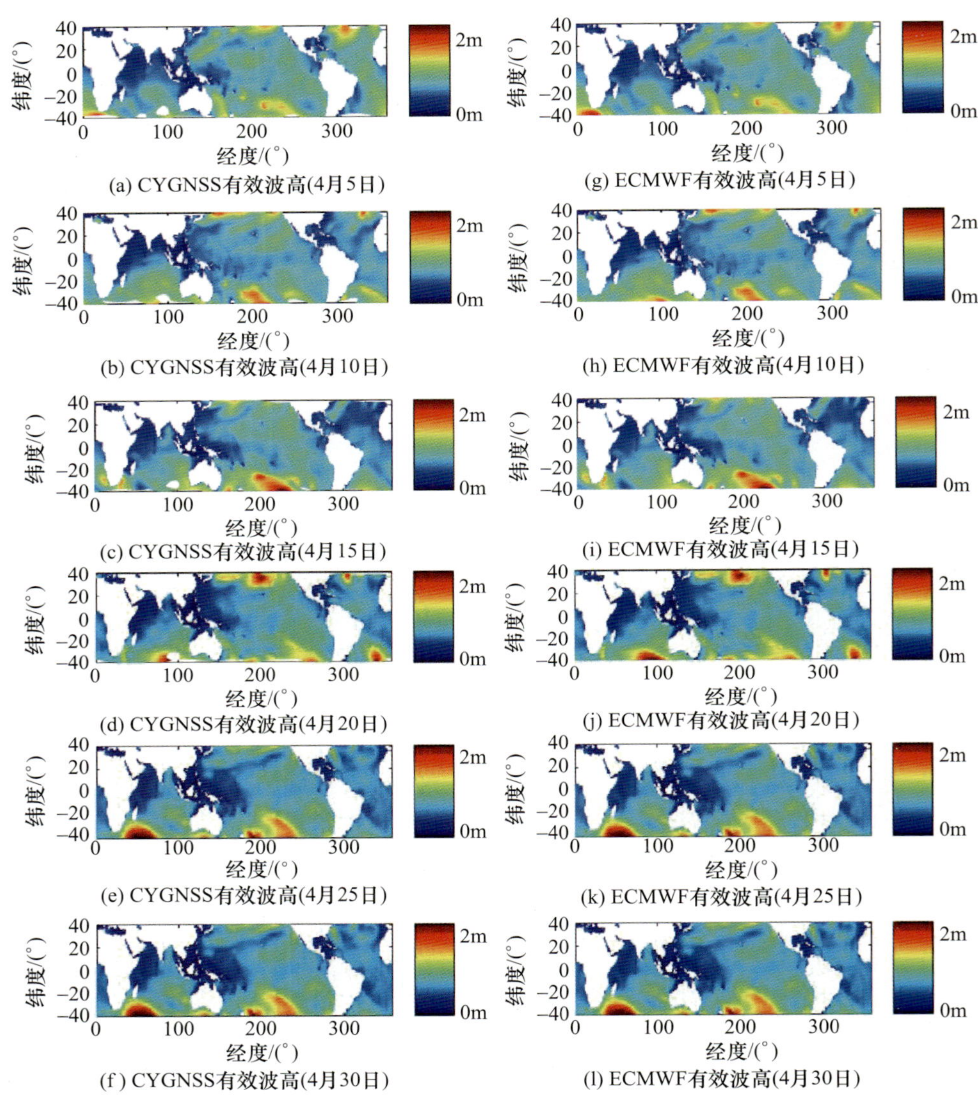

图 8.22　2017 年 4 月的 CYGNSS SWH 估算(左)和 ECMWF 模型 SWH 值(右)

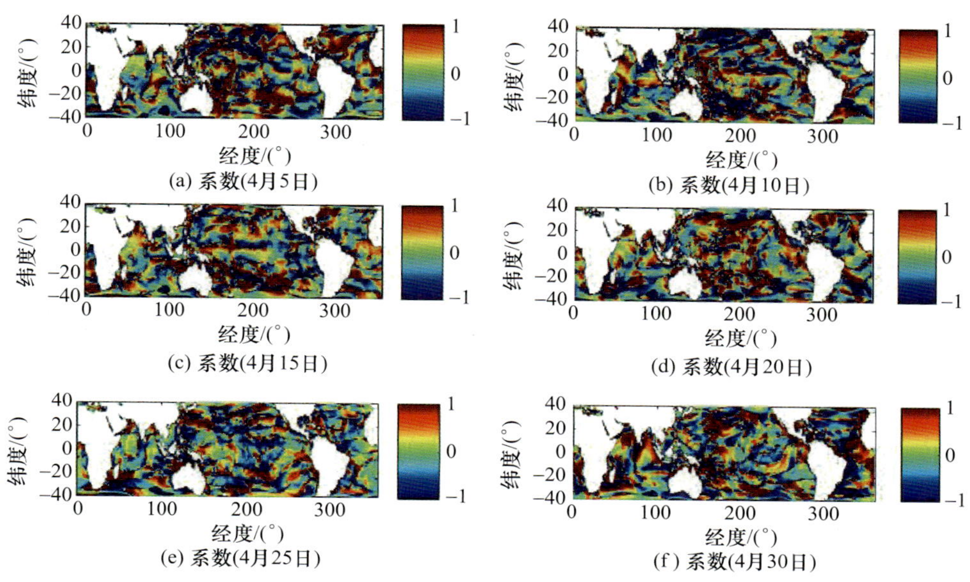

图 8.23　2017 年 4 月估计系数 $\boldsymbol{a}$ 的分布

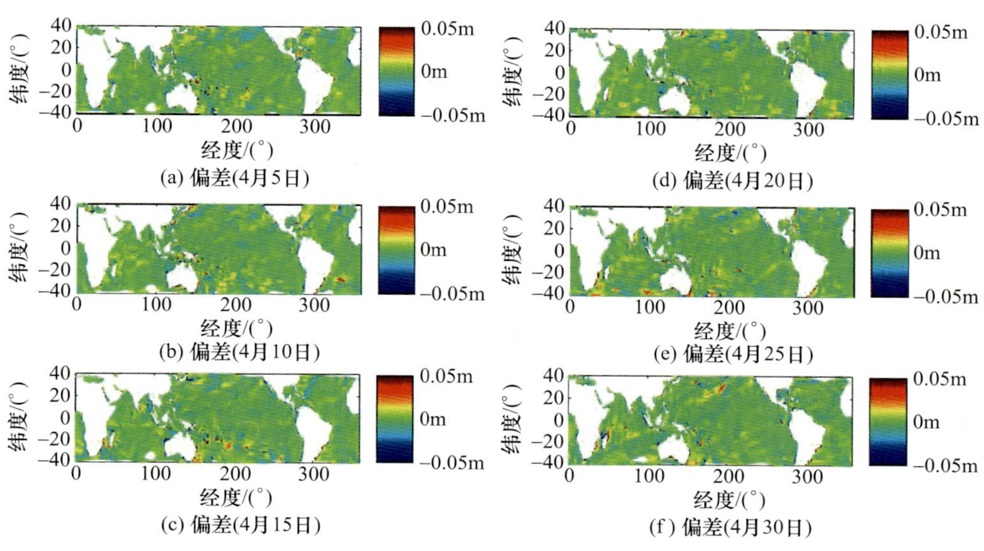

图 8.24　2017 年 4 月 CYGNSS SWH 估算残差分布

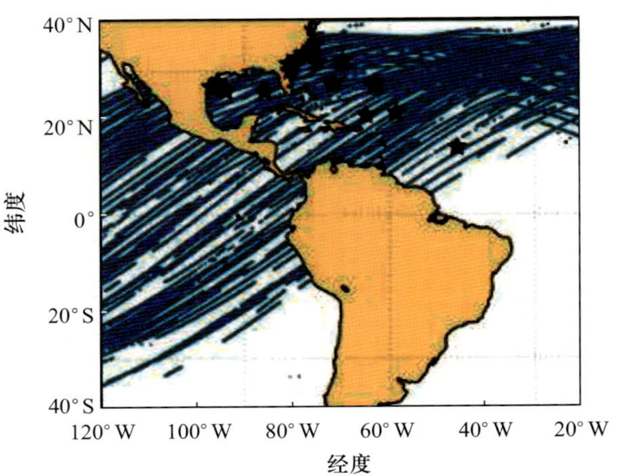

图 8.26　浮标站和 CYGNSS 观测的镜面点轨迹分布

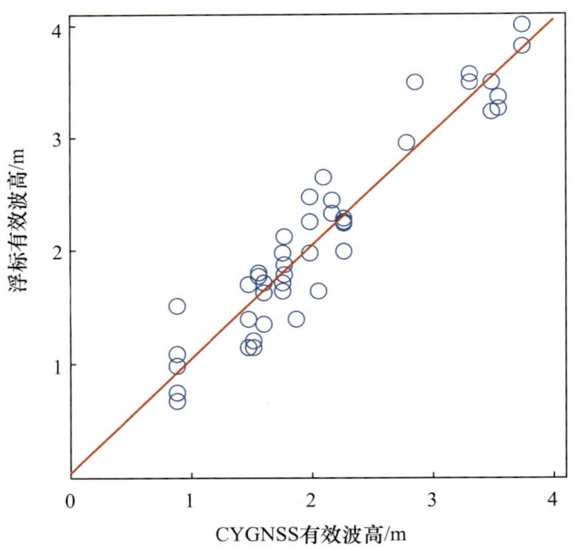

图 8.27　2017 年 4 月 1 日 CYGNSS SWH 估计和浮标 SWH 测量的离散分布

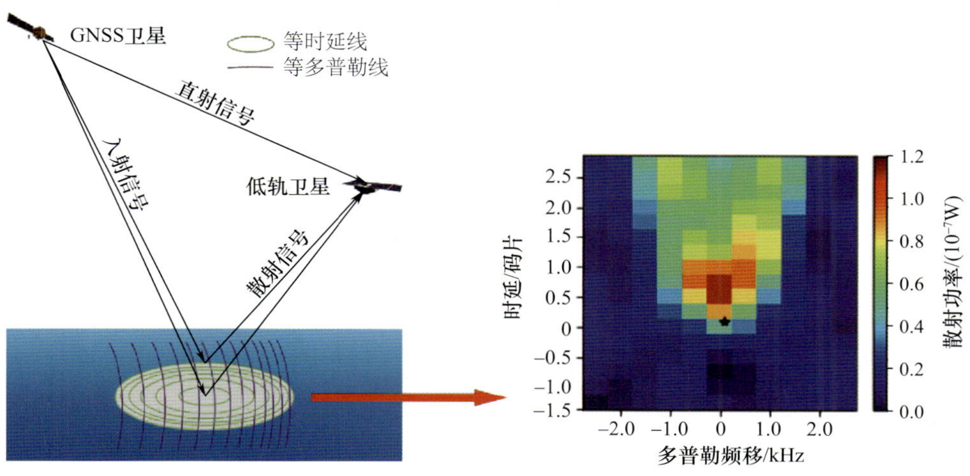

图 9.1　天基 GNSS-R 遥感原理图

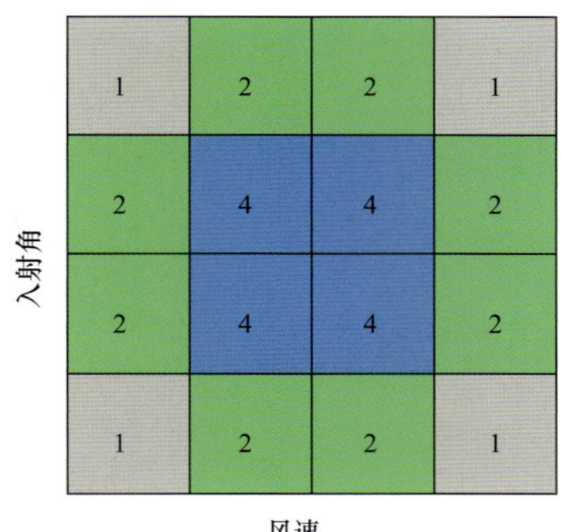

图 9.3　不同入射角和风速下 GMF 散点加权策略

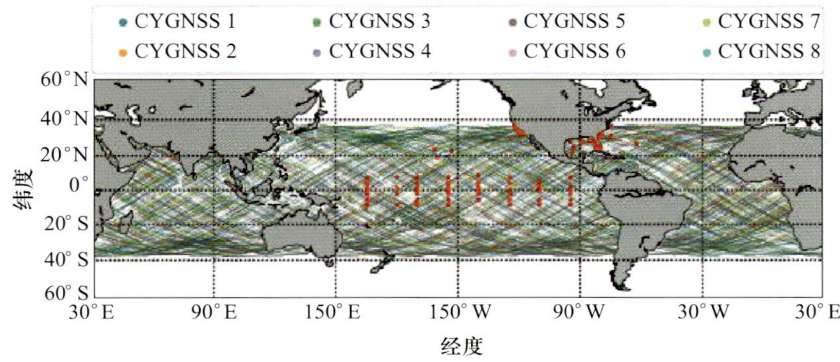

图 9.4　CYGNSS 卫星单天观测镜面点在海洋表面分布和锚定浮标位置

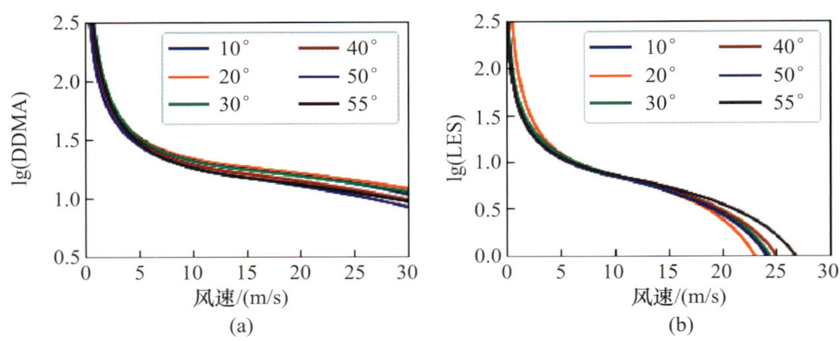

图 9.5　不同入射角下数值天气预报作为参考风速建立 DDMA(a)和 LES(b)的 GMF

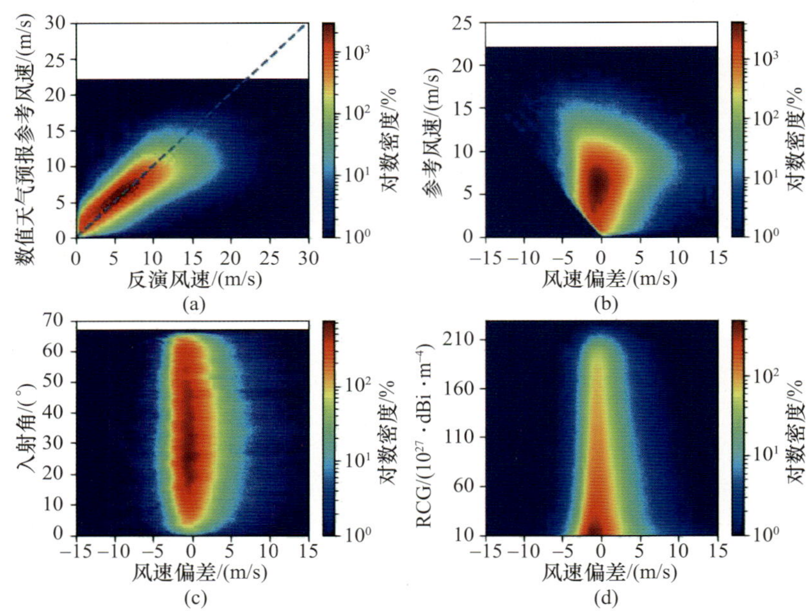

图 9.6　ERA5 和 GDAS 作为地表参考风速与反演风速的散点密度图(a),反演风速偏差与参考风速(b),反演风速偏差与入射角(c),反演风速偏差与距离改正增益的散点密度图(d)

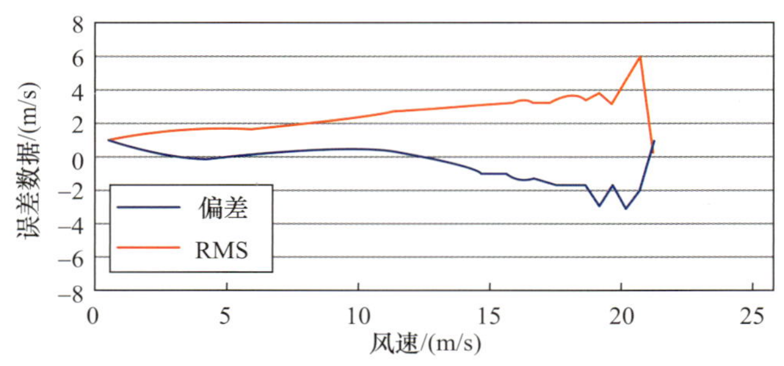

图 9.7　数值天气预报的 RMS 和偏差

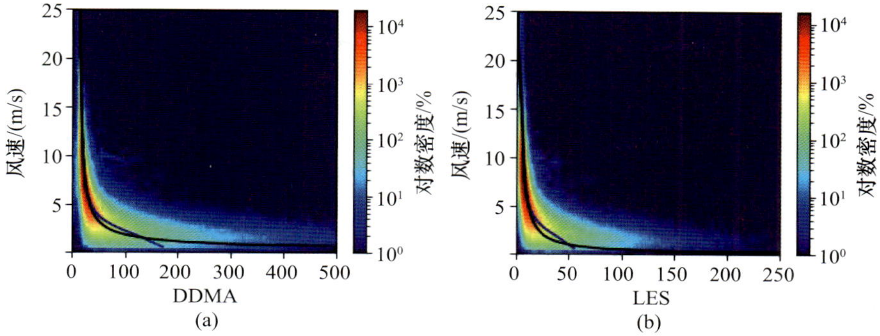

图 9.8 DDMA 和 LES 建立的 GMF(入射角 30°)

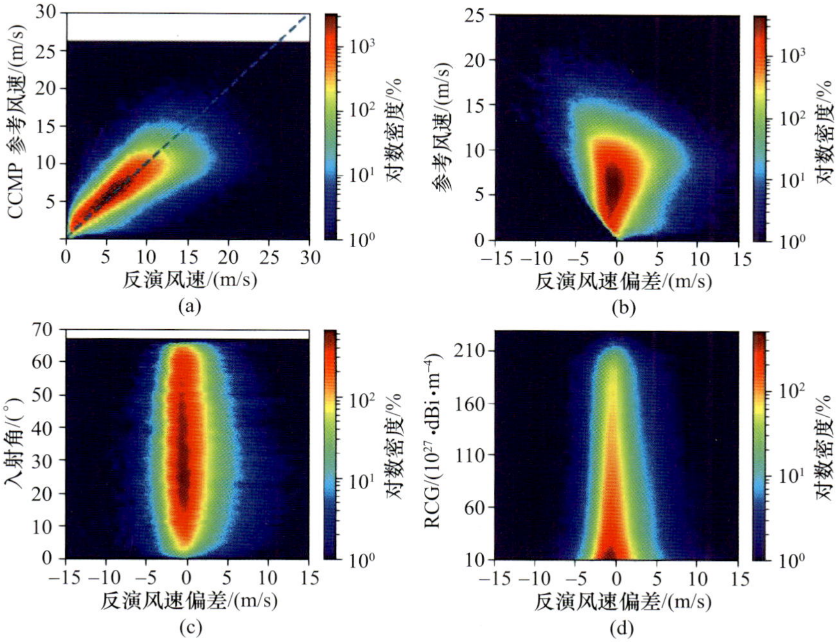

图 9.9 CCMP 作为地表参考风速与反演风速的散点密度图(a),反演风速偏差与参考风速(b),反演风速偏差与入射角(c),反演风速偏差与距离改正增益的散点密度图(d)

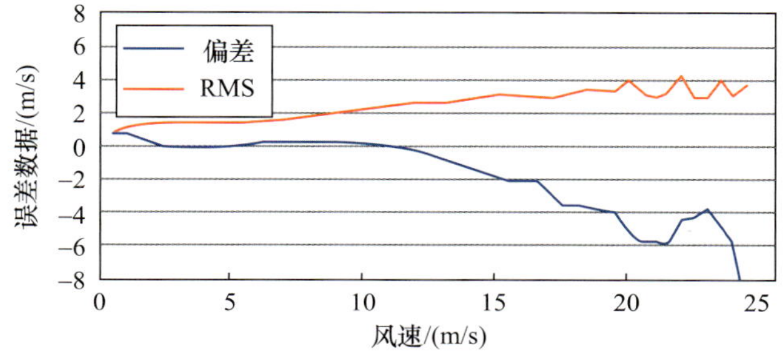

图 9.10 CCMP 的 RMS 和偏差

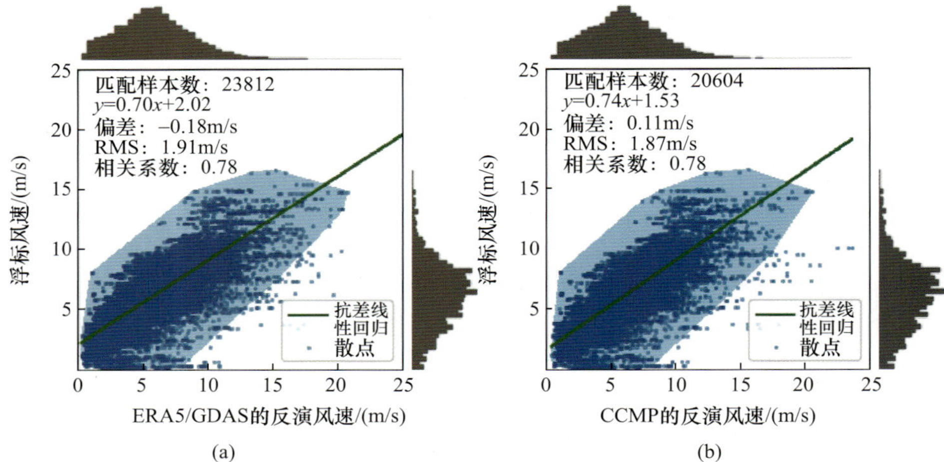

图 9.11　ERA5 和 GDAS 作为地表真值风反演的风速(a)、CCMP 作为地表真值风反演的风速(b)与浮标真值风速的抗差线性回归

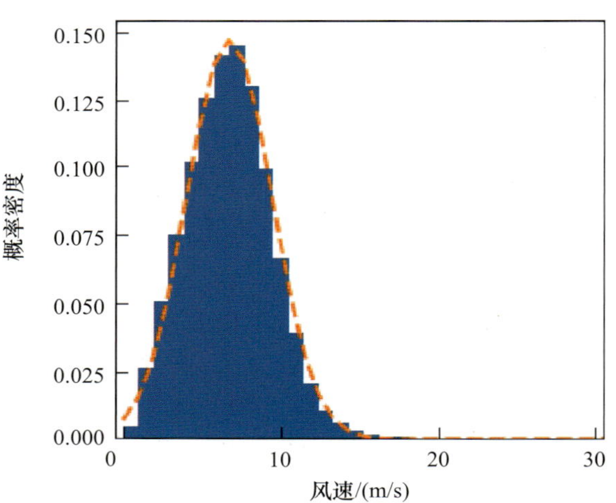

图 9.12　标准化的 CCMP 参考风速概率密度分布

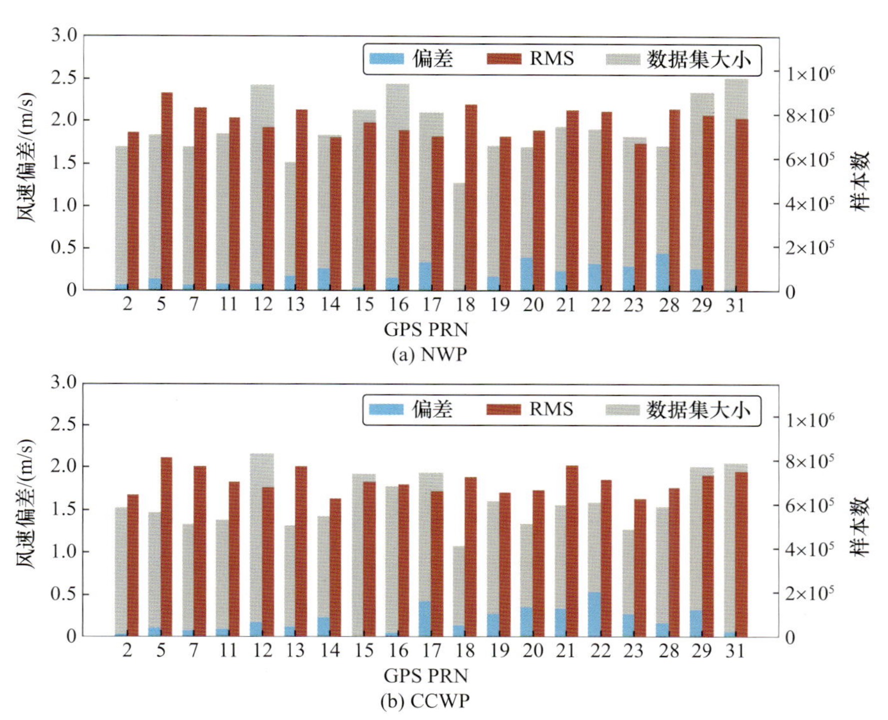

图9.13 NWP和CCMP作为参考风速时不同GPS卫星的数据集大小、偏差和RMS

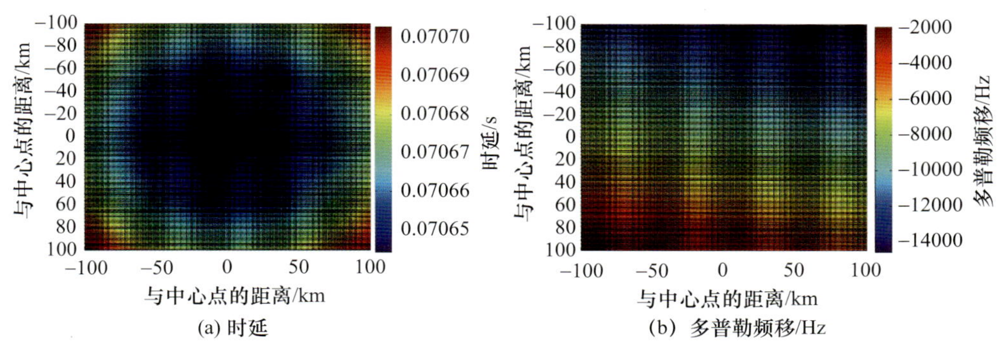

图10.1 时延和多普勒频移示意图

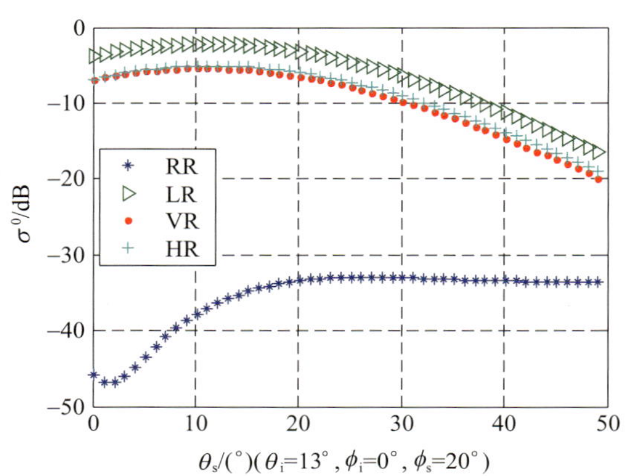

图 10.2　各种极化的双基雷达散射截面(入射的天顶角和方位角分别为$\boldsymbol{\theta}_i=13°$,$\boldsymbol{\varphi}_i=0°$;散射的方位角为$\boldsymbol{\varphi}_s=20°$)

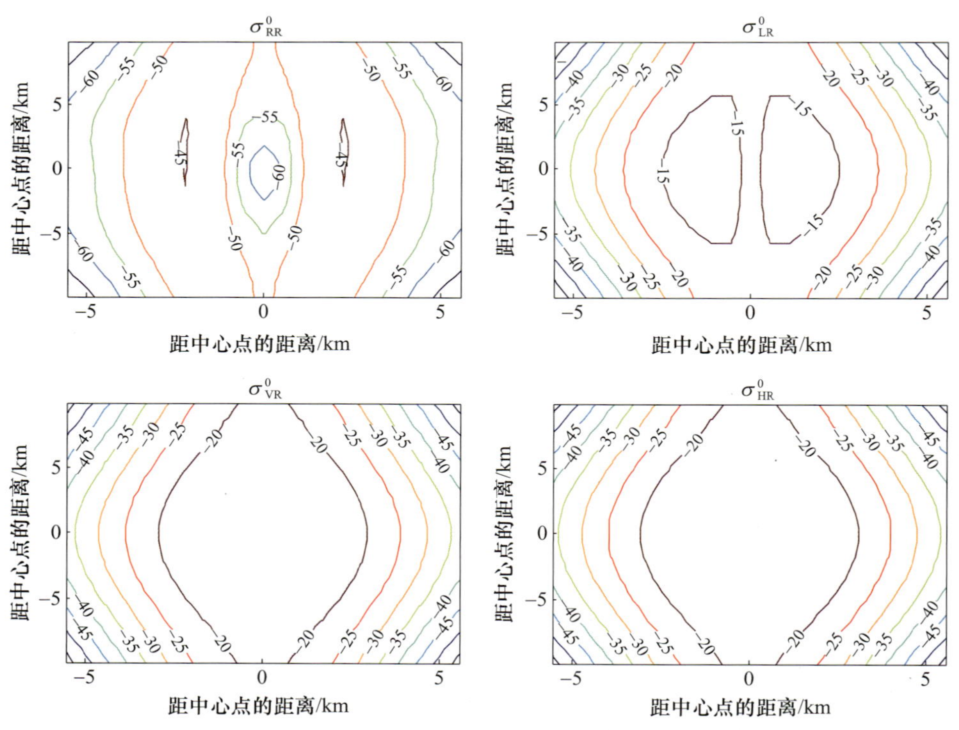

图 10.4　RR、LR、VR 和 HR 极化时裸土的双基雷达散射截面

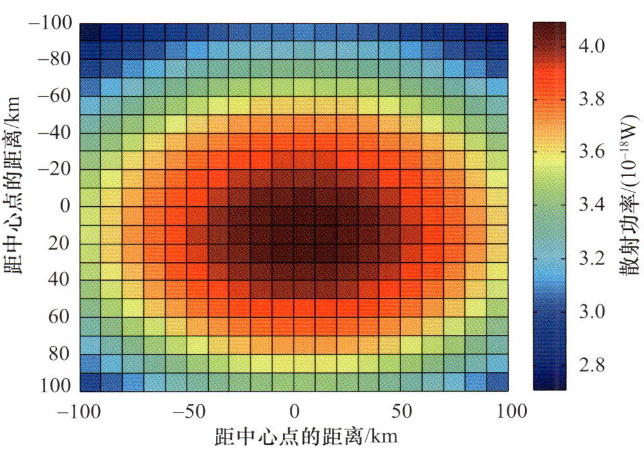

图 10.5　海洋表面的 GPS 散射信号 DDM 波形

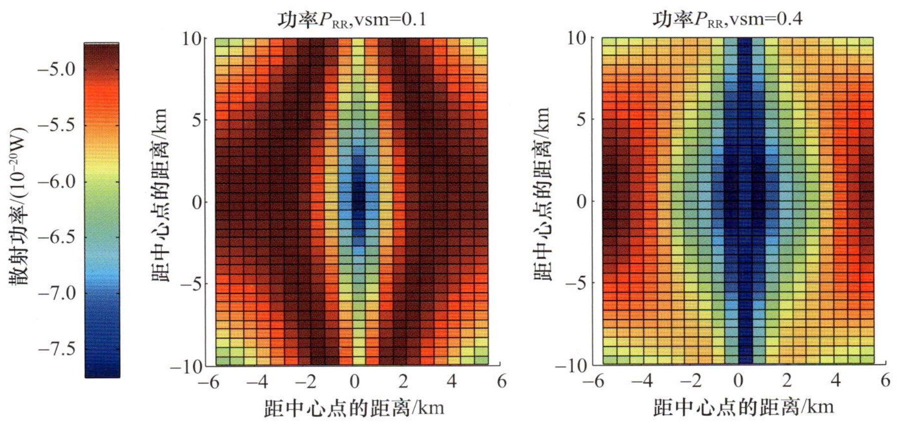

图 10.6　vsm = 0.1(左)和 vsm = 0.4(右),裸土的 RR 极化的 GPS 散射信号 DDM 波形

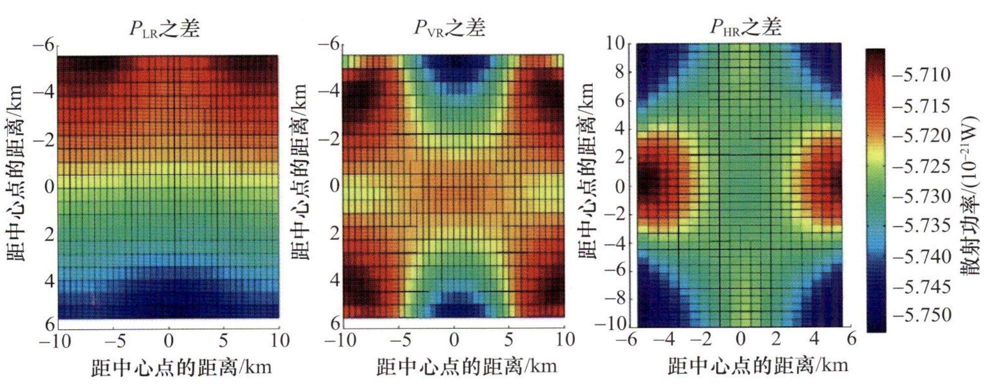

图 10.7　不同土壤湿度含量(vsm = 0.1 和 vsm = 0.4)时,LR、VR 和 HR 极化的 GPS 散射信号能量差

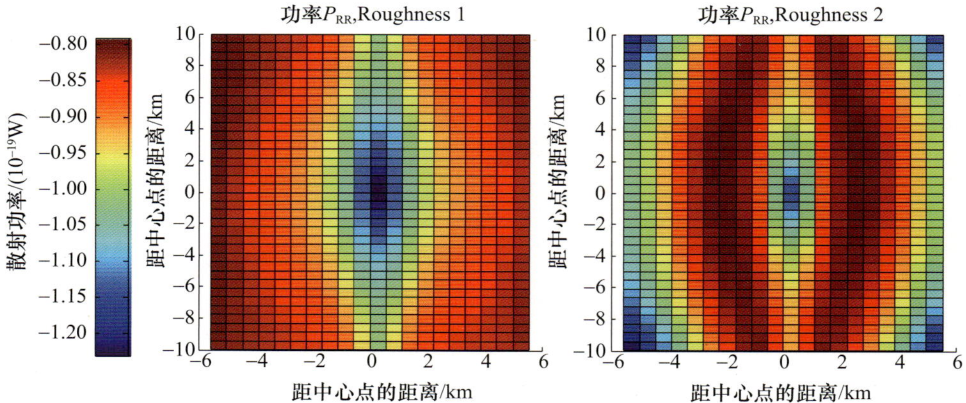

图 10.8 RR 极化时，不同粗糙度下的 GPS 散射信号波形图

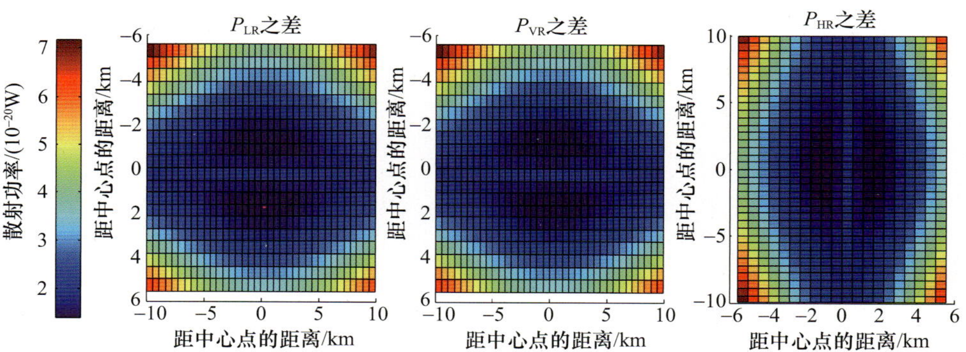

图 10.9 LR、VR 和 HR 极化时，地表粗糙度变化对 GPS 散射信号能量的影响

图 10.10 沙地 GNSS-R 实验设备结构图

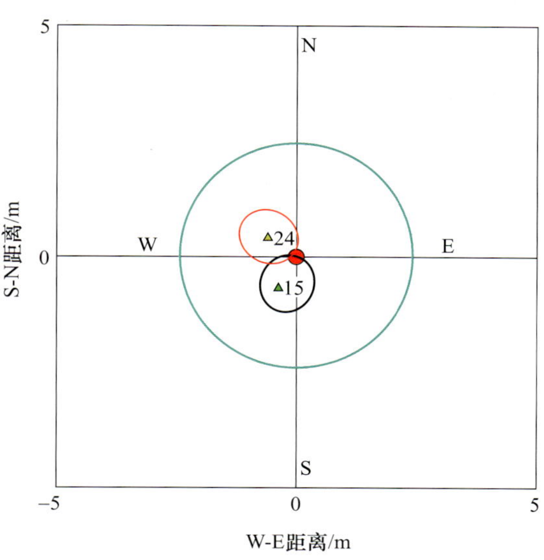

图 10. 11　第一时间段里卫星菲涅耳反射区和天线接收覆盖范围

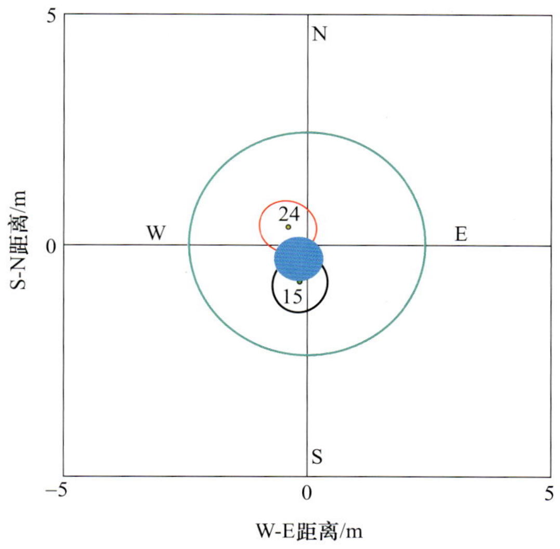

图 10. 12　第二时间段里卫星菲涅耳反射区和天线接收覆盖范围

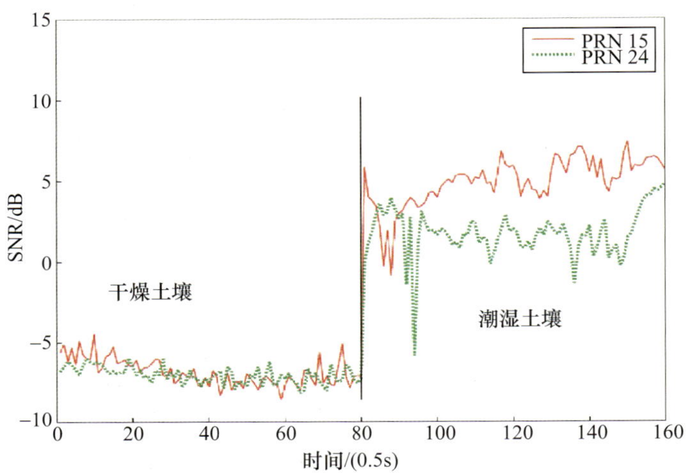

图 10.13　两次实验中接收到的 SNR

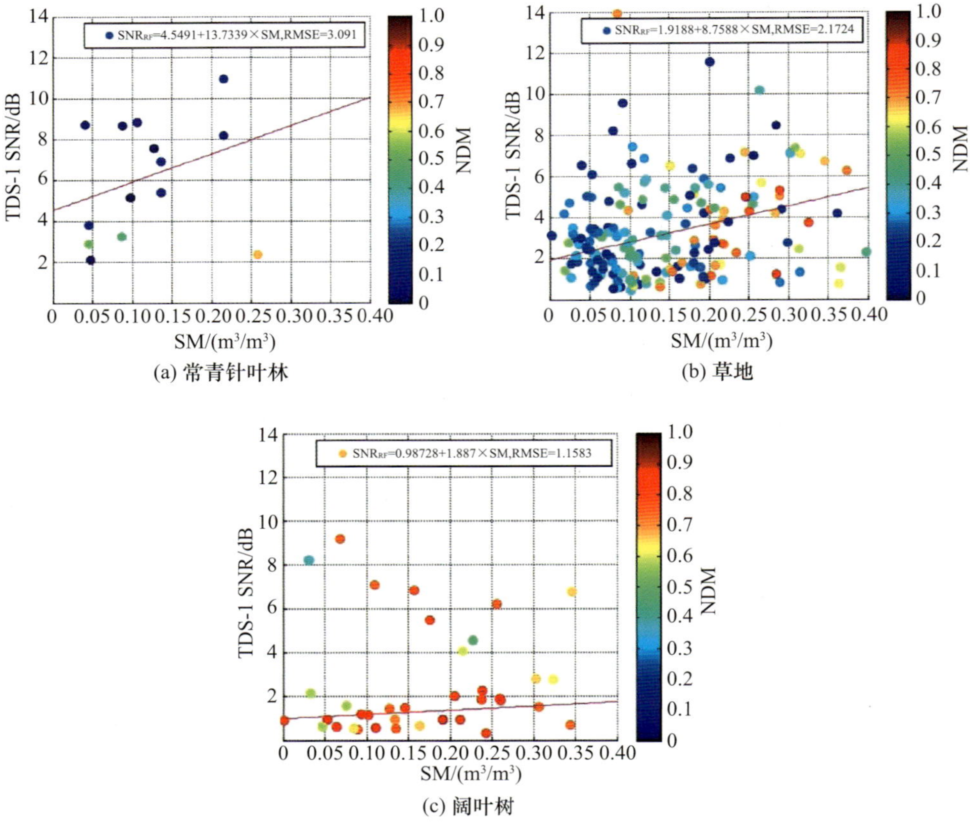

SNR_{RF}=4.5491+13.7339×SM,RMSE=3.091

TDS-1 SNR/dB

SM/(m³/m³)

NDM

(a) 常青针叶林

SNR_{RF}=1.9188+8.7588×SM,RMSE=2.1724

TDS-1 SNR/dB

SM/(m³/m³)

NDM

(b) 草地

SNR_{RF}=0.98728+1.887×SM,RMSE=1.1583

TDS-1 SNR/dB

SM/(m³/m³)

NDM

(c) 阔叶树

图 10.14　TDS-1 GNSS-R 信噪比数据与 SMOS 土壤湿度(SM)数据的散点图和拟合曲线图

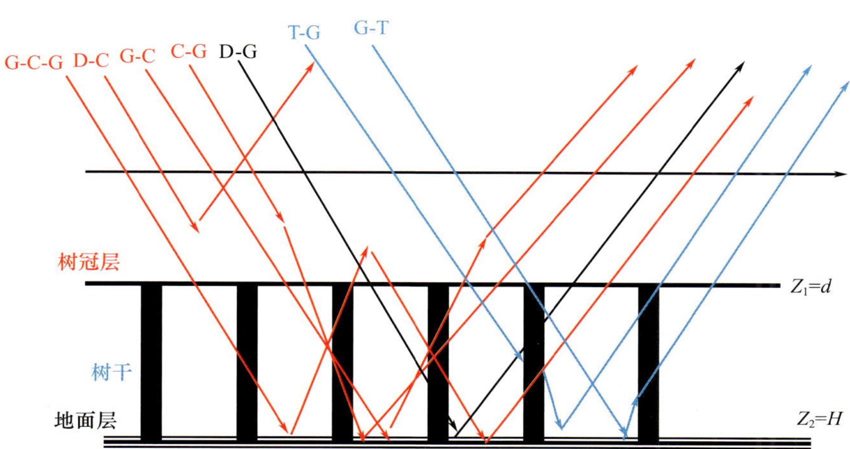

图 11.1 一阶 Bi-Mimics 模型中的散射机制，包括 G-C-G（地表反射-冠层散射-地表反射），C-G（冠层散射-地表反射），D-C（直接冠层后向散射项），G-C（地面反射-冠层散射），G-T（地表反射-树干散射），D-G（直接地表散射）和 T-G（树干散射-地表反射），镜面反射未在图中示出，冠层深度 $Z_1=d$，树干层深度 $Z_2=H$

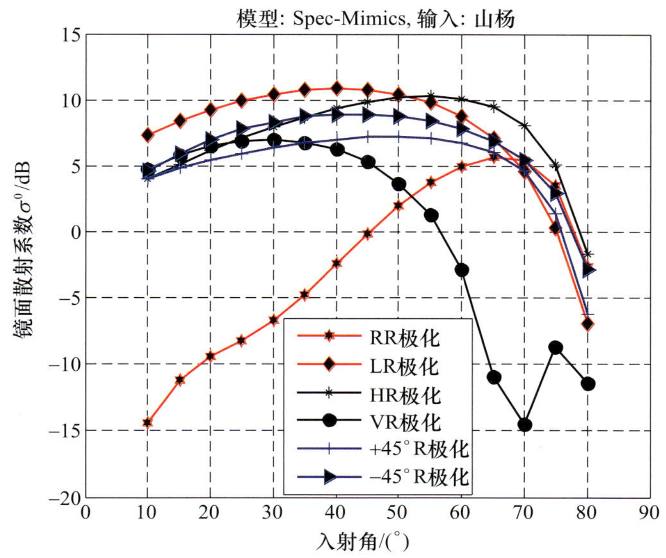

图 11.2 XR 极化时的镜面散射与入射角的关系

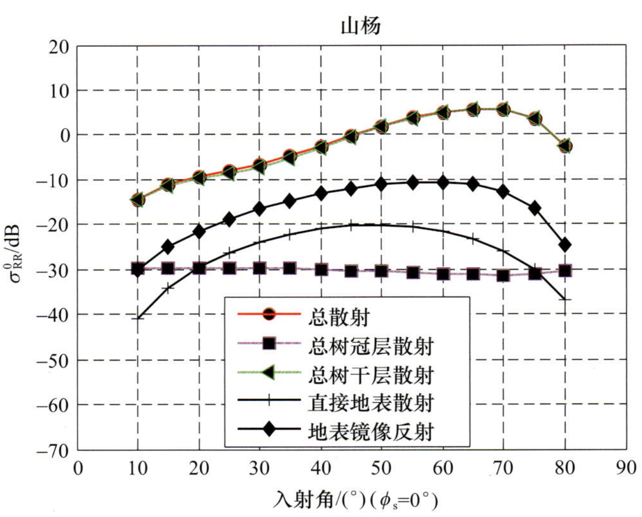

图 11.3　RR 极化散射中各分量与入射角的关系

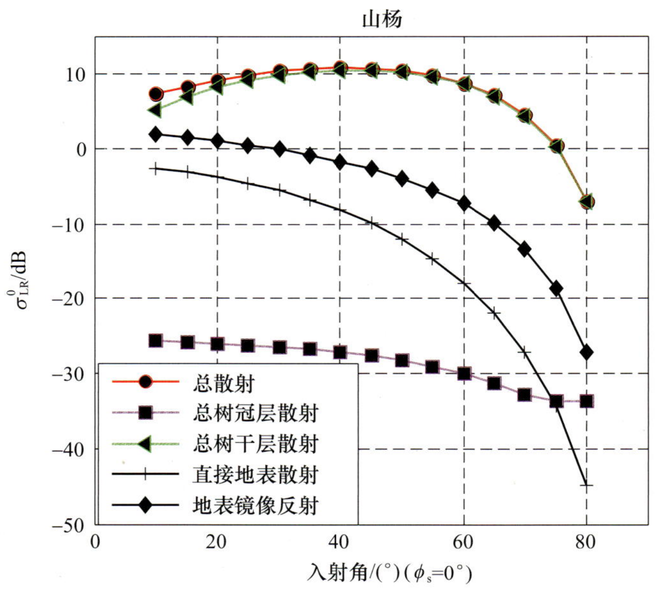

图 11.4　LR 极化散射中各分量与入射角的关系

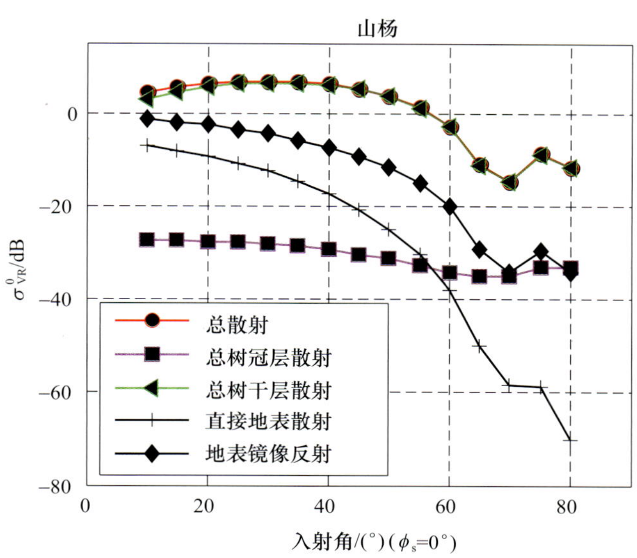

图 11.5　VR 极化散射中各分量与入射角的关系

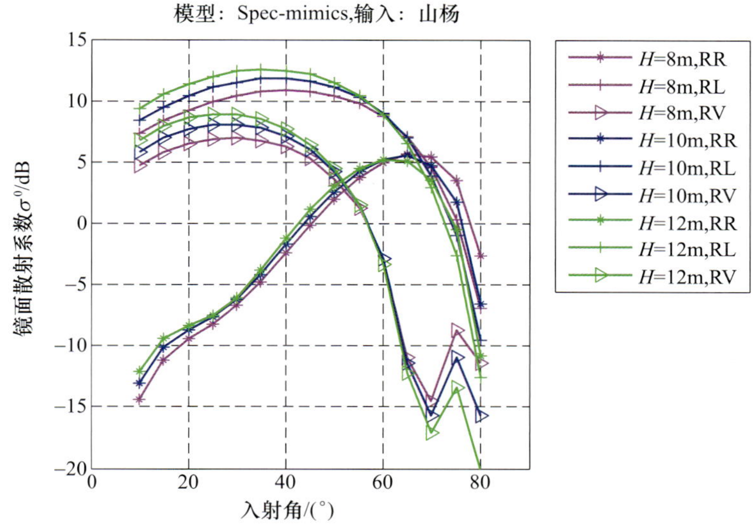

图 11.6　不同树干高度(8m、10m 和 12m)下各类极化(RR、RL 和 RV)的镜面散射系数与镜面入射角的关系

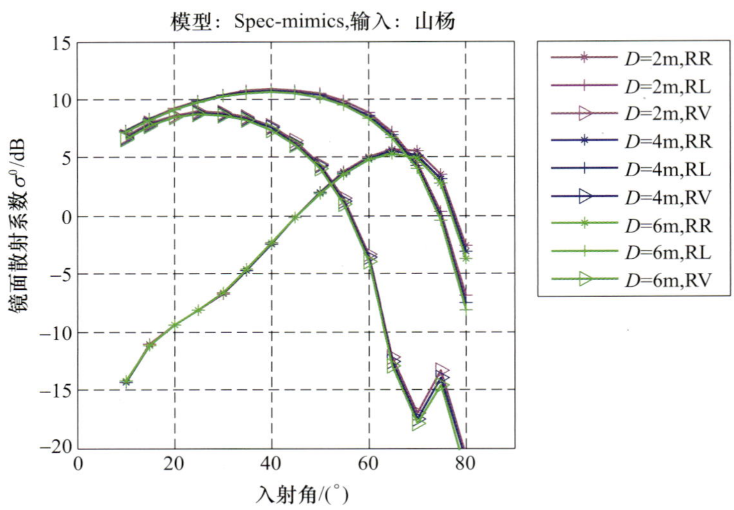

图 11.7　不同树冠深度(2m、4m 和 6m)下各类极化(RR、RL 和 RV)的镜面散射系数与镜面入射角的关系

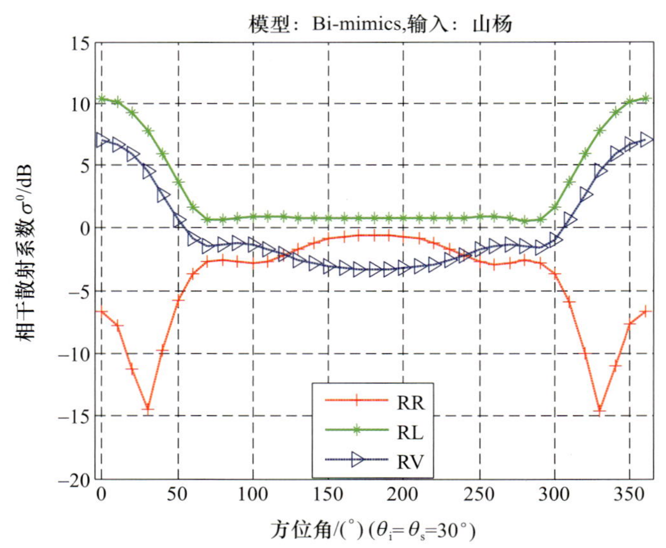

图 11.8　不同极化方式(RR,RL 和 RV)下散射方位角($\boldsymbol{\theta}_i=\boldsymbol{\theta}_s=30°$)对双站散射的影响

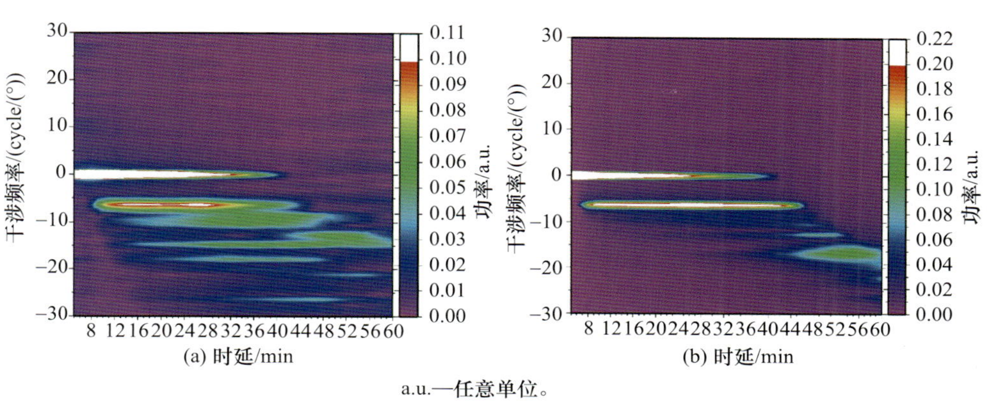

a.u.—任意单位。

图 12.1　滞后全息图和组合全息图

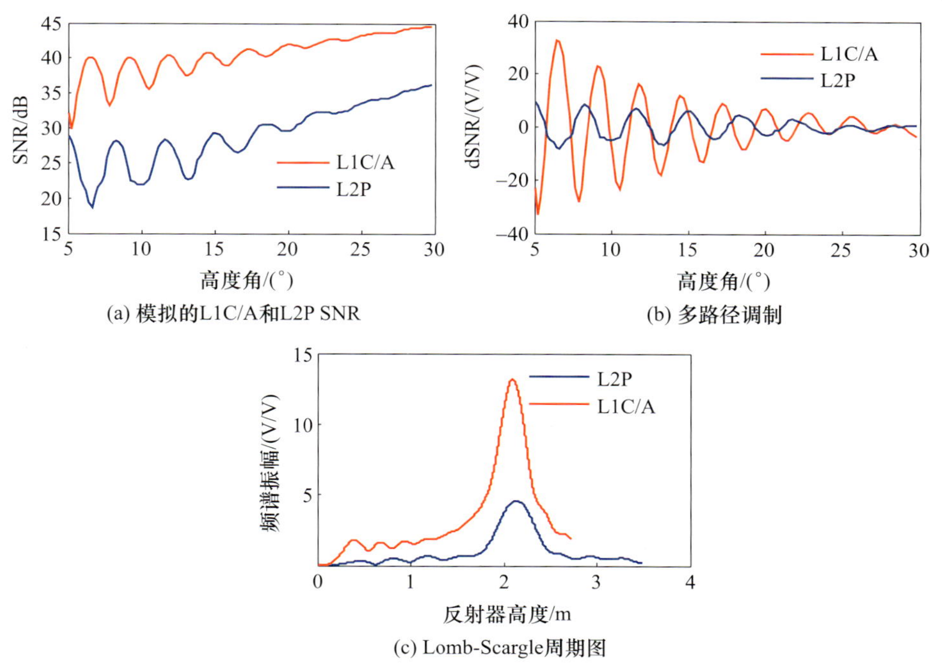

图 12.4　模拟的 GPS L1C/A 和 L2P SNR 观测量

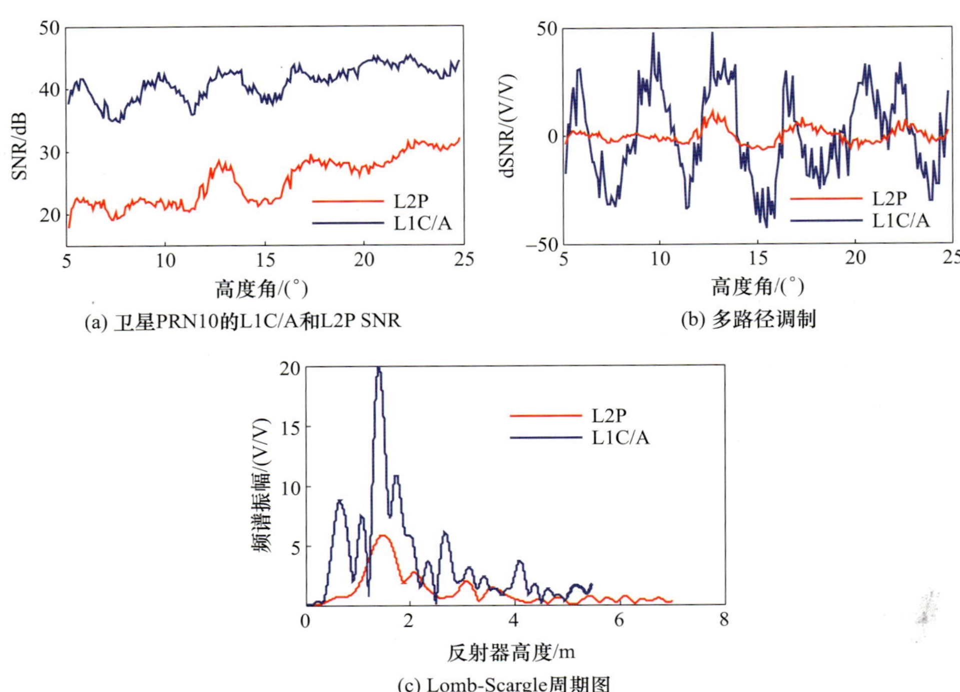

图 12.5 GPS 台站 AB33 L1/CA 和 L2P SNR 观测数据、多路径调制和 Lomb-Scargle 周期图

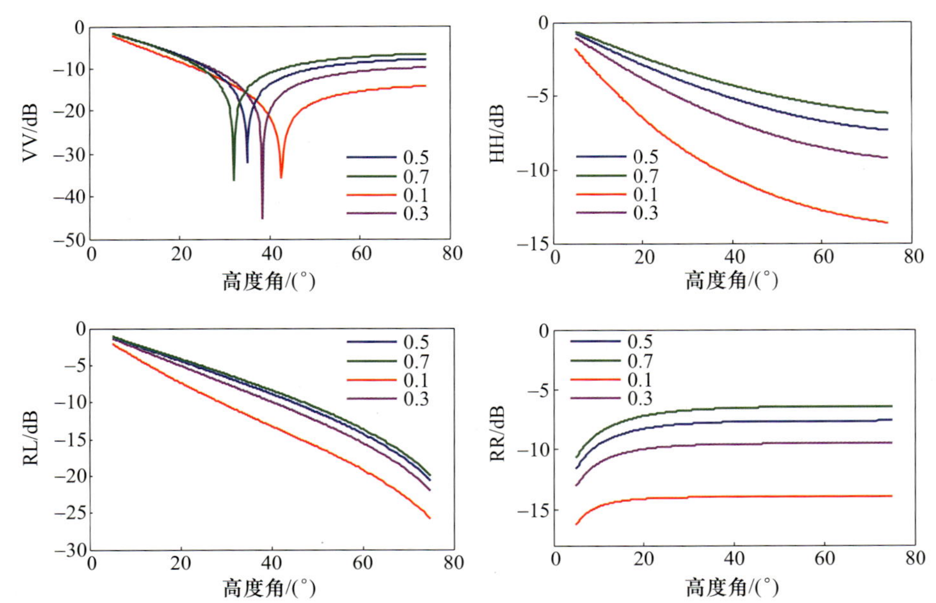

图 12.6 在线性偏振(VV 和 HH)和圆偏振(RR 和 LR)中不同积雪密度(g/cm^3)的相干散射系数

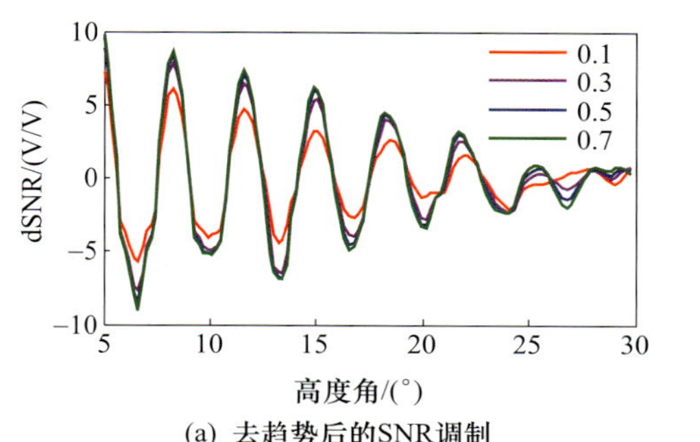

(a) 去趋势后的SNR调制

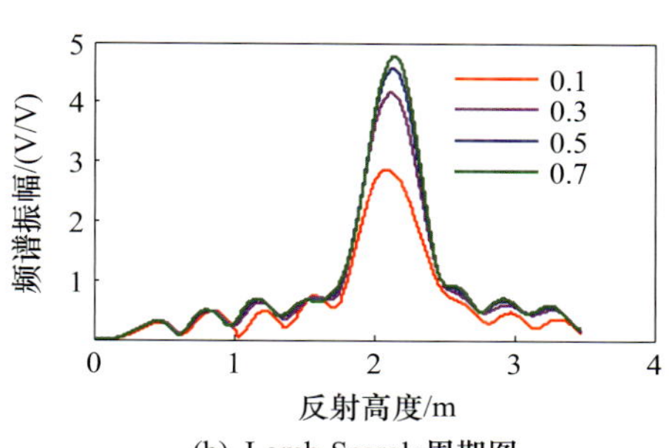

(b) Lomb-Scargle周期图

图 12.7　不同积雪密度(g/cm^3)下的模拟 SNR 调制

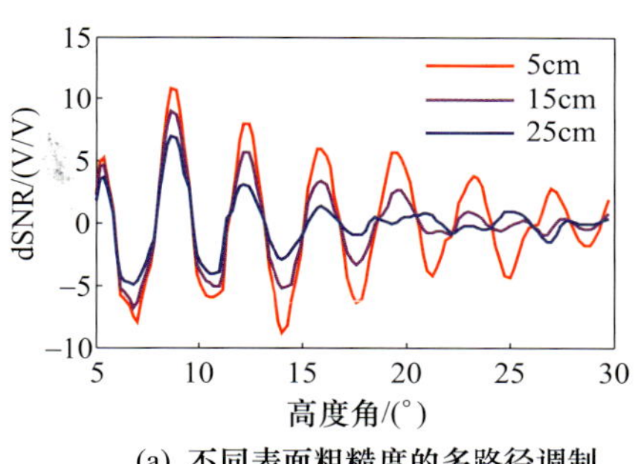

(a) 不同表面粗糙度的多路径调制

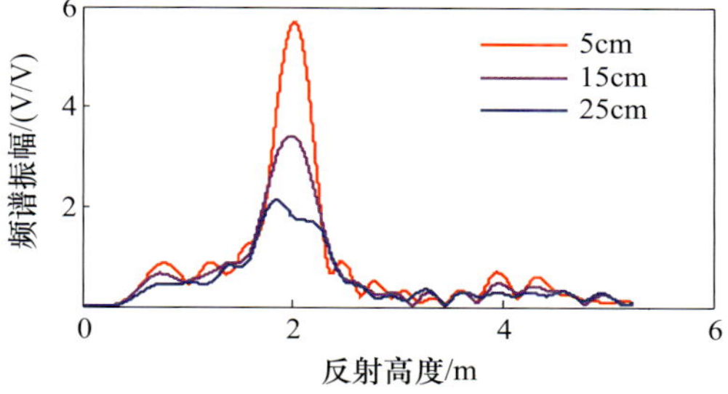

(b) Lomb-Scargle周期图

图 12.8　不同表面粗糙度下的模拟 L2P 频段 SNR 调制对比

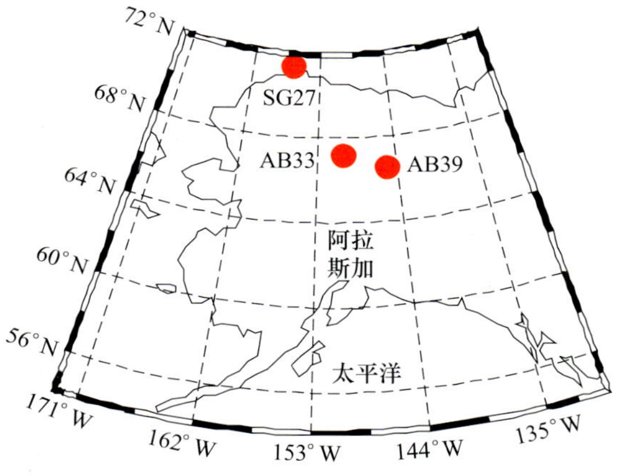

图 12.9　GPS 观测台站位置

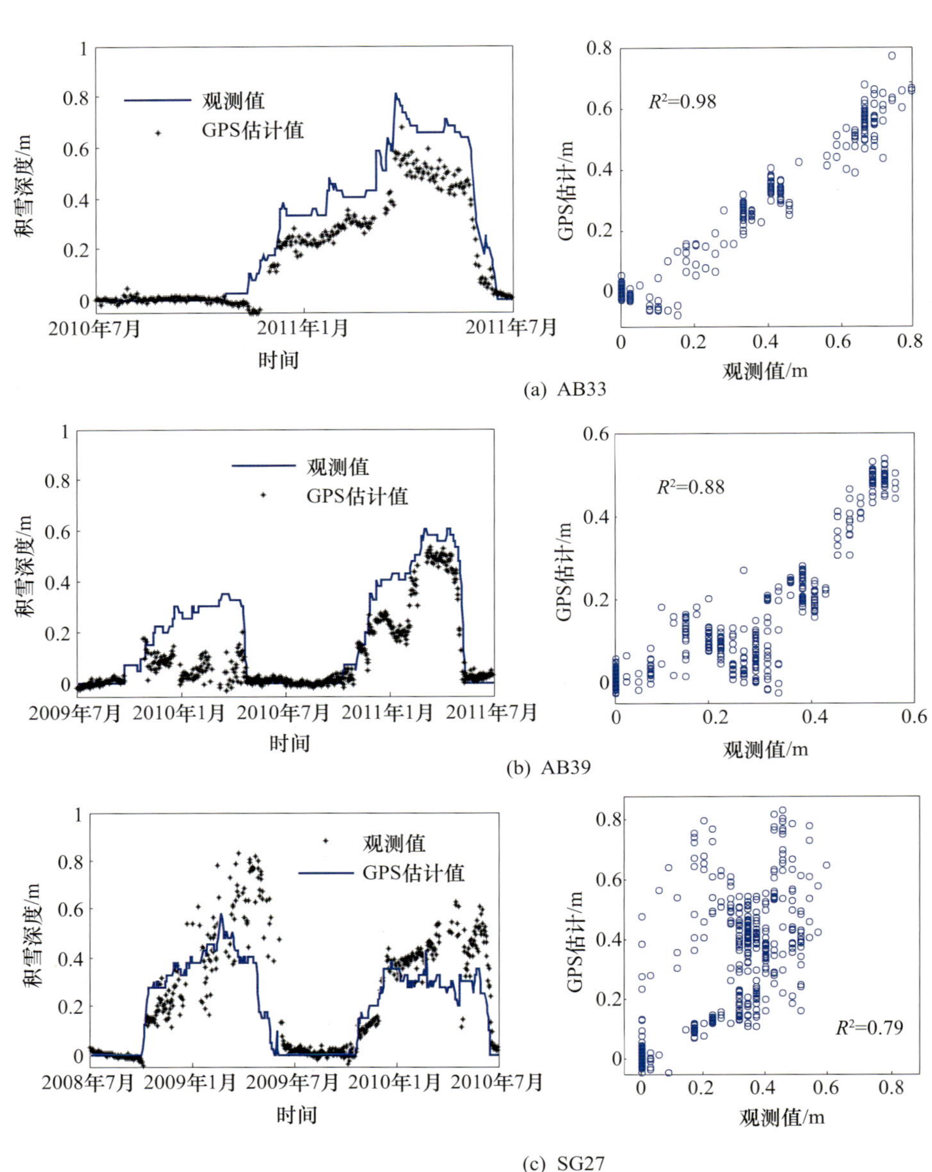

图 12.11　GPS 估计值与 AB33，AB39 和 SG27 站点处的实地测量数据对比

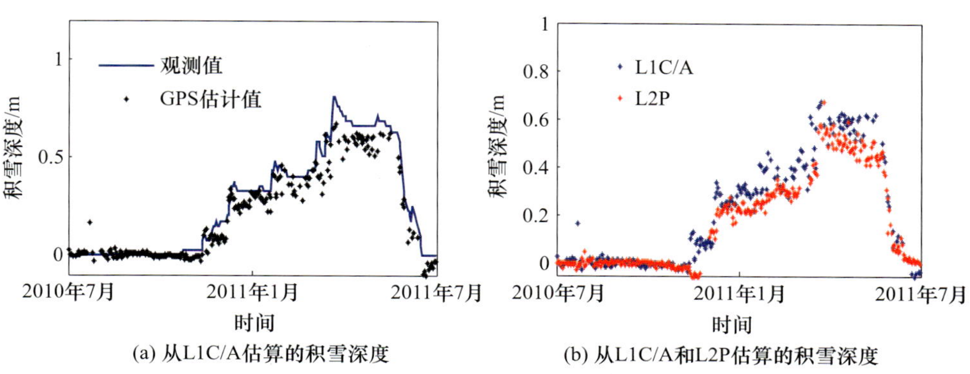

(a) 从L1C/A估算的积雪深度 (b) 从L1C/A和L2P估算的积雪深度

图 12.12 站点 AB33 处频段 L1C/A 和频段 L2P 计算结果对比

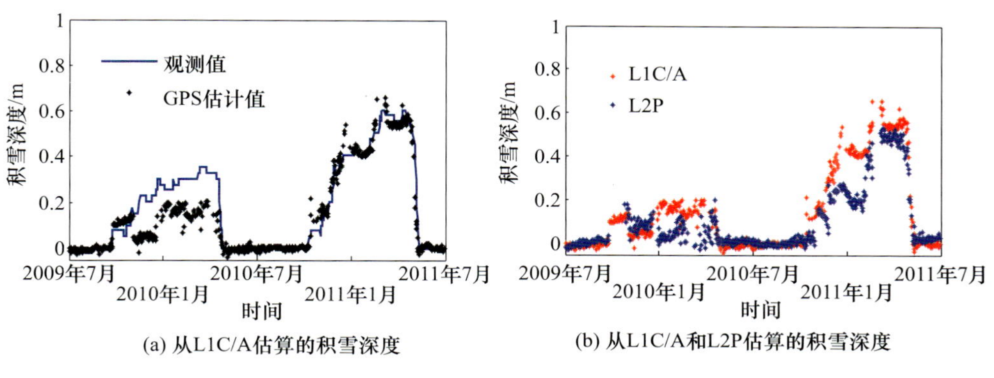

(a) 从L1C/A估算的积雪深度 (b) 从L1C/A和L2P估算的积雪深度

图 12.13 站点 AB39 处频段 L1C/A 和频段 L2P 计算结果对比

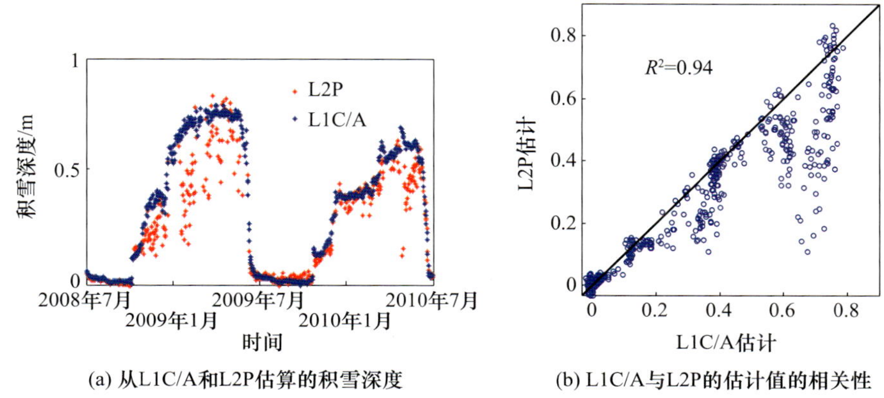

(a) 从L1C/A和L2P估算的积雪深度 (b) L1C/A与L2P的估计值的相关性

图 12.14 站点 SG27 处频段 L1C/A 和频段 L2P 计算结果对比

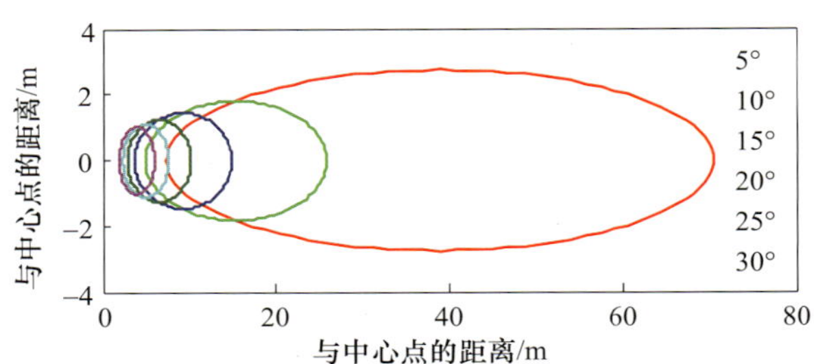

图 12.15　固定天线高为 2m 时不同高度角下的第一菲涅耳带

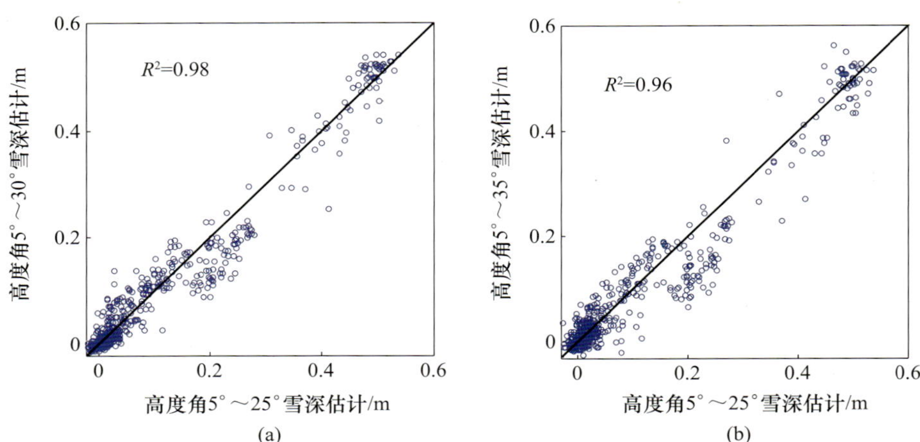

图 12.16　站点 AB39 处不同高度角范围(5°～25°,5°～30°和 5°～35°)下的雪深估计对比

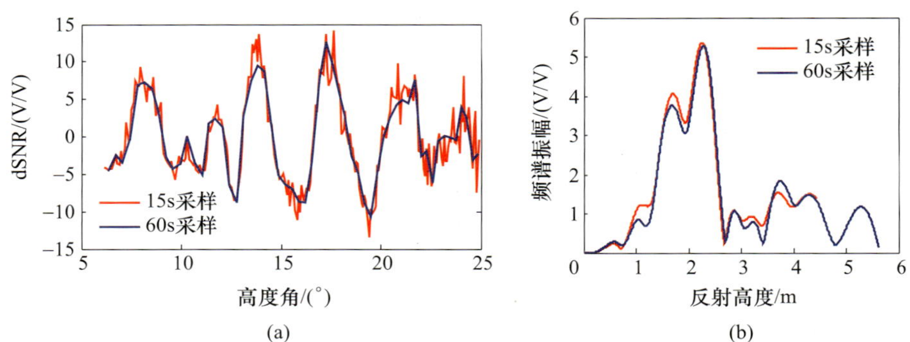

图 12.17　AB39 站在 15s 和 60s 采样率下的多路径模式和 Lomb Scargle 周期图对比

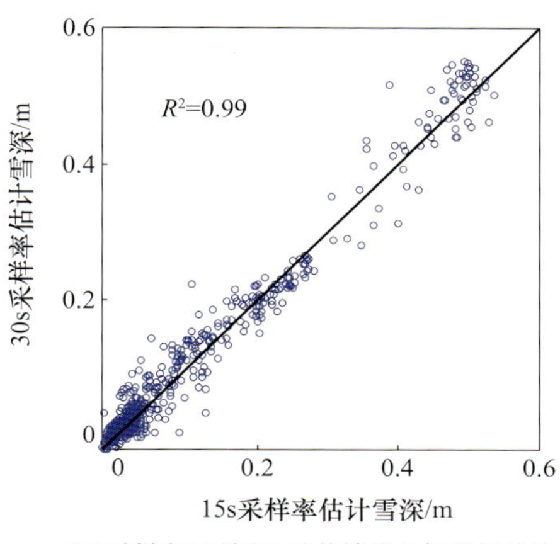

(a) 采样率15s和30s的估计值之间的相关性

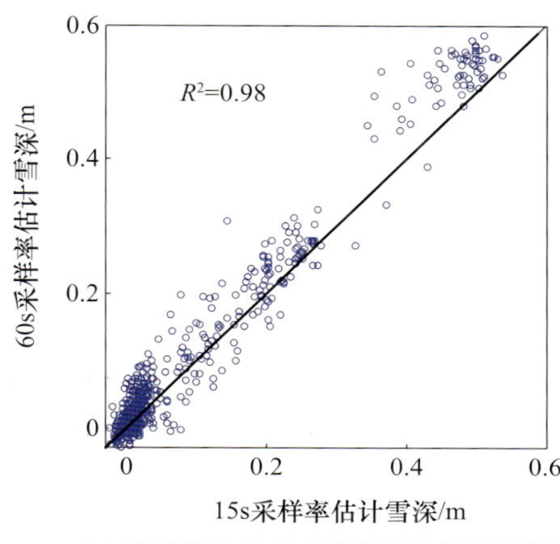

(b) 采样率15s和60s的估计值之间的相关性

图 12.18 站点 AB39 在不同采样率(30s 和 60s)下的积雪深度估计对比

图 12.19 GANP 站天线

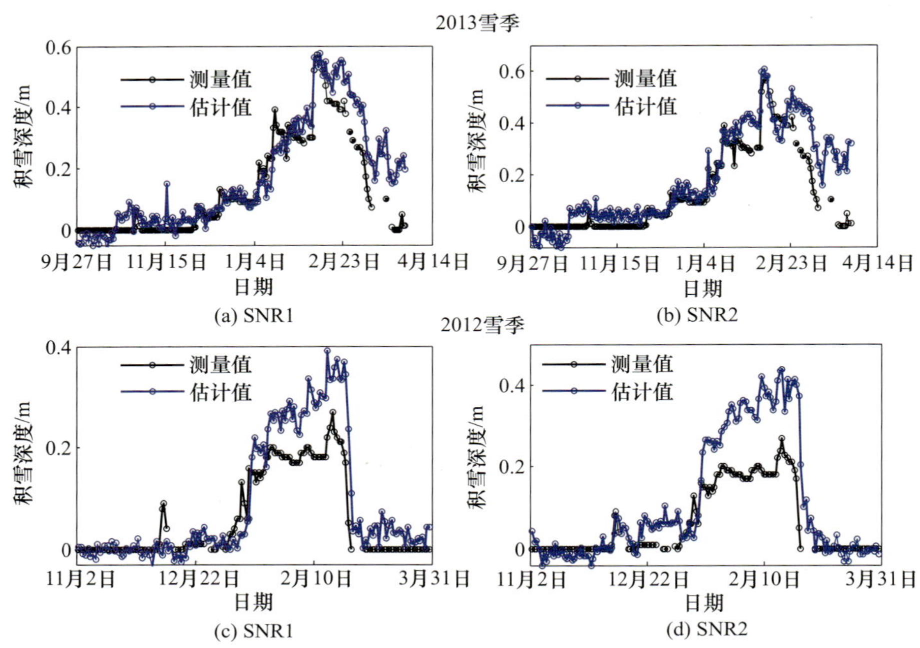

图 12.20 2012 年和 2013 年雪季 GLONASS 积雪厚度估计值与实地测量数据比较

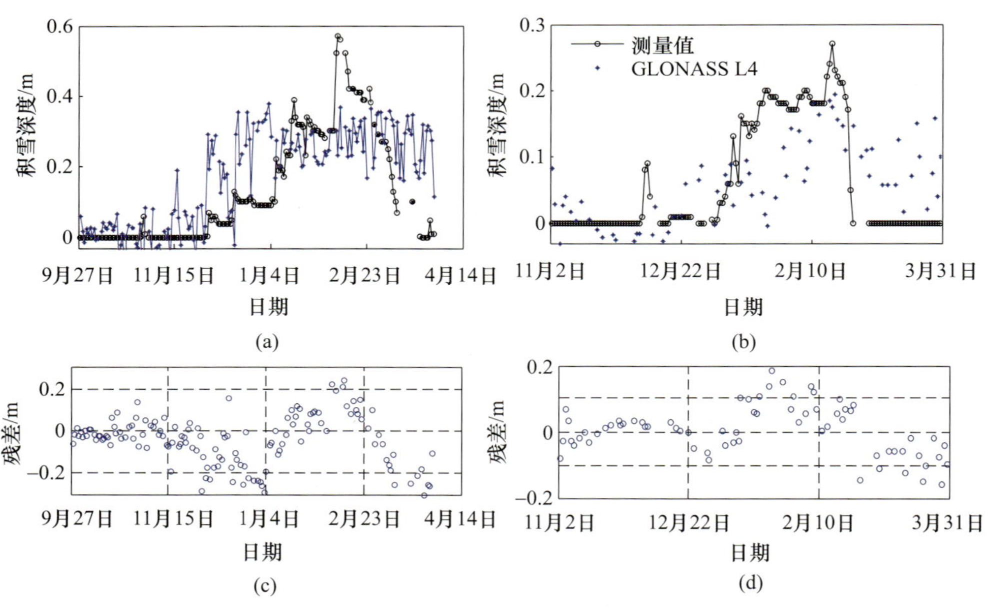

图 12.22 2013 年((a)和(c))和 2012 年((b)和(d))L4 积雪深度估计值与实地测量数据的对比

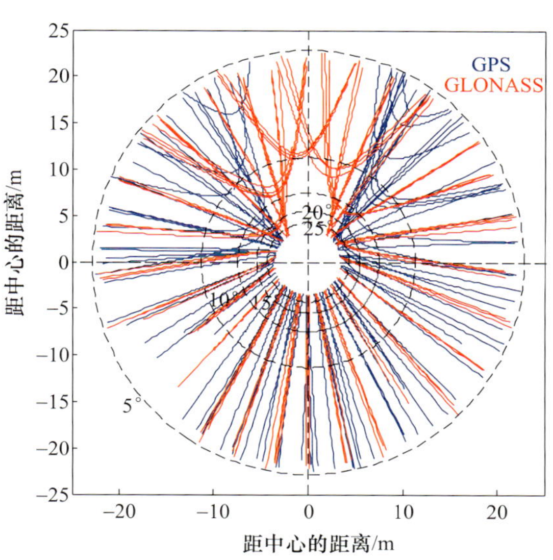

图 12.27　2013 年 1 月 1 日 GANP 站上 GPS 和 GLONASS 的多路径反射点

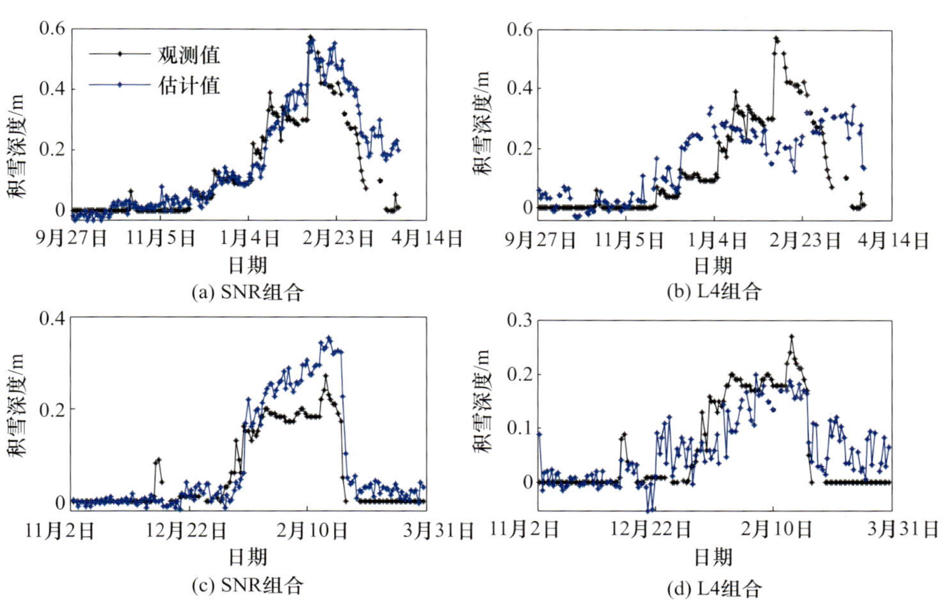

图 12.28　2013 年和 2012 年雪季 GPS + GLONASS SNR 和 L4 组合估计值与实地测量数据的比较

图 12.29　GANP 站周围环境（该图来自谷歌地图）

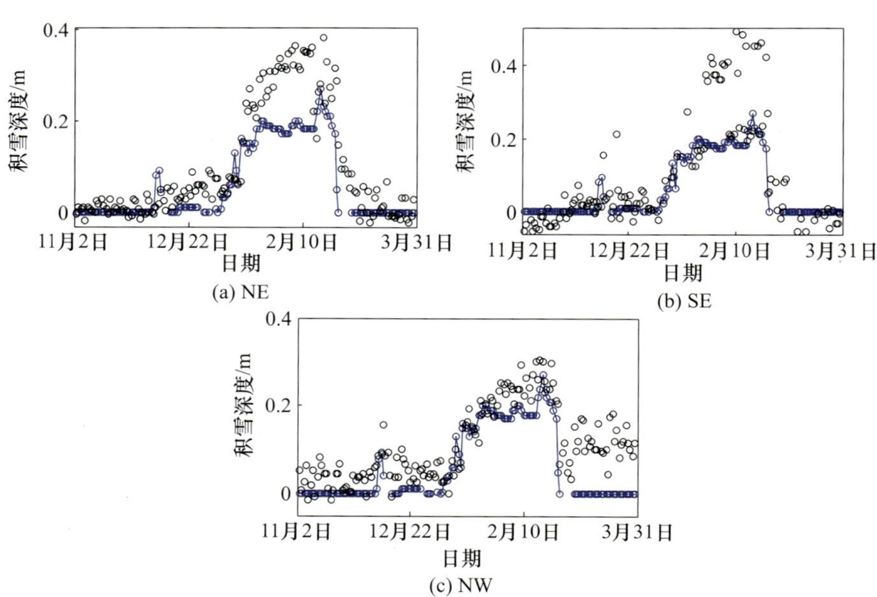

图 12.30　2012 年雪季 GLONASS SNR1 数据对不同方位地区积雪厚度的估算值与实地测量数据比较

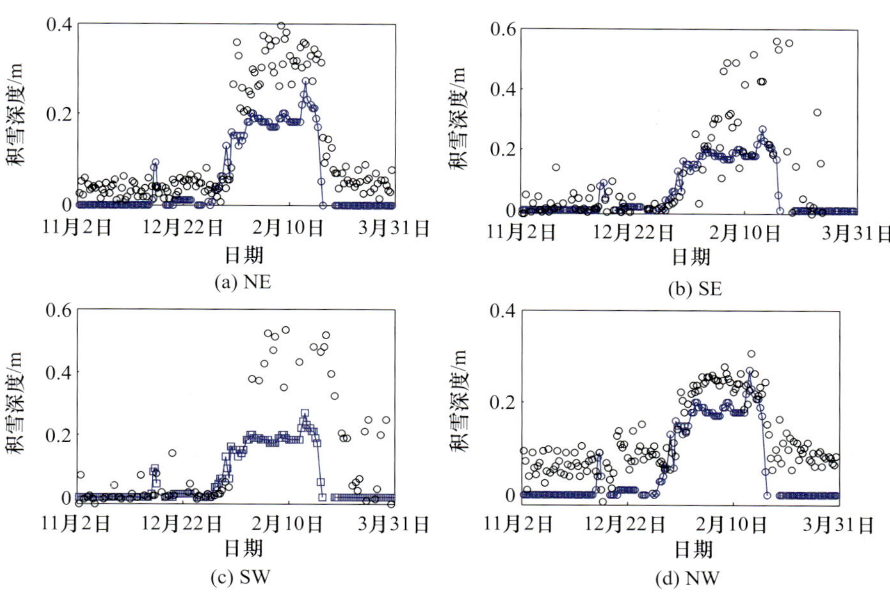

图 12.31 2012 年雪季 GPS SNR1 数据对不同方位地区积雪厚度的估算值与实地测量数据比较

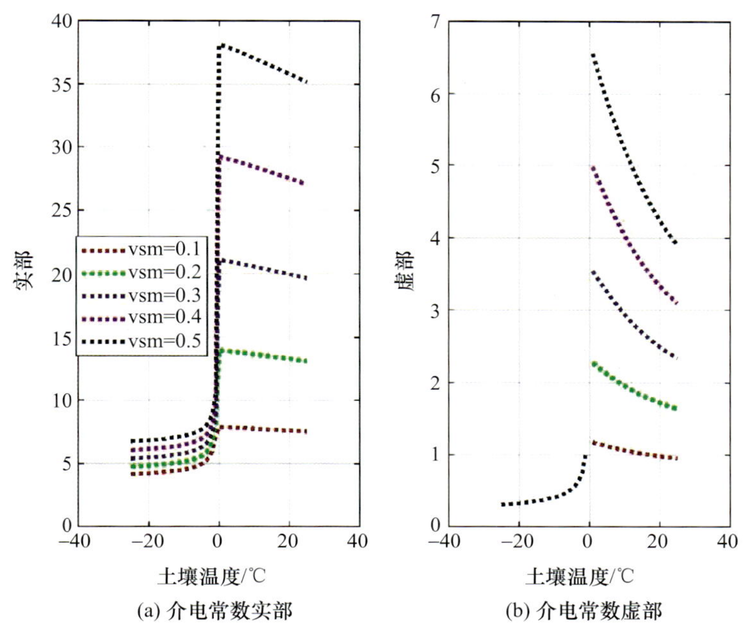

图 13.1 GPS L1 载波频率在不同土壤水分含量下，介电常数实部和虚部随土壤温度的变化情况

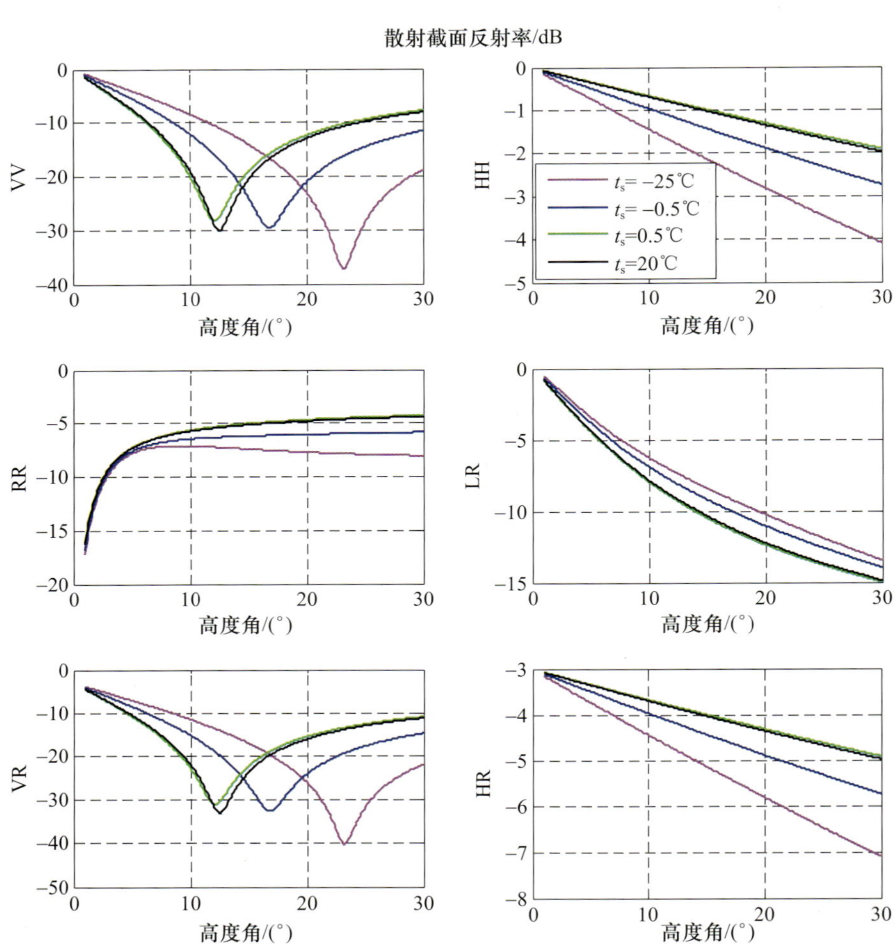

图 13.2　不同土壤温度下 XR 极化的相干散射截面反射率

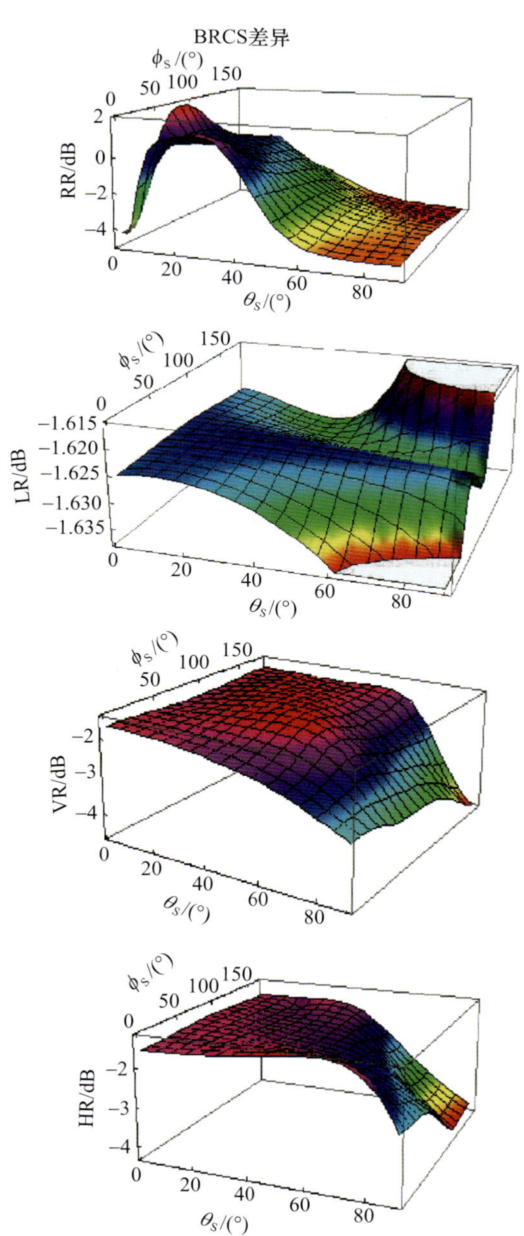

图 13.3　土壤温度变化 1℃时对应的漫散射截面差异图(入射天顶角为 30°,入射方位角为 0°)

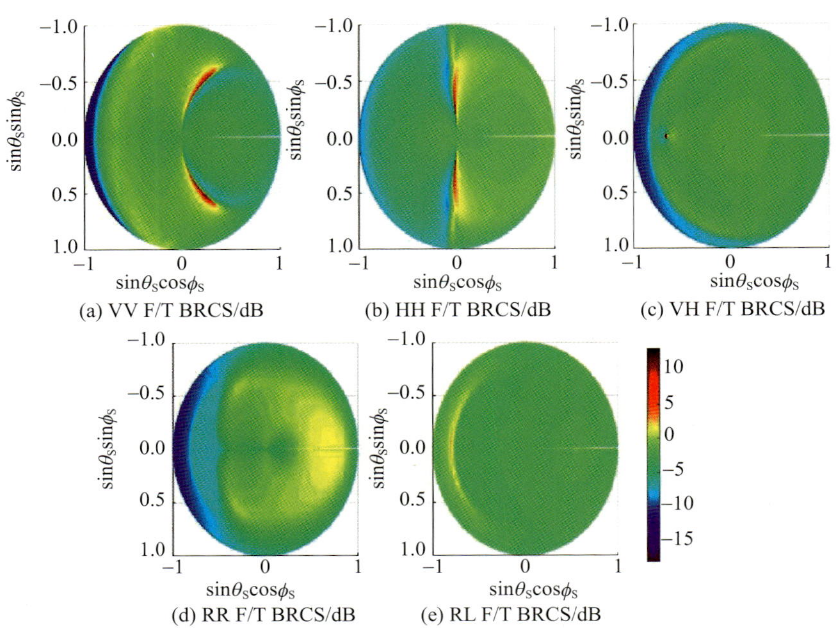

图 13.4 冻(-1℃)、融(1℃)转换时各种极化(线极化、圆极化)下 BRCS 变化差异(F/T 表示冻/融)

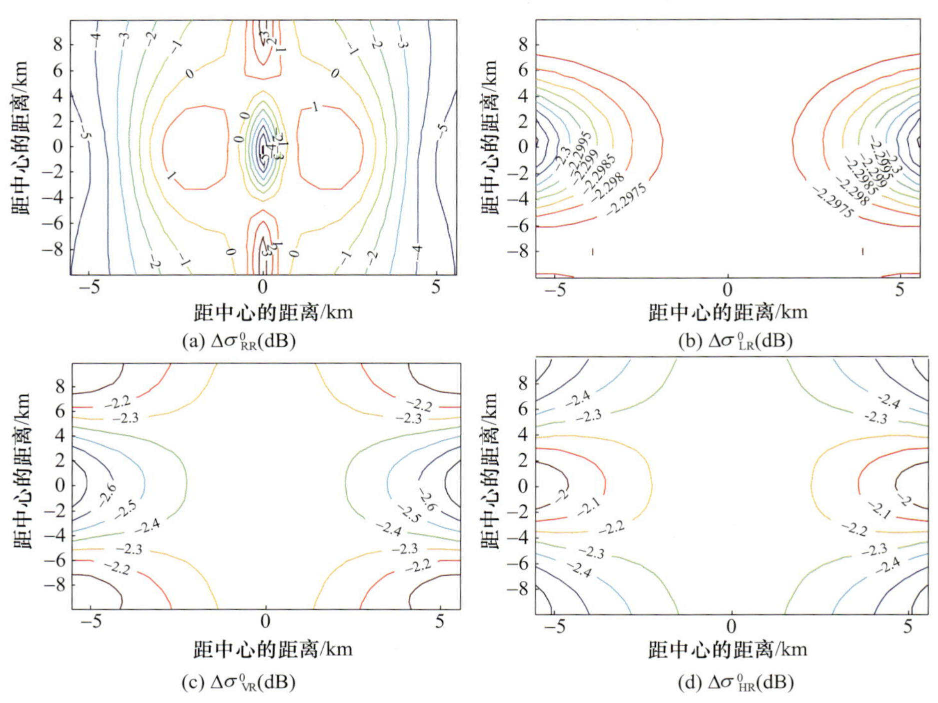

图 13.5 各种极化下冻融土反射率差别

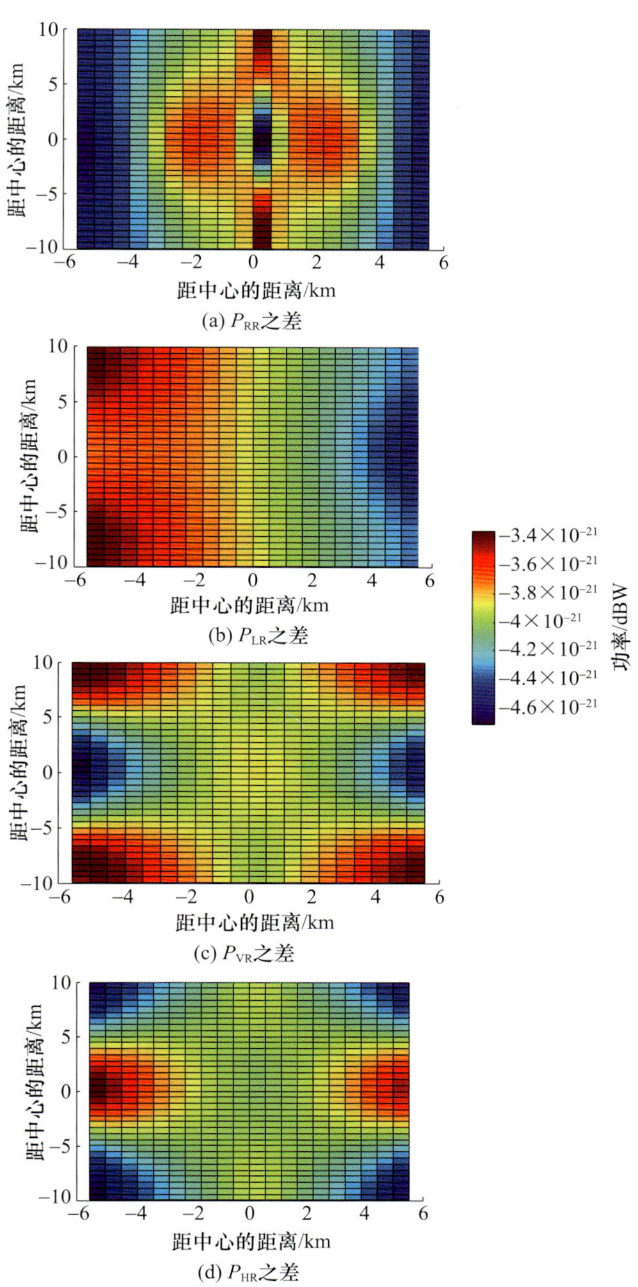

图 13.6　各种极化时冻融土 DDM 波形(功率)差异图

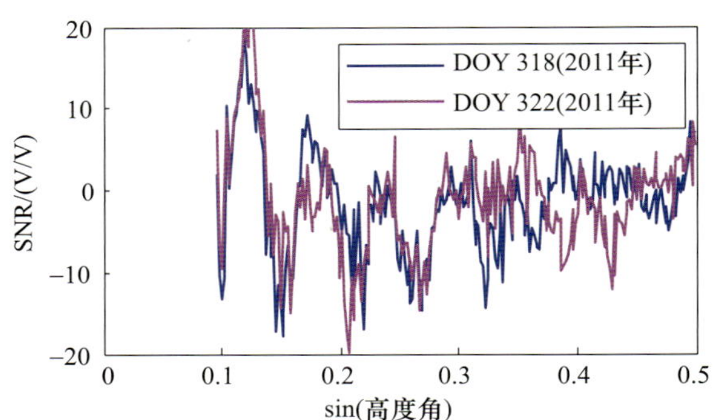

图 13.8 DOY318(2011年)(土壤温度在0℃以上)和DOY322(2011年)(土壤温度在0℃以下)实测GPS信噪比数据(卫星PRN06)

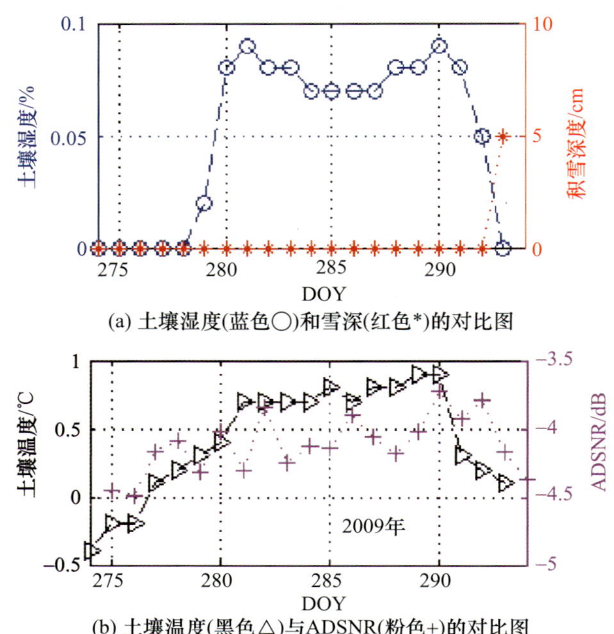

图 13.9 GPS站点(AB33)和SNOTEL站点(ID 958)在2009年DOY270到DOY295时间内，高度角为20°时的分析结果

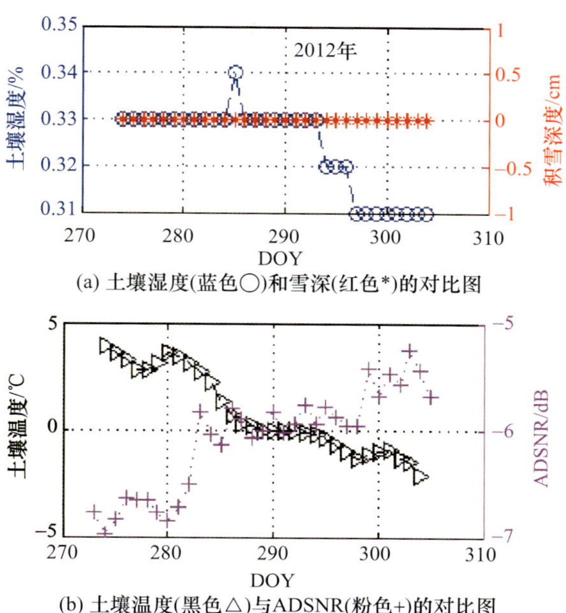

(a) 土壤湿度(蓝色○)和雪深(红色*)的对比图

(b) 土壤温度(黑色△)与ADSNR(粉色+)的对比图

图 13.10 GPS 站点(AB33)和 SNOTEL 站点(ID 958)在 2012 年 DOY270 到 DOY305 时间内，高度角为 20°时的分析结果

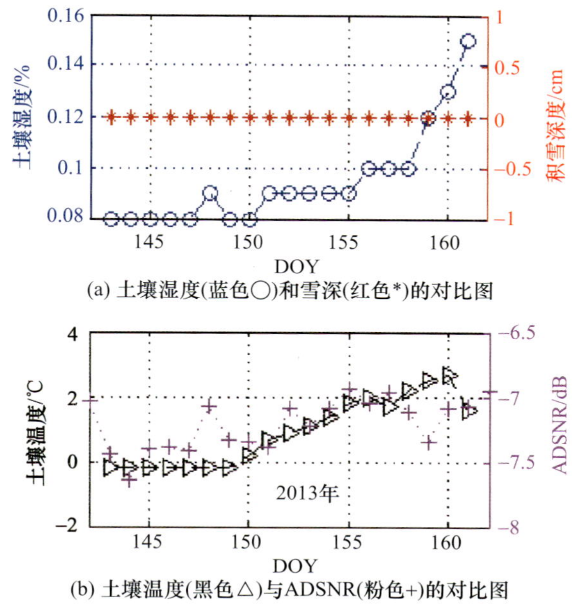

(a) 土壤湿度(蓝色○)和雪深(红色*)的对比图

(b) 土壤温度(黑色△)与ADSNR(粉色+)的对比图

图 13.11 GPS 站点(AB33)和 SNOTEL 站点(ID 958)在 2013 年 DOY142 到 DOY162 时间内，高度角为 20°时的分析结果

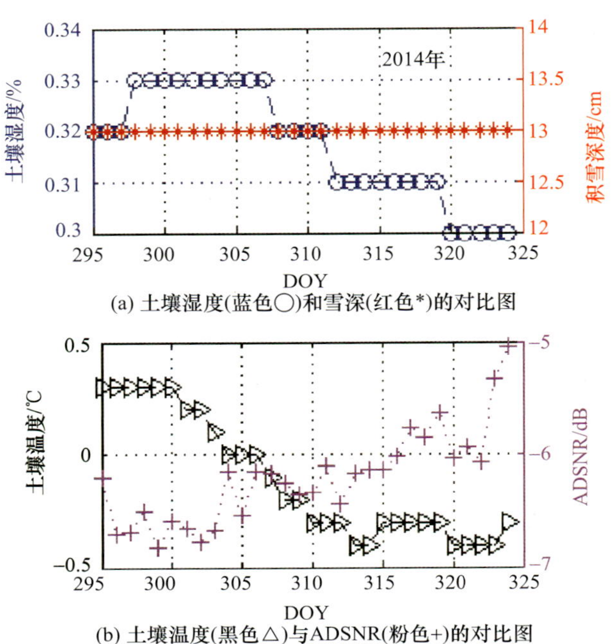

图 13.12　GPS 站点(AB33)和 SNOTEL 站点(ID 958)在 2014 年 DOY295 到 DOY325 时间内，高度角为 20°时的分析结果

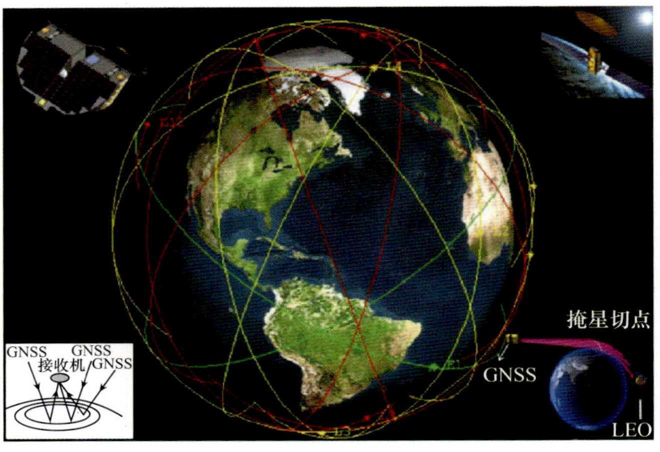

图 14.1　拥有 100 颗卫星的 CICERO 星座[17]（左下角小图是 GNSS 反射原理图，右下角则是 GNSS 无线电掩星观测）

式中：$\boldsymbol{\kappa}$、$\boldsymbol{\kappa}_0$分别为入射波及散射波波矢量的水平投影；α_0、α 分别为散射波及入射波的极化指数；函数$g_{\alpha\alpha_0}$与地下介质的电介质性能相关；函数 Ψ 为表面高程谱。在基尔霍夫近似条件下，双基散射截面成比例于

$$\sigma_{\alpha\alpha_0}(\boldsymbol{\kappa},\boldsymbol{\kappa}_0) \propto | R_{\alpha\alpha_0}(\boldsymbol{\kappa},\boldsymbol{\kappa}_0) |^2 P(\boldsymbol{\kappa},\boldsymbol{\kappa}_0) \tag{5.24}$$

式中：$R_{\alpha\alpha_0}$为菲涅耳系数；P 为表面梯度的概率密度函数。假设试探信号以极化状态 α 传播，散射信号以极化状态 β 和 γ 接收。在极化状态 β 和 γ 下的双基散射界面（散射系数）的比率是入射角、散射角、该介质的电介质常数的函数。

双基散射截面（散射系数）被分裂成两个部分，一部分对极化敏感并与介质的介电常数有关，另一部分与表面统计特性有关。关于散射截面的计算，根据实际需要，采用粗糙度变化连续的表面散射模型进行计算，针对裸土有基尔霍夫近似（KA）模型、小扰动法（SPM）模型、积分方程模型（IEM）、AIEM[19]等，针对植被有如Bi-Mimics模型[20]、Mimics 模型等[21]。

5.5　结　　论

干涉模式技术是 GNSS 反射测量的一种，其主要利用 GNSS 直射信号与反射信号的干涉。本章从反射测量互相干模型入手介绍干涉模式技术的原理以及极化、地表粗糙度的影响，并对比了与 SNR 技术的差异。

针对已有的模型，亟待解决的问题如下：时延环形区域是固定宽度，导致闪烁区在低海拔高度较窄，而在更高海拔地区则过宽；在高海拔高度处，功率峰值将有一个重大的衰减；卫星高度和卫星速度的相对移动也会使功率峰值降低，并对多普勒传播效应有很大的影响；多普勒频率补偿是一个固定值，导致只能建立一个通过闪烁区中心的特定的多普勒区域；现阶段的测量，未考虑非高斯分布、多变量的、各向异性的统计特征；离散非相干反射近似法在非常平坦的区域将不能使用；基尔霍夫几何光学近似法的限制导致模型不能正确地预测，不能考虑多路径散射，失去对波长的依赖性，没有考虑散射表面上的离散部分；基于离散反射近似的 Z-V 模型在十分平坦的表面不能正常应用，但目前尚没有其他更合适可用于处理离散和连贯海面反射的双基截面模型。

针对上述问题，可以从以下几个方面进行改进：增加接收天线的增益，以满足不同 GNSS 卫星的工作目标；天线波束的扫射角覆盖范围要比闪烁区域广；将天线直接指向标准镜像点，以满足探测风对于波浪的影响；考虑来自于相对平坦区域的相干反射，去实现更精确的表面描述；研究更好的降噪技术和使用 GPS L5 信号，提高反演分辨率；使用随机的方法减少仿真的数字复杂度；在接收的高斯成分间和镜像点之间引入相关度；改善模型使其合并高阶成分和离散散射成分；在将来，要满足相对平坦的区域的连续反射的要求，实现一个更为精确的表面模型描述；采用更好的去噪技术，可以使用更好的接收装置提高 SNR 或者使用 GPS L5 信号源提高精度。

参考文献

[1] 乌拉比,穆尔,冯健超. 微波遥感:第一卷:微波遥感基础和辐射测量学[M]. 北京:科学出版社,1988.

[2] RODRIGUEZ-ALVAREZ N, BOSCHLLUIS X, CAMPS A, et al. Soil moisture retrieval using GNSS-R techniques: experimental results over a bare soil field[J]. IEEE Transactions on Geoscience & Remote Sensing, 2009, 47(11): 3616-3624.

[3] GLEASON S. Towards sea ice remote sensing with space detected GPS signals: demonstration of technical feasibility and initial consistency check using low resolution sea ice information [J]. Remote Sensing, 2010, 2(8): 2017-2039.

[4] ZAVOROTNY V U, VORONOVICH A G. Scattering of GPS signals from the ocean with wind remote sensing application[J]. IEEE Transactions on Geoscience & Remote Sensing, 2000, 38(2): 951-964.

[5] LI C, HUANG W. Simulating GNSS-R delay-doppler map of oil slicked sea surfaces under general scenarios[J]. Progress In Electromagnetics Research, 2013, 48: 61-76.

[6] LI C, HUANG W, GLEASON S. Dual antenna space-based GNSS-R ocean surface mapping: oil slick and tropical cyclone sensing[J]. IEEE Journal of Selected Topics in Applied Earth Observations & Remote Sensing, 2015, 8(1): 425-435.

[7] LENTI F, NUNZIATA F, MIGLIACCIO M, et al. Two-Dimensional TSVD to enhance the spatial resolution of radiometer data[J]. IEEE Transactions on Geoscience & Remote Sensing, 2014, 52(5): 2450-2458.

[8] COX C, MUNK W. Measurement of the roughness of the sea surface from photographs of the suns glitter[J]. Journal of the Optical society of America, 1954, 44(11): 838-850.

[9] LI C, HUANG W. An Algorithm for sea-surface wind field retrieval from GNSS-R delay-Doppler map [J]. IEEE Geoscience & Remote Sensing Letters, 2014, 11(12): 2110-2114.

[10] CLARIZIA M P, RUF C S, JALES P, et al. Spaceborne GNSS-R minimum variance wind speed estimator[J]. IEEE Transactions on Geoscience & Remote Sensing, 2014, 52(11): 6829-43.

[11] RODRIGUEZ-ALVAREZ N, AKOS D M, ZAVOROTNY V U, et al. Airborne GNSS-R wind retrievals using delay-Doppler maps[J]. IEEE Transactions on Geoscience & Remote Sensing, 2013, 51(1): 626-41.

[12] D'ADDIO S, MARTIN-NEIRA M, BISCEGLIE M D, et al. GNSS-R altimeter based on delay-Doppler maps[C]//Proceedings of the Geoscience & Remote Sensing Symposium, F: IEEE, 2015: 5103-5106.

[13] YAN Q, HUANG W. Tsunami detection and parameter estimation from GNSS-R delay-Doppler map [J]. IEEE Journal of Selected Topics in Applied Earth Observations & Remote Sensing, 2016, 9(10): 4650-4659.

[14] KOMJATHY A, MASLANIK J, ZAVOROTNY V U, et al. Sea ice remote sensing using surface reflected GPS signals [C]//Proceedings of the IEEE International Geoscience & Remote Sensing

Symposium, F: IEEE, 2000, 7: 2855-2857.

[15] YAN Q, HUANG W. Spaceborne GNSS-R sea ice detection using delay-Doppler maps: first results from the UK TechDemoSat-1 mission[J]. IEEE Journal of Selected Topics in Applied Earth Observations & Remote Sensing, 2016, 9(10): 4795-4801.

[16] PINEL N, BOURLIER C, SAILLARD J. Forward radar propagation over oil slicks on sea surfaces using the Ament model with shadowing effect[J]. Progress In Electromagnetics Research, 2007, 76: 95-126.

[17] VALENCIA E, CAMPS A, PARK H, et al. Oil slicks detection using GNSS-R[C]//Proceedings of the Geoscience & Remote Sensing Symposium, F: IEEE, 2011: 4383-4386.

[18] PIERDICCA N, GUERRIERO L, GIUSTO R, et al. SAVERS: A simulator of GNSS reflections from bare and vegetated soils[J]. IEEE Transactions on Geoscience & Remote Sensing, 2014, 52(10): 6542-6554.

[19] CHEN K S, WU T D, TSANG L, et al. Emission of rough surfaces calculated by the integral equation method with comparison to three-dimensional moment method simulations[J]. IEEE Transactions on Geoscience & Remote Sensing, 2003, 41(1): 90-101.

[20] LIANG P, PIERCE L E, MOGHADDAM M. Radiative transfer model for microwave bistatic scattering from forest canopies[J]. IEEE Transactions on Geoscience & Remote Sensing, 2005, 43(11): 2470-2483.

[21] ULABY F T, MCDONALD K, SARABANDI K, et al. Michigan microwave canopy scattering models (MIMICS)[C]//Proceedings of the International Geoscience & Remote Sensing Symposium, F: IEEE, 1988, 2: 1009.

第6章 测高理论与方法

地球表面70%以上都是海洋，而且世界上绝大多数人都居住在沿海地带，因此海平面的变化对人类居住环境影响较大，海洋测高学也由此产生。海洋测高学帮助我们有效掌握全球海平面、极地海冰融化、海水热膨胀以及大气海洋循环系统等变化信息，这些变化有可能会进一步引起一些极端异常的天气，如飓风等，给人类的正常生产生活、社会经济的发展带来威胁和阻碍，如卡特尼娜飓风等都造成了重大的伤亡事故。因此，要提前预测预防海洋灾难，就要建立完善的预警系统，而这一系统需要以全球海平面变化信息以及瞬时海况信息为基础。此外，海洋的水资源还会影响到水汽能量交换，从而影响大气活动，所以海况的微小变化就有可能引起部分地区的天气变化。为了满足气候与水文观测的研究需要，必须能获取长期且稳定的海平面变化信息。

验潮站和卫星（雷达）测高是两种较为成熟的海洋测高方法，为海洋环境的监测和海洋重力场的研究提供了大量有效的高精度观测数据。其中，验潮站是较传统的高精度监测海平面高度的手段，而卫星测高是近30年来逐步发展起来并趋于成熟的先进技术。目前，全球大概有1000个以上的验潮站，分布在海洋沿岸地带，动态监测海洋环境变化。但是验潮站存在以下不足：设立在孤岛或沿海岸地带，虽能对于沿海平面变化提供高精度的观测数据，但只能观测到验潮站附近的海平面变化情况；深海地区的验潮站布设数量较少，不能全面地对深海地区的海平面进行监测；验潮站的观测数据精度受地球板块运动的影响，不能得到绝对的海面变化信息。

卫星测高则是由1980年逐渐发展起来的一种海洋测高新技术。从Seasat卫星，首次利用卫星测高数据提取海面高度信息，之后国际上先后发射了一系列针对海洋的卫星，如Geo-3、Seasat-1、Geosat、ERS-1、Topex/Poseidon、Jason-1、Jason-2、Jason-3等。2011年8月，我国也发射了第一颗海洋测高卫星HY-2A。与验潮站相比，卫星测高观测数据的覆盖范围更广，对于深海地区的海平面的监测也可以得到周期性、高精度观测数据，但是在近海岸区域的观测数据的精度相对较差。而且海洋测高卫星的在轨寿命只有十几年，不但发射成本大，而且近几十年的卫星测高得到的观测数据还远远不如验潮站上百年积累的巨大观测数据。除此之外，卫星测高受重复性周期的限制，只能得到海面变化的中短波部分，不如验潮站的全天候观测可得到全频段的海面高度变化信息。而且，卫星测高实际测得的不是测量雷达高度计到海面的距离，而是高度计到星下点足迹某一范围内的平均距离。

最近30年来科学家研究利用GNSS反射信号进行测高。自1988年起，利用GNSS反射信号进行海面和陆面观测，成为国内外遥感界的研究热点之一，具有全天候全天时、多信号源无需发射机、宽覆盖率、高时空分辨率、体积小、重量轻、功耗小、成本低等优势，可用在海面高度、海洋风场、海冰等海洋要素监测。

6.1 GNSS-R测高原理

利用GNSS-R技术来测量海面高度，是指利用GNSS直射信号与由水面镜面反射信号之间的延迟（时间延迟或相位延迟），再根据GNSS卫星、接收机和镜面反射点之间的几何位置关系，来反演海面高度。按照处理数据的方式，GNSS-R测高可以分为传统型GNSS-R（cGNSS-R）测高和干涉型GNSS-R（iGNSS-R）测高。按照接收机放置的测量平台，GNSS-R测高可分为站基、机载和星载GNSS-R 3种方式。

6.1.1 传统型GNSS-R测高

这种测高方式一般采用传统的大地测量型接收机，利用载波相位观测值作为原始观测量，利用传统的GNSS测距方法得到直射信号与反射信号的传播路程差，再根据几何关系得到反射面的高度。

6.1.1.1 岸基/机载测高

在湖边、海岸或海岛上架设GNSS接收机，进行GNSS-R测高，这就是岸基测高。岸基测高时，所架设的接收机的高度都较低，其天线的照射面积决定有效的水面散射面积，可有效代替传统的验潮站测量模式。目前，关于GNSS-R技术在这方面的应用已经有了大量的研究。Martin-Neira[1]利用反射信号码相位信息，测高精度达到数米；Martin-Neira等[2]、Löfgren等[3]、Semmling等[4]利用反射信号载波相位信息，将精度提高到厘米级。Treuhaft等[5]在Crater湖面上利用iGNSS-R设备，解算了采样率为1Hz的水面高，精度大约为2cm。Löfgren等[3]利用Leica大地测量型接收机cGNSS-R设备所给的观测量，每20min解算一组海面高，精度大约为4cm。Alvaro Santamaría-Gómez等[6]利用GNSS-R SNR数据反演出的测高结果与验潮站的观测结果做了对比，最终显示两者之差小于3cm。

在飞机或气球上假设GNSS接收机进行的GNSS-R测高就是机载测高。与岸基测高相比，机载测高架设的高度较高，观测的水面面积较大。Lowe等[7]利用反射信号码相位信息，测高精度达到厘米级。Lowe等[8]在飞机上搭载iGNSS-R设备的试验表明，利用GPS反射信号测高的精度能达到5cm，其空间分辨率能达到5km。Ruffini等[9]将cGNSS-R设备搭载在飞行高度为1km的飞机上，利用L1载波相位信号解算得到的平均海平面高度（SSH）与Jason-1的测量对比，精度在10cm左右。Carreno-Luengo等[10]将cGNSS-R设备搭载飞机上，当飞行高度为500m时，利用码相位观测值解算出的测高精度为17cm，当飞行高度为3km时，测高精度为6cm。

2015 年,中国科学院国家空间科学中心的 Bai[11] 等处理了 2014 年 5 月 30 日的 GNSS-R测量数据,得到了黄河测高信息。

GNSS-R 测高主要是利用 GNSS-R 信号的镜面反射点处直射信号与反射信号之间的几何路径延迟 δ(码延迟 τ 等),反演得到接收机到反射表面的高度,公式如下:

$$\delta = c\tau = 2h\sin\theta + T_B \tag{6.1}$$

式中:h 为接收机至反射表面的高度(图 6.1);θ 为 GNSS 反射信号与反射表面之间的卫星高度角(图 6.1);T_B为系统偏差。当接收机能够同时观测到几颗 GNSS 卫星的反射信号时,可通过最小二乘法估计出系统偏差。

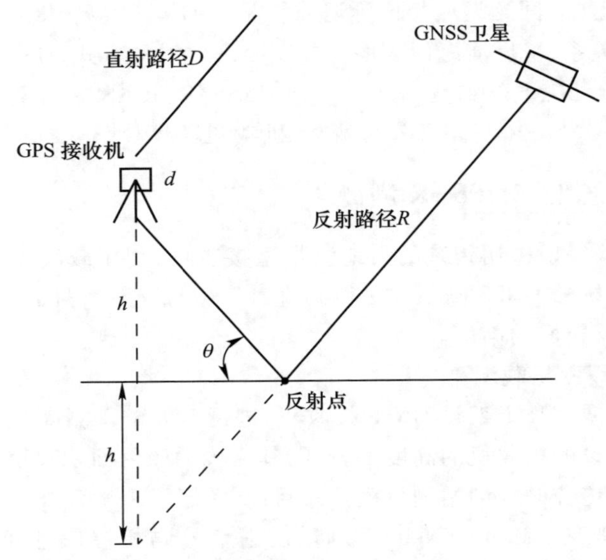

图 6.1 站基和机载 GNSS-R 测高示意

6.1.1.2 星载测高

在低地球轨道(LEO)卫星上搭载 GNSS 接收机,进行 GNSS-R 测高,这就是星载测高[7,12-13]。在 500~800km 的高空可以采用 LEO 卫星搭载 GNSS 接收机进行海面高度测量,这种测量方式与传统卫星测高相比,即不需要发射机,也可以直接采用多个 LEO 卫星组成星座,具有较高的时空分辨率。目前,在所有星载计划中,英国的卫星计划技术验证卫星(TDS-1)已获得了海面测高数据[14],标志着星载 GNSS-R 技术的成熟,为未来星载 GNSS-R 测高技术的发展奠定了基础。NASA 和欧洲空间局(ESA)拟分别开展 Cyclone GNSS[9] 和国际空间站上的 GNSS 反射测量、无线电掩星和散射测量(GEROS-ISS)卫星任务,以期得到高时空分辨率的全球中尺度海洋数据。

相对于岸基和机载模式,星载具有诸多优势:受益于精确定轨,可以得到精度更高的接收机和发射机位置信息;测高区域广;重返周期短;反射密度大等。这些优势注定星载测高将成为 GNSS-R 测高技术的主流方向。

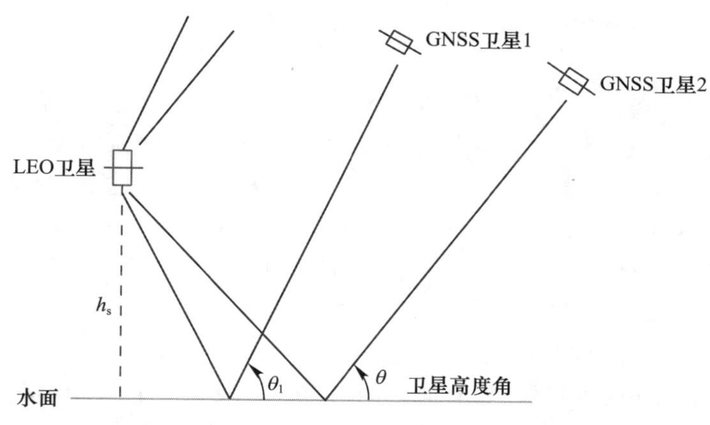

图6.2　星载 GNSS-R 测高示意图(见彩图)

星载测高的公式与岸基测高的公式类似,可近似表示为

$$\delta = c\tau = 2h_s\sin\theta + T_B \tag{6.2}$$

6.1.2　干涉型 GNSS-R 测高

这种测高方式是利用特制的可以同时接收直射信号和反射信号的接收机,并将接收到的信号在接收机中进行相关处理,利用时延一维相关函数、多普勒一维相关函数或者时延-多普勒二维相关函数 DDM 得到两个信号之间的时间延迟,再根据几何关系得到反射面高度。

6.1.2.1　SNR

多路径效应是 GNSS 高精度定位的主要误差,它与反射面的粗糙度和电介质参数密切相关。所谓多路径效应就是指 GNSS 同时接收直射信号和由地表等不同介质反射后的合成信号。当卫星高度角低于 10°时,GNSS 接收到的反射信号是呈右旋圆极化的。这时具有相同频率的反射信号和直射信号会发生相干作用。这一相干现象反映在信噪比(SNR)的变化上,SNR 观测值是衡量 GNSS 接收机天线接收到信号大小的一个量值,反映多路径与多路径误差的大小受卫星信号的发射功率、天线增益、卫星与接收机间的距离,以及多路径效应等因素的影响。在高度角较高的情况下,天线增益较大使得 SNR 得到有效提高;而在高度角较低的情况下,一方面天线增益减小,另一方面多路径效应影响使得 SNR 下降较为严重。所以,对信噪比 SNR 进行分析可以评估多路径效应,进而估计地表环境参数。但是通常接收机会将相对较弱的反射信号作为噪声过滤掉。信噪比的变化频率与 h 的关系如下:

$$f = \frac{4\pi h}{\lambda}\cos\theta\,\frac{\mathrm{d}\theta}{\mathrm{d}t} \tag{6.3}$$

式中:f 为频谱分析频率;λ 为载波频率;h 为垂直反射距离参数;θ 为卫星高度角。SNR 的振荡波形频率为 $2h/\lambda$,有

$$\mathrm{dSNR} = A\cos\left(\frac{4\pi h}{\lambda}\sin\theta + \varphi\right) \tag{6.4}$$

式中：φ 为相位偏差。将趋势化的 SNR 经过频谱分析得到振荡频率 f，再根据频率的计算公式求出天线到水面的高度，即 $h = f\lambda/2$。由于去趋势化后的 SNR 与高度角正弦值的函数属于非等间隔采样，所以关于频率谱分析方法的选择，这里采用 Lomb-Scargle(L-S) 谱分析方法或者小波变换的方法。Larson 等[15]最先利用 SNR 数据的变化频率与土壤湿度的介电常数的关系，反演土壤湿度。之后，他们又利用架设在海边的大地测量型 Leica GNSS 接收机所记录的 SNR 数据，计算了天线到海面的距离[16]。另外，西班牙 Balamis 公司与加泰罗尼亚理工大学（UPC）自主研制了 SMIGOL 和 LARGO 两种仪器，具有向上的 RHCP 天线和向下的 LHCP 天线，先将两种信号进行降频处理，再利用中频数据形成干涉波形，最后依据这些波形频率给出测高观测值。

6.1.2.2 IPT

在 GNSS-R 的研究领域，假设接收机（天线）位置已知，就有可能根据测量得到的振荡频率计算得到反射点到天线的距离，这种技术就是干涉模式技术（IPT）。这种技术会提供精确的定位定时测量结果，以供测高。IPT 认为接收到的信号的信噪比是卫星高度角的函数。GNSS 的直射信号和反射信号都被接收机天线接收，但这两种信号的相位差异导致了 SNR 以一定的比率随着天线和镜面反射点之间的距离而振荡。但是 IPT 存在一主要缺点——通常需要长时间的测量。这是由于 SNR 随卫星高度角振荡，但是高度角的变化比较缓慢，因此需要较长时间去估计 SNR 的振荡频率，为缩短估计时间在 SNR 变化周期内所占用的比例，对 SNR 估计模型进行了改正。

在图 6.1 水平视角的几何关系图中，接收机所接收到的信号功率如下：

$$P_{\mathrm{R}} \propto |E_{\mathrm{i}} + E_{\mathrm{r}}|^2 = |E_{0_{\mathrm{i}}}|^2 \cdot \left| F_{\mathrm{n}}(\theta_{\mathrm{elev}}, \phi_{\mathrm{elev}}) + \sum_{m=1}^{M} F_{\mathrm{n}}(\theta_m, \phi_m) A_m \mathrm{e}^{\mathrm{j}\Phi_m} \mathrm{e}^{\mathrm{j}\frac{4\pi h_m}{\lambda}\sin\theta_m} \right|^2 \tag{6.5}$$

式中：E_{i} 为入射电场；E_{r} 为经过多次散射之后得到的反射电场；$E_{0_{\mathrm{i}}}$ 是入射电场的幅值；F_{n} 是天线辐射类型；θ_{elev} 和 ϕ_{elev} 分别为 GNSS 卫星高度角和方位角；λ 为波长；m 为散射点的索引；A_m 为第 m 个散射的幅值；ϕ_m 为第 m 个散射的相位；$F_{\mathrm{n}}(\theta_{\mathrm{elev}}, \phi_{\mathrm{elev}})$ 与直射信号有关；$\sum_{m=1}^{M} F_{\mathrm{n}}(\theta_m, \phi_m) A_m \mathrm{e}^{\mathrm{j}\Phi_m} \mathrm{e}^{\mathrm{j}\frac{4\pi h_m}{\lambda}\sin\theta_m}$ 与反射信号有关；$\sum_{m=1}^{M} F_{\mathrm{n}}(\theta_m, \phi_m) A_m \mathrm{e}^{\mathrm{j}\Phi_m}$ 与反射面的状况和天线类型有关；$\mathrm{e}^{\mathrm{j}\frac{4\pi h_m}{\lambda}\sin\theta_m}$ 与反射信号相对于直射信号的传播路径延迟有关。

6.1.2.3 DDM

就海洋遥感而言，反射信号最全面的描述方式是时延-多普勒二维相关功率。其

原理是通过计算本地载波信号与散射区域内不同时间延迟和多普勒频率的接收信号的相关功率值，描述反射信号在不同反射面单元的反射强度，强度幅值可以描述为反射介质对于 GNSS 反射信号的反射率；时延纬度的相关值波形用于描述反射信号与直射信号的路径延迟关系，进而可以进行海面高度、海风海浪等海面参数的反演。

时延-多普勒二维相关功率可以由下式得出：

$$|Y(\tau,f)|^2 \overset{\text{def}}{=} |\chi(\tau,f)|^2 ** \sigma^0(\tau,f) \tag{6.6}$$

式中：$\sigma^0(\tau,f)$ 为海面的双基雷达散射截面（RCS），由发射机、接收机位置、海面参数、接收机天线增益等因素决定，通常通过 Z-V 模型进行海面散射信号的反演。$|\chi(\tau,f)|^2$ 表示伍德沃德模糊度函数（WAF），仅由信号本身的特征决定，可以用下式表示：

$$|\chi(\tau,f)|^2 \approx \Lambda^2(\tau) \cdot \left|\sin\frac{(\pi T_{coh} f)}{(\pi T_{coh} f)}\right|^2 \tag{6.7}$$

式中：$\Lambda(\tau)$ 为信号的自相关函数（ACF）；T_{coh} 为相干积分时间。

$$\Lambda(\tau) = A^2\left(1 - \frac{|\tau|}{T_c}\right) \qquad |\tau| \leqslant T_c \tag{6.8}$$

式中：T_c 为码片长度。

6.2　GNSS-R 水面高估计

6.2.1　计算方法

在前面的描述中，GNSS-R 测高的方法分成两大类：iGNSS-R 测高和 cGNSS-R 测高。前者是基于复杂的多普勒时延算法，无论是设备还是算法都较为复杂；后者是使用两套左右旋圆极化的天线，借鉴现有的 GPS 定位技术，设备和算法都相对简单。Löfgren 等[3]基于 GPS 单差相位组合观测量，利用每 20min 的观测数据，用最小二乘法原理解算得到了一组天线到水面的高度、模糊度和钟差等，测高精度达到 4cm。但是该算法不是逐历元解算，所以时间分辨率不高。

图 6.3 为 cGNSS-R 测高几何关系示意图。其中右旋圆极化（RHCP）天线朝上用于接收 GNSS 卫星的直射信号，左旋圆极化（LHCP）天线朝下用于接收 GNSS 卫星水面的反射信号，两天线的相位中心位于同一铅垂线上，而且接收机到反射点的距离远远小于卫星到接收机的距离，故可以取近似——卫星高度角等于反射角的余角。

在水面平静状态下，由图 6.3 可得到如下关系：

$$\rho_r - \rho_d = (2h + d)\sin\theta \tag{6.9}$$

式中：ρ_r为反射信号的路径长度；ρ_d为直射信号的路径长度；h 为水面到反射接收机相位中心的垂直距离；d 为直射天线与反射天线相位中心之间的垂直距离；θ 为卫星高度角。ρ_r和 ρ_d之差也可以由同历元的载波相位观测值相减得到

$$\rho_{\mathrm{r}}^{1}(t_i) - \rho_{\mathrm{d}}^{1}(t_i) = \lambda_1 L_{1\mathrm{r}}^{1}(t_i) - \lambda_1 L_{1\mathrm{d}}^{1}(t_i) - c\delta t_{\mathrm{rd}}(t_i) + \lambda_1 (N_{\mathrm{r}}^{1} - N_{\mathrm{d}}^{1}) + n \tag{6.10}$$

式中：$\rho_{\mathrm{r}}^{1}(t_i)$和$\rho_{\mathrm{d}}^{1}(t_i)$分别为在$t_i$时刻卫星 1 的信号分别到反射天线和直射天线的路径长度；λ_1为 GPS L1 波长；$L_{1\mathrm{r}}^{1}(t_i)$为反射接收机得到来自卫星 1 的 L1 载波相位观测值；$L_{1\mathrm{d}}^{1}(t_i)$为直射接收机得到来自卫星 1 的 L1 载波相位观测值；c 为真空光速；$\delta t_{\mathrm{rd}}(t_i)$为直射接收机和反射接收机的钟差；$N_{\mathrm{r}}^{1}$为反射接收机与卫星 1 相位观测值的模糊度；$N_{\mathrm{d}}^{1}$为直射接收机与卫星 1 相位观测值的模糊度；$n$ 为剩余的噪声。如果在一个弧段内没有发生周跳，那么整周模糊度的值$(N_{\mathrm{r}}^{1} - N_{\mathrm{d}}^{1})$保持不变，即可用一弧段的所有观测值进行准确测定。在实际计算中，将该值和 h 以及接收机钟差项作为未知数，利用较大间隔的 300s 观测值组成最小二乘方程组，解算出该时间弧段内一系列整周模糊度的值和 h 的估值，但由于接收机钟差的存在以及整周模糊度未固定，解算出的 h 的值可能误差较大。在此处要求用较大间隔的 300s 是为了避免方程的奇异性。再选取其中计算得到的 h 值与原地观测值最接近的一组，将其对应的整周模糊度代入整个时间弧度段，求解单历元的 h 值，标准偏差最小的一组 h 对应的整周模糊度即准确值。在确定了整周模糊度$(N_{\mathrm{r}}^{1} - N_{\mathrm{d}}^{1})$之后，$h$ 和 $\delta t_{\mathrm{rd}}(t_i)$这两个时变量仍然需要进行求解。考虑不同历元时 $\delta t_{\mathrm{rd}}(t_i)$会发生变化，故每个历元至少需要两颗卫星的观测值，才能正确解算出 h 和 $\delta t_{\mathrm{rd}}(t_i)$。

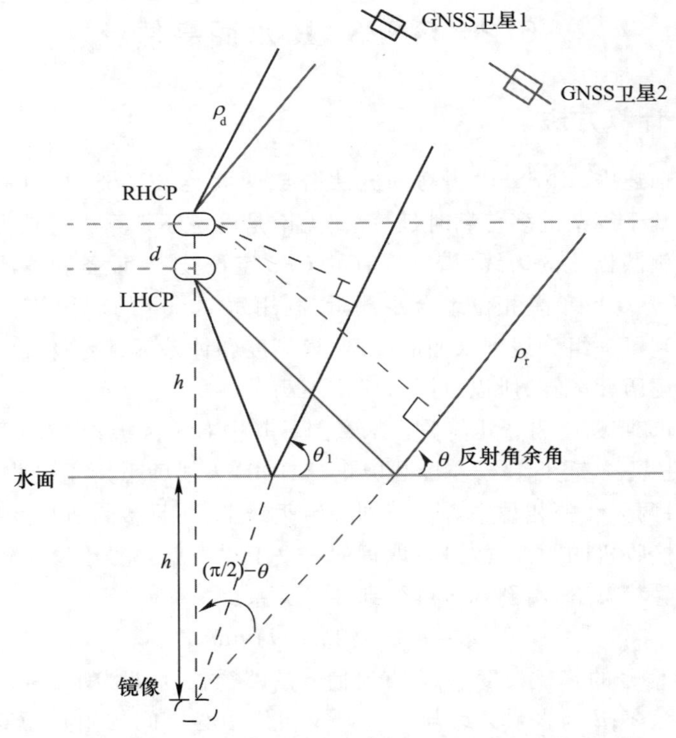

图 6.3　cGNSS-R 测高几何关系示意图（见彩图）

将式(6.10)代入式(6.9)中,可获得基于L1相位观测量确定 h 和 $\delta t_{rd}(t_i)$ 的关系式:

$$\begin{bmatrix} 2h \\ c\delta t_{rd}(t_i) \end{bmatrix} = \begin{bmatrix} \sin\theta^1 & 1 \\ \sin\theta^2 & 1 \end{bmatrix}^{-1} \begin{bmatrix} \lambda_1 L_{1r}^1 - \lambda_1 L_{1d}^1 + \lambda_1 N^1 - d\sin\theta^1 \\ \lambda_1 L_{1r}^2 - \lambda_1 L_{1d}^2 + \lambda_1 N^2 - d\sin\theta^2 \end{bmatrix} \tag{6.11}$$

式中:N^1 为 $N_r^1 - N_d^1$;N^2 为 $N_r^2 - N_d^2$;θ^1 和 θ^2 分别为卫星1和卫星2的高度角;L_{1r}^2 为反射接收机记录的来自卫星2的L1相位观测值;L_{1d}^2 为直射接收机给出的卫星2的L1相位观测量。

再对式(6.10)在卫星1和卫星2之间做差得到双差载波相位观测量组合,双差计算可消除 $c\delta t_{rd}(t_i)$ 以及其他与几何位置等相关误差。最终可得

$$h = \frac{\{\lambda_1[(L_{1r}^1 - L_{1d}^1) - (L_{1r}^2 - L_{1d}^2)] + \lambda_1(N^1 - N^2) - [d\sin\theta^1 - d\sin\theta^2]\}}{\{2[\sin\theta^1 - \sin\theta^2]\}} \tag{6.12}$$

式中:$N^1 - N^2$ 值在同一弧段保持不变,可通过同一弧段的数据来预先确定。再由此式可以直接求出 h 值。

单差方法是在接收机间求一次差,削弱了卫星星历、电离层延迟、对流层延迟等误差的影响。利用上述逐历元单差算法可将测高结果提高至1s的时间分辨率。双差方法是在单差的基础上在卫星间进行差分,接收机钟的相对钟差也被消去,可大大减少未知数的个数,从而大幅度减少数据处理的工作量。

关于iGNSS-R型测高的方法见6.2.2节。

6.2.2 反射点位置计算

GNSS反射属于镜面反射,由反射关系可知,反射点的位置一定是位于卫星和接收机连线在反射面的投影线上,且处于投影点之间。

6.2.2.1 站基和机载反射点计算

对于站基和机载GNSS-R测高来说,架设高度较低,在计算反射点的时候可以不用考虑地球曲率的影响,并可采用坐标转换的方法求反射点位置。

站基GNSS测高,常采用上下两根天线分别接收GNSS信号,朝上的用于接收直射信号,朝下的用于接收水面反射信号,两天线相位中心距离 d 可以在现场实测。根据传统定位方法,直射天线的位置可以得到,转换为大地坐标系 (B,L,H),则得到反射天线在大地坐标系下的坐标 $(B,L,H-d)$,为方便计算,再根据坐标关系转换为地心地固坐标系 (x_r,y_r,z_r)。而某颗GNSS卫星的实时位置可以从导航文件里面获得,从而与接收机位置联合计算出卫星高度角 θ 和方位角 α,再经过测高计算可以得到接收机到水面的垂直距离 h,则反射点在以反射接收机天线为坐标原点的站心坐标系下的坐标 $(x_{sat},y_{sat},z_{sat})$ 可以用下式求得:

$$\begin{cases} z_{sat} = -h \\ x_{sat} = \dfrac{h}{\tan\theta}\cos(\alpha) \\ y_{sat} = \dfrac{h}{\tan\theta}\sin(\alpha) \end{cases} \tag{6.13}$$

反射点在地心地固坐标系下的坐标(x,y,z)为

$$\begin{bmatrix} x \\ y \\ z \end{bmatrix} = \begin{bmatrix} x_r \\ y_r \\ z_r \end{bmatrix} + \boldsymbol{R}\begin{bmatrix} x_{sat} \\ y_{sat} \\ z_{sat} \end{bmatrix} \tag{6.14}$$

式中：$\boldsymbol{R}$ 为坐标系旋转系数矩阵。

$$\boldsymbol{R} = \begin{bmatrix} -\sin(L) & -\sin(B)\cos(L) & \cos(B)\cos(L) \\ \cos(L) & -\sin(B)\sin(L) & \cos(B)\sin(L) \\ 0 & \cos(B) & \sin(B) \end{bmatrix} \tag{6.15}$$

6.2.2.2 星载反射点计算

对于星载 GNSS-R 测高来说，架设高度较高，在计算反射点时需要考虑地球曲率的影响。反射点的计算方法大致可以归纳为 3 种，包括 Wu 等提出的方法[17]、中国科学院光电研究院的张晓坤提出的方法[18]，以及 Gleason 提出的方法。其中第 2 种方法误差较大，但是计算简单，第 1 种、第 3 种使用迭代的方法，误差较小，但是计算复杂，综合考虑，目前常用第 2 种来解决反射点位置的解算，这里也主要介绍第 2 种计算方法。

经过镜面反射点的反射信号的路径延迟在所有散射信号的延迟路径中最小[19]，根据这个原理，张晓坤[18]提出适合星上使用的镜面反射点快速搜索预测算法，通过快速搜索散射信号的最小路径，得到镜面反射点的预测值。

经过各散射点的散射信号的路径长度可以由下式得到：

$$\rho = \sqrt{(x_{GPS}-x)^2+(y_{GPS}-y)^2+(z_{GPS}-z)^2} + \sqrt{(x_{LEO}-x)^2+(y_{LEO}-y)^2+(z_{LEO}-z)^2} \tag{6.16}$$

式中：$(x_{GPS},y_{GPS},z_{GPS})$是 GPS 卫星的位置；$(x_{LEO},y_{LEO},z_{LEO})$是搭载 GNSS 接收机的低轨卫星的位置；$(x,y,z)$是镜面反射点的位置。

再计算 GNSS 卫星和低轨卫星接收机的星下点的位置对应的经纬度，GPS 卫星所在轨道高度较高，而 LEO 卫星轨道高度较低，由镜面反射特性，可知镜面反射点的位置离 LEO 卫星的星下点位置更近，故选取 1/4、1/8、1/16 的 GNSS 卫星和 LEO 卫星星下点之间的经纬度差值，组成 9 个点，作为反射点的预测值，再根据式(6.16)计算出散射信号的路径延迟，取最小延迟对应的点作为镜面反射点的估计值。

6.2.2.3 GNSS-R 反射点分布特点

反射点的分布主要取决于 GNSS 卫星的分布状况和搭载 GNSS 接收机的接收平台的位置和分布状况。如果为站基和机载测高，由于接收平台的稳定性，则反射点的

位置只与接收机和卫星之间的相对位置有关；如果为星载测高，则还要考虑搭载接收机的 LEO 卫星的轨道和各个 LEO 卫星的分布。

判断卫星是否可见，即接收机是否可以接收到卫星发射的信号的方法主要有以下 2 种。

1）根据天顶角判断

如图 6.4 所示，在没有卫星截断角的情况下，可以通过图中所示的 θ 来判断卫星是否可见，即当卫星处于接收机与地面相切线的延长线上时，GPS 卫星位置为可见的临界值，若 GPS 卫星到接收机的天顶角小于这个角，则卫星不可见。

$$\Theta = \pi - \arcsin\left(\frac{R}{R + h_r}\right) \tag{6.17}$$

式中：h_r 为接收机到地面的垂直距离；R 为地球半径。

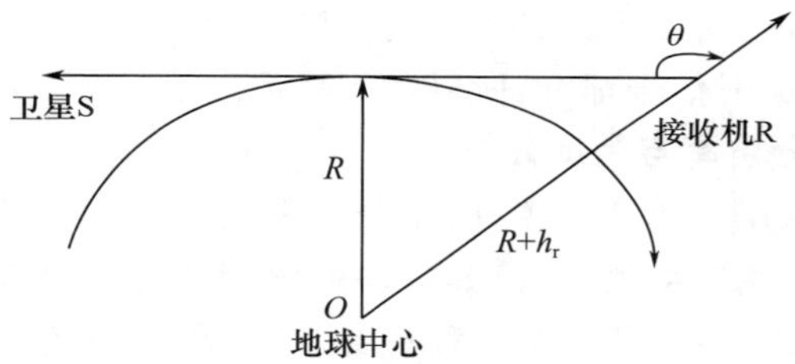

图 6.4　根据天顶角判断卫星是否可见

2）根据接收机到卫星的距离来判断

如图 6.4 所示，当卫星处于接收机与地面相切线的延长线上时，GPS 卫星位置为可见的临界值。判断临界值为

$$S_0 = \sqrt{(r_s + R)^2 - R^2} + \sqrt{(r_r + R)^2 - R^2} \tag{6.18}$$

式中：r_s为 GPS 卫星到地面的距离；r_r为 GPS 接收机到地面的距离；R 为地球半径。当卫星 S 与接收机 R 之间的直线距离 $S < S_0$时，卫星可见（图 6.5）。

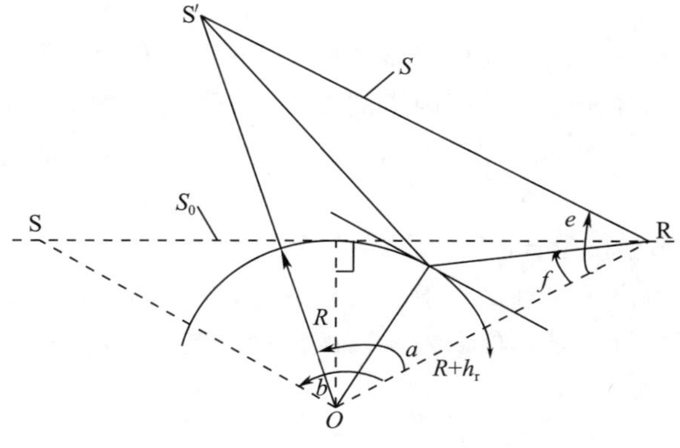

图 6.5　根据距离判断卫星是否可见

6.2.3 分辨率和精度分析

针对测高精度,有专门的测高精度模型——衡量海面测量误差的估计器,在海面高度测量时,信号误差主要由波形的不确定性决定(不考虑大气误差、电离层误差等),在海面状况较为复杂时,可利用散射区的统计特征进行估计,这种估计器有基于统计特征的算数平方差的测高精度模型等。

6.2.3.1 岸基分辨率与精度分析

在岸基情况下,采用不同的模型进行测高,误差来源可能不完全一样。但是其中最主要的测高误差是反射信号相对于直射信号的路径延迟差的测量误差,且与卫星高度角成反比例关系。实际信号的延迟包括几何路径的延迟、大气引起的路径延迟(电离层误差、对流层误差)以及海面粗糙度引起的峰值延迟等。对于电离层延迟引起的误差,可以利用直射信号解调出的电离层修正参数来进行部分修正,而对流层的延迟由于直射信号和反射信号都有,所以互相抵消。

6.2.3.2 星载分辨率与精度分析

对于单 LEO 或多 LEO 星座来说,时空分辨率主要受以下参数影响:LEO 卫星数量、分布、轨道高度、天线波束宽度、GNSS 星座轨道参数和散射表面几何等。

针对星载模式测高,主要从如下几种有关覆盖情况进行分辨率分析。

(1) 可观测反射系数 N_1:接收机在其天线覆盖区域内所观测到的海洋反射事件次数,这与 GNSS 星座的卫星数目和分布密度以及 LEO 接收机设备本身有关——若其配置的是具有扫描功能的高增益天线,则可以随反射点位置调整天线指向,进而接收到更多的反射信号。

(2) 有间隙全球覆盖时间:全球表面被均匀扫描一遍所用的时间,但是覆盖轨迹之间仍有未被扫描覆盖的间隙。

(3) 全球完全覆盖时间:全球表面任意一点都被观测扫描覆盖的时间。

(4) 卫星扫过的宽度:LEO 卫星在地球表面扫描的宽度,由 LEO 高度及天线的波束宽度等决定。

目前用于 GNSS-R 测高的几何模型的研究,主要是利用不同的方法从不同的角度分析轨道误差和路径延迟误差等因素的影响,但是在星载模式下对于直射信号与反射信号路径不同导致的动态性误差和假设两类信号平行传播导致的信号平行误差的分析却有些不足。

6.2.3.3 测高精度估计

星载 GNSS-R 测高主要利用直射和反射信号的码延迟进行测高,所以星载测高的误差主要来自于估计码延迟的误差。高度测量误差与相对码延迟关系为

$$\sigma_k = \frac{\sigma_1}{2\sin\theta} \tag{6.19}$$

式中:σ_1为相对码延迟精度;θ 为 GNSS 卫星在镜面反射点的仰角。有效卫星仰角在

30° ~ 90°，这样保证海面高度精度优于码延迟精度。

电离层、对流层误差和直射信号与反射信号延迟位置的精度是影响码延迟精度的主要因素。但是对于 LEO 星载测高，对流层电离层的影响可以忽略，再加上直射信号的延迟精度较反射信号高，所以相对码延迟的精度主要取决于反射信号的延迟精度，而反射信号延迟精度的影响因素如下。

（1）所选择的估计码延迟的方法。

（2）热噪声、斑纹噪声、信噪比和噪声相关性等噪声影响。

（3）波形的形状，其宽度与码宽度相关，其峰值曲线与接收机高度、速度以及积分时间有关。

6.3 有效波高测量

2004 年，西班牙 Starlab 进行岸基试验，首次利用直射信号和反射信号相关的干涉复数场（ICF）的相关时间与有效波高之间的关系估计海洋状态[20]。2006 年，王鑫等[21]联合 Starlab 公司在厦门进行中国首次岸基 GNSS-R 海洋遥感试验，即中国海洋反射测量实验（CORE），对 Oceanpal GNSS-R 接收机的观测数据进行分析，利用直射信号与反射信号的干涉复数场及相关时间计算自相关函数，并用三次多项式插值估计相关时间，更新了海洋波高反演公式，并将反演结果与声学波浪仪观测数据对比，得到一致结果。2009 年，北京航空航天大学利用 DDM 接收机（DDMR）在博贺海洋气象科学实验基地开展了 GNSS-R 岸基实验，利用消除了导航信息和符号位影响的反射信号相关时间计算有效波高[22]。

目前处理 GNSS 海面反射信号自相关函数的方法是利用直射信号中提取的基带导航数据修正反射信号中的数据位的翻转，进而消除相位不连续，但是这种方法会导致接收机的实时性差并且耗费大量的存储资源。2013 年，王艺燃等[23]提出了一种基于直射信号延迟-多普勒映射差分相干监测与修正技术的 GNSS 海面反射信号自相关函数处理方法，对直射信号和反射信号进行协同处理，并对岸基实验数据进行处理，验证了此改进方法的有效性，有效提高了系统的处理速度，节省了存储资源。2016 年，金玲等对 Alpers 等建立的有效波高与合成孔径雷达回波信号信噪比平方根之间的线性关系模型[24]进行修改，得到适用于基于信噪比的 L 频段的 GNSS-R 有效波高的反演模型，并用威海实测数据作对比验证，验证了改进方法的可行性，并相对于 ICF 方法将精度提高了 1.1%[25]。

北斗卫星导航系统作为全球卫星导航系统中重要的一员，在亚太地区具有良好的覆盖能力。2016 年，涂满红等[26]利用北斗静止轨道卫星反射信号对海面有效波高进行了探测研究，与同期浮标数据进行对比，验证了此方法的可行性。但是岸基条件下，受各种复杂的地理环境和干扰，如近海海沟地形、海面斑点噪声、陆地干扰等影响，需要选择合适的接收机、卫星及海面的位置关系，取对反射接收天线与水平面之间的角度,进而减少来自于海岸地面的反射干扰。还受到海洋环境的影响,如风速、风向、涌浪等的影响,很难建立风场与海浪之间的风浪谱关系。干涉复数场的相关时间延迟还与天线架设条件、海岸位置等安装环境有关。为提高有效波高测量精度,需要利用多颗导航卫星的信号来求解,并摄入分析反射信号自相关函数的特点。船载平台虽不受近岸地形影响,但是船体波动对反演精度可能存在影响——这一缺陷尚需研究。此外数据处理参数对结果可能造成影响:如果数据处理长度过长,时间精确度将不能达到要求,则进而造成有效波高测量不准确;如果数据处理长度过短,有效波高几乎没有变化,则浪费计算时间和存储资源。利用直射信号中提取的基带导航数据修正反射信号中的数据位的翻转来消除相位不连续会导致接收机的实时性差并且耗费大量的存储资源,此种方法需要进一步改进。干涉复数场(ICF)具有一定的复杂性。

之后可以考虑改变观测平台——星载等,在高精度的条件下优化模型。还可以利用信噪比来简化有效波高计算 GNSS-R 反射信号与海面有效波高的相关性及其反演理论和方法,以及 GNSS-R 接收机的设计和星上快速处理的实现。

总体来说有效波高所采用的方法是采用由接收机输出的直射和反射信号的相关值复数序列,再从输出中分别提取直射和反射信号幅度最大的相关值,得到 ICF,进而求取干涉复数场的自相关函数,通过对 ICF 相关函数插值、拟合得到连续的 ICF 拟合函数并得到 ICF 的相干时间,再根据有效相关时间与相关时间和卫星高度角之间的公式,求得有效相关时间,最后利用半经验模型计算获得有效波高值。直射信号作为参考项,用于消除与海洋运动无关的信息,如残余多普勒信息、导航数据位、电离层延迟和中性大气引起的附加时间延迟等。

6.3.1 SNR 方法

在多路径效应中,与直射信号相比,反射信号具有一个相位延迟,其与图 6.1 中的天线高度 h 及海面高度相关。直射和反射信号之间的干扰将影响 GNSS 观测并引起观测值的振荡,这种振荡体可在 SNR 中体现。在 GNSS 导航定位过程中,SNR 的估计算法和利用 SNR 提高直射信号质量的技术已经比较成熟且广泛应用。在对海平面的观测中,SNR 的振荡可以反演出海平面高度的变化。

将有效波高与雷达图像信噪比平方根的线性关系推广到 L 频段基于 GNSS-R 探测有效波高上,得到如下反演模型:

$$\mathrm{SWH} = A + B\sqrt{\mathrm{SNR_r}} \tag{6.20}$$

式中:SWH 为有效波高。

6.3.2 IPT 方法

GNSS-R 信号在海面上反射进入接收机与接收机接收的直射信号发生干涉,结合式(6.5)与镜面反射,接收机接收到的信号功率与直射和反射电场关系如下式

所示[27]：

$$P \propto |E_{\text{inc}} + E_{\text{ref}}|^2 = |E_{o_i}|^2 F_n(\theta,\phi) + R(\theta,\phi)\, e^{j\phi_R} \tag{6.21}$$

式中：E_{o_i}为直射电场振幅；F_n为天线辐射模式；R 为菲涅耳反射系数；ϕ_R为镜面反射点处的相位。一般来说，反射信号包括镜面反射分量和漫反射分量，常利用 Rayleigh 法则判决哪一种反射占主导地位，当 $\sigma_{\text{rms}} < \dfrac{\lambda}{8\sin(\theta_{\text{ele}})}$ 时，镜面反射占主导地位，反射过程可以用入射波乘以菲涅耳反射系数来表示，其中菲涅耳系数与海面粗糙度有关。当散射不能忽略时，假设海面高度可以作为二维高斯随机过程，Beckmann 和 Spizzichino 在 Kirchoff 近似假设下计算了平均散射系数，称为 Beckmann-Spizzichino 模型（BSM）：

$$\langle \boldsymbol{\rho}\boldsymbol{\rho}^* \rangle = \langle \boldsymbol{\rho} \rangle \langle \boldsymbol{\rho}^* \rangle + \text{Var}\{\boldsymbol{\rho}\} \tag{6.22}$$

式中：$\boldsymbol{\rho}$ 为无阴影和多路径散射情况下的反射系数，由相干部分（$\langle \boldsymbol{\rho} \rangle \langle \boldsymbol{\rho}^* \rangle$）和非相干部分（$\text{Var}\{\boldsymbol{\rho}\}$）组成；$\boldsymbol{\rho}^*$ 为反射系数的转置。将散射系数通过其方差来标准化：

$$\frac{\langle \boldsymbol{\rho}\boldsymbol{\rho}^* \rangle}{\text{Var}\{\rho\}} = 1 + \frac{\rho_0^2}{\dfrac{\pi T^2 F^2}{A} \displaystyle\sum_{m=1}^{\infty} \frac{g^m}{m!m} \cdot \exp\left(-\frac{u_{xy}^2 T^2}{4m}\right)} \tag{6.23}$$

式中：T 为表面的相关长度；A 为散射面积；m 为散射波数；F 和u_{xy}分别与直射角度和散射角度有关；g 能够有效地反映海面均方根粗糙度σ_{rms}，海面均方根粗糙度与有效波高存在一种近似的关系：$\text{SWH} \approx 4\,\sigma_{\text{rms}}$，利用瑞利判决和 BSM 的不同参数对反射/散射临界角进行判断，该临界角与有效波高存在指数关系：

$$\theta_{\text{cut-off}} \approx a \cdot e^{b \cdot \text{SWH}} \tag{6.24}$$

传统 IPT 干涉图形只能在高度角小于 45°的情况下检索，故而不能测量小于 10cm 的 SWH。其次，接收机有一个高度角掩模，只能观测高度角大于 5°的数据，故而不能测量大于 70cm 的 SWH，并且最少需两个振荡周期来保证测量一致性。

6.3.3 ICF 方法

反射信号相关功率模型基于有效解析形式的海洋表面的 Z-V 模型，利用高级积分方程模型和相应的宽覆盖度的海浪谱模型计算双基雷达散射截面。

双基雷达散射截面的计算采用积分方程模型，形式如下：

$$\sigma_{qp}^0(-k_x, -k_y) = \sigma_{qp}^k(-k_x, -k_y) + \sigma_{qp}^{kc}(-k_x, -k_y) + \sigma_{qp}^c(-k_x, -k_y) \tag{6.25}$$

式中：k_x、k_y 分别为散射面元 k 的 x，y 坐标；q、p 为接收和发射时的极化方式。

双基雷达散射截面的计算包含基尔霍夫项σ_{qp}^k，交叉项σ_{qp}^{kc}以及二者的补偿项σ_{qp}^c。反射信号相关功率模型采用有效解析形式 DDM 模型，该模型为时间延迟 τ 和多普勒频率 f_d 的函数：

$$\langle |Y(\tau,f_d)|^2 \rangle = \chi^2(\tau,f_d) ** \left(T_i^2 \frac{D^2(\boldsymbol{\rho}(\tau,f_d))\, \sigma^0(\boldsymbol{\rho}(\tau,f_d))}{4\pi R_0^2 \boldsymbol{\rho}(\tau,f_d)\, R^2(\boldsymbol{\rho}(\tau,f_d))} |J(\boldsymbol{\rho}(\tau,f_d))| \right)$$

$$\langle |Y(\tau,f_d)|^2 \rangle \tag{6.26}$$

式中：χ 为模糊函数；T_i为相干积分时间；R_0和 R 分别是接收机和发射机与地表镜像点距离；D 为狄拉克三角函数；$|J|$为变量变化的雅可比绝对值。

GNSS 直射信号中不含海面运动信息，故而可以使用直射信号来去除与海洋运动无关的特征（如残余多普勒、导航比特相位偏移等）。通过提取 t 时刻直射信号和反射信号波形幅度峰值处的复数值可以得到干涉复数场，关系如下式：

$$F_I(t) = \frac{F_R(t)}{F_D(t)} \tag{6.27}$$

式中：F_D和 F_R分别为直射和反射信号复数相关时间序列，其中直射分量作为参考信息，可以剔除与海面状态无关的因素，如卫星信号功率的波动、接收机内部的热噪声、电离层延迟等影响因素，有效提高了干涉复数场与海面状态的相关性。

定义 ICF 的自相关函数为

$$\Gamma(\Delta t) = \langle F_I^*(t) F_I(t + \Delta t) \rangle \tag{6.28}$$

ICF 相关时间 τ_F 为自相关函数的时间宽度。假定海面高度符合高斯概率分布特点，则相关时间与波浪方向无关，因此 ICF 的相关时间可以作为该高斯函数的二阶矩：

$$\tau_F = \frac{\tau_z}{2k\sigma_z \sin\varepsilon} = \frac{\lambda}{\pi \sin\varepsilon} \cdot \frac{\tau_z}{\text{SWH}} \tag{6.29}$$

式中：ICF 相关时间τ_F与表面相关时间τ_z和有效波高的比值以及波长有关。

海面起伏相关函数的傅里叶变换即海浪谱采用 Elfouhailly 谱模型：

$$\Psi(k, U_{10}, \varphi) = \frac{1}{2\pi} k^{-4} [B_l(U_{10}) + B_h(U_{10})][1 + \Delta(k, U_{10})\cos(2\varphi)] \tag{6.30}$$

式中：k 为波数；U_{10}为风速；φ 为风向角；B_l为长波曲率谱；B_h为短波曲率谱；Δ 为统一传播函数。

6.3.4 反演模型

在广袤海域，海浪长度不受限制，因此可以利用海浪谱推导出海面相关时间和 SWH 的关系表达式。根据 Soulat 等[20]基于同一海浪谱推导的 τ_F 和 SWH 的半经验关系式，假设表面相关时间是有效波高的函数，定义有效相关时间为

$$\tau'_F = \tau_F \sin\varepsilon = f(\text{SWH}) \tag{6.31}$$

考虑实际深海情况，引入 SWH 偏移参数 SWH_0和尺度参数 γ，得到在有效波高大于其偏移参数时的有效波高与有效相关时间模型：

$$\text{SWH} \approx \text{SWH}_0 + \gamma \cdot \frac{a_s}{\tau'_F \pi / \lambda^{-b_s}} \tag{6.32}$$

但是在海浪不能充分长的海域，如风区不够长且海床较低的区域，上述理论模型便会失效。邵连军等曾提出了数据拟合的一个经验模型：

$$\text{SWH} = a\left(\frac{1}{\tau'_F}\right)^2 + b\left(\frac{1}{\tau'_F}\right) + c \tag{6.33}$$

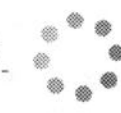

上述两个模型总的参数都需要根据测量区域的实际情况和接收机平台高度确定，之后为获得更高的精度，需要研究更为精确的测量方法，针对实验数据，对上述模型进行对比分析。

6.3.5　精度分析

利用模型得到的有效波高与雷达数据或浮标数据等输出的有效波高进行对比，做出有效波高随时间变化的曲线图，看是否具有一致性，从而初步说明利用GNSS-R反射信号探测海面有效波高的可行性。若要进一步验证此方法的可行性以及精度，需要对计算的有效波高的结果进行分析和精度计算。

为研究利用 GNSS-R 反射信号探测有效波高的精度，需要对所研究时间段内的有效波高探测值与雷达或浮标数据进行一元线性回归，反演得到较小的平均偏差，说明与雷达数据或浮标数据具有良好的一致性，即说明由 GNSS-R 反射信号探测海面有效波高具有良好的可行性。

利用 GNSS-R 反射信号探测到的有效波高与雷达或浮标等得到的有效波高的偏差及方差如下。

最大偏差为

$$\delta_{\max} = \mathrm{MAX}(\mathrm{SWH}_n - \mathrm{SWH}) \tag{6.34}$$

最小偏差为

$$\delta_{\min} = \mathrm{MIN}(\mathrm{SWH}_n - \mathrm{SWH}) \tag{6.35}$$

平均偏差为

$$\delta_{\mathrm{mean}} = \frac{\delta_1 + \delta_2 + \cdots + \delta_k}{k} \tag{6.36}$$

两者的偏差的方差为

$$D(\delta) = \frac{\sum_{i=1}^{k} (\delta_i - \delta_{\mathrm{mean}})^2}{k} \tag{6.37}$$

式中：SWH_n为 GNSS-R 反射信号探测到的有效波高值，其中 $n=1,2$；SWH 是利用雷达或浮标数据测量得到的有效波高值；δ_i为针对每一时刻计算的 SWH_n和 SWH 之间的差值，反映两者的偏差大小；$\delta_{\max}$和$\delta_{\min}$为 SWH_n和 SWH 之间最大和最小差值；δ_{mean}为 SWH_n和 SWH 之间偏差的平均值，所反映的是二者偏差的平均程度；$D(\delta)$为 δ 的方差，反映 δ 的平稳程度。

6.4　潮汐测量

海洋潮汐是由于太阳和月球对地球引力的改变随着地球的转动造成的海水循环上升和下降的现象。潮汐的周期大约为 24h50min，其与地球的自转和月球绕地球的转动有关。根据太阳、月球和地球三者之间的几何关系可以将海洋潮汐分为 3 类：全日潮、半日潮和混合潮。海洋潮汐会直接影响人类航海、捕捞、海道测量和海洋工程以及国防军事等活动。而且近年来，随着全球气候变暖，导致海平面的变化成为当前的研究热点之一，为了深入研究海平面的变化规律，需要建立精密的海洋潮汐模型以达到从海平面变化中精确得出由潮汐引起的时变海面高。除此之外，海洋潮汐会对固定在海洋表面的所有测量方式，如重力、应变、水准测量等造成影响，这也再次强调了建立精密海洋潮汐模型以修正这些影响的必要性。

潮汐分析是在潮汐理论数学表达的基础上，通过对实际观测数据的处理求解潮汐调和常数，以达到建模和预报的目的。在卫星测高技术出现之前，验潮站是研究全球海洋潮汐的主要数据源，但是在海冰大面积覆盖区域，验潮站的分布稀疏及潮位观测资料匮乏等原因，导致难以描述潮波参数的空间分布并且所计算的调和常数极不稳定等问题。

卫星测高技术的出现，提供了观测海洋表面及动态变化的新手段，弥补了验潮站的缺陷，实现了对全球海洋合理分布的潮位信息的获得。基于卫星测高数据建立海潮模型的原理是由海洋测高数据提取潮汐信息，利用测高连续时间序列进行潮汐分析，求解表征潮汐变化规律的调和常数。但是由于分析方法的局限和海洋潮汐结构的复杂性，目前关于人类最为关心的浅海区域的全球潮汐模型的精度较低。改善全球潮汐模型的浅海部分已经成为潮汐模型研究的热点和难点。但是目前卫星测高技术仍然存在自身的缺陷——其精度范围不能进行小尺度的潮汐测量，而且执行精密重复轨迹任务的测高卫星不能连续或以任意时间间隔观测，采样间隔取决于卫星轨迹的重复周期，在进行潮汐分析时容易受这一混叠效应的影响。如何消除或削弱混叠效应也是应用卫星测高数据完善海洋潮汐模型的关键之一。因此，寻找新的潮汐观测技术和数据源是现代海洋潮汐研究的迫切需要。

GNSS-R 测高是潮汐分析新的转机，为潮汐分析提供了新的数据源。其中，站基 GNSS-R 测高与验潮站的功能相似；星载 GNSS-R 测高，除了英国的 TDS-1 和美国 CYGNSS 外，当前的星载 GNSS-R 都还处于理论阶段，并没有付诸实践，所以数据极少。值得注意的是，在星载 GNSS-R 测高中，搭载 GNSS 反射接收机的 LEO 卫星的每一次观测，相当于站基 GNSS-R 测高的一次观测，所以可以利用站基 GNSS-R 测高数据来进行海潮反演。

6.5 海冰监测

海冰是冰冻圈的重要组成部分，即影响海洋大气能量与物质交换的过程和速率，又可能成为集中在极地区域或某些高纬度区域的海洋灾害。对于海冰的监测有 3 种方式：目测法、器测法和遥测法，其中遥测法最佳，但是传统的遥测法仍然存在着缺陷，而近年来不断发展的 GNSS-R 技术在海冰监测方面具有很高的可行性。

2000 年，NASA Langley 机构的 Komjathy 和 Zavorotny 等[28]在飞机实验时，接收

由海冰表面散射回来的 GPS 信号，实验的结果表明，GPS 卫星发射的信号经过海冰表面反射之后可能包含其有效信息。反射回来的信号功率数值存在区分海水以及海冰的可能性，未来可以将这类技术应用到观测海面的海冰密集度或者是海冰形成以及消融的过程等。Winebrenner 等[29]和 Drinkwater 等[30]研究得出冰的积累速率与反射电磁波之间的关系，不同频段的电磁波可以探测冰的不同深度，不同的测量结果与不同时期冰的积累速率有关。Wiehl 等[31]通过研究冰表面 GPS 反射信号的理论模型，在机载和星载两种同情况下，分别开展了模拟实验，得到“海冰的内部结构显然会影响到海冰表面散射回来的 GPS 信号”这一重要结论，可以进一步对于海冰冻结的速度进行反演，为将来继续研究全球天气变化提供数据支持。Gleason 等[32]分析了英国灾害监测星座（UK-DMC）的 GPS 反射信号数据，结果表明接收设备搭载在卫星上也能够利用海冰面反射回来的信号提取海冰的有效信息。Rivas 等[33]通过拟合分析 GPS 反射信号的波形，发现不同海冰类型，具有海冰表面的粗糙度以及介电常数，其得到的反射信号的波形也不同。2010—2012 年，欧洲空间局在格陵兰岛的迪斯科海岸建立岸基平台，搭建接收天线，并基于菲涅耳反射系数的原理，采用 GPS 反射信号的数据，建立了偏振比海冰反演模型（Polarization Ratio Model），在低仰角（5°～15°）的范围内，反演了海冰的变化趋势[34-37]。2013—2014 年，上海海洋大学张云等[38-39]首次在国内开展利用 GNSS 反射信号技术在海冰观测数据分析以及模型研究，论述了偏振比模型与介电常数之间的关系，并利用欧洲空间局在格陵兰岛上开展的反射信号海冰实验的数据，与美国国家海冰中心的遥感数据进行对比分析，反演出 2009 年长达 5 个月的海冰变化趋势。2013 年，邵连军发表文章阐述了欧洲空间局的格陵兰岛海冰实验的情况，再次验证 Fabra 提出偏振比海冰模型的可行性，论述了海冰和 GNSS 反射信号的极化特性之间的关系，并开展了针对格陵兰岛的开源实验结果的分析。2014 年，杨明华和曹云昌[40]在渤海海岸进行海冰实验，利用 GNSS-R 观测有冰和无冰两种情况下的海面，通过对实验结果的对比以及分析，验证了 GNSS-R 检测海冰的潜在可能。实验在电磁波传播理论的基础上，从偏振比海冰反演模型、反射信号的垂直与水平两种分量的比值两方面同时验证了由反射信号可以区分海冰在海面上的基本分布情况和大略的估计。2015 年，刘凤玲等[41]采用 UK-DMC接收到的数据，通过对于不同反射面（陆地表面、海水表面和海冰表面）的反射信号参数进行分析，论述了反射信号的变化规律。总之，目前 GNSS-R 技术的海冰检测模型还较少，比较成熟的偏振比模型（Polarization Ratio Model）可以反演海冰变化趋势，但是仍然受到 GNSS 卫星高度角等因素的限制，大多数研究集中于GPS-R 技术领域，没有使用到其他 GNSS 卫星系统。

GNSS 直射信号是 RHCP 特性的电磁波，在经过海水表面散射之后，GNSS 反射信号大部分变为 LHCP 特性的电磁波。利用 GNSS-R 技术开展针对海冰遥感测量时，有 2 种几何模型分别如下：一种是假设地球表面为水平，不考虑地球曲率，GNSS 信号在地球表面发生平面反射，此种方式适用于以地基或低空飞行器方式进行遥感测量;另一种是采用地球椭球模型,考虑地球曲率对于反射信号的影响,此种方式适用于高空飞行器或星载的方式进行遥感测量。

图 6.6 是海冰监测的几何关系图,与 GNSS-R 测高的几何关系图相似。GNSS 的反射天线到反射表面之间的距离 h、卫星高度角 θ、反射信号和直射信号之间的总延迟 ρ_E 之间的数量关系为 $h=\rho_E/(2\sin(\theta))$。

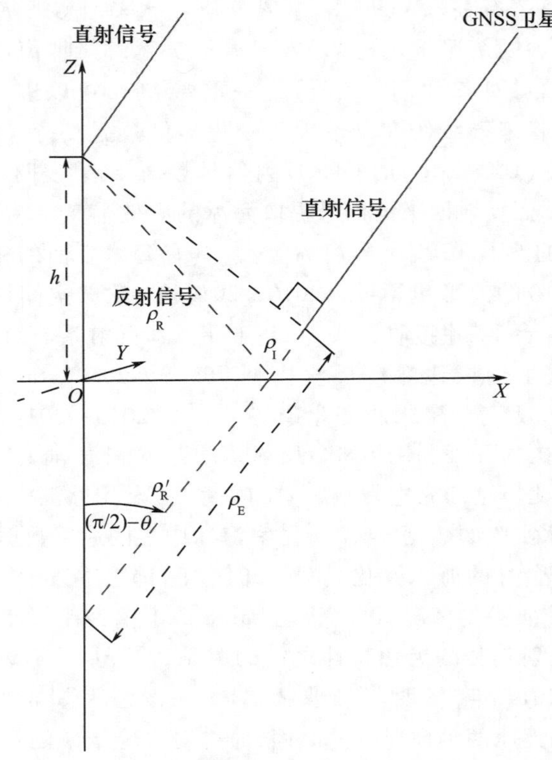

图 6.6　海冰监测的几何关系图(见彩图)

直射信号在经过海面散射后,反射信号的输出功率的波形表达式[42]如下所示:

$$\langle |Y(\tau)|^2\rangle = T_i^2\iint \frac{|\mathfrak{R}|^2 D^2(\boldsymbol{\rho})\,\Lambda^2[\tau-(R_0+R)/c]\,\boldsymbol{q}^4}{4R_0^2(\boldsymbol{\rho})\cdot R^2(\boldsymbol{\rho})\cdot \boldsymbol{q}_z^4}\times |S[f_D(\rho)-f_c]|^2 P\left(\frac{\boldsymbol{q}}{\boldsymbol{q}_z}\right)\mathrm{d}^2\boldsymbol{\rho} \tag{6.38}$$

式中:T_i为相干积分时间;$\mathfrak{R}$为菲涅耳系数;c 为光速,$R_0^2(\boldsymbol{\rho})$为 GNSS 卫星到接收机的距离的平方;参数$R^2(\boldsymbol{\rho})$为卫星到海面上镜面反射点的距离的平方;$D^2(\boldsymbol{\rho})$为天线方向的有效覆盖区;$\boldsymbol{q}$ 为散射矢量;Λ 为等延迟区;S 为等多普勒区;P 为闪耀区;ρ 为散射元。

影响反射信号输出功率波形$\langle |Y(\tau)|^2\rangle$的有反射信号与直射信号之间的路径延

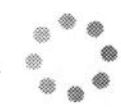

迟、GNSS卫星的高度角、菲涅耳反射系数等。但是在进行实验时，在类似的实验条件下，所有反射信号输出功率几乎不受反射与直射信号的路径延迟、GNSS卫星的高度角的影响，但实验中海面的性质和菲涅耳系数有很大的不同，所以其反射信号输出功率很大程度上取决于菲涅耳反射系数。

海水反射面与海冰反射面的复介电常数不同，欧洲空间局科学家Fabra等[34]建立关于两路反射信号的比值模型，也就是反射左旋圆极化(R-LHCP)信号与反射右旋圆极化(R-RHCP)信号的比值。这种比值模型，也就是反射右旋信号与反射左旋信号的比值，即偏振比(R-RHCP/R-LHCP)模型。反射左旋信号分量随GNSS卫星高度角的增大而增大，反射右旋信号随卫星高度角的增大而减小，所以当卫星高度角达到一特定值(海水情况下约6.8°，海冰情况下约17.8°)的时候，左旋反射信号分量会大于右旋反射信号的分量，这说明GNSS卫星的右旋圆极化直射(D-RHCP)信号会大部分转化为反射的左旋信号。

在高度角处于20°~45°的区间时，海水情况下的反射左旋信号的菲涅耳反射系数(0.75~0.81)远远大于海冰情况下的反射左旋信号的菲涅耳反射系数(0.43~0.52)。故可以认为，无论在海水情况下还是在海冰情况下，GNSS卫星直射的右旋信号的振幅趋近于相同，那么根据菲涅耳反射系数来看，海水的极化比值(R-LHCP/D-RHCP)应该大于海冰的极化比值。

对于高高度角的情况，由于反射右旋信号的分量远远小于反射左旋信号的分量，此时，偏振比值会趋近于零，很难比较出海水与海冰情况的不同。所以，偏振比模型更适用于低高度角。而对于高高度角来说，由于不同反射面情况下，反射左旋信号的分量差值较大，因此，极化比值模型更加适用于高高度角[43]。

在得到结果之前，一定要先根据卫星的高度角和方位角以及天线的朝向来选择合适的数据，使其符合菲涅耳反射系数的原理，最后进行数据分析，计算出每一组数据的极化比值。通过两天的数据结果对比，证明极化比值可以用于检测海冰/海水。

参考文献

[1] MARTIN-NEIRA M, CAPARRINI M, FONT-ROSSELLO J, et al. The PARIS concept: an experimental demonstration of sea surface altimetry using GPS reflected signals[J]. IEEE Transactions on Geoscience & Remote Sensing, 2001, 39(1): 142-150.

[2] MARTIN-NEIRA M, COLMENAREJO P, RUFFINI G, et al. Altimetry precision of 1 cm over a pond using the wide-lane carrier phase of GPS reflected signals[J]. Canadian Journal of Remote Sensing, 2002, 28(3): 394-403.

[3] LöFGREN J S, HAAS R, JOHANSSON J M. Monitoring coastal sea level using reflected GNSS signals[J]. Advances in Space Research, 2011, 47(2): 213-220.

[4] SEMMLING A M, SCHMIDT T, WICKERT J, et al. On the retrieval of the specular reflection in

GNSS carrier observations for ocean altimetry[J]. Radio Science,2012,47(6):1-13.

[5] TREUHAFT R N,LOWE S T,ZUFFADA C,et al. 2-cm GPS altimetry over Crater Lake [J]. Geophysical Research Letters,2001,22(1):4343-4346.

[6] SANTAMARÍA-GÓMEZ A,WATSON C,GRAVELLE M,et al. Levelling co-located GNSS and tide gauge stations using GNSS reflectometry[J]. Journal of Geodesy,2015,89(3):241-258.

[7] LOWE S T,KROGER P,FRANKLIN G,et al. A delay/Doppler-mapping receiver system for GPS-reflection remote sensing[J]. IEEE Transactions on Geoscience & Remote Sensing,2002,40(5):1150-1163.

[8] LOWE S T,LABRECQUE J L,ZUFFADA C,et al. First spaceborne observation of an earth-reflected GPS signal[J]. Radio Science,2002,37(1):7.

[9] RUFFINI G,SOULAT F,CAPARRINI M,et al. The eddy experiment:accurate GNSS-R ocean altimetry from low altitude aircraft[J]. Geophysical Research Letters,2004,31(12):261-268.

[10] CARRENO-LUENGO H,CAMPS A,RAMOS-PEREZ I,et al. 3Cat-2:A P(Y) and C/A GNSS-R experimental nano-satellite mission[C]//Proceedings of the Geoscience & Remote Sensing Symposium,:IEEE,2013:843-846.

[11] WEI W,BAI W,ZHAO L,et al. Initial results of China's GNSS-R airborne campaign:soil moisture retrievals[J]. Science Bulletin,2015,60(10):964-971.

[12] CARDELLACH E,AO C,LA M D,et al. Carrier phase delay altimetry with GPS-reflection/occultation interferometry from low earth orbiters[J]. Geophysical Research Letters,2004,31(10):377-393.

[13] BEYERLE G,HOCKE K. Observation and simulation of direct and reflected GPS signals in radio occultation experiments[J]. Geophysical Research Letters,2001,28(9):1895-1898.

[14] CLARIZIA M P,RUF C,CIPOLLINI P,et al. First spaceborne observation of sea surface height using GPS-reflectometry[J]. Geophysical Research Letters,2016,43(2):767-774.

[15] LARSON K M,SMALL E E,GUTMANN E,et al. Using GPS multipath to measure soil moisture fluctuations:initial results[J]. GPS Solutions,2008,12(3):173-177.

[16] LARSON K M,LöFGREN J S,HAAS R. Coastal sea level measurements using a single geodetic GPS receiver[J]. Advances in Space Research,2013,51(8):1301-1310.

[17] WU S C,MEEHAN T,YOUNG L. The potential use of GPS signals as ocean altimetry observables [C]//1997 National Technical Meeting,Santa Monica, CA:The Institute Navigation,1997.

[18] 张晓坤. 星载 GPS-R 若干关键技术研究[D]. 北京:中国科学院研究生院(空间科学与应用研究中心),2008.

[19] GARRISON J L,KOMJATHY A,ZAVOROTNY V U,et al. Wind speed measurement using forward scattered GPS signals[J]. IEEE Transactions on Geoscience & Remote Sensing,2002,40(1):50-65.

[20] SOULAT F,CAPARRINI M,GERMAIN O,et al. Sea state monitoring using coastal GNSS-R [J]. Geophysical Research Letters,2004,31(21):133-147.

[21] 王鑫,孙强,张训械,等. 中国首次岸基 GNSS-R 海洋遥感实验[J]. 科学通报,2008,53(5):589-592.

[22] 杨尧,李明里,李伟强,等. GNSS-R 反演海浪有效波高实验分析[J]. 全球定位系统,2011,36(5):17-21.

[23] 王艺燃,徐硕,张波,等. 应用于海面有效波高反演的 GNSS-R 自相关函数处理方法[J]. 遥测遥控,2013,34(4):39-44.

[24] WERNERALPERS,K H. Spectral signal to clutter and thermal noise properties of ocean wave imaging synthetic aperture radars[J]. International Journal of Remote Sensing,1982,3(4):423-446.

[25] 金玲,张凤元,杨东凯,等. GNSS-R 有效波高反演方法研究[J]. 遥测遥控,2016,37(3):29-34.

[26] 涂满红,曹云昌,周丹. 基于北斗导航卫星反射信号探测海浪的实现与分析[J]. 安徽农业科学,2016(35):188-190.

[27] LöFGREN J S,HAAS R. Sea level measurements using multi-frequency GPS and GLONASS observations[J]. Eurasip Journal on Advances in Signal Processing,2014(1):1-13.

[28] KOMJATHY A,MASLANIK J,ZAVOROTNY V U,et al. Sea ice remote sensing using surface reflected GPS signals[C]//proceedings of the IEEE International Geoscience & Remote Sensing Symposium,:IEEE,2000,7:2855-2857.

[29] WINEBRENNER D P,ARTHERN R J,SHUMAN C A. Mapping greenland accumulation rates using observations of thermal emission at 4. 5-cm wavelength[J]. Journal of Geophysical Research,2001,106(D24):33919.

[30] DRINKWATER M R,LONG D G,BINGHAM A W. Greenland snow accumulation estimates from satellite radar scatterometer data[J]. Journal of Geophysical Research,2001,106(D24):33935-33950.

[31] WIEHL M,LEGR'ESY B,DIETRICH R. Potential of reflected GNSS signals for ice sheet remote sensing-abstract[J]. Journal of Electromagnetic Waves & Applications,2003,17(7):1045-1047.

[32] GLEASON S T,HODGART S,SUN Y,et al. Detection and processing of bistatically reflected GPS signals from low earth orbit for the purpose of ocean remote sensing[J]. IEEE Transactions on Geoscience & Remote Sensing,2005,43(6):1229-1241.

[33] RIVAS M B,MASLANIK J A,AXELRAD P. Bistatic scattering of GPS signals off Arctic sea ice. IEEE trans geosci remote sens[J]. IEEE Transactions on Geoscience & Remote Sensing,2010,48(3):1548-1553.

[34] FABRA F,CARDELLACH E,NOGUES-CORREIG O,et al. Monitoring sea-ice and dry snow with GNSS reflections[C]//IGARSS 2010:IEEE,2010:3837-3840.

[35] CARDELLACH E,FABRA F,NOGUéS-CORREIG O,et al. GNSS-R ground-based and airborne campaigns for ocean,land,ice,and snow techniques:application to the GOLD-RTR data sets[J]. Radio Science,2011,46(6):1-16.

[36] FABRA F,CARDELLACH E,RIUS A,et al. Phase altimetry with dual polarization GNSS-R over sea ice[J]. IEEE Transactions on Geoscience & Remote Sensing,2012,50(6):2112-2121.

[37] FABRA CERVELLERA F. GNSS-R as a source of opportunity for remote sensing of the cryosphere[D]. Catalunya:Universitat Politècnica de Catalunya,2013.

[38] 张云,郭建京,袁国良,等. 基于 GNSS 反射信号的海冰检测的研究[J]. 全球定位系统,2013,

38(2):1-6.

[39] 张云,孟婉婷,顾祈明,等. 基于 GPS 反射信号技术的渤海海冰实验[J]. 海洋学报,2014,36(11):64-73.

[40] 杨明华,曹云昌. 基于 GNSS-R 的后续海冰观测实验[J]. 全球定位系统,2014,39(4):51-54.

[41] 刘风玲,张云,孟婉婷,等. UK-DMC 卫星接收机 GNSS 反射信号的应用分析[J]. 遥感信息,2015(1):90-95.

[42] 孟婉婷,秦瑾,张云,等. 基于北斗 GEO 卫星反射信号的海冰反演技术研究[J]. 上海航天,2018,35(2):91-96.

[43] 张云,郭建京,洪中华,等. 基于 GPS 反射信号的岸基海冰探测研究[J]. 极地研究,2014,26(2):262-267.

第7章　空基GNSS反射测量理论

全球卫星导航系统反射测量(GNSS-R)技术直接采用GNSS发射的定位导航信号进行对地遥感,利用不同平台搭载的时延-多普勒设备(DDMI),通过接收地表反射信号和接收机本地复制码,进行相关处理,测量地表散射功率反演地表参数。近期也有相关试验研究直接互相关处理反射信号和直射信号,以扩增反射测量系统所应用的雷达信号,提高测距精度和空间分辨率。GNSS-R使用双基雷达的工作模式,直接利用空间中普遍存在的导航定位信号,部署观测系统具备极高的费效比,尤其是天基系统可以实现全球范围高时空分辨率的对地遥感。同传统的遥感雷达技术一样,GNSS-R可以用于海洋测高、海冰探测,反演海面风速、海面粗糙度,反演地表土壤湿度等,因此拥有非常广阔的应用前景。

利用地表反射的GNSS信号作为微波散射计的雷达回波进行对地遥感的思想最早在20世纪90年代就已经由Hall和Cordey[1]提出。Martin-Neira[2]继承这一思想,随后提出可以利用GNSS-R进行海面测高。2000年,Zavorotny和Voronovich[3]基于已有的研究建立了GNSS-R双基雷达散射模型,为理解接收到的反射信号的物理过程、进行海洋状态参数的反演建立了理论基础。2002年,Garrison[4]对空基实验收集的反射信号进行处理,证明GNSS-R可以进行海面粗糙度及海风的反演。首次星载GNSS-R实验是通过搭载在航天飞机的C频段星载雷达成像(SIR-C)完成的[5],用以验证在星载情况下接收地表反射的GNSS信号的可行性,为随后的硬件研制提供参考。2003年英国国家空间中心发射了第一颗搭载了接收GPS反射信号载荷的UK-DMC灾害探测卫星,成功地验证了在低地球轨道高度上,可以接收到来自海洋、冰雪区域甚至陆地反射的GPS信号[6]。继UK-DMC卫星之后,2014年7月8日英国萨利卫星公司成功发射了一颗名为TDS-1的技术验证卫星,与UK-DMC卫星携带的GNSS-R接收机不同,该星携带的是可以在星上实时生成时延-多普勒相关功率图的硬件接收设备(即DDMI),迄今为止该星已经获得了大量的DDM数据[7]。2016年12月15日美国国家航空航天局发射了一个由8颗小卫星组成CYGNSS的卫星星座,成为全球首个专门用于GNSS-R海洋风场遥感的微小卫星星座[8]。中国已于2019年6月5日成功将捕风一号A/B卫星送入预定轨道,该卫星搭载我国首个GNSS-R载荷,未来将用于海洋状态监测。

GNSS-R对地遥感同传统雷达遥感最大的区别在于,后者采用单基地后向散射配置,而前者使用收发分置的前向散射工作模式,空基和天基GNSS-R技术原理图如

图 7.1 所示,GNSS-R 接收机分别搭载在飞机和 LEO 卫星上组成空基和天基GNSS-R 观测系统。GNSS-R 系统作为雷达高度计使用时,反射接收机通过测量直射信号和经地表反射的信号之间的时延及观测系统的几何配置来获得海面高。作为散射计应用时,反射截面的粗糙度和物理属性的差异都会反映在时延波形或者 DDM 中,可以通过对 DDM 进行建模来反演反射面的粗糙度和物理属性信息。

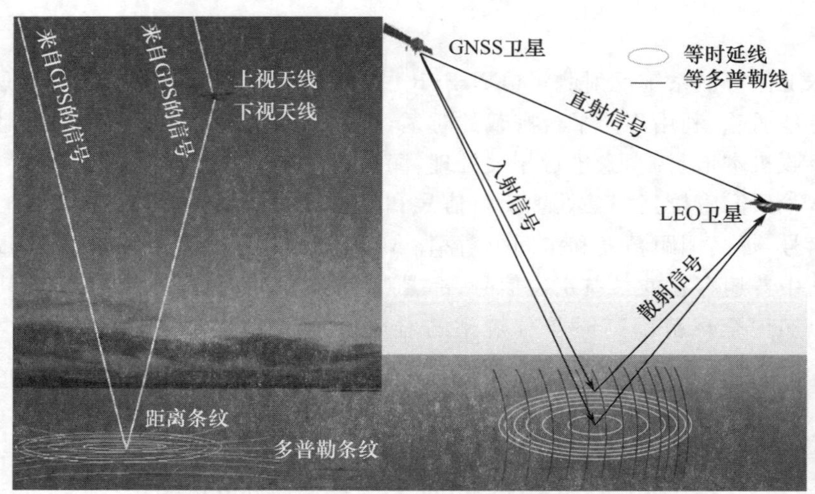

图 7.1　空基和天基 GNSS-R 技术原理图(见彩图)

通常 DDMI 可以同时追踪多颗导航卫星的地表反射信号,同时遥感多组地表信息,如图 7.2 所示,同 1 台接收机同时跟踪 3 组导航卫星的地表轨迹。随着当前微纳卫星技术的发展,通过合理的星座轨道设计,星载 GNSS-R 技术可实现对地遥感的连续大范围高时效性的监测。

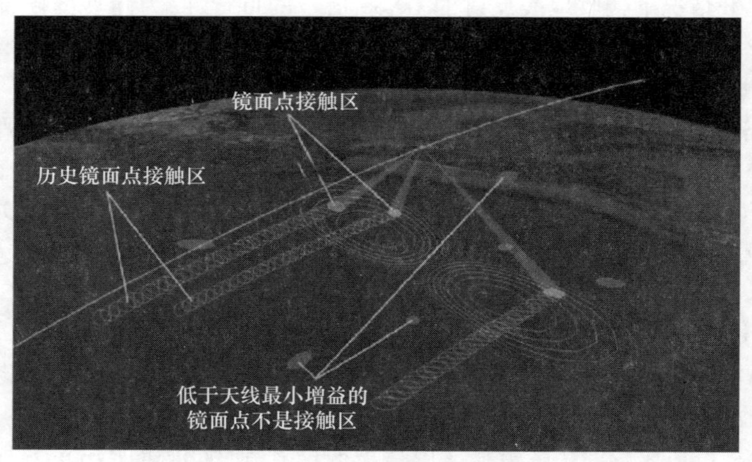

图 7.2　天基 GNSS-R 接收机同时跟踪多组地表反射轨迹(见彩图)

图 7.3 为 2017 年 12 月 3 日 CYGNSS 星座 8 颗小卫星单天对地观测的 DDM 镜面点在全球的分布，CYGNSS 卫星可以实现平均 7h 的重访周期和 3h 的中位数重放时间。

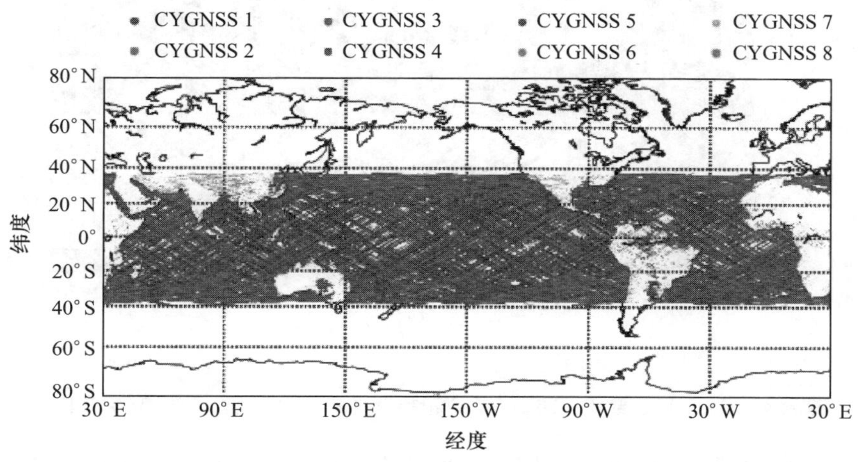

图 7.3　CYGNSS 星座 8 颗卫星单天镜面点轨迹（见彩图）

图 7.4 为 CYGNSS 星座在东南亚和美洲中部区域的镜面点轨迹，由局部的镜面点分布可见，星载 GNSS-R 技术可以实现密集的对地遥感观测，由于 CYGNSS 主要设计用于热带气旋监测，满足陆地遥感的观测数据分布比较稀疏。需要注意的是，GNSS 的 L 频段的电磁波载波波长要比由瞬时海风引起的海面涟漪要长。原则上，只有当表面表征的长度长于电磁波载波的长度时才能被感应到，所以 L 频段信号对于海风监测不是一个非常好的频率。

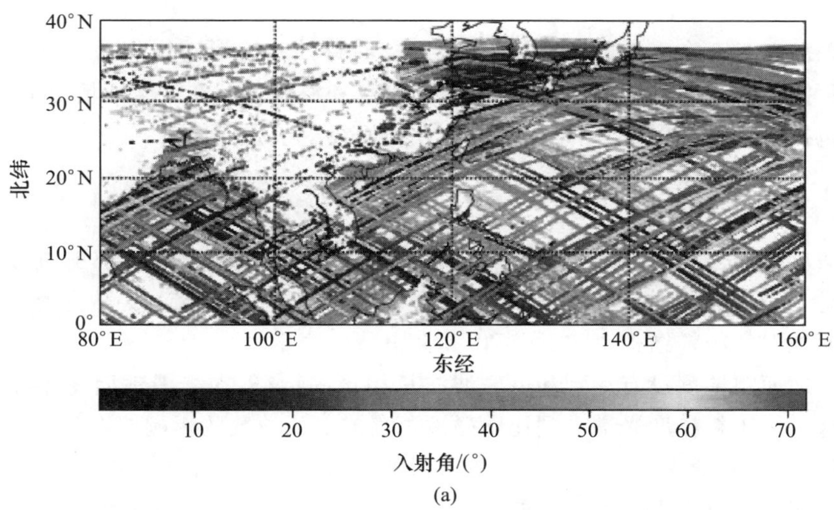

(a)

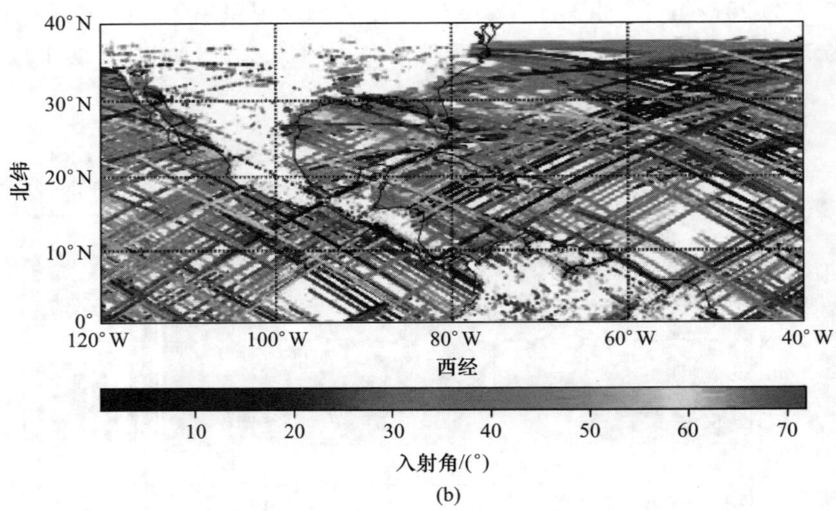

图 7.4 CYGNSS 星座在东南亚(a)和美洲中部(b)的镜面点轨迹(见彩图)

本章随后的部分将主要介绍镜面反射和粗糙面的漫反射,GNSS-R 作为散射计应用时通常认为在陆地地表主要发生镜面反射,而在针对遥感海面粗糙度和海面风速时,主要发生漫散射。本部分也将简要介绍空间域的等时延线及等多普勒线特性,当前的空基 GNSS-R 观测中直接提供的观测量为 DDM,其表示不同时延和多普勒频移区间的散射功率。简要介绍信号极化特性和地表反射率及两者的关系。最后详细介绍双基雷达方程,海浪谱以及 GNSS-R 反演地球物理参数的方法。

7.1 镜面反射和漫反射

电磁散射是一个复杂的过程,与反射面介质特性和地形特征相关。需要对两种对立和不同的地面条件需要进行区分:镜面反射和漫反射。在大多数情况下,散射过程同时包括这两种反射,而不是仅仅只存在镜面反射或漫反射。

7.1.1 镜面反射

镜面反射是来自单一方向的入射波,反射后仍然为单一方向的散射过程。与其相反的是,漫反射是反射方向有很多不同方向的散射过程。镜面反射或漫反射特性是由表面地形的粗糙结构决定,而不由其介电特性决定。

如果地面粗糙度没有达到和电磁波波长相当的特征,在光滑地面将主要是镜面反射。这是由于粗糙度光谱受到比电磁波更高或更低波数的影响。在几何光学镜面反射条件下,在光滑表面以特定入射角入射的信号,反射也是单一的方向,方向由入射平面和在入射点垂直入射平面的法矢量决定,它们有相反的方位角和相同的入射

角。利用一个简单的模型,镜面点是入射光与反射光在地面的相交点。在这种反射条件下的图像称为镜面反射图,镜面反射分量即相干散射分量[9]。

7.1.2 漫反射

漫反射可以由几何光学现象进行解释,或者利用更准确的波动光学模型描述。前一种方法需要定义地面的小平面、尺寸和曲率量级,可能要高于几个电磁波长。由于不同粗糙度,不同的小平面沿着不同方向倾斜。入射光照射到小平面,每个小平面都是一个反射镜面,反射光方向由小平面法矢量和入射方向决定。在双基雷达配置下,接收机仅能接收有特定倾斜的小平面的反射光。当在地面点(x,y)的小平面的法矢量指向是此点的入射光与连接此点和接收机的矢量构成的夹角的角平分线时,在地面点(x,y)处可以形成特定的倾斜小平面。反光区域是指超过特定阈值的倾斜小平面组成的区域。可以注意到:①对于远离镜面的点需要更大坡度的小平面使信号朝向接收机。②表面越粗糙,小平面出现较大倾斜的概率也越大。因此,表面越粗糙,反光区域也将越大。漫反射的波动光学图像是球面波的相干和,由表面点重新反射形成。再辐射模式或者散射光束可以定义为由粗糙地面在各个方向能量形成的曲面图[9]。

GNSS 信号的检测是在接收机端将它与复制码或者直射信号进行相关处理,进行相关后的结果称为波形。这些复制码包含用来识别发射源的调制,类似于正交码工作原理:可能是二进制偏移载波相位调制,或是伪随机噪声的二进制相位调制。每个代码或部分代码被分配给不同的 GNSS 卫星,为了在信号和复制信号包含相同的码调制时有足够长的互相关过程,以使能量超过噪声水平,或者如果它们不一致时将仅仅只生成噪声。互相关匹配的波形仅由调制码决定。GPS C/A 码和 P 码都是相位码,可以认为是一系列的矩形波,进行自相关后功率波形呈三角形,长度为τ_{chip}(τ_{chip}是调制波的长度)[9]。

7.2 延迟和多普勒频移

为了便于描述散射面上的时延和多普勒频移及散射几何,首先建立散射坐标框架。散射坐标系镜面反射点为坐标原点O,经过镜面反射点的切平面法线为Z轴,镜面反射点、接收机和发射机所在的平面与镜面反射点切平面的交线为Y轴,指向发射机方向为正方向,X轴满足右手坐标系,散射坐标系如图 7.5 所示。

在漫反射过程中,散射功率主要受到闪烁区的影响。从发射机经非镜面点与接收机间的路径均比经过镜面点的信号路径更长。非镜面点相对于镜面点的相对路径时延可以定义为:$\Delta\tau(x,y)=\tau(x,y)-\tau_{spec}$,$\tau(x,y)$是从地面点$(x,y)$反射到接收计的传播时间,$\tau_{spec}$是经镜面点反射的传播时间$(x=y=0)$。在平面近似下,所有相对延迟相同点$(x,y)$,用$\Delta\rho=\Delta\tau\cdot c$表示时,在$XY$平面轨迹是一个椭圆:

$$1 = \frac{y^2}{a^2} + \frac{x^2}{b^2} \tag{7.1}$$

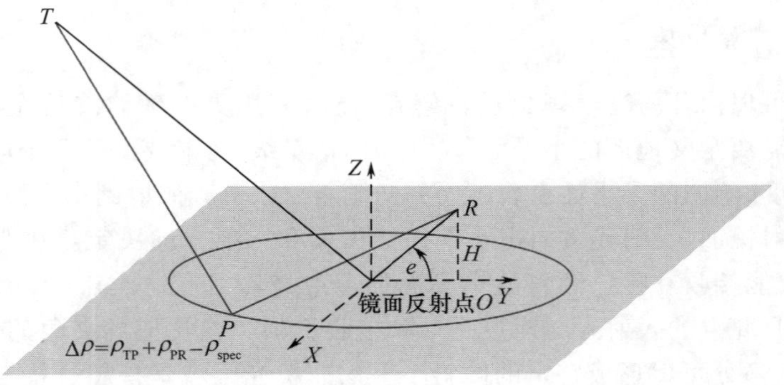

图 7.5　散射坐标系(见彩图)

散射面近似为平面时,椭圆参数可以表示为

$$a = \frac{\sqrt{2H\Delta\rho}}{(\sin e)^{\frac{3}{2}}} \tag{7.2}$$

$$b = \frac{\sqrt{2H\Delta\rho}}{(\sin e)^{\frac{1}{2}}} \tag{7.3}$$

式中:e 为 GNSS 入射信号高度角;H 为接收机高度角。从闪烁区散射的信号与镜面区信号相比有不同的多普勒频率,形式如下:

$$f_{\mathrm{D}}(x,y) = \frac{1}{\lambda}[\boldsymbol{v}_{\mathrm{T}} \cdot \hat{\boldsymbol{k}}_{\mathrm{i}}(x,y) - \boldsymbol{v}_{\mathrm{R}} \cdot \hat{\boldsymbol{k}}_{\mathrm{s}}(x,y)] \tag{7.4}$$

式中:λ 为载波波长;$\boldsymbol{v}_{\mathrm{T}}$与 $\boldsymbol{v}_{\mathrm{R}}$分别为发射机和接收机的速度;$\hat{\boldsymbol{k}}_{\mathrm{i}}$与 $\hat{\boldsymbol{k}}_{\mathrm{s}}$分别为入射和散射方向单位矢量,$\hat{\boldsymbol{k}}_{\mathrm{i}} = \frac{(\boldsymbol{P}-\boldsymbol{T})}{|\boldsymbol{P}-\boldsymbol{T}|}$,$\hat{\boldsymbol{k}}_{\mathrm{s}} = \frac{(\boldsymbol{R}-\boldsymbol{P})}{|\boldsymbol{R}-\boldsymbol{P}|}$,其中 $\boldsymbol{R}$ 和 $\boldsymbol{T}$ 分别为接收机与发射机的位置,$\boldsymbol{P}$ 是地面反射点的位置。散射面近似为平面时,在镜面点散射坐标系中,接收机的切向速度为($v_{\mathrm{R}z}=0$;$\boldsymbol{v}_{\mathrm{T}} \cdot \hat{k}_{\mathrm{i}}$近似为常数),使得 $x = \frac{-B \pm \sqrt{B^2-4AC}}{2A}$,其中 $A = v_{\mathrm{R}x}{}^2 - f_{\mathrm{D}}^2\lambda^2$,$B = -2\, v_{\mathrm{R}x}\, v_{\mathrm{R}y}(\mathrm{R}_y - y)$,且 $C = v_{\mathrm{R}y}{}^2(R_y - y)^2 - f_{\mathrm{D}}^2\lambda^2(R_y - y)^2 - f_{\mathrm{D}}^2\lambda^2 H^2$ [9]。

7.3　反射率和极化信号

7.3.1　海水菲涅耳系数

GNSS 发射右旋圆极化(RCHP)信号,反射信号中既包含 RCHP 信号,同时也包含左旋圆极化(LCHP)信号,反射信号的极化特性主要受反射面的介电性质与反射系统的几何结构(入射角)决定。它遵守菲涅耳反射关系:

$$E_p^{\mathrm{scat}} = R_{pq} E_q^{\mathrm{inc}} \tag{7.5}$$

式中：R_{pq}是从入射电磁场E^{inc} q 极化信号到 p 极化散射电磁场E^{scat}的菲涅耳系数，它与几何参数和表面介电常数有关。在线性极化信号中菲涅耳系数的具体表达式可参考文献[10－11]。圆极化菲涅耳散射系数可以由线性极化菲涅耳散射来表示，见式(3.27)、式(3.28)。

菲涅耳反射系数随着不同的反射面而变化。文献[10]给出了在海面上的相对复介电常数：

$$\varepsilon = \varepsilon_{\mathrm{r}} + \mathrm{i}\,\varepsilon_{\mathrm{i}} \tag{7.6}$$

$$\varepsilon_{\mathrm{r}} = \varepsilon_{\infty}^{\mathrm{sw}} + \frac{(\varepsilon_0^{\mathrm{sw}} - \varepsilon_{\infty}^{\mathrm{sw}})}{1 + (2\pi f \tau^{\mathrm{sw}})^2} \tag{7.7}$$

$$\varepsilon_{\mathrm{i}} = \frac{2\pi f(\varepsilon_0^{\mathrm{sw}} - \varepsilon_{\infty}^{\mathrm{sw}})}{1 + (2\pi f \tau^{\mathrm{sw}})^2} + \frac{S_{\mathrm{i}}\,\mathrm{e}^{-\phi}}{2\pi\,\varepsilon_0 f} \tag{7.8}$$

式中：f 为入射信号的频率；$\varepsilon_{\infty}^{\mathrm{sw}} = 4.9$；

$$\begin{aligned}\phi = (25 - T)[2.033^{-2} + 1.266^{-4}(25 - T) + 2.464^{-6}(25 - T)^2 - \\ S(1.849^{-5} - 2.551^{-7}(25 - T) + 2.551^{-8}(25 - T)^2)]\end{aligned} \tag{7.9}$$

$$S_{\mathrm{i}} = S(0.18252 - 1.4619^{-3}S + 2.093^{-5}S^2 - 1.282^{-7}S^3) \tag{7.10}$$

T 为海水温度(℃)，S 为海水盐度($\times 10^{-3}$)；

$$\varepsilon_0^{\mathrm{sw}} = (87.174 - 1.949^{-1}T - 1.279T^2 + 2.491^{-4}T^3)A \tag{7.11}$$

$$A = 1 + 1.613^{-5}TS - 3.656^{-3}S + 3.21^{-5}S^2 - 4.232^{-7}S^3 \tag{7.12}$$

$$\tau^{\mathrm{sw}} = \frac{\tau_0^{\mathrm{sw}}}{2\pi} \tag{7.13}$$

$$B = 1 + 2.282^{-5}TS - 7.836^{-4}S - 7.760^{-6}S^2 + 1.105^{-8}S^3 \tag{7.14}$$

$$\tau_0^{\mathrm{sw}} = 1.1109^{-10} - 3.824^{-12}T + 6.938^{-14}T^2 - 5.096^{-16}T^3 \tag{7.15}$$

7.3.2 土壤菲涅耳系数

土壤的介电常数可以参见文献[10]。在图 7.6 中显示了在 GNSS 频段内对于不同类型陆地地表反射的左旋和右旋圆极化信号的反射率。图中清楚地显示出在小的入射角范围，反射过程主要发生交叉极化，意味着大部分入射的右旋圆极化信号经反射后会变为左旋圆极化。在大的入射角情况下，反射主要发生同极化，右旋圆极化信号反射后仍为右旋圆极化。在同极化和交叉极化的相互转换中主要由布儒斯特角决定，其中只有水平圆极化信号被散射，因此右旋圆极化信号与左旋圆极化信号有相同的能量(否则会产生椭圆极化场)。在布儒斯特角附近的散射极化特性对于反射面的介电特性很敏感，特别是土壤湿度(图 7.6 显示了在 58°～80°的布儒斯特角变化范围内，由干燥土壤到 50% 相对湿度范围内的变化情况)。通常海水比土壤更加反光，与土壤相对湿度相比，对介电常数更不敏感，而主要由盐度与温度决定。图 7.6 中实线为左旋圆极化菲涅耳系数，虚线为右旋圆极化菲涅耳系数。对于不同地面情况下,黑灰色为海水在25℃下,盐度(sal)分别为0、2‰、4‰时不同入射角下的菲涅耳系数。浅灰色为土壤湿度(用最小方差(MV)表示)分别是0,0.3和0.5(5%沙、48%淤泥和47%黏土)的土壤的菲涅耳系数,布儒斯特角用圆圈标出。

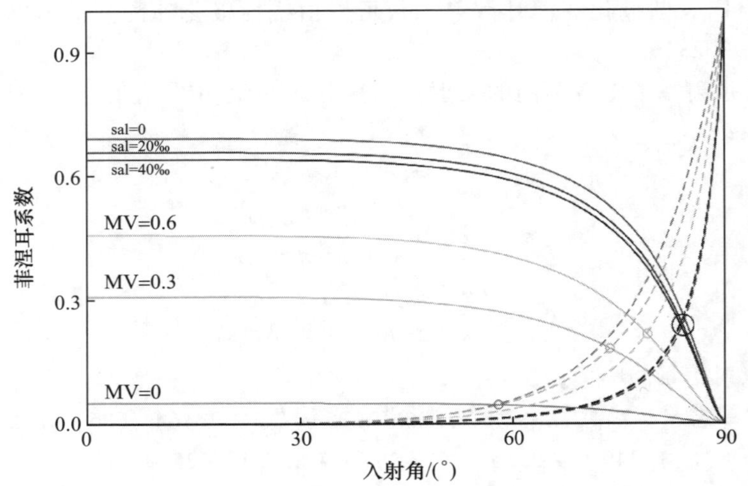

图7.6 不同反射面反射对GNSS RCHP和LCHP信号的菲涅耳系数[10]

7.4 散射理论

GNSS-R是基于微波信号在地球表面的反射。研究和模拟电磁波与随机的粗糙反射面的相互作用是一个广泛的主题,必须注意的是散射平面需要已知,由于求解实际的散射问题时会增加数值复杂性,因此需要采用近似模型。

在大多数GNSS-R对地遥感场景中,接收机被认为远离散射平面,位于远场(即从观测者到散射区的距离 R_0 远远大于散射区,用电磁波长表示为: $R_0 >> \dfrac{XY}{\lambda}$)。因此,在散射方向上近似: $G \approx \dfrac{\exp(ikR)}{(4\pi R_0)}$ 和 $\nabla G \approx -ikG\,\boldsymbol{n}_2$。其中, G 为Green函数, $\boldsymbol{n}_2$ 为单位矢量[12],散射场为[10]

$$\boldsymbol{E}^{s}(\boldsymbol{r}) = K\hat{\boldsymbol{r}} \times \iint_{s}\{[\hat{\boldsymbol{n}} \times \boldsymbol{E}(\boldsymbol{r}')] - \eta\hat{\boldsymbol{r}} \times [\hat{\boldsymbol{n}} \times \boldsymbol{H}(\boldsymbol{r}')]\}\ \mathrm{e}^{ik\cdot r'}\,\mathrm{d}^2\boldsymbol{r}' \quad (7.16)$$

式中: $\boldsymbol{E}(\boldsymbol{r}')$ 及 $\boldsymbol{H}(\boldsymbol{r}')$ 的含义见第3章。注意到式(7.16)并不能说明场的极化特性。然而利用远场近似仍然需要计算切向表面磁场。确切的积分表达式形式可以参考文献[13],但是它们并不能用确切的解析表达式解出,需要进一步地近似求解。

几何光学中的基尔霍夫近似是GNSS-R模拟中最常用的一种方法。在基尔霍夫方法中,在反射面任一点的总电磁场(入射与散射)可以由一个无限延伸的切平面的表面积分点的电磁场近似。换言之,对散射的影响被认为是局部镜面反射且依赖于

每个小平面的菲涅耳反射系数。注意这个近似是一个局部近似:在反射面上某个点的电磁场不依赖于其他反射面。为了保证近似的可靠性,在散射面上的每个点都应该有一个很大半径的曲率(相对于电磁波长)。

根据文献[10],在式(7.16)中$\hat{\boldsymbol{n}}\times\boldsymbol{E}$和$\hat{\boldsymbol{n}}\times\boldsymbol{H}$是菲涅耳反射系数的函数且有一个共同的影响因子$\mathrm{e}^{-\mathrm{i}k\hat{\boldsymbol{k}}_\mathrm{i}\cdot\boldsymbol{r}}$。因此有如下表达式:

$$\boldsymbol{E}^\mathrm{s}(\boldsymbol{r}) = K\times\int_s\{\hat{\boldsymbol{q}}\cdot[\hat{\boldsymbol{k}}_\mathrm{s}\times(\hat{\boldsymbol{n}}\times\boldsymbol{E}(\boldsymbol{r}')) + \eta(\hat{\boldsymbol{n}}\times\boldsymbol{H}(\boldsymbol{r}'))]\}\,\mathrm{e}^{\mathrm{i}(\boldsymbol{k}_\mathrm{s}-\boldsymbol{k}_\mathrm{i})\cdot\boldsymbol{r}'}\,\mathrm{d}^2\boldsymbol{r}' \tag{7.17}$$

如果没有其他简化假设,例如稳态相位或者物理光学,从式(7.17)中就不能获得解析的解。

几何光学中的基尔霍夫近似是在 GNSS-R 模拟中最常用的一种方法。它假定在式(7.17)中的相位因子是稳态的,即在积分区域内没有相对于位移的导数。也就是在物理意义中这些区域接收到的相位接近于常数。这也对应于某些区域旋转的地方,使得它的垂向对应于入射方向$-\hat{\boldsymbol{k}}_\mathrm{i}$和特殊点到接收计$\hat{\boldsymbol{k}}_\mathrm{s}$方向的二等分角。对式(7.17)中相位项求导数看出,相位$Q=(\boldsymbol{k}_\mathrm{s}-\boldsymbol{k}_\mathrm{i})\cdot\boldsymbol{r}'\equiv\boldsymbol{q}\cdot\boldsymbol{r}'=q_x x'+q_y y'+q_z z'$。

由

$$\frac{\partial Q}{\partial x'} = q_x + q_z\frac{\partial z'}{\partial x'} = 0 \tag{7.18}$$

$$\frac{\partial Q}{\partial y'} = q_y + q_z\frac{\partial z'}{\partial y'} = 0 \tag{7.19}$$

可以推导出

$$\frac{\partial z'}{\partial x'} = \frac{-q_x}{q_z} \tag{7.20}$$

$$\frac{\partial z'}{\partial y'} = \frac{-q_y}{q_z} \tag{7.21}$$

当区域入射角和散射角相同时上述条件才能成立,如图 7.7 所示。

在稳态相位限制下,可以得出接收的电磁场为[10]:

$$E_{hh}^\mathrm{s} = M[R_\mathrm{VV}(\hat{\boldsymbol{h}}_\mathrm{s}\cdot\hat{\boldsymbol{k}}_\mathrm{i})(\hat{\boldsymbol{h}}\cdot\hat{\boldsymbol{k}}_\mathrm{s}) + R_\mathrm{HH}(\hat{\boldsymbol{v}}_\mathrm{s}\cdot\hat{\boldsymbol{k}}_\mathrm{i})(\hat{\boldsymbol{v}}\cdot\hat{\boldsymbol{k}}_\mathrm{s})] \tag{7.22}$$

$$E_{vh}^\mathrm{s} = M[R_\mathrm{VV}(\hat{\boldsymbol{v}}_\mathrm{s}\cdot\hat{\boldsymbol{k}}_\mathrm{i})(\hat{\boldsymbol{h}}\cdot\hat{\boldsymbol{k}}_\mathrm{s}) - R_\mathrm{HH}(\hat{\boldsymbol{h}}_\mathrm{s}\cdot\hat{\boldsymbol{k}}_\mathrm{i})(\hat{\boldsymbol{v}}\cdot\hat{\boldsymbol{k}}_\mathrm{s})] \tag{7.23}$$

$$E_{vv}^\mathrm{s} = M[R_\mathrm{VV}(\hat{\boldsymbol{v}}_\mathrm{s}\cdot\hat{\boldsymbol{k}}_\mathrm{i})(\hat{\boldsymbol{v}}\cdot\hat{\boldsymbol{k}}_\mathrm{s}) + R_\mathrm{HH}(\hat{\boldsymbol{h}}_\mathrm{s}\cdot\hat{\boldsymbol{k}}_\mathrm{i})(\hat{\boldsymbol{h}}\cdot\hat{\boldsymbol{k}}_\mathrm{s})] \tag{7.24}$$

$$E_{hv}^\mathrm{s} = M[R_\mathrm{VV}(\hat{\boldsymbol{h}}_\mathrm{s}\cdot\hat{\boldsymbol{k}}_\mathrm{i})(\hat{\boldsymbol{v}}\cdot\hat{\boldsymbol{k}}_\mathrm{s}) - R_\mathrm{HH}(\hat{\boldsymbol{v}}_\mathrm{s}\cdot\hat{\boldsymbol{k}}_\mathrm{i})(\hat{\boldsymbol{h}}\cdot\hat{\boldsymbol{k}}_\mathrm{s})] \tag{7.25}$$

式中:R_VV和R_HH为菲涅耳系数;$\hat{\boldsymbol{v}}$和$\hat{\boldsymbol{h}}$分别为入射垂直和水平方向的单位极化矢量;$\hat{\boldsymbol{v}}_\mathrm{s}$和$\hat{\boldsymbol{h}}_\mathrm{s}$为反射波的单位矢量;$M$ 为

$$M = \frac{-\mathrm{i}\,\boldsymbol{k}_\mathrm{s}\,\mathrm{e}^{-\mathrm{i}k_sR_0}}{4\pi R_0}\,\frac{\boldsymbol{q}\,|q_z|}{\boldsymbol{k}_\mathrm{i}\,q_z}\,\frac{1}{(\hat{\boldsymbol{k}}_\mathrm{i}\cdot\hat{\boldsymbol{h}}_\mathrm{s})^2+(\hat{\boldsymbol{k}}_\mathrm{i}\cdot\hat{\boldsymbol{v}}_\mathrm{s})^2}\boldsymbol{I} \tag{7.26}$$

进一步推导：

$$M = \frac{-\mathrm{i}\boldsymbol{k}_s \mathrm{e}^{-\mathrm{i}k_s R_0}}{4\pi R_0} \frac{\boldsymbol{q}\mid q_z \mid}{\boldsymbol{k}_i q_z} \frac{1}{(\hat{\boldsymbol{k}}_i \cdot \hat{\boldsymbol{h}}_s)^2 + (\hat{\boldsymbol{k}}_i \cdot \hat{\boldsymbol{v}}_s)^2} \iint \mathrm{e}^{\mathrm{i}(\boldsymbol{k}_s - \boldsymbol{k}_i)} \mathrm{d}^2 \boldsymbol{r}' \tag{7.27}$$

$$\hat{\boldsymbol{v}}_s \cdot \hat{\boldsymbol{k}}_i = \sin\theta\cos\theta_s\cos(\phi_s - \phi) + \cos\theta\sin\theta_s \tag{7.28}$$

$$\hat{\boldsymbol{v}} \cdot \hat{\boldsymbol{k}}_s = \cos\theta\sin\theta_s\cos(\phi_s - \phi) + \sin\theta\cos\theta_s \tag{7.29}$$

$$\hat{\boldsymbol{h}}_s \cdot \hat{\boldsymbol{k}}_i = -\sin\theta\sin(\phi_s - \phi) \tag{7.30}$$

$$\hat{\boldsymbol{h}} \cdot \hat{\boldsymbol{k}}_s = \sin\theta_s\sin(\phi_s - \phi) \tag{7.31}$$

式中：θ 和θ_s为入射角和散射角；ϕ 和 ϕ_s 为入射和散射的方位角。

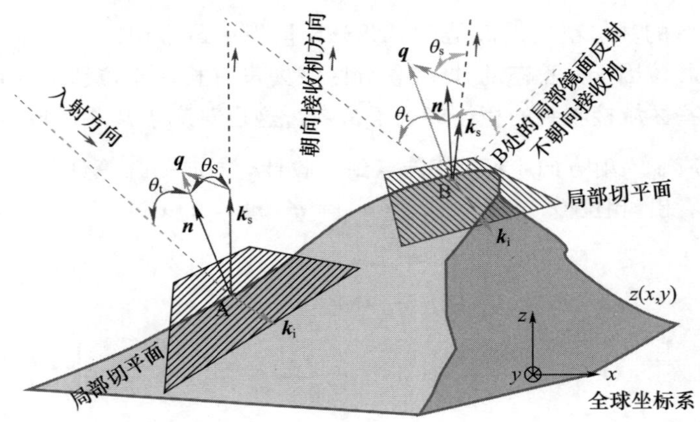

图 7.7　在点 A 处的稳态相位条件（式(7.20)与式(7.21)），不适用于 B 点[14]（见彩图）

由于 GNSS 信号以圆极化形式传播，因此需要对极化基进行改变。对式(7.22)至式(7.25)引入以下公式：

$$E^s_{\text{cross-pol}} = \frac{1}{2}[(E^s_{vv} - E^s_{hh}) + i(E^s_{vh} + E^s_{hv})] \tag{7.32}$$

$$E^s_{\text{co-pol}} = \frac{1}{2}[(E^s_{vv} + E^s_{hh}) + i(E^s_{vh} - E^s_{hv})] \tag{7.33}$$

当地面的相关长度 l 和曲率的平均半径均比电磁波的波长大时，基尔霍夫近似（式(7.14)）才可以应用。对于足够大的曲率半径，地面的垂直尺度（地面高度的标准差 σ）相对于$\frac{l^2}{\lambda}$需要很小。关于它的水平尺度，后一个条件限制了地面的垂直方向的粗糙度的 σ，但是仍然允许很大的 σ（其中 l 需要足够长）。

当地面高度的标准差相对于电磁波长足够大时，几何光学的有效性就有限制范围（式(7.22)至式(7.25)），即相对于地面结构入射波需要有足够小的波长（也可以称为高频限制）。

在文献[15]中指出的，有超过 30 种不同的处理电磁散射的方法。此外常用的

电磁散射场还包括：小扰动法（SPM），双尺度符合模型（2SCM），小坡度近似（SSA）等。

GNSS信号散射场相当于圆极化，如式（7.32），其中的线性场为式（7.22）至式（7.25），在可能近似值里剩下的为散射场的其他解。但是由这些公式给出的散射场没有考虑GNSS信号结构。这个信号结构由传输信号中的一系列相移和周跳决定，会在GNSS接收机的相关处理中暴露出来。因此，接收到的字段对于不同的延迟和频率是由散射场 s、调制码 c 的复制信号 r 相互关联后的结果。

为了简单起见假设调制相当于BPSK码（如GPS C/A码，L2C，或P码），和一系列间隔 τ_c 调制码。自相关函数是如下的三角形的函数：

$$\Lambda(\delta\tau) = \frac{1}{\tau_i}\int_0^{\tau_i} c(t)c(t+\delta\tau)\mathrm{d}t = \begin{cases} 1-\dfrac{\delta\tau}{\tau_c} & |\delta\tau| \leqslant \tau_c \\ \dfrac{-\tau_c}{\tau_i} & |\delta\tau| > \tau_c \end{cases} \tag{7.34}$$

式中：τ_i是积分时间。

GNSS接收机将r码复制码与散射信号 s 进行交叉相关。复制码调制在载波或者中频矢量上：$r(t,f_c)=c(t)\mathrm{e}^{\mathrm{i}2\pi f_c t}$，其中$f_c$为中心相关频率或者散射信号到达接收机的频率，这个过程也称为匹配滤波过程。

如果散射场是在地球表面的镜面反射，则散射信号就是来自于镜面点周围的小区域内（第一菲涅耳区），其中多普勒频率因子是常数。因此，s 变成 $s=\tilde{E}_{pq}(r_R;r_{spec})\mathrm{e}^{\mathrm{i}2\pi f_D(r_{spec})t}$，其中 $f_D(r_{spec})$ 是镜面点反射的多普勒频率，$\tilde{E}_{pq}(r_R;r_{spec})$ 是从镜面点到接收机反射的接收场，这在以前的内容中模拟过，但是GNSS调制会引入相位漂移（$\tilde{E}$ 是相位漂移调制的接收场，E 是以前模拟的结果）。因此互相关的结果为

$$Y(\tau,f_c) = \int_0^{\tau_i} s(t)r(t+\tau,f_c)\mathrm{d}t \tag{7.35}$$

可以简化为

$$\begin{aligned} Y(\tau,f_c) &= \int_0^{\tau_i} \tilde{E}_{pq}(r_R,t;r_{spec})\mathrm{e}^{-\mathrm{i}2\pi f_D(r_{spec})t}c(t+\tau)\mathrm{e}^{\mathrm{i}2\pi f_c t}\mathrm{d}t \sim \\ &\tau_i E_{pq}(r_R;r_{spec})\Lambda(\tau)S(f_c-f_D) \end{aligned} \tag{7.36}$$

注意到其中$\tilde{E}$已经变为E，且S是正弦指数函数。

$$S(\delta f) = \frac{1}{\tau_i}\int_0^{\tau_i} \mathrm{e}^{-\mathrm{i}2\pi\delta f t}\mathrm{d}t = \frac{\sin(\pi\delta f\tau_i)}{\pi\delta f\tau_i}\mathrm{e}^{-\mathrm{i}\pi\delta f\tau_i} \tag{7.37}$$

如果相关模拟频率f_c与信号的真实多普勒频率足够接近，那么$|S|\to 1$。如果不考虑仪器噪声，那么波形将变为位于信号接收时间中心的三角函数，最大振幅由散射场$|E_{pq}(r_R;r_{spec})|$和传播过程中散射相位漂移和相关过程引起的整体相位决定。

特别需要指出的是在式(7.36)中假设仅存在纯镜面反射。对于漫反射,$E_{pq}(r_R;r_{spec})$将被其他积分形式替代。如果将以前内容中的积分形式加以更改和增加频率因子:$E_{pq}(r_R) \equiv \iint_S \tilde{E}_{pq}(r_R;r')e^{-i2\pi f_D(r')t}d^2r'$,则有

$$Y(\tau,f_c) = \int_0^{\tau_i}dt\iint_s \tilde{E}_{pq}(r_R;r')\,e^{i2\pi f_D(r')t}\,d^2r'c(t+\tau)\,e^{i2\pi f_c t} \approx$$

$$\tau_i\iint_s E_{pq}(r_R;r')\Lambda(\tau(r'))S(\delta f(r'))\,d^2r' \tag{7.38}$$

注意到区域延迟$\tau(r')$和区域频率偏移$\delta f = f_c - f_D(r')$是地面点关于r'积分的函数。$Y(\tau,f_c)$是相当于在τ_i的复杂波形,f_c是中心相关频率。GNSS-R 模拟的方法对于相关的接收场的复杂本质都是适合的(如信号的相干性)。然而,这其中需要在高分辨下应用真实地球地形($\Delta x,\Delta y<\lambda$),积分条件为$\iint_S d^2r'$。这种方法非常耗时,基于这种方法的研究需要利用大量地面真实数据,以保证模拟具有统计意义。

7.5 表面建模

对 GNSS 散射过程进行建模和反演需要提供反射表面的信息。这个表面信息通常会通过海面坡度的统计信息或者镜面点框架下 XY 平面格网点上的平面高度 Z 数值来给出。在海洋应用中,统计特征和直观的表面数值都可以通过海洋波谱来获得。

7.5.1 海洋波谱

从海洋波谱中可以获得海波能量的空间及时间分布和它们的方位。波浪的空间频率谱(波浪数 $k=2\pi/\lambda$)和时间频率谱可以使用一种 k 和 ω 之间的离散关系互相转化。对于深水区(深度超过波长的一半)这个离散关系是 $\omega=\sqrt{gk}$,所以海浪谱 S 可以表示为

$$S(k) = S(\omega)\frac{\partial\omega}{\partial k} = S(\omega)\frac{g}{2\omega} \tag{7.39}$$

式中:g 为重力加速度。

海浪谱的获得可以通过对特定地点和历元进行测量来实现,也可以通过一定参数来模拟。关于海面状况的典型参数就是风和有效波高(SWH)。其他能影响海浪谱的是风距(风吹起来水波的长度)和海洋的发展状况。随着吹风的时间延长,海面波浪会越来越高,区域也会越来越大。风持续吹时,海面波浪越来越高,称为海浪的发展时期,也就是海浪的发展状况。然而,当风的状况稳定后,这个波浪顶峰的相速会和风速吻合,波浪和风达到了一个平衡,从这个点开始,波浪不会再增高,持续时间

也不会增加,这是海洋达到了一个完全发展的状态。当风速减小时,波浪会进入一个相位消减时期。很多海浪谱只考虑了平衡点后的海洋状况,但是一些海浪谱也考虑了整个海洋的发展阶段。

$\Psi(k)$代表海浪能量的分布,它的二维波数 $\boldsymbol{k}=(2\pi/\lambda)\hat{\boldsymbol{u}}$。特别指出,它是海面位移的自协方差的傅里叶变换:

$$\Psi(k) = FT\{ < z(r_0)z(r_0 + r) > \} \tag{7.40}$$

式中:$z(r)$为坐标 $r=(x,y)$处的海面高度。波谱通过正则化得到:

$$\sigma_z^2 = < z^2 > = \int_{-\infty}^{\infty}\int_{-\infty}^{\infty}\Psi(k_x,k_y)\,\mathrm{d}k_x\mathrm{d}k_y = \int_{-\infty}^{\infty}S(k)\mathrm{d}k \tag{7.41}$$

$S(k)$代表全向谱:

$$S(k) = \int_{-\pi}^{\pi}\Psi(k,\varphi)k\mathrm{d}\varphi \tag{7.42}$$

定义有效波高为 $\mathrm{SWH}=4\sqrt{\sigma_z^2}$。

下面给出一些经典的波谱,它们是以频率谱给出的,可以通过式(7.39)转成波数谱。

(1) Pierson-Moskowitz[16]:Pierson-Moskowitz 频谱是一个简单波波谱,它是从北大西洋测量中得到的经验频谱:

$$S_{\mathrm{PM}}(\omega) = \frac{\alpha g^2}{w^5}\mathrm{e}^{-\beta(\frac{g}{wU_{19.4}})^4} \tag{7.43}$$

式中:α、β 为常数,$\alpha=0.0081$,$\beta=0.74$;$U_{19.4}$为 19.4m 高度的风速。文献[17]对其进行了复述。

(2) JONSWAP:这是一个经北海的实验证明,被广泛接受的长波长波谱[18],可以看作是 Pierson-Moskowitz 频谱的改进版,它包含了有限的风距信息。被认为是包含峰值时刻T_p和有效波高的范围在 $3.6\sqrt{\mathrm{SWH}} < T_\mathrm{p} < 5\sqrt{\mathrm{SWH}}$的最合理的模型:

$$S_J(w) = \frac{\alpha g^2}{\omega^5}\mathrm{e}^{-\beta(\frac{\omega_\mathrm{p}}{\omega})^4}\gamma^r \tag{7.44}$$

式中:γ 的上标 $r=\exp\{-(\omega-\omega_\mathrm{p})^2/(2\sigma^2\omega_\mathrm{p}^2)\}$,$\omega_\mathrm{p}$为波频率的峰值,一般取经验值 $\omega_\mathrm{p}=22(g^2/(U_{10}F))^{1/3}$,$\sigma=0.07(\omega\leqslant\omega_\mathrm{p})$或者 $\sigma=0.09(\omega\geqslant\omega_\mathrm{p})$,$U_{10}$为海面 10m 高度的风速,$F$ 为风距的长度;$\gamma=3.3$。

(3) Elfouhaily 等[19]:Elfouhaily 等提出了一种方向性的波谱,已经在 GNSS-R 社区中被广泛应用。它是可以合适地描述长波和短波的全波数谱。风距和海波持续时间都被作为参数包含其中:

$$\Psi(k,\varphi) = \frac{1}{2\pi}k^{-4}[B_1 + B_h][1 + \Delta(k)\cos(2\varphi)] \tag{7.45}$$

B_1,B_h、$\Delta(k)$在文献[19]中的式 31、式 40、式 57 给出。

因为波是由风吹引起的,所以表面会受到临近海域的影响,称为涌浪。通常情况下，相对较长的波浪表现为常规波，因为在暴风中，长波比短波传播得更快。通常的涌浪波长有几百米，有效波长有几米（大多数在半米和两米之间，更高的值也有可能）。就像文献[20]的图 4 中所阐述的，涌浪长度和有效波高并不存在一般性的规律。在给定波长峰值λ_p和给定有效波高的情况下最好使用简单波谱模型进行拟合（如 Pierson-Moskowitz），设定$k_p = 2\pi/\lambda_p$，用重正则化波谱来获得需要的有效波高。从公式(7.41)中，重正则化可以表示为

$$\frac{\Psi(k)}{4\int_{-\infty}^{\infty}\int_{-\infty}^{\infty}\Psi(k_x,k_y)\,\mathrm{d}k_x\mathrm{d}k_y}\mathrm{SWH} \tag{7.46}$$

注意用这种方法涌浪（SWH/λ_p）的不合理性可以被调谐。不合理性可以看作是涌浪发散的一个重要因素[21]。

假设波谱是线性的，由风产生的波谱和由涌浪产生的波谱相加来获得总的表面波谱

$$\Psi^{\mathrm{surface}}(k) = \Psi^{\mathrm{wind}}(k) + \Psi^{\mathrm{swell}}(k) \tag{7.47}$$

7.5.2 表面坡度概率

信号散射系数是由坡度概率密度函数 PDF(Z_x,Z_y)决定的。正如下面所写的那样，这个概率通常是均方坡度（MSS）的函数。MSS 可以从坡度的波谱提取。这个全方位的坡度频谱可以写成

$$k^2S(k) \tag{7.48}$$

因此沿 X,Y 方向的坡度的波谱为

$$k_x{}^2\Psi(k) \tag{7.49}$$

$$k_y{}^2\Psi(k) \tag{7.50}$$

因此，X 方向的均方坡度 $\mathrm{MSS}_x = \sigma_{Z_x}^2$ 为

$$\mathrm{MSS}_x = \int_{-\infty}^{\infty}\int_{-\infty}^{\infty} k_x^2\Psi(k)\,\mathrm{d}k_x\mathrm{d}k_y \tag{7.51}$$

同样，Y 方向的均方坡度 $\mathrm{MSS}_y = \sigma_{Z_y}^2$ 为

$$\mathrm{MSS}_y = \int_{-\infty}^{\infty}\int_{-\infty}^{\infty} k_y^2\Psi(k)\,\mathrm{d}k_x\mathrm{d}k_y \tag{7.52}$$

所以总的 MSS 或者全方位的坡度为

$$\mathrm{MSS} = \int_{-\infty}^{\infty}\int_{-\infty}^{\infty}(k_x^2 + k_y^2)\Psi(k)\,\mathrm{d}k_x\mathrm{d}k_y = \mathrm{MSS}_x + \mathrm{MSS}_y \tag{7.53}$$

式(7.53)中，如果为无方向差异的情况，可以简写成 $\mathrm{MSS} = 2\sigma_{\mathrm{slopes}}^2$

特别需要指出的是式(7.51)至式(7.53)给出的坡度统计信息是考虑到了全波长范围。然而，GNSS 的 L 频段的电磁波长大约是 0.2m，原则上电磁波对于比它波长小的粗糙度是不敏感的。文献[22]提出了一个准则，这个准则是基于卫星微波后向

散射测量的原理设置一个积分上限,这个准则是 $k \leqslant 3\ k_{EM}$(k_{EM}是电磁载波的波数)。文献[23]对于机载的 GPS 信号提出了一个优化的范围表达式。图 7.8 展示了使用 Elfouhaily 等[24]提出的波谱和 3 k_{EM}准则下的 L 频段 MSS 作为风速和海浪持续时间的反演方法。

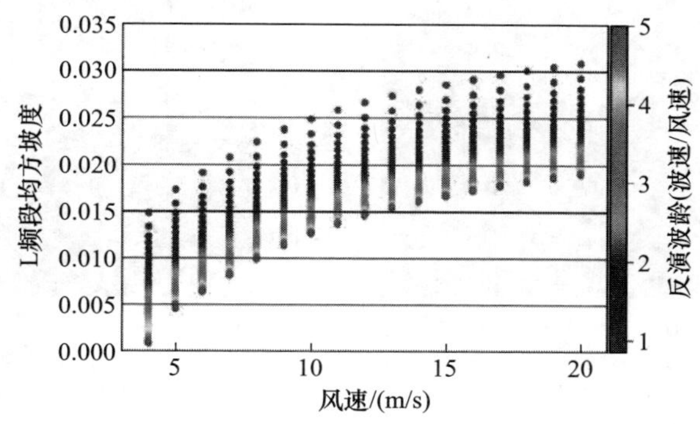

图 7.8　使用 L 频段获得的海面 MSS(与坡度方差有关,MSS $=2\ \sigma^2_{\text{slops}}$)[24](见彩图)

在无方向差异的情况下最常使用的是高斯分布,对于有方向差异性的情况常采用双变量正态分布,或者是二维 Gram-Charlier 分布,以应对更高阶的情况。

(1)二维正态分布:对于有方向差异的海浪这种分布最适合的,但是它没有考虑海风上下的对称性,$\boldsymbol{M}$ 是坡度的协方差矩阵:

$$\boldsymbol{M} = \begin{pmatrix} k_{20} & k_{11} \\ k_{11} & k_{02} \end{pmatrix} = \mathbf{Rot}(\varphi_w)\begin{pmatrix} k_w & 0 \\ 0 & k_c \end{pmatrix}\mathbf{Rot}(\varphi_w)^{-1} \tag{7.54}$$

式中:k_w,k_c分别为上下风方向和侧风方向的方差;$\mathbf{Rot}(\varphi_w)$是角度为φ_w的旋转矩阵,φ_w是上风方向与 x 轴夹角。这个坡度分布可以记成

$$\mathrm{PDF}^{\text{normal}}(Z_x, Z_y) = \frac{1}{2\pi\sqrt{\mathrm{Det}(M)}}\mathrm{e}^{-\frac{1}{2}(Z_x, Z_y)M^{-1}\begin{pmatrix} Z_x \\ Z_y \end{pmatrix}} \tag{7.55}$$

当$k_{20} = k_{02}$、$k_{11} = 0$ 时,式(7.55)就退化成无方向差异性的高斯分布了。

(2)Gram-Charlier 分布:通过分析太阳耀斑的摄影观测值,Cox 和 Munk[25]发现其与二维高斯正态分布有差异从而提出这种方法。这种分布考虑了坡度统计值的偏斜和峰值。偏斜值对于上下风对称的特点是敏感的。图 7.9 展示了二维 Gram-Charlier 分布下的上下风的特点。

$$\begin{aligned}\mathrm{PDF}^{\text{GC}}(Z_x, Z_y) = {} & \mathrm{PDF}^{\text{normal}}(Z_x, Z_y)\Bigg[1 - C_{21}\left(\frac{Z_x^2}{\sigma_{Z_x}^2} - 1\right)\frac{Z_y}{\sigma_{Z_y}} - \\ & \frac{1}{6}C_{03}\left(\frac{Z_y^3}{\sigma_{Z_y}^3} - 3\frac{Z_y}{\sigma_{Z_y}}\right) + \frac{1}{24}\left(\frac{Z_y^4}{\sigma_{Z_y}^4} - 6\frac{Z_y^2}{\sigma_{Z_y}^2} + 3\right) + \\ & \frac{1}{4}C_{22}\left(\frac{Z_y^2}{\sigma_{Z_y}^2} - 1\right)\left(\frac{Z_y^2}{\sigma_{Z_y}^2} - 1\right) + \frac{1}{24}C_{04}\left(\frac{Z_y^4}{\sigma_{Z_y}^4} - 6\frac{Z_y^2}{\sigma_{Z_y}^2} + 3\right) + \cdots\Bigg]\end{aligned} \tag{7.56}$$

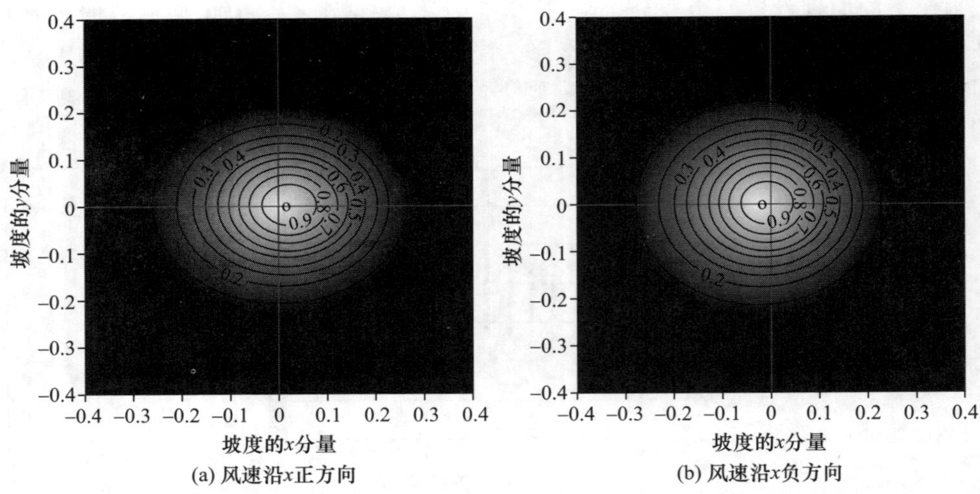

图 7.9 两种情况下的 Gram-Charlier 分布(风速设定为 8m/s,沿 x 轴)[25](见彩图)

7.6 参数反演理论方法

在大部分的 GNSS-R 观测中信号的相干积分时间相对较小,因为接收机端的每个反射点载波相位是随机相加的,随着动态条件而改变,因此造成了随机的相位。并且这种随机性引起了闪烁噪声:由于不同反射之间接收总能量引起的波动。闪烁噪声(也可以称为退化)是噪声的主要来源。为此,积分时需要选择较短的相干积分时间(不大于信号相干时间)和相对较长的非相干平滑(抑制斑点噪声影响)。在相干积分过程中相位信息会缺失,造成幅度呈$\langle |Y| \rangle$或功率为$\langle |Y|^2 \rangle$的波形。

功率波形一般用雷达方程进行模拟,文献[3]给出了双静态雷达方程,它是从式(7.38)进行详细推导而来的,推导中考虑到了高斯散射面和基尔霍夫几何光学(KGO)散射:

$$\langle | Y_{pq}(\tau,f_c) |^2 \rangle = \frac{P_T}{(4\pi)^2}\frac{\lambda^2}{4\pi}\tau_i^2 \iint_S \frac{G_T(r')\, G_R(r')\, \sigma_{pq}^0(r')\, \Lambda^2(\tau-\tau(r'))\, |S(f_c - f_D(r'))|^2}{R^2(T,r')\, R^2(r',R)} \mathrm{d}^2 r' \tag{7.57}$$

式中:P_T、G_T和G_R分别为发射能量、发射天线和接收天线增益;λ 为电磁波长;τ_i为积分时间;r'为散射面上点的位置;τ 为相关函数的时延;f_c为中心相关频率;$R(a,b)$为点 a,b 之间的距离;$\tau(r')$为从地面点 r'到接收机的发射时延;$f_D(r')$为多普勒频率;σ_{pq}^0为双基雷达散射系数,即沿特定方向和极化状态的入射能量的一部分。注意到也有其他引起能量衰减的因素,如大气衰减等。所有因素可以简单乘在(7.57)式右项。

双基散射截面可以表示为

$$\sigma_{pq}^{0} = \pi k^{2} | R_{pq} |^{2} \frac{q^{2}}{q_{z}^{4}} \mathrm{PDF}(Z_{x}, Z_{y}) \tag{7.58}$$

式中：k 为电磁波数；R_{pq}为散射系数；$\mathrm{PDF}(Z_x, Z_y)$为平面 Z 的二维概率密度函数（Z_x沿 x 方向，Z_y沿 y 方向）。要扩展双静态雷达方程到其他电磁散射模型中，σ_{pq}^0需要用对应的表达式替代。

双基雷达方程也可以看作 Woodward 模糊度函数$\chi^2(\tau, f_c)$（时延-多普勒的脉冲响应）与函数 $\Sigma(\tau, f_c)$的二维卷积，可以为基于散射系数、几何关系与天线形式时延-多普勒元进行加权[26]。

$$\langle | Y_{pq}(\tau, f_c) |^2 \rangle = \chi^2(\tau, f_c) ** \Sigma(\tau, f_c) \tag{7.59}$$

$$\chi^2(\tau, f_c) = \Lambda^2(\tau) | S(f_c) |^2 \tag{7.60}$$

和

$$\Sigma(\tau, f_c) = \frac{P_T}{(4\pi)^2} \frac{\lambda^2}{4\pi} \tau_i^2 \iint_s \frac{G_T(r') \, G_R(r') \, \sigma_{pq}^0(r')}{R^2(T, r') \, R^2(r', R)} \delta(\tau - \tau(r')) \delta(f_c - f_D(r')) \, \mathrm{d}^2 r' \tag{7.61}$$

式中：$\delta(x - x_0)$的函数形式是狄拉克函数。不同的接收机会产生不同的观测量，但是大部分使用的 GNSS-R 接收机可以提供时延-多普勒波形。有时也会产生功率波形，和相位及正交项（因此提供接收场的相位信息）。这里将时延和时延-多普勒波形视为初始观测量，从而可以定义其他量。在文献[27]列举了一系列观测量（图 7.10）与反演方法。

（1）时延波形或时延图（DM）：沿着信号的时延τ_i输出信号相关功率，τ_i：$W(\tau)$。时延之间的间距为其相关采样。因此输出为功率波形或者相位信息（幅度和相位，或者 I/O）。用于 DM 的适合模型常用来估计反射面参数（大部分是粗糙度）。

（2）时延-多普勒波形或 DDM：沿时延相位与中心相关频率输出信号相关过程，δf：$W(\tau, \delta f)$。将输出幅度或功率或者复数值（相位/幅度或者 I/O）。在地面粗糙度研究中，有很多使用 DDM 的例子。

积分谱和延迟：文献[24]列出在与散射面的粗糙度条件下频率积分时延可展开为 $\mathrm{IDM}(\tau) = \int_{\mathrm{Doppler}} \mathrm{DDM}(\tau, f)\,\mathrm{d}f$ 和时延积分多普勒展开为 $\mathrm{IDS}(f) = \int_{\mathrm{Delay}} \mathrm{DDM}(\tau, f)\,\mathrm{d}\tau$。

（3）散射时延：相对于镜面时延，时延波形最大值的时延为 $\rho_{\mathrm{scatt}} = \rho_{\mathrm{peak}} - \rho_{\mathrm{spec}}$。波形的导数可以用来估计最大值的时延 $\frac{\partial W}{\partial \tau}|_{\rho_{\mathrm{peak}}} = 0$，由于它包含了来自反射面的粗糙度信息，所以称为 scatterometric。注意到当反射面光滑或者反射为纯镜面反射时，波形由自相关调制决定，并且最大值位置对应于镜面反射的时延。

（4）相位时延：利用复杂波形的相位信息估计出的镜面反射时延。仅仅只有镜面反射(很少的散射)可以提供有意义的相位信息。在相位时延观测中主要的挑战是来自于数据中可能存在的周跳,利用展开的测量相位[$-\pi,\pi$)来获得动态延迟。

(5) 干涉相位:当两个或两个以上发射信号到达接收天线而没有散射效应时(相干反射或直接发射),它们之间不同的几何结构会产生不同的多普勒频率。从几何信息中可以得出干涉形式。

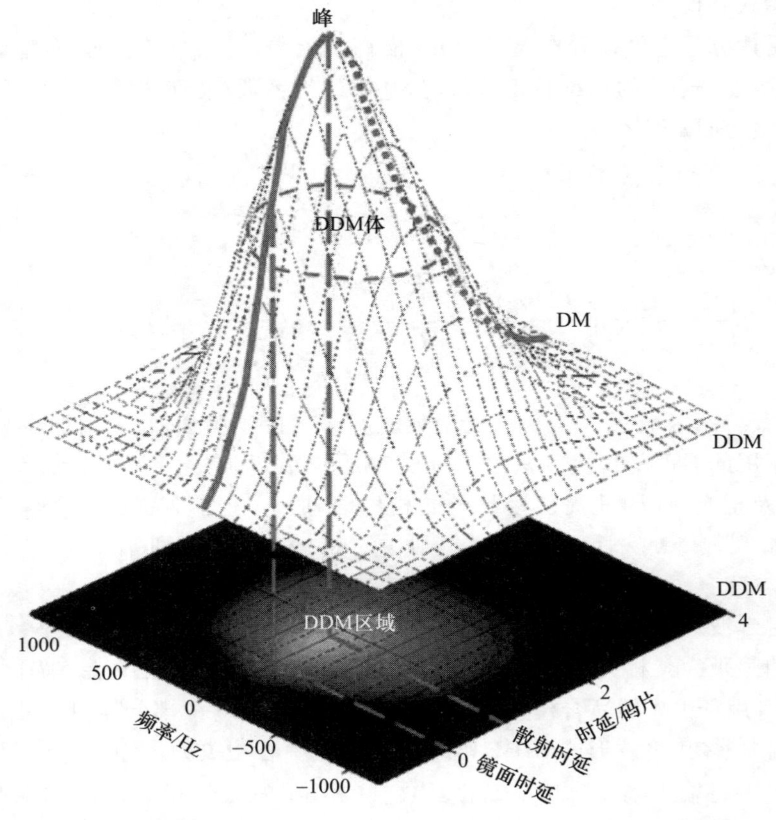

图 7.10　延迟与时延-多普勒示意图[27](见彩图)

以 GNSS-R 遥感海风为例,截至当前,通过 DDM 观测量主要包括以下两种海面风速反演算法。

(1) 采用最小二乘拟合实测的 DDM 和理论模型模拟反演海面的粗糙度或者海面风速。如 DM-fit,在对时延波形进行重新标准化和对齐后,最适合于理论模型的部分可以给出地球物理学和仪器误差参数的最优估计。依靠这个用于拟合的模型,这个地球物理学参数可以是 10m 高的风速或者是海面坡度方差。DDM-fit 是使用多普勒时延波形进行实现的,这种方法可以使用一颗卫星的观测值获取与方向有关的反演量。

(2) 采用类似微波散射计的反演方法,使用“DDM 派生量”,包括 DDMV、

DDMA、RCS、LES、TES 等，通过与本地其他观测系统获取的观测量进行回归分析，建立量化的经验 GMF。在获得观测量的 GMF$u(\theta,\mathrm{obs}_i)$（其中 θ 为入射角，i 为 DDM 可观测量）后，进行风速反演时首先根据 DDM 观测量的入射角将 $u(\theta,\mathrm{obs}_i)$ 线性内插到新数据对应的入射角 θ 下获得$u_\theta(\mathrm{obs}_i)$，再线性内插获得观测量对应的风速$u_{\theta,\mathrm{obs}_i}$。DDMA 和 LES 取 log 尺度时，对 DDMA 和 LES 两组观测量分别回归的经验风速反演模型如图 7.11 所示。最后通过最小方差（MV）估计方法动态调整因观测几何变化引起的 DDM 信噪比变化，加权不同 DDMA 和 LES 映射的风速获得最优风速估计量[28]。

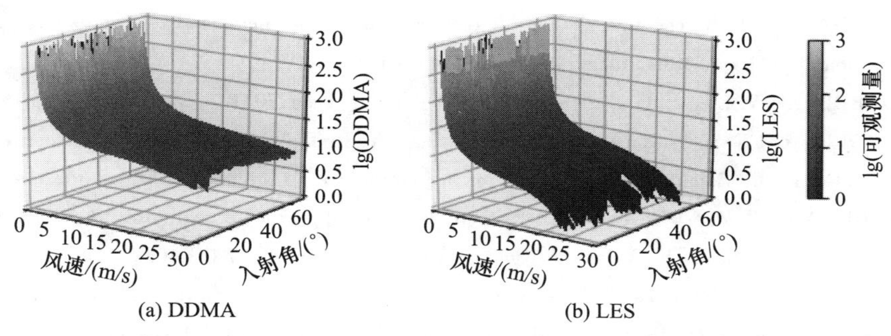

(a) DDMA (b) LES

图 7.11 反演风速观测量分别是 DDMA 和 LES 时的 GMF（见彩图）

参考文献

[1] HALL C D, CORDEY R A. Multistatic scatterometry[C]//International Geoscience and Remote Sensing Symposium, IEEE, 1988, 1:561-562.

[2] MARTIN-NEIRA M. A passive reflectometry and interferometry system (PARIS): application to ocean altimetry[J]. ESA Journal, 1993, 17(4):331-355.

[3] ZAVOROTNY V U, VORONOVICH A G. Scattering of GPS signals from the ocean with wind remote sensing application[J]. IEEE Transactions on Geoscience and Remote Sensing, 2000, 38(2):951-964.

[4] GARRISON J L, KOMJATHY A, ZAVOROTNY V U, et al. Wind speed measurement using forward scattered GPS signals[J]. IEEE Transactions on Geoscience and Remote Sensing, 2002, 40(1):50-65.

[5] LOWE S T, LABRECAQUE J L, ZUFFADA C, et al. First spaceborne observation of an earth-reflected GPS signal[J]. Radio Science, 2002, 37(1):7-1-7-28.

[6] CLARIZIA M P, GOMMENGINGER C P, GLEASON S T, et al. Analysis of GNSS-R delay-Doppler maps from the UK-DMC satellite over the ocean[J]. Geophysical Research Letters, 2009, 36(2):L02608.

[7] FOTI G, GOMMENGINGER C, JALES P, et al. Spaceborne GNSS reflectometry for ocean winds: first

results from the UK TechDemoSat-1 mission[J]. Geophysical Research Letters, 2015, 42(13): 5435-5441.

[8] RUF C S, ATLAS R, CHANG P S, et al. New ocean winds satellite mission to probe hurricanes and tropical convection[J]. Bulletin of the American Meteorological Society, 2016, 97(3): 385-395.

[9] CARDELLACH E, XIE F, JIN S G. GNSS remote sensing[M]. Dordrecht: Springer, 2014.

[10] Ulaby F T, Moore R K, Fung A K. Microwave remote sensing: active and passive. volume 3-from theory to applications[M]. Norwood: Artech House, 1986: 2162.

[11] ISHIMARU A. Wave propagation and scattering in random media[M]. New York: Academic Press, 1978.

[12] VALENZUELA G R. Theories for the interaction of electromagnetic and oceanic waves: a review [J]. Boundary-Layer Meteorology, 1978, 13(1-4): 61-85.

[13] ZHURBENKO V. Electromagnetic waves[M]. Vienna: In Tech, 2011.

[14] CARDELLACH E. Sea surface determination using GNSS reflected signals[D]. Barcelona Universitat Politecnica de Catalunya and Institute for Space Studies of Catalonia (IEEC), 2002.

[15] ELFOUHAILY T M, GUÉRIN C A. A critical survey of approximate scattering wave theories from random rough surfaces[J]. Waves in Random Media, 2004, 14(4): R1-R40.

[16] PIERSON Jr W J, MOSKOWITZ L. A proposed spectral form for fully developed wind seas based on the similarity theory of SA Kitaigorodskii[J]. Journal of Geophysical Research, 1964, 69(24): 5181-5190.

[17] ALVES J H G M, BANNER M L, YOUNG I R. Revisiting the Pierson-Moskowitz asymptotic limits for fully developed wind waves[J]. Journal of Physical Oceanography, 2003, 33(7): 1301-1323.

[18] Hasselmann K, et al. Measurements of wind-wave growth and swell decay during the joint north sea wave project (JONSWAP) [J]. Ergänzungsheft zur Deutschen Hydrographischen Zeitschrift Reihe A, 1973, A8: 1-95.

[19] ELFOUHAILY T, CHAPRON B, KATSAROS K, et al. A unified directional spectrum for long and short wind-driven waves[J]. Journal of Geophysical Research: Oceans, 1997, 102(C7): 15781-15796.

[20] SURESH R V, ANNAPURNAIAH K, REDDY K G, et al. Wind sea and swell characteristics off east coast of India during southwest monsoon[J]. International Journal of Oceans and Oceanography, 2010, 4(1): 35-44.

[21] ARDHUIN F, CHAPRON B, COLLARD F. Observation of swell dissipation across oceans [J]. Geophysical Research Letters, 2009, 36(6): L06607.

[22] BROWN G S. BACHSCATTERING from a Gaussian-distributed perfectly conducting rough surface [J]. IEEE Transactions on Antennas and Propagation, 1978, 26(3): 472-482.

[23] THOMPSON D R, ELFOUHAILY T M, GARRISON J L. An improved geometrical optics model for bistatic GPS scattering from the ocean surface[J]. IEEE Transactions on Geoscience and Remote Sensing, 2005, 43(12): 2810-2821.

[24] ELFOUHAILY T S, THOMPSON D R, LINSTROM L. Delay-Doppler analysis of bistatically reflected signals from the ocean surface: theory and application[J]. IEEE Transactions on Geoscience and

Remote Sensing,2002,40(3):560-573.

[25] COX C,MUNK W. Measurement of the roughness of the sea surface from photographs of the sun's glitter[J]. Josa,1954,44(11):838-850.

[26] MARCHÁN-HERNÁNDEZ J F,RODRÍGUEZ-ÁLVAREZ N,CAMPS A,et al. Correction of the sea state impact in the L-band brightness temperature by means of delay-Doppler maps of global navigation satellite signals reflected over the sea surface[J]. IEEE Transactions on Geoscience and Remote Sensing,2008,46(10):2914-2923.

[27] CARDELLACH E,FABRA F,NOGUÉS-CORREIG O,et al. GNSS-R ground-based and airborne campaigns for ocean,land,ice,and snow techniques:application to the GOLD-RTR data sets [J]. Radio Science,2011,46(6):RS0C04.

[28] CLARZIA M P,RUF C S,JALES P,et al. Spaceborne GNSS-R minimum variance wind speed estimator[J]. IEEE Transactions on Geoscience and Remote Sensing,2014,52(11):6829-6843.

第8章　海面高与有效波高估计

8.1　岸基 GNSS-R 海面高估计

8.1.1　观测值和方法

北斗卫星导航系统(BDS)自1999年开始发展。目前已有48颗BDS卫星在轨运行,包括地球静止轨道(GEO)卫星、倾斜地球同步轨道(IGSO)卫星以及中圆地球轨道(MEO)卫星。BDS可以提供全球性和地区性的定位、导航与授时(PNT)。这里我们使用了一个验潮站并置的国际GNSS服务(IGS)多系统GNSS站MAYG来估计海平面变化,该站靠近印度洋的Mayotte。MAYG站安装有TRLMBLE NETR9接收机和TRM59800.00天线。站的纬度:-12.78°,经度:45.26°,高度:-16.35m。由于MAYG是多系统GNSS实验站,它不仅可以接收GPS和GLONASS信号,同样也能接收三频BDS信号(L2,L6,L7)。我们曾使用5个可用的BDS卫星(PRN6-10)估计2015年1月到2015年6月的海平面变化。由雷达传感器按采样率为1次/min收集海平面数据,该数据由政府间海洋学委员会(IOC)提供。

8.1.1.1　信噪比方法

与直射信号相比,反射信号有一个多余相位延迟,也称为GNSS多路径效应,它与天线高度 h 有关。直射信号和反射信号之间的干涉将会对GNSS观测值造成影响,引起可观测数据的振荡。GNSS观测数据的振荡(多路径)会影响海平面变化的测量。

信噪比是GNSS主要的观测数据之一,通常用于评估典型GNSS观测信号的质量和噪声的特性。与载波相位观测值相比,SNR更容易提取多路径。多路径将会导致SNR观测数据的振荡,如图8.1a所示。如果没有多路径效应,SNR观测值将会随卫星高度角的增加而变得平滑[1]。为了提取多路径,我们使用低阶多项式来获取信噪比趋势时间序列。在消除了信噪比趋势之后,将会获得多路径模式,其模型如式(4.23)所示[2-3]。

假设反射高度 h 在卫星做弧线运动时不变并且反射表面是水平的,多路径模式的频率是与 $\sin(e)$ 有关的常数。随着海平面随时间的改变,这个常数频率的模型对测站来说是足够的,其中测站的最大潮汐为4m[4]。这个值小于潮汐域7m,所以应该考虑反射高度的变化。

从式(4.39)可以清楚地看到高多路径频率对应于一个大的反射器高度如图3.5

所示(但此时反射面为海平面),这说明此时的海平面很低。相反,一个高的海平面对应于一个低的多路径频率。主要的多路径频率能够通过谱分析从 SNR 数据得到。这里,我们使用 Lomb Scargle 方法来获取隐藏在频率域中的主频率[3]。从图 8.1(b)和 8.1(c)看到,多路径模式频率是不同的,并且不同的峰值表现了海平面的变化。

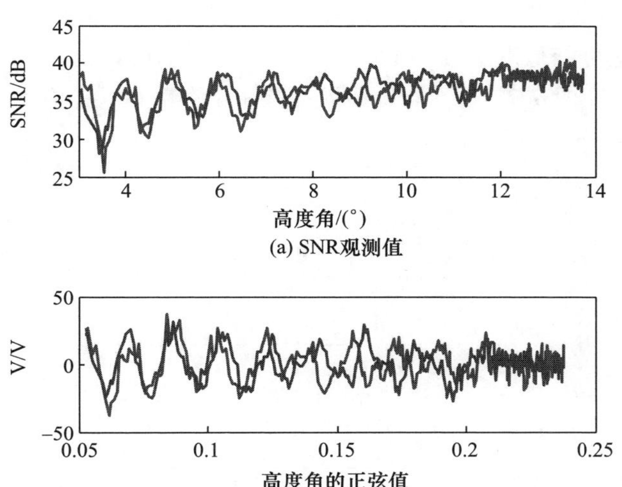

(a) SNR观测值

(b) 去趋势后的多路径效应(V/V是SNR一种变化模式的单位,见10.1节)

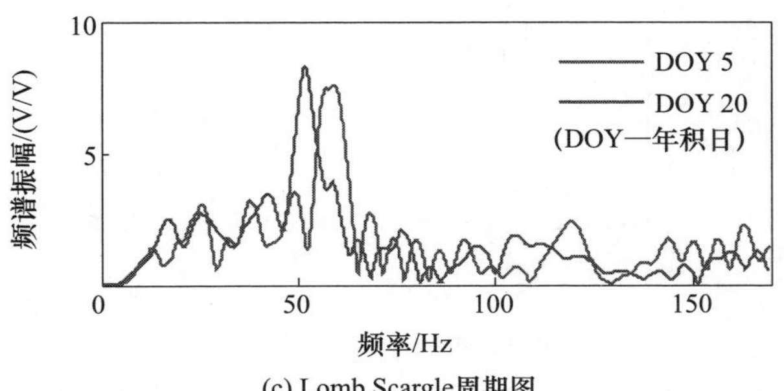

(c) Lomb Scargle周期图

图 8.1　PRN7 卫星的 BDS L7 SNR 观测值、多路径模式以及其 Lomb Scargle 周期图(见彩图)

8.1.1.2　三频组合观测

对可观测的载波相位来说,我们很难直接从观测值获取多路径。然而,观测值的线性组合能够获取多路径,比如相位和测距码组合观测、L4 线性观测以及三频线性组合观测[5]。与双频线性组合进行比较,三频线性组合有一个优势是可以消除二阶电离层延迟误差。

对 BDS 来说,三频载波为 L2、L6 和 L7。

对相位多路径来说,一个与整个接收的信号(反射信号 + 直射信号)有关的相位变化的模型如下所示:

$$\delta\varphi = \arctan\left(\frac{\alpha\sin(4\pi H\lambda^{-1}\sin e)}{1+\alpha\cos(4\pi H\lambda^{-1}\sin e)}\right) \tag{8.1}$$

式中:α 为基于反射表面反射率和天线模式的反射系数;H 为天线高度;λ 为波长;e 为高度角。从式(8.1)中可看到多路径相位具有准周期并且它的频率与天线高度有关。由于三频多路径误差是单相位或者值域误差的组合,这项组合误差同样应该是准周期的,并且包括3种不同频率的载波。然而,这项组合观测值每天只有一个峰值(图8.2(b)),这可能是由于BDS L6和L7波长是相同的以至于L2信号域的因素比L6和L7的小。在图8.2中,不同日期的三频相位多路径误差有不同的频率,这些频率与SNR结果相同。

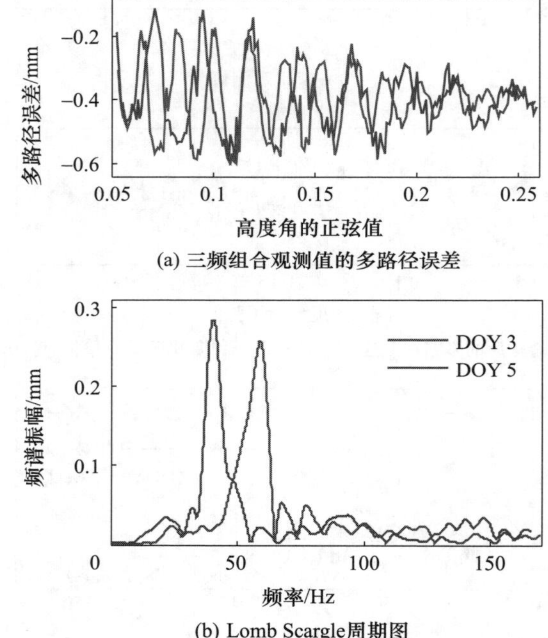

图8.2 BDS PRN9 卫星的三频相位组合观测值的多路径误差以及其 Lomb Scargle 周期图(见彩图)

在获得多路径频率后,另一个重要的步骤是获取反射器高度频率。我们使用Nievinski和Larson[6]提出的模拟器模拟了载波相位组合观测然后将频率和假设的反射器高度保持一致。MAYG站的反射器高度大约在4~9m,所以在模拟器中设定了一系列的天线高度,其范围为4~9m。图8.3展示了在特定的高度角范围内(5°~18°)天线高度和峰值频率的关系,这种关系能够表示为如下的线性关系:

$$\boldsymbol{h} = 0.1202 \times f - 0.1154 \tag{8.2}$$

式中:h 为天线高度;f 为多路径组合误差的峰值频率。如果使用BDS L6(0.2363)或者L7(0.2483)波长作为式(4.39)的参数,则其关系与式(8.2)相似。用相同的过程

得到测距码组合观测值的关系如下：

$$h = 0.1204 \times f - 0.1286 \tag{8.3}$$

在获得了相位或者测距码多路径的峰值频率之后，可以通过式(8.2)和式(8.3)计算天线高度或者海平面变化。

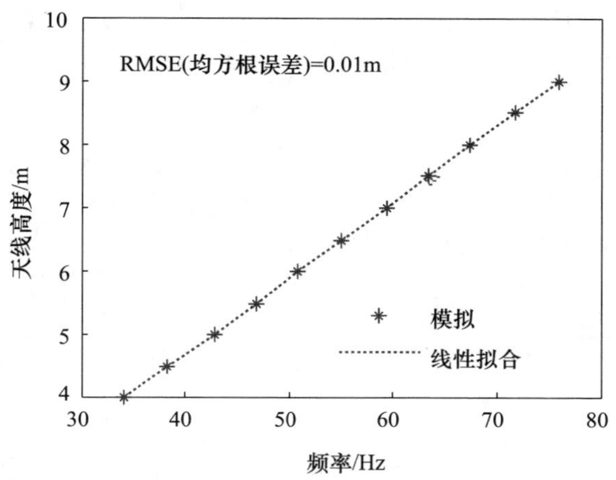

图 8.3　峰值频率和天线高度的线性关系

8.1.2　海平面变化

8.1.2.1　BDS 估计

在获取峰值频率前，BDS SNR，相位以及测距码的组合观测值会根据卫星轨迹和方位角集群选择升序或者降序部分。由于在测站上低高度角数据易受多路径影响，所以只使用了卫星高度角小于 18°的观测数据。此外，不需要天线周围所有的反射信号，而只需要使用海平面上反射的信号。通过估计测站周围的地图和观测数据的可靠性，我们只使用了方位角为 20°～80°以及 110°～170°的轨迹来进行谱分析。另一方面，实地的验潮站观测值并不是每秒获取，所以用内插已知的轨迹来获取某一时间上的与天线高度相关的观测值。

在比较 BDS 海平面结果和实地验潮站观测值时，应该考虑不同的海平面的参考面。BDS 海平面时间序列与天线相位中心有关，而验潮站测量值与验潮站基准有关。因此，我们可以通过比较 BDS 结果和验潮站观测值的差异来获得一个平均的海平面。图 8.4 展示了 10 天的海平面变化时间序列。可以看到尽管三频测距码测量值差于其他的观测值，BDS 测量值与验潮站测量值仍有很好的一致性。由于 BDS 卫星的局限性，这里估计值的数量没有 GPS 估计值多。另外，BDS 海平面时间序列在测站上同样有半周天变化。图 8.5 和 8.6 说明 BDS 结果和验潮站观测值具有良好的相关性。图 8.7展示了 BDS SNR 和验潮站相位估计值的残差。可看到 SNR2 数据的结果明显优于其他的结果，其 RMSE 为 0.39m。表 8.1 详细说明了 BDS 结果的相关系数和 RMSE。

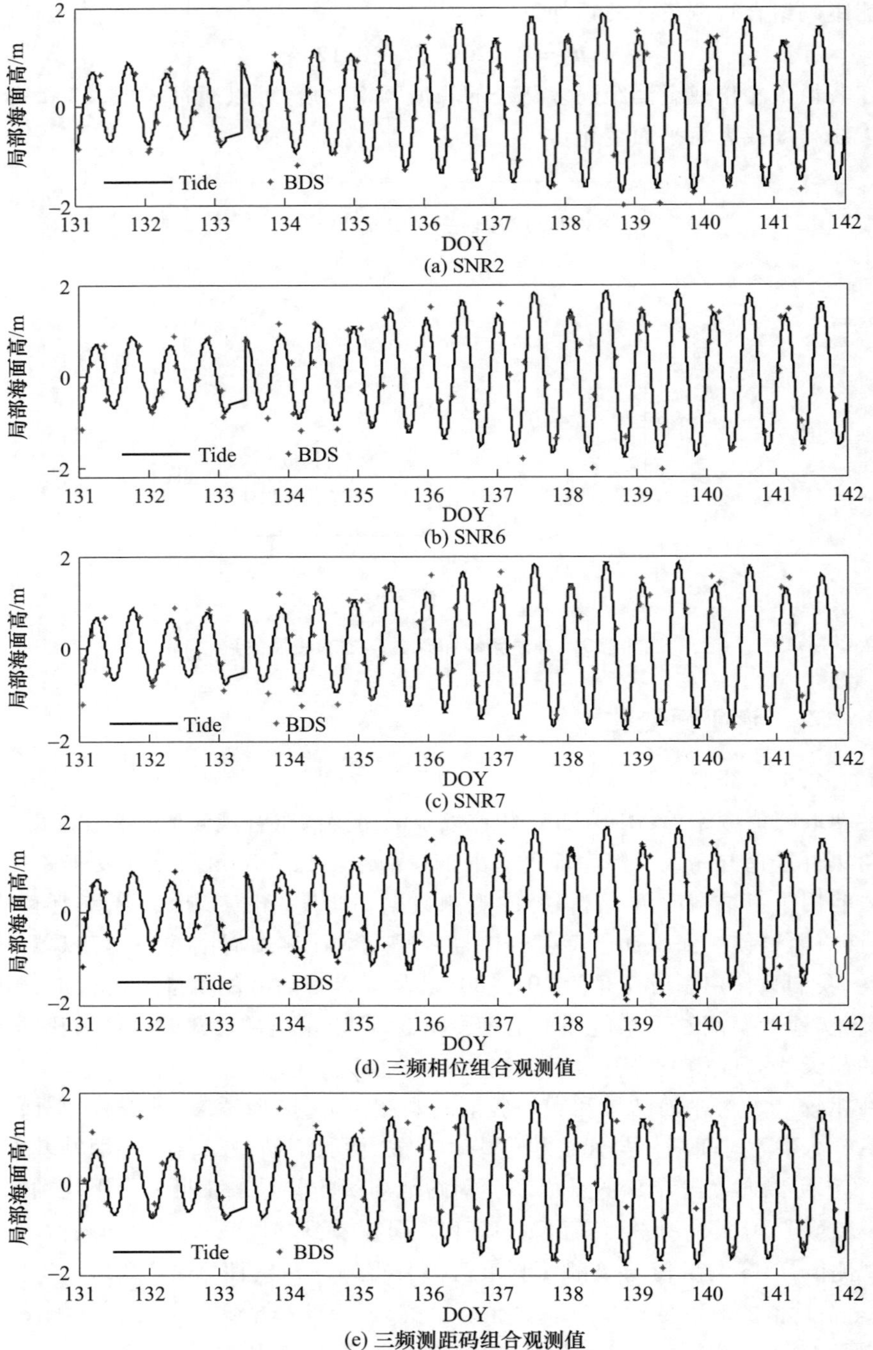

图 8.4 从 BDS L2、L6 和 L7 信噪比数据、三频组合观测值和验潮站观测值得到的 10 天的海平面变化(见彩图)

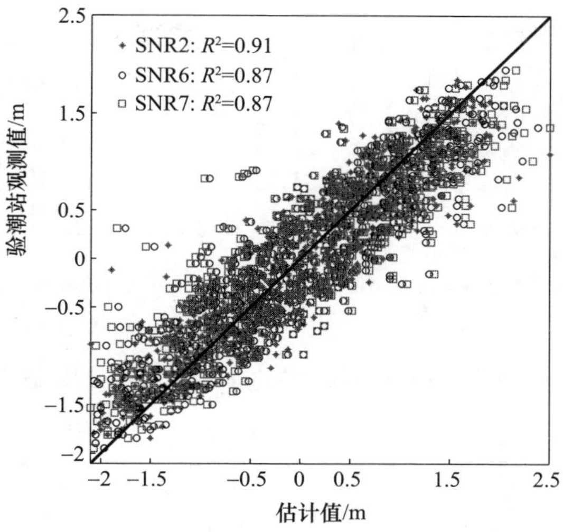

图 8.5　BDS L2 L6 L7 SNR 估计值和验潮站观测值的相关性（见彩图）

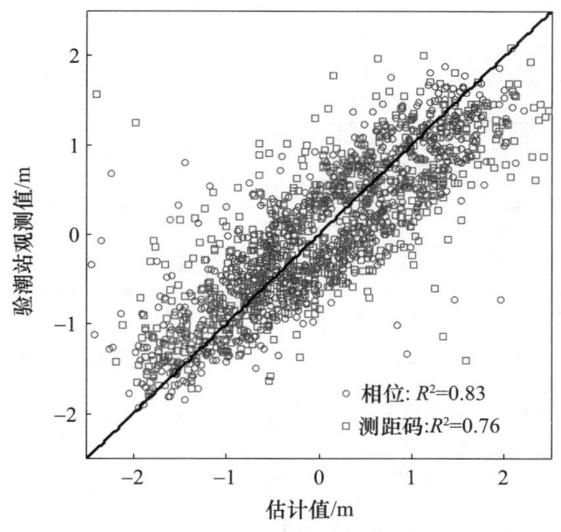

图 8.6　BDS 三频相位和测距码估计值和验潮站测量值的相关性（见彩图）

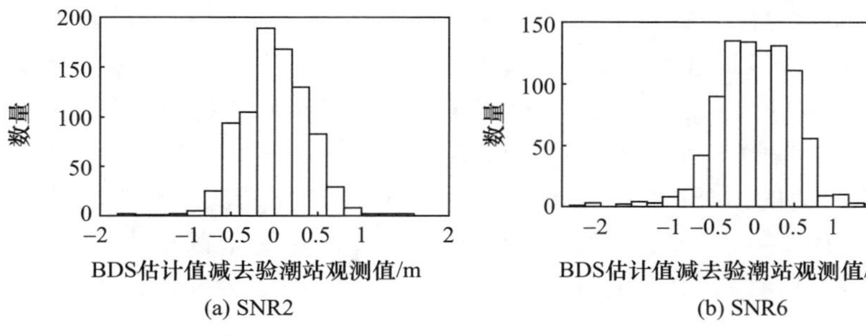

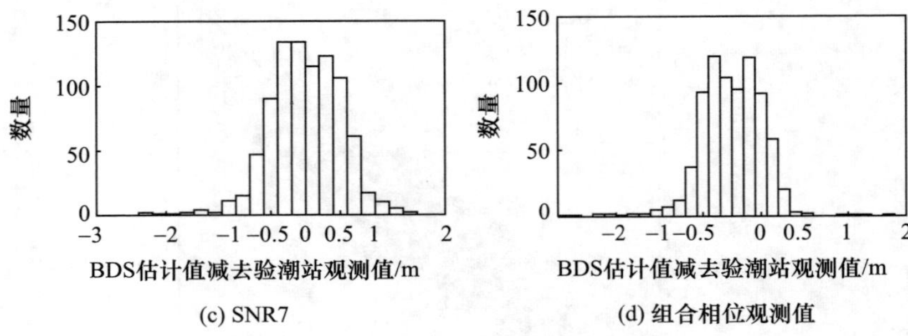

(c) SNR7

(d) 组合相位观测值

图 8.7　BDS SNR 和三频相位估计值与验潮站观测值的残差

表 8.1　BDS、GPS 的水位反演结果与验潮站观测值的相关系数和 RMSE

系统	观测量	相关系数	RMSE/m
BDS	SNR2	0.91	0.39
	SNR6	0.87	0.49
	SNR7	0.87	0.52
	Phase	0.83	0.56
	Code	0.76	0.69
GPS	SNR2	0.82	0.56
	SNR5	0.87	0.43
	Phase	0.87	0.46
	Code	0.84	0.49

8.1.2.2　BDS 与 GPS 结果比较

新的 L5 信号自 2010 年起被 GPS Block ⅡF 卫星广播，这意味着三频 GPS 观测值能够用于海面高估计。这里比较了 PRN 1,3,6,9,24,25,27 号卫星共同获得的 GPS 结果与 BDS 的结果(表 8.1)。图 8.7 是仅使用 BDS 观测值，并将其估计结果与验潮站观测值做差后得到的残差统计图，其中 SNR5 估计值与验潮站观测值的相关系数为 0.87，RMSE 为 0.43m，优于其他的观测值。从三频相位和测距码组合观测值得到的结果比从 SNR 得到的结果的精度要差，而与 BDS 的结果精度相同。这表明线性模型的精度并不是很高。在表 8.1 中，由于性能不佳没有给出 GPS L1 SNR 数据的结果，但是这不代表 L1 SNR 数据不适合反演海面高，这可能是测站中其他的误差导致的。从表 8.1 还能看到，GPS 和 BDS 的结果之间有一些很小的差异，这些差异是由 GPS 和 BDS 的反射区不同造成的。图 8.8 展示了 2015 年 1 月 2 日在 MAYG 测站的 GPS 和 BDS 多路径反射点。这里，感兴趣区域的方位角为 20°~80°和 110°~170°，大多数的 BDS 卫星轨迹都在这个区域中，但是区域中一些 GPS 轨迹不可用。另外，被 BDS 和 GPS 卫星覆盖的区域是不一样的，这就产生了不同的结果。

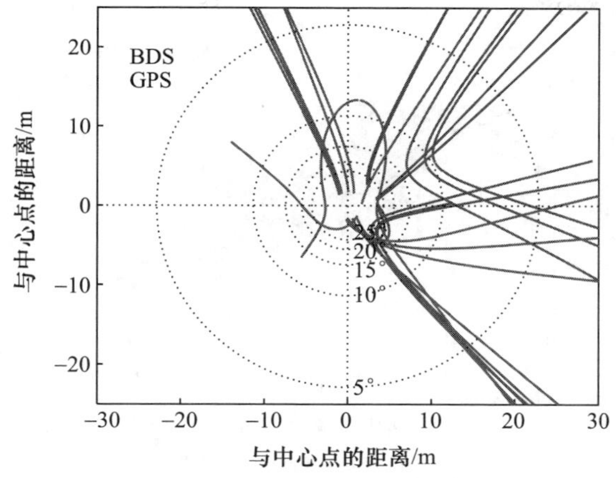

图 8.8　2015 年 1 月 2 日在 MAYG 站上 GPS 和 BDS 的多路径反射点(见彩图)

8.1.2.3　线性模型改进估计

从图 8.7 和表 8.1 看出,三频载波相位组合观测值的结果不如 SNR2 和 SNR6 好。事实上,载波相位是 GNSS 测量中最精确的观测量,所以尽管存在一些误差,三频载波相位组合观测值在某些程度上应该与 SNR 一样好。在 8.1.1.2 节中,我们知道由于结果从估计值中获得,峰值频率和天线高度之间的线性相关并不精确。尽管我们考虑了直射和反射信号之间的相关性及其在天线和地表的响应,但估计值并不能代替测站实地的真值。一些其他的因素比如水的粗糙度及其组成将会影响反射信号。因此,精确的线性关系将提高三频组合观测结果的精度。通过模拟器,表明峰值频率和天线高度的关系是线性的,所以峰值频率和验潮站测量值之间的关系也应该是线性的。在拟合了载波相位峰值频率和验潮站观测值后,可以看到它们之间有一个明显的负线性相关性(图 8.9)。通过使用这种负线性模型来获取海平面的峰值频率,其结果的 RMSE 为 0.45m,优于在测距码相位上用模拟线性模型获取的结果,其 RMSE 为 0.51m。

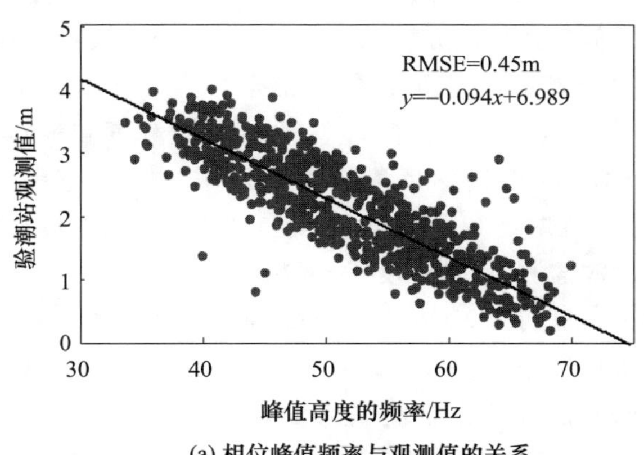

(a) 相位峰值频率与观测值的关系

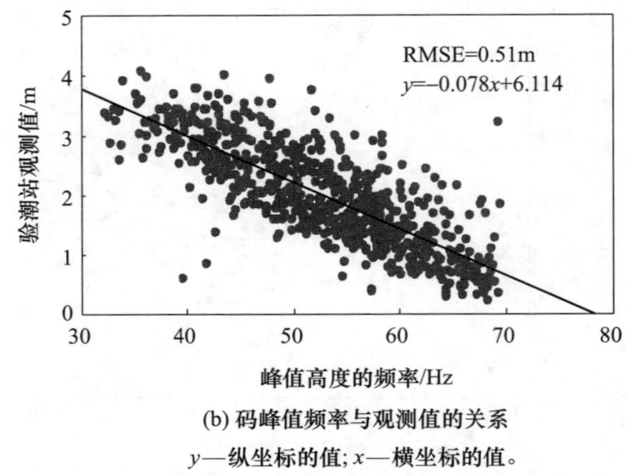

(b) 码峰值频率与观测值的关系

y—纵坐标的值;x—横坐标的值。

图8.9 BDS相位-测距码峰值频率和验潮站观测值的关系(见彩图)

8.2 空基GNSS-R海面高估计

平均海面高(MSSH)是海洋环境一个重要的参数,在分析大地水准面差距、研究地球内部动力学机制以及在海洋动力学研究中起重要作用。传统的测量方法,如浮标、船测等,测量范围小、数据稀疏、成本高,而传统的雷达测高技术,卫星少、仅能进行星下点测量、时空分辨率低。

船测、浮标、沿海监测站等传统的海洋观测手段,测量成本高、数据稀疏、测量周期长以及重复性差,而测高卫星仅仅对星下点进行测高,时空分辨率不高,都无法实现在较短的时间范围内获取大空间尺度的海洋观测信息[6]。早在1968年,Barrick等[7]研究了粗糙表面的散射特性,在1988年,Hall和Cordey就提出了利用GPS反射信号进行海面状态的探测。随后,Martin-Neira[6]首次提出了利用GPS反射信号进行海洋测高,这也是GNSS-R的首次应用。随后,越来越多的研究推进了对反射物理机理、系统需求、物理几何参数反演方法和预期性能的分析,这些研究探索了被动多基静态GNSS-R比主动单基静态空间测高的优势[8-10]。具体地说,相比传统观测手段,被动GNSS反射测量接收机对机载功率、系统复杂程度和成本方面的要求更低,并能同时跟踪多个GNSS卫星的反射信号进而增加覆盖范围[11]。同时,过去的GNSS-R实验主要集中在陆地和空中的接收机实验,这些实验展示了GNSS反射测量新的应用,如测高、潮汐监测、土壤湿度、海面粗糙度和风速测量,基于空间的实验一直局限于偶然的情况、一些技术演示和TechDemoSat-1任务[12-14],还有学者对不同导航系统的反射测量特性进行了深入研究[2]。但是随着8颗CYGNSS卫星的发射,人们对利用反射GNSS信号从太空测量海面高的能力也越来越感兴趣,目前天基GNSS-R测高试验正在积极计划中;但基于测距码的空间测高性能分析,特别是对飞

行数据的性能分析，在地理范围、路径延迟模型的完备性、重跟踪方法的分析等方面受到了很大的限制。

利用 CYGNSS 提供的 DDM 数据进行全球中尺度平均海面高反演研究，通过对不同时延反演方法的比较，确认了适用于 CYGNSS 数据的平均海面高度的反演方法，得到了首个用 CYGNSS 数据得到的全球中尺度平均海面高分布，并对结果的准确性和可靠性进行了分析。

8.2.1　观测数据与方法

8.2.1.1　CYGNSS

本节利用 CYGNSS 的数据进行全球平均海面高的反演，CYGNSS 卫星是由 NASA、密歇根大学及美国西南研究院共同研制并执行的 CYGNSS。该系统由 8 颗相同的微小卫星组成，于美国东部时间 2016 年 12 月 15 日，由美国轨道科学 ATK 公司使用 L-1011 飞机投掷了一枚空射型飞马座 XL 火箭，将这 8 颗气旋全球导航气旋研究卫星送入了预定轨道。相对之前的 TDS-1，CYGNSS 卫星是专门用来进行 GNSS 反射测量的卫星系统，星上只搭载了 SGR-ReSI 接收机，没有其他的多余载荷。该系统包括 8 颗小卫星，提高了观测数据的时间与空间分辨率，每颗卫星质量 24kg，轨道倾角 35°，轨道高度 510km，每颗卫星所需功率 37W，每颗微小卫星都有指向天顶和天底的天线，天顶天线是常规的 GNSS 天线，主要接收来自 GNSS 卫星的直射信号，天底天线是高增益的反射型天线，主要用来接收来自地表或海洋的反射信号[15]。CYGNSS数据主要包括 4 级产品，分别为 Level 1，2，3，4。前 3 级产品向公众公开，目前可以在 NASA 的 PO. DAAC 网站获得，格式为 netCDF。

由于陆地或海面的粗糙度，接收机接收到的信号是包括散射点的有效散射区反射的能量。散射点位于闪烁区，其大小与海面粗糙度、接收机的高度和高度角有关。在闪烁区，因 GNSS 卫星和接收机的位置是不断变化的，所以每一个散射点对应于一个不同的多普勒频移和延迟，分别连接相同的延迟和多普勒点形成等时延线（iso-Delay，接近椭圆）和等多普勒线（iso-Doppler，接近双曲线），将闪烁区域的每个点映射到多普勒和延迟空间，可以得到二维时延-多普勒图，如图 8.10 所示。GNSS 信号是一种直接序列扩频信号，卫星发射的信号分布在一个较宽的频带内，并且由于卫星发射功率的限制以及远距离的空间传输所造成的自由空间衰减，同时由于反射的存在，离开散射区的信号会掩埋于噪声中，只有通过相关处理获得较高的增益后才能完成捕获和跟踪测量，由于反射面的粗糙度，反射信号表现为信号幅度的衰减以及不同的时间延迟和不同的多普勒信号的叠加，而不同的时延和多普勒又与反射面的不同反射单元相对。

因此，反射信号的相关值需要从时间延迟和多普勒频移两方面考虑，其时延-多普勒二维相关函数 $Y_{\mathrm{R-Delay-Dop}}(t_0,\tau,f)$ 见下面式（8.4），它反映了反射区各等时延线和各多普勒线交叉区域处反射信号的相关值，是反射信号最全面的描述方式：

$$Y_{R-Delay-Dop}(t_0,\tau,f) = \int_0^{T_i} u_R(t_0+t'+\tau)a(t_0+t')\exp[2\pi j(f_L+\hat{f}_R+f)(t_0+t')]\,dt' \tag{8.4}$$

式中：T_i 为相干积分时间；u_R 为接收天线的输出信号；a 为本地 PRN 码复制码；f_L 为接收信号的中心频率；$\hat{f}_R$ 为参考点处多普勒的估计值。

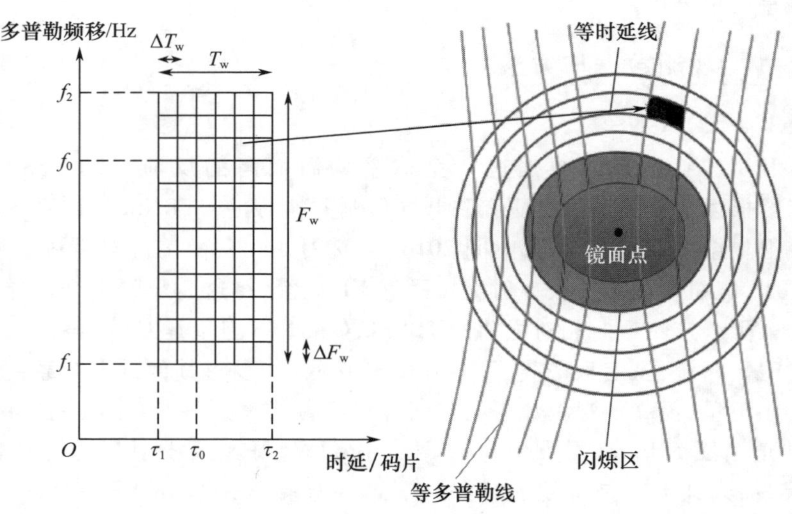

图 8.10 时延-多普勒单元与空间反射面单元的对应关系(见彩图)

每颗 CYGNSS 卫星都有 4 个反射信号通道来观测 4 个不同的闪烁区，因此理想情况下 CYGNSS 每秒可以获得 32 个 DDM，CYGNSS 的发展为我们提供了第一个基于 CYGNSS 获得的 DDM 估计全球平均海面高(MSSH)的机会。

8.2.1.2 WGS-84 椭球面上镜面反射点计算方法

SSH 是海平面到 WGS-84 椭球面的高度，如图 8.11 所示，CYGNSS 接收到有效反射区的信号后，需要找到其在 WGS-84 椭球面上的参考点，从而进一步得到有效反射区的平均海面高度。

图 8.11 中，RX 是接收机，TX 是 GNSS 卫星，点 SP 是镜面反射点。镜面反射点在地球表面上，发射机到该点再到接收机的距离是最短的。镜面反射点满足 3 个条件：①镜面反射点在地球表面；②发射机、接收机和镜面反射点之间的路径最短；③镜面反射点处的入射角等于反射角。根据这些条件可以先粗略地估计出镜面反射点的位置，然后基于角平分线变步长校正镜面反射点的位置，通过迭代计算出镜面反射点的精确位置，相比于 Gleason 等[16]和 Wu 等[17]的方法，它能更快地迭代出高精度的结果[18]。

如图 8.12 所示，图中：R 为接收机；T 为 GNSS 卫星；点 S 为镜面反射点的初始位置；点 O 为地球中心；r 为地球半径；$\hat{s}$ 为校正方向；K 为校正步长；S_{temp} 为新的镜面点位置。依据图 8.12 中的几何关系，计算镜面反射点 S 的步骤如下。

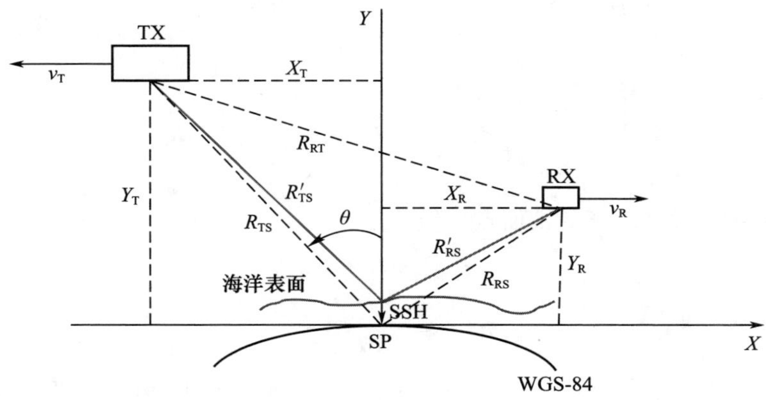

图 8.11　反射测量测高几何图(见彩图)

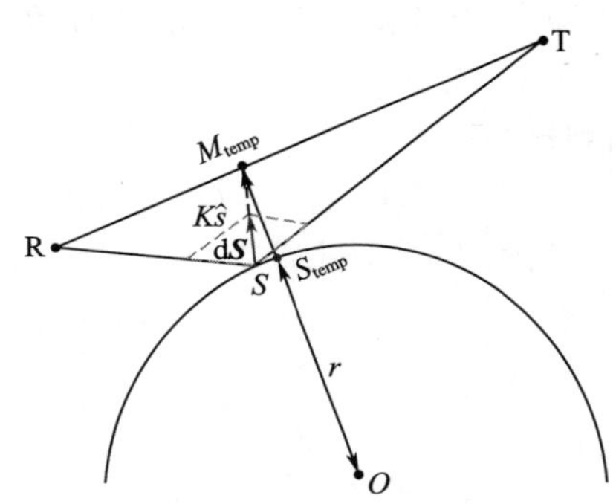

图 8.12　基于角平分线的镜面反射点搜索(见彩图)

(1) 输入从导航信息中获取的接收机和发射机的位置。

(2) 利用下式粗略计算 S 的初始位置：

$$\boldsymbol{M} \approx \boldsymbol{R} + \frac{H_R}{H_R + H_T} RT \tag{8.5}$$

$$\lambda = \arcsin \frac{M_z}{|\boldsymbol{M}|} \tag{8.6}$$

$$r = a_{\mathrm{WGS-84}} \sqrt{\frac{1 - e_{\mathrm{WGS-84}}^2}{1 - (e_{\mathrm{WGS-84}}^2 \cos^2 \lambda)}} \tag{8.7}$$

$$\boldsymbol{S} = \frac{\boldsymbol{M}}{|\boldsymbol{M}|} r \tag{8.8}$$

式中：H_R 和 H_T 分别为接收机和 GNSS 卫星的高度；在 WGS-84 坐标系中，长半径 $a_{\mathrm{WGS-84}}$是 6378137m，偏心率$e_{\mathrm{WGS-84}}$是 0.08181919084264。

(3) 利用下式计算校正方向 $\hat{s}$：

$$\mathrm{d}\boldsymbol{S} = \frac{\overrightarrow{ST}}{|TS|} + \frac{\overrightarrow{SR}}{|RS|} \tag{8.9}$$

$$\hat{s} = \frac{\mathrm{d}\boldsymbol{S}}{|\mathrm{d}\boldsymbol{S}|} \tag{8.10}$$

（4）利用下式计算校正步长 K：

$$K = \sqrt{|TS||RS| - \frac{|TR|^2 |TS||RS|}{(|TS| + |RS|)^2}} \tag{8.11}$$

（5）利用下式计算新的镜面点位置 $\boldsymbol{S}_{\text{temp}}$：

$$\boldsymbol{M}_{\text{temp}} = \boldsymbol{S} + K\hat{s} \tag{8.12}$$

$$\boldsymbol{S}_{\text{temp}} = \frac{\boldsymbol{M}_{\text{temp}}}{|\boldsymbol{M}_{\text{temp}}|} r \tag{8.13}$$

（6）若条件 $|\boldsymbol{S}_{\text{temp}} - \boldsymbol{S}| < \varepsilon$ 成立，那么 $\boldsymbol{S}$ 就是最终的镜面反射点，否则，使 $\boldsymbol{S} = \boldsymbol{S}_{\text{temp}}$，然后回到步骤(3)继续迭代。

在计算得到 WGS-84 椭球面上的镜面反射点的位置后，便可以计算该点的时间延迟和多普勒频移，这是计算 MSSH 的第一步。

8.2.1.3 实际时延估计方法

上一小节介绍了 WGS-84 镜面反射点的估计方法，在实际的测量中，为获得时延差，需要估计得到实际反射的时延，实际时延是反射到海面上的最短路径延迟，Cardellach 等[14]提出了 3 种获得实际时延的方法，3 种方法都基于时延相关波形图获得，分别如下。

1）一阶导数法

这种估计方法是把实际时延 τ_{spec} 当作下式的解：

$$\frac{\mathrm{d}^2 W}{\mathrm{d}\tau^2}(\tau_{\text{spec}}) = 0 \tag{8.14}$$

式中：W 为中心时延图（DM），可以由时延-多普勒图像（DDM）得到，从式中可以知道这个点是时延波形图一阶导数的峰值点。

2）最大值法

另一种实际时延估计方法是基于 GNSS 导航时延估计方法进行的，在 GNSS 导航中，峰值功率的时延被当作导航信号的时延解。当表面光滑时，这种算法只涉及镜面时延，在这种情况下，微小的表面粗糙度不影响波形的形状。但是，在海洋 GNSS 反射测量中，功率波形和峰值本质上都是由粗糙度决定的。

3）半峰值法

这个算法是单基雷达测高所使用算法的简化版本，在波形前沿，把峰值功率的一部分所对应的时延当作实际时延。在雷达测高中，这个系数很接近 0.5，这也是这个算法名称的由来。在 GNSS-R 中，这个系数一般选择为 0.75，因为它的结果与一阶导数法的结果很接近。需要注意的是当系数很接近 1 时，像峰值本身一样，它也会受到海洋表面粗糙度的剧烈影响。

在依据一维 DM 反演实际时延时，为了减小实际时延的反演误差，采用 Mashburn

等提出的方法进行初步处理可以改善结果,即使用惠特克-香农定理对 DM 进行插值处理[19],如下式所示:

$$X(\delta) = \sum_{n=-\infty}^{\infty} x[n] \cdot \mathrm{sinc}\left(\frac{\delta - nd}{d}\right) \tag{8.15}$$

式中:$x[n]$是原始的时延相关功率序列;δ 是扩展后的时延序列;d 是采样周期。通过比较这 3 种实际时延估计方法,分析不同反演方法对测量精度的影响,最终选用第一种方法进行后续的海面高计算。

8.2.2　海面高计算

在计算得到 WGS-84 镜面反射点时延和实际时延后,依据图 8.11 中的几何关系,按照 Clarizia 等[20]提出的如下公式便可计算出有效反射区的海平面高度(SSH):

$$L = R_{\mathrm{TS}} + R_{\mathrm{RS}} - c \cdot \Delta\tau \tag{8.16}$$

$$\alpha = \frac{Y_{\mathrm{R}} - Y_{\mathrm{T}}}{L} \tag{8.17}$$

$$\beta = \frac{R_{\mathrm{TS}}^2 - R_{\mathrm{RS}}^2 + L^2}{2L} \tag{8.18}$$

$$\mathrm{SSH} = \frac{-(\alpha \cdot \beta + Y_{\mathrm{T}}) + \sqrt{(\alpha \cdot \beta + Y_{\mathrm{T}})^2 - (\alpha^2 - 1) \cdot (\beta^2 - R_{\mathrm{TS}}^2)}}{\alpha^2 - 1} \tag{8.19}$$

由于有效散射区很小,在这个很小的区域海平面高度变化也很小,此反演方法利用该特点,假定跟踪点的经纬度与 WGS-84 镜面反射点的经纬度一致,从而将未知变量减少到只剩下 SSH,进而完成反演海面高度的目标。

8.2.3　结果与评估

MSSH 是当今地球科学和环境科学所关注的重点,相对于参考椭球,它包括大地水准面和海面地形两部分信息,因而被广泛用于研究大地水准面、瞬时海面高、海洋环流、海平面变化等问题。全球平均海面高模型是利用丰富的测高卫星数据(ERS-1,ERS-2,Jason 系列等),采用相应的数据处理方法,得到全球的平均海面高模型,模型一般是基于格网数据,为获得全球某一地点的海面高可以插值得到。这里使用的全球 MSSH 模型是 AVISO 提供的 CNES_CLS2015 以及 DTU-10 模型。

8.2.3.1　评估方法

由于 MSSH 模型的分辨率与 CYGNSS 反演得到的全球海面高结果的分辨率不相同,为了进行对比需要进行数据的匹配,可以使用双线性内插方法进行匹配,用 SP 点表示 CYGNSS 的反演结果,其经纬度分别是 lon_0、lat_0,其反演结果为H_{measured},这个点在 MSSH 格网中的位置情况如图 8.13 所示,按照下式即可计算 SP 点在 MSSH 模型格网中的海面高H_{model}。

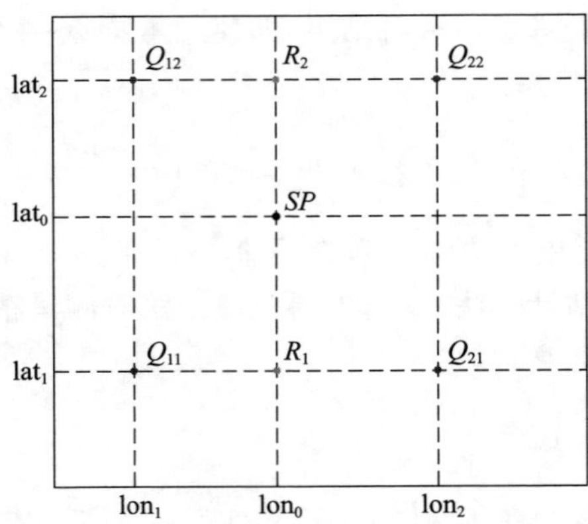

图 8.13　双线性内插原理图(见彩图)

$$H_{R_1} = \frac{\mathrm{lon}_2 - \mathrm{lon}_0}{\mathrm{lon}_2 - \mathrm{lon}_1} H_{Q_{11}} + \frac{\mathrm{lon}_0 - \mathrm{lon}_1}{\mathrm{lon}_2 - \mathrm{lon}_1} H_{Q_{21}} \tag{8.20}$$

$$H_{R_2} = \frac{\mathrm{lon}_2 - \mathrm{lon}_0}{\mathrm{lon}_2 - \mathrm{lon}_1} H_{Q_{12}} + \frac{\mathrm{lon}_0 - \mathrm{lon}_1}{\mathrm{lon}_2 - \mathrm{lon}_1} H_{Q_{22}} \tag{8.21}$$

$$H_{\mathrm{model}} = \frac{\mathrm{lat}_2 - \mathrm{lat}_0}{\mathrm{lat}_2 - \mathrm{lat}_1} H_{R_1} + \frac{\mathrm{lat}_0 - \mathrm{lat}_1}{\mathrm{lat}_2 - \mathrm{lat}_1} H_{R_2} \tag{8.22}$$

式中:$H_{Q_{11}}$、$H_{Q_{12}}$、$H_{Q_{21}}$、$H_{Q_{22}}$可以依据 lon_1、lon_2、lat_1、lat_2在 MSSH 模型格网中查找得到,在匹配得到一系列对应的lon_0、lat_0、H_{measured}和H_{model}之后便可以进行反演结果的评估。假定样本数目为 N,通过计算偏差(bias)、平均绝对误差(MAE)、均方根误差(RMSE)和相关系数(R)对结果进行评定,计算方法见下式:

$$\mathrm{bias} = H^i_{\mathrm{measured}} - H^i_{\mathrm{model}} \tag{8.23}$$

$$\mathrm{MAE} = \frac{1}{N}\sum_{i=1}^{N} | H^i_{\mathrm{measured}} - H^i_{\mathrm{model}} | \tag{8.24}$$

$$\mathrm{RMSE} = \sqrt{\frac{1}{N}\sum_{i=1}^{N} (H^i_{\mathrm{measured}} - H^i_{\mathrm{model}})^2} \tag{8.25}$$

$$R = \frac{\sum_{i=1}^{N} (H^i_{\mathrm{measured}} - \bar{H}_{\mathrm{measured}})(H^i_{\mathrm{model}} - \bar{H}_{\mathrm{model}})}{\sqrt{\sum_{i=1}^{N} (H^i_{\mathrm{measured}} - \bar{H}_{\mathrm{measured}})^2 \sum_{i=1}^{N} (H^i_{\mathrm{model}} - \bar{H}_{\mathrm{model}})^2}} \tag{8.26}$$

式中:$\bar{H}_{\mathrm{measured}}$是$H_{\mathrm{measured}}$的平均值;$\bar{H}_{\mathrm{model}}$是$H_{\mathrm{model}}$的平均值。

8.2.3.2　CYGNSS 反演及与 AVISO 比较结果

这里使用的第一个全球平均海面高模型是 AVISO 提供的 CNES_CLS2015,该模型使用了 20 年(1993—2012)的测高数据,主要包括 Topex/poseidon、ERS-2、GFO、Jason-1、Jason-2、Envisat、ERS-1、Jason-1 和 Cryosat-2。目前该模型提供 1′分辨率的全球格网产品,可以在 AVISO 官网获得。除了 CNES_CLS2015,AVISO 之前还发布了一系列的相关产品，包括 CLS_SHOM98.2、CNES_CLS01、CNES_CLS10、CNES_CLS2011。

本次利用 CYGNSS L1 级 2017 年 8 月份的双基雷达截面（BRCS）数据，采用 8.2.1 小节的方法可以得到全球平均海面高分布，海面高监测区域为 CYGNSS 卫星星座的观测范围，纬度范围约为 40°N ~ 40°S，CNES_CLS2015 模型得到的监测海域平均海面高分布如图 8.14 所示。

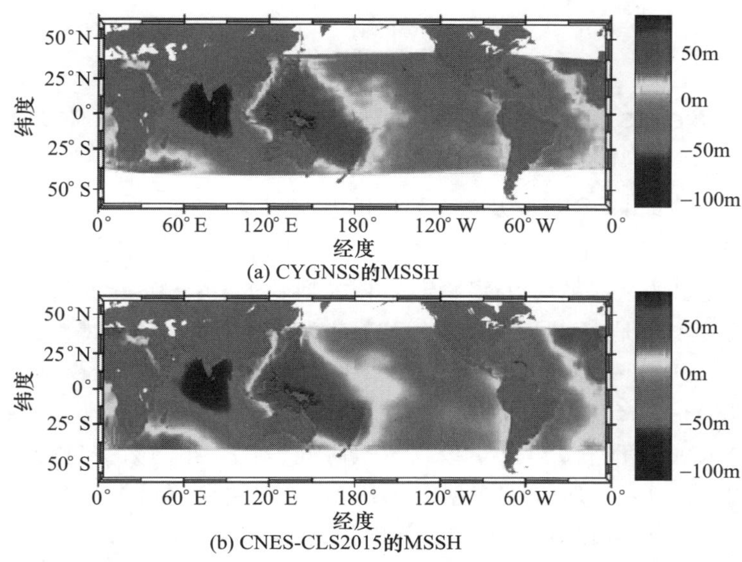

(a) CYGNSS的MSSH

(b) CNES-CLS2015的MSSH

图 8.14　利用 CYGNSS 估计的全球平均海面高分布图与利用 CNES_CLS2015 模型得到的监测海域平均海面高分布图（见彩图）

可以看到，反演结果大体上与 CNES_CLS2015 模型保持一致，太平洋西部平均海面高较高且为正值，这意味着此处平均海面低于 WGS-84 椭球面，印度洋北部平均海面高较低且为负值，这意味着此处平均海面低于 WGS-84 椭球面。再采用 8.2.3.1 节中讲述的评估方法，如图 8.15 所示，可以看到 CYGNSS 估计结果与 CNES_CLS2015 模型的偏差主要集中在 ±10m，少量分布在 ±10 ~ 20m，其概率密度图形比较接近高斯分布，同时两组值的平均绝对误差为 1.33m，均方根误差（RMSE）为 2.26m，相关系数为 0.97，说明两组值相似程度极高，反演结果在一定精度范围内是可信的。

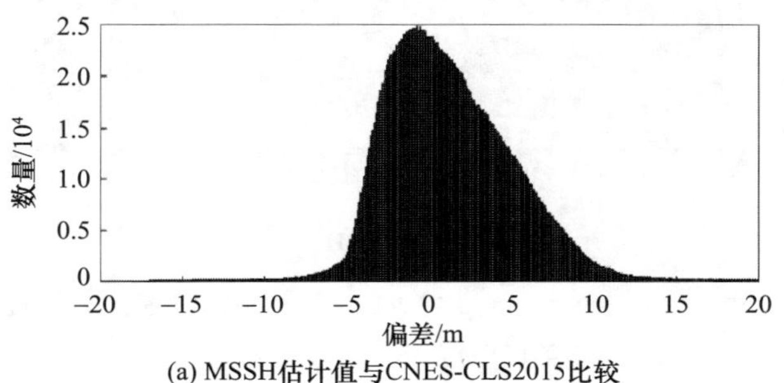

(a) MSSH估计值与CNES-CLS2015比较

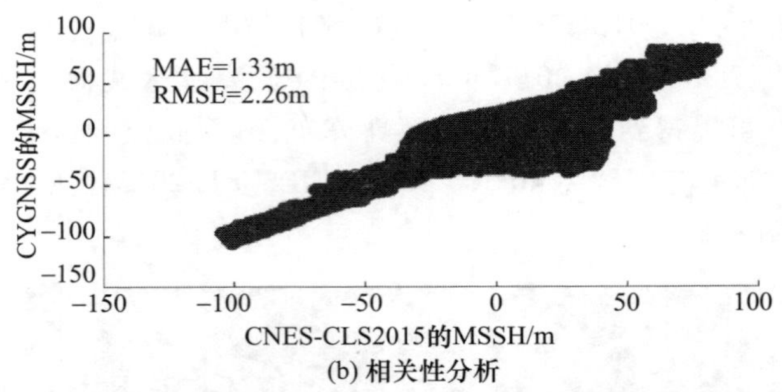

(b) 相关性分析

图 8.15 CYGNSS 结果与 CNES-CLS2015 模型值的偏差统计图及 CNES_CLS2015 模型值与 CYGNSS 结果的相关性分析图

8.2.3.3 CYGNSS 反演及与 DTU-10 比较结果

另一个选择的全球平均海面高模型是 DTU-10，它是由丹麦技术大学的 Andersen 等在 2010 年提出的全球平均海面高模型，该模型基于 DNSC08 模型并加以改进而得到。DNSC08 模型也是由 Andersen 等提出，该模型主要利用了 9 颗测高卫星，包括 Jason-1、T/P、T/P interleaved mission、ERS-1 GM、ERS-2 ERM,、Geosat GM、Geosat Follow On(GFO)-ERM、Envisat ERM 和 ICESat 等，并对 12 年的观测数据进行平均得到。相比 DNSC08，DTU-10 延长了数据覆盖时间，对 17 年的数据进行了平均，并重新处理了 ERS-2 和 ENVISAT 的数据。DTU-10 数据主要包括 1′和 2′分辨率的全球格网产品，具体产品可以在 DTU-10 官网服务器获得。与 8.3.2.2 节类似，得到图 8.16和图 8.17，可以看到利用 CYGNSS 反演的海面高结果与 DTU10 模型值也基本一致，因为 DTU10 模型和 CNSE_CLS2015 模型一致性极强。

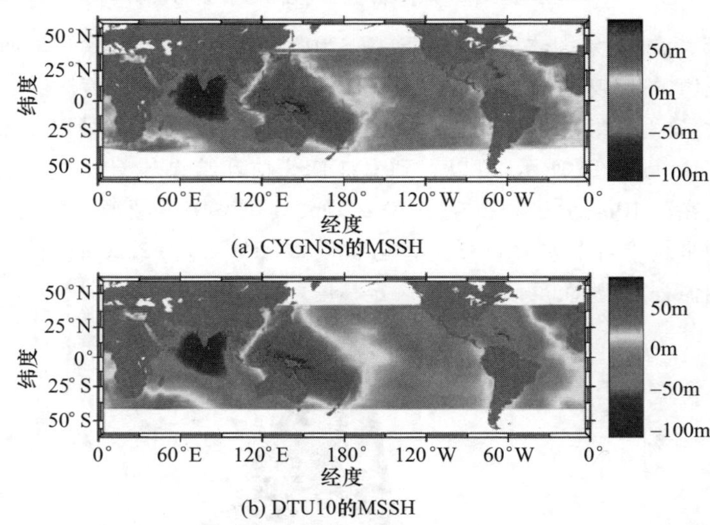

(a) CYGNSS的MSSH

(b) DTU10的MSSH

图 8.16 利用 CYGNSS 估计的全球平均海面高分布图及 DTU10 模型得到的平均海面高分布(见彩图)

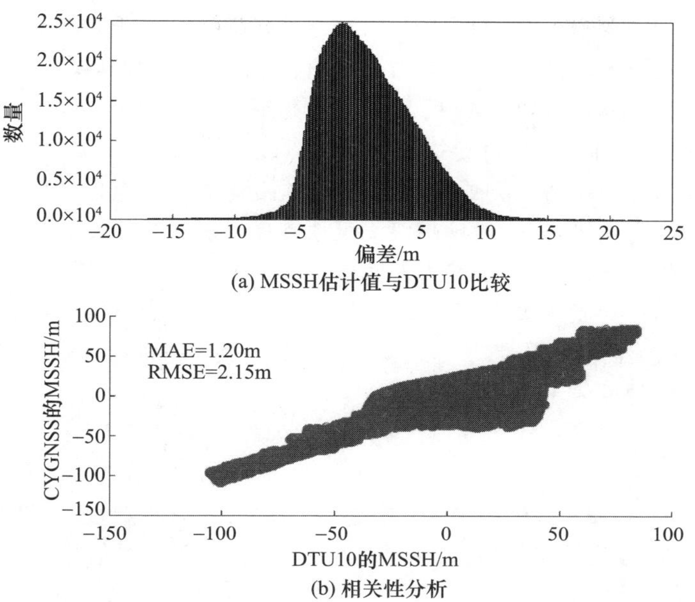

(a) MSSH估计值与DTU10比较

(b) 相关性分析

图 8.17　CYGNSS 结果与 DTU10 模型值的偏差统计图及 DTU10 模型值与 CYGNSS 结果的相关性分析图

可以看到 CYGNSS 估计结果与 DTU10 模型的偏差主要集中在 ±10m，少量分布在 ±10~25m，其概率密度图形非常接近高斯分布，同时两组值的平均绝对误差为 1.20m，均方根误差为 2.15m，相关系数为 0.97，说明两组值相似程度极高，反演结果在一定精度范围内是可信的。

8.2.4　误差分析

整个海面高反演过程中，最大的误差来源于实际时延的反演精度，如图 8.11 所示，从几何关系中可以得到下式：

$$c \cdot \tau_{\text{spec}} = R'_{\text{TS}} + R'_{\text{RS}} =$$
$$\sqrt{(R_{\text{TS}} \times \sin\theta)^2 + (\text{SSH} - R_{\text{TS}} \times \cos\theta)^2} + \sqrt{(R_{\text{RS}} \times \sin\theta)^2 + (\text{SSH} - R_{\text{RS}} \times \cos\theta)^2} \tag{8.27}$$

对其求偏导，得到下式：

$$\frac{c \cdot \mathrm{d}\tau_{\text{spec}}}{\mathrm{dSSH}} = \frac{\text{SSH} - R_{\text{TS}} \times \cos\theta}{R'_{\text{TS}}} + \frac{\text{SSH} - R_{\text{RS}} \times \cos\theta}{R'_{\text{RS}}} \tag{8.28}$$

由于 $\text{SSH} \ll R'_{\text{TS}}$、$R'_{\text{RS}}$ 且 $R'_{\text{TS}} \approx R_{\text{TS}}$，$R'_{\text{RS}} \approx R_{\text{RS}}$，故式(8.28)可以简化为式(8.29)，可以看到测量实际时延的误差直接影响到平均海平面高度的反演。

$$\mathrm{dSSH} \approx -\frac{c \cdot \mathrm{d}\tau_{\text{spec}}}{2\cos\theta} \tag{8.29}$$

由于 CYGNSS 的时延分辨率约为 0.255s/(1023000s),根据式(8.29)可以计算其对高度反演的影响最低约为 37m,当入射角很小的时候,时延误差带来的高度误差会更大,在依据一维时延图(DM)反演实际时延时,为了减小实际时延的反演误差,采用惠特克-香农定理对 DM 进行插值处理可以改善结果。

除了时延估计误差外,接收机位置、GNSS 卫星轨道误差也较大,由于 CYGNSS 提供的位置精度为米级,这会给理想镜面反射点的估算带来误差,最终都会给平均海平面高度反演带来误差,这个误差大约为 3m,使用精密星历并用合适的方法去除电离层、对流层、潮汐和光压等因素对定轨的影响后,这个误差有望得到极大降低。最后,也需要考虑仪器固有误差,仪器的噪声也会对时延、定轨造成影响,最终也会影响平均海平面高度的反演。

8.2.5 小结

本节利用 CYGNSS 提供的 DDM 数据,根据 DM 的峰值位置、半峰值位置和一阶导数峰值位置与反射信号传播时间的关系,计算得到反射信号的时延,进而反演得到 2017 年 8 月的 MSSH,验证了基于 CYGNSS 数据反演米级精度 MSSH 的可行性。CYGNSS 得到的 MSSH 与 CNES_CLS2015 模型的 MSSH 的平均绝对误差为 1.33m,均方根误差达到 2.26m,相关系数达到 0.97,与 DTU10 海面高模型相比,平均绝对误差为 1.20m,均方根误差达到 2.15m,相关系数达到 0.97,表现出较好的一致性。

基于 DDM 的 CYGNSS MSSH 估计方法需要较高的空间分辨率,计算产生高精度数据所需的时间也较长,因此得到的估计值的时间分辨率较低。由于 CYGNSS 轨道倾角的限制,该方法只能估计北纬 40°和南纬 40°范围内的 MSSH,估计结果的精度目前取决于实际时延估计的精度,需要对其进行优化。本节目前仅仅分析了卫星位置精度、时延分辨率、仪器固有噪声等因素对测高的影响,但是尚未深入研究如何减小其影响,以提高反演精度。

最后,CYGNSS 只公开 DDM 数据供研究和应用,如果能使用接收机的载波相位数据进行高度反演,可以提高最终的高程精度,而且这个计划主要用于估算海面风场,如果将其估算出的海面风速、风向等参数加入到模型中,可以提高实际时延估算的精度,进而提高 MSSH 估算的精度。

8.3 有效波高估计

基于数值模型和卫星雷达高度计的有效波高(SWH)观测始于 20 世纪 70 年代。卫星高度计提供全球覆盖和气候研究规模的 SWH 数据。20 世纪 90 年代以后,以欧洲空间局发起的 ERS-1,2/SAR 和 Envisat/ASAR 为代表,星载 SAR 为海浪研究和预报提供了强有力的支持。Alpers 等[21]提出了利用合成孔径雷达回波信号的信噪比

(SNR)估算 SWH 的理论和方法,发现 SWH 与 SNR 均方根之间存在线性关系。随后,该方法被扩展到 X 频段海洋雷达图像以应用在有效波高估计中。Heron 等[22]还通过二阶能量与一阶能量的比率从高频海洋反向散射雷达光谱中提取出均方波高。但是现有的卫星高度计有效波高产品具有有限的空间分辨率。

GNSS 已经历了 40 多年的发展,并逐渐成为国家空间信息基础设施的重要组成部分。不同的反射信号携带不同的表面信息,Jin 等[2]利用 GPS 反射信号估计了格陵兰积雪深度和地表温度变化,以及使用北斗卫星导航系统反射测量首次估计了海平面变化。Chew 等[23]使用搭载在低地球轨道英国 TechDemoSat-1 卫星(TDS-1)的星载 GNSS 双基雷达接收机来遥感地表土壤湿度的变化。与传统的遥感技术相比,GNSS-R 采用双基配置,以低成本、全球覆盖和长期连续运行的方式接收和反演地表信息。

Martin-Neira 等[6]首次提出使用 GNSS 海面反射信号测量海平面的概念,之后开发了干扰模式技术(IPT)和干涉复数场(ICF)方法来估计 SWH。随后,利用信噪比估计 SWH,将非相干观测应用于海况监测,并证明基于信噪比的 GNSS-R 反演有效波高的可能性。由于海面粗糙度对反射信号的影响,Clarizia 等[24]证明了使用 DDM 来反演海面风和海浪的可能性。

CYGNSS 卫星于 2016 年 12 月发射。该任务提供了 DDM 信息,并提供了使用基于天基的 CYGNSS 数据估算近全球 SWH 的一次机会。

8.3.1 观测和数据处理

8.3.1.1 CYGNSS 数据

本小节使用 CYGNSS 数据来估计 SWH。CYGNSS 任务由 NASA 资助,并于 2016 年发射,该任务包括 8 颗小卫星,用于探测热带气旋、台风和飓风的整个生命周期内的风速变化。以获得更多的数据来预测台风强度。CYGNSS 于 2017 年全面投入运营。

CYGNSS 由 8 颗微型卫星组成,每颗卫星质量约 28.9kg,在倾角为 35°的轨道上运行,高度约为 510km。每颗 CYGNSS 卫星配备一个四通道 DDMI,包括:3 个低噪声放大器(LNA)和 2 个左旋圆极化(LHCP)L 频段天线和 1 个右旋圆极化(RHCP)L 频段天线;延迟映射接收机(DMR),包括 3 个 RF 前端和 1 个数字处理单元。LHCP 天线指向地球,以接收地球表面反射的 GPS 信号。RHCP 天线指向天顶方向,以允许卫星直接接收 GPS 信号以确定其位置和速度。即使目标区域被云和风暴遮挡,该技术也能获取数据。

由于陆地或海面的粗糙度,接收机接收的信号包括从散射点反射的能量。散射点位于称为闪烁区的区域,其大小与海面粗糙度以及接收器的高度和高度角有关。在闪烁区,由于 GNSS 卫星和接收机的位置不断变化,每个散射点对应不同的多普勒频移和延迟,分别连接相同的延迟点和相同的多普勒点形成等延迟线(近似椭圆)和等多普勒线（近双曲线）。通过将闪烁区的每个点映射到多普勒和延迟空间，可以获得二维 DDM。卫星上 CYGNSS 的原始 DDM 大小为 128 ×20，其中 128 是时间延迟，20 是多普勒长度。为了压缩传输的数据，选择镜面点周围 17 ×11 的像素，延迟和多普勒分辨率分别为 0.25 码片（1 码片 =1/（1023000s））和 500Hz。镜面点的默认多普勒和延迟是 0 码片和 0Hz。

每个 CYGNSS 卫星都有 4 个通道来处理 4 个不同的镜面点数据，因此 CYGNSS 每秒最多可以获得 32 个 DDM。

8.3.1.2 SWH 估计

由于海平面的变化，来自任意方向的 GNSS 信号，都可能到达接收机。直射信号、反射信号和散射信号之间的干扰将影响 GNSS 观测并引起观测信号的振荡，这可以反映在 SNR 模式中。因此，可以从 SNR 估计 SWH。基于 X 频段雷达，实验分析表明 SWH 与 SNR 的平方根之间存在线性关系。

由于多路径效应，反射信号与直接信号相比具有相位延迟，这与图 8.18 中的天线高度 h 和海平面高有关。直射信号和反射信号之间的干扰将影响 GNSS 观测并导致振荡。观察结果可以反映在 SNR 中。在 GNSS 导航定位过程中，SNR 估计算法和使用 SNR 提高直射信号质量的技术已经成熟并得到广泛应用。在海平面观测中，SNR 的振荡可以反演海平面的变化。

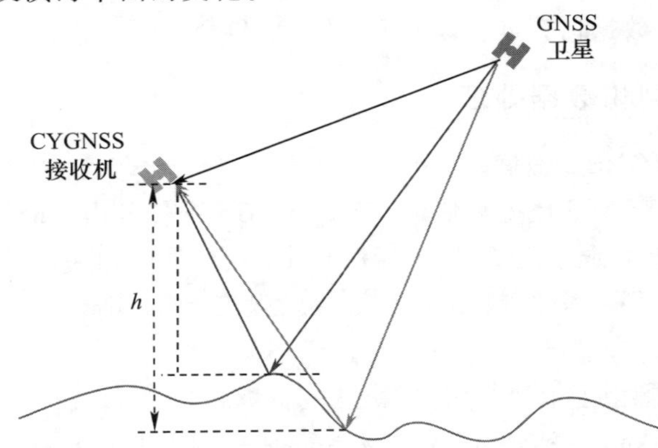

图 8.18 CYGNSS 卫星接收的直接信号和海面反射信号路径（见彩图）

SWH 和雷达图像 SNR 的平方根之间的线性关系被扩展到 L 频段。反演模型如下：

$$\mathrm{SWH} = A + B\sqrt{\mathrm{SNR}_r} \tag{8.30}$$

基于 GNSS - R 估计的 SWH，SNR 可以是 CYGNSS 的 $\mathrm{DDM}_{\mathrm{SNR}}$，$\mathrm{DDM}_{\mathrm{SNR}}$ 的公式如下：

$$\mathrm{DDM}_{\mathrm{SNR}} = \frac{\mathrm{DDM}_{\mathrm{power}} - \langle \mathrm{noise} \rangle}{\langle \mathrm{noise} \rangle} \tag{8.31}$$

式中:〈noise〉是本底噪声的平均值;DDM_{power}是峰值功率。

因为 CYGNSS 是专门的天基 GNSS-R 任务,与地基 GNSS-R 相比,增加了数据处理的难度。IPT 模式需要在一段时间内从同一点接收信号,这要求接收机是静态的,因此 IPT 模式不适用于基于卫星的反射反演。由于 CYGNSS 提供的数据并不完全包含求解相关函数导数(DCF)的必要参数,因此 DCF 方法不适用于CYGNSS的有效波高估计。与机载 GNSS-R 相比,基于卫星的 GNSS-R 具有一定的运动规律性,可以检测全球信噪比等信息。因此,采用 CYGNSS SNR 方法可以获得全球 SWH 数据。

8.3.1.3 影响因素

由于 GPS 卫星和 LEO 卫星接收机的不断移动,观测几何的变化会影响观测值。图 8.19 显示了 2017 年4 月1 日卫星高度角和 SNR 的变化趋势。由图可以看到两者之间存在一定的相关关系。

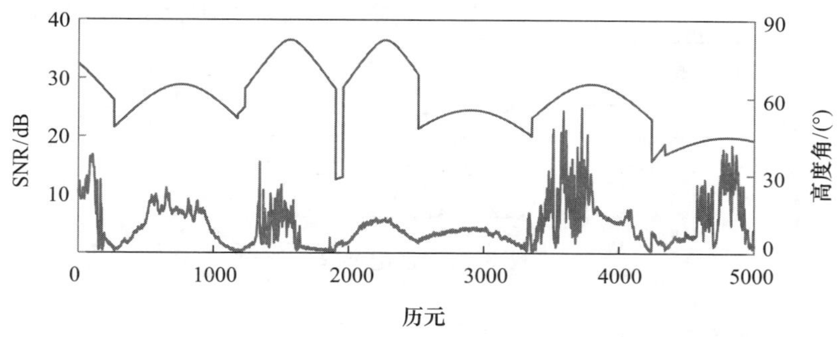

图 8.19 2017 年 4 月 1 日卫星高度角和 SNR 的变化趋势(见彩图)

因此,可以根据 SNR 与卫星高度角之间的关系,减小卫星高度角对 SNR 的影响。

8.3.1.4 数据评估方法

由于浮标数据只能用于检测小区域的 SWH,为了将 CYGNSS 估计值与浮标数据和卫星测高数据进行比较,数据需要在相同的维度上进行匹配。匹配方法如下:使用卫星观测时间前后 30min(总共 60min)的浮标观测数据的平均值作为浮标参考值,且镜面点与浮标的距离小于 50km。浮标作为 CYGNSS 的匹配数据。这里 CYGNSS SWH 估计的空间分辨率为 0.25°×0.25°,经过下采样以匹配卫星高度计数据空间(1°×1°),匹配过程如图 8.20 所示。

为了确保卫星和现场观测数据的质量,卫星观测数据和现场观测数据再进行以下质量控制:当进行 SWH 数据平均时,排除标准偏差 3 倍范围之外的数据。用于平均值的浮标观测数据的数量应该多于 3 个。在匹配后,利用偏差,均方根误差和相关系数对匹配结果进行详细的评估,定义见式(8.23)至式(8.26)。

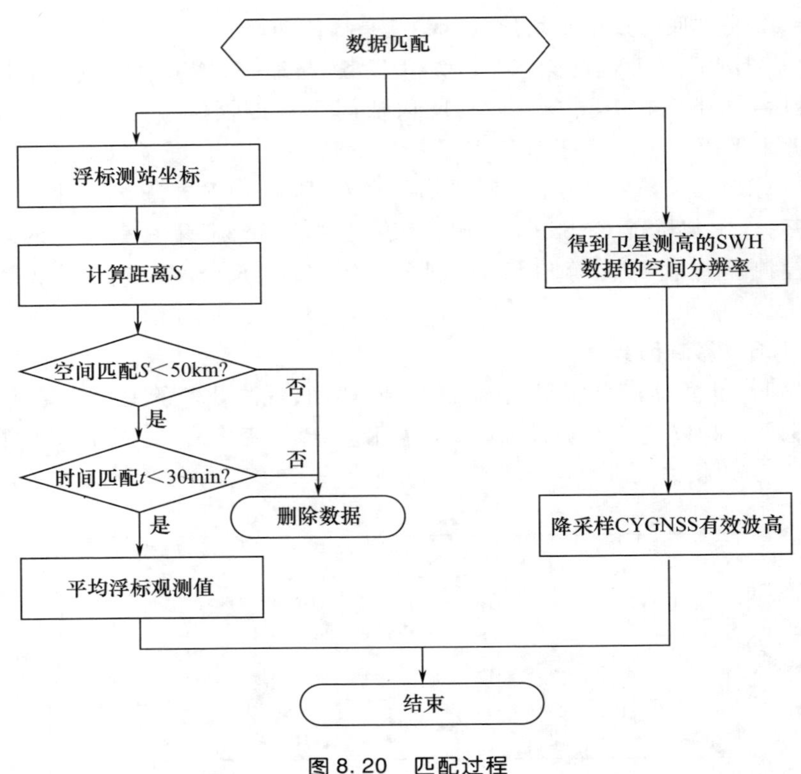

图 8.20　匹配过程

8.3.2　结果和评估

8.3.2.1　SWH 估计

正如我们在图 8.21 中所看到的，每个 CYGNSS 卫星的估计结果大致相同（不包括当天未提供的 CYGNSS 6 卫星数据），但就覆盖范围而言，CYGNSS 4 卫星表现得更好，因为其他卫星缺乏 40°附近的估计数据。

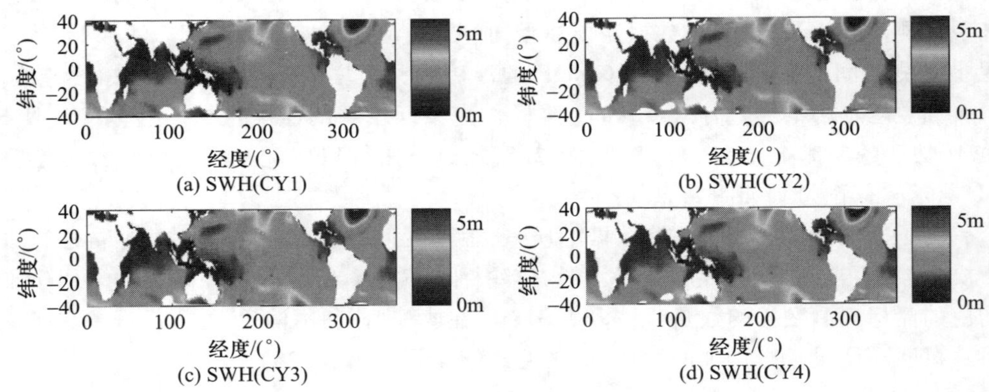

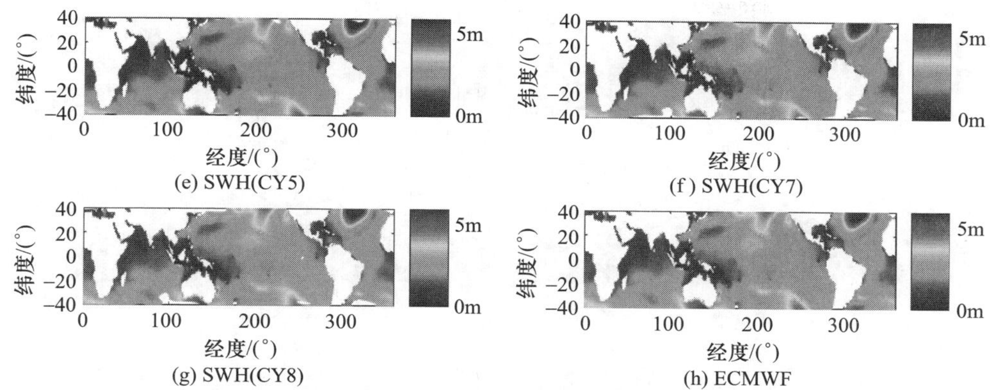

(e) SWH(CY5)　(f) SWH(CY7)

(g) SWH(CY8)　(h) ECMWF

图 8.21　与 2017 年 4 月 1 日欧洲中尺度天气预报中心(ECMWF)SWH 模型相比的 CYGNSS 有效波高(SWH)估计值(包括 CY1、CY2、CY3、CY4、CY5、CY7 和 CY8 卫星)(见彩图)

表 8.2 列出了与欧洲中尺度天气预报中心(ECMWF)模型相比每颗卫星估计的 SWH 值的准确度评估结果。可以看出,每颗卫星的平均偏差接近 −0.0137m,RMSE 约为 0.2154m,相关系数 R 大于 0.97。因此,在下一个实验中,可以使用任意卫星数据来估计 SWH。

表 8.2　CYGNSS SWH 估计值和 ECMWF 模型结果的比较

卫星	CY1	CY2	CY3	CY4	CY5	CY7	CY8
Bias/m	−0.0137	−0.0136	−0.0136	−0.0136	−0.0137	−0.0137	−0.0139
RMSE/m	0.2159	0.2151	0.2151	0.2158	0.2139	0.2159	0.2158
R	0.9746	0.9752	0.9737	0.9729	0.9736	0.9742	0.9745

图 8.22 给出 2017 年 4 月 CYGNSS 和 ECMWF 模型估计的 SWH 值(每 5 天采样一次)。可以看出,估计结果与模型吻合良好。靠近赤道地区,海面的 SWH 约为 2.5m,但印度洋的 SWH 较低。大 SWH 值主要发生在高纬度地区,特别是在南纬地区。由于 CYGNSS 轨道的覆盖限制,我们无法估计北冰洋的 SWH 或南极洲周围的海域。

比较参数 a 的分布(图 8.23)和 SWH 估计值,可以看出参数 a 在非膨胀区域中

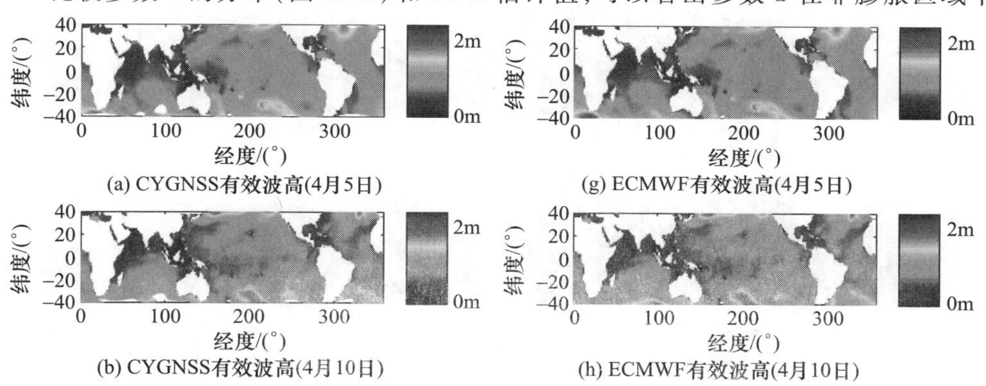

(a) CYGNSS有效波高(4月5日)　(g) ECMWF有效波高(4月5日)

(b) CYGNSS有效波高(4月10日)　(h) ECMWF有效波高(4月10日)

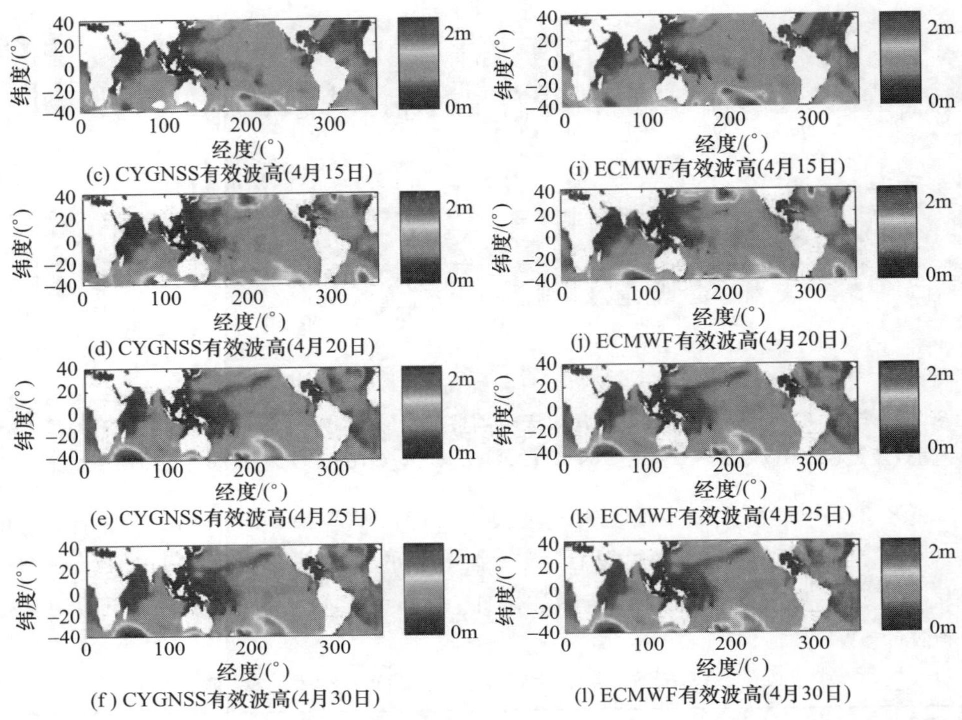

(c) CYGNSS有效波高(4月15日)　(i) ECMWF有效波高(4月15日)

(d) CYGNSS有效波高(4月20日)　(j) ECMWF有效波高(4月20日)

(e) CYGNSS有效波高(4月25日)　(k) ECMWF有效波高(4月25日)

(f) CYGNSS有效波高(4月30日)　(l) ECMWF有效波高(4月30日)

图 8.22　2017 年 4 月的 CYGNSS SWH 估算(左)和 ECMWF 模型 SWH 值(右)(见彩图)

具有小的变化但是在膨胀区域中变化很大,因此 SNR 估计不适用于扩展区域,需要进一步研究以提高扩展区内 SNR 的 SWH 估计可靠性。

从图 8.24 中可以看出,海岸线附近的残差(与 ECMWF SWH 值相比)较大,而大陆西海岸的残差一般小于 0m(蓝色),而一般大于 0m(红色)的在大陆东海岸。原因很可能是,在亚热带高压控制下,海风常常落在东海岸,导致南北回归线附近大陆线东海岸的降水量增加。降水与海面风有正相关关系,海面风速影响海面粗糙度,从而影响 SWH 的分布。

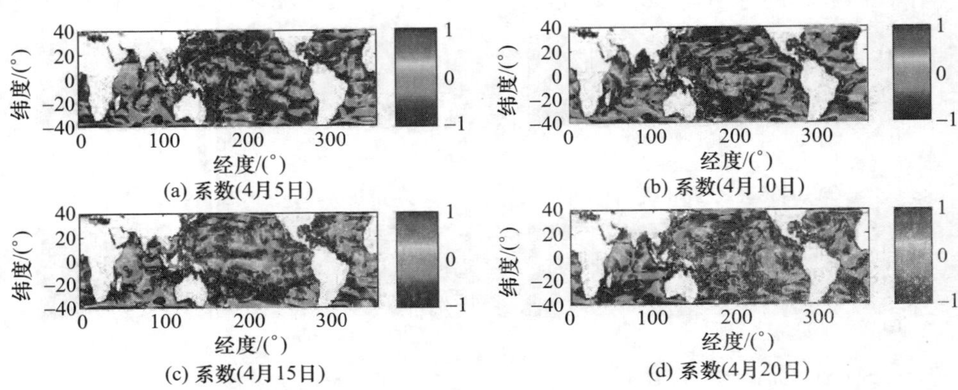

(a) 系数(4月5日)　(b) 系数(4月10日)

(c) 系数(4月15日)　(d) 系数(4月20日)

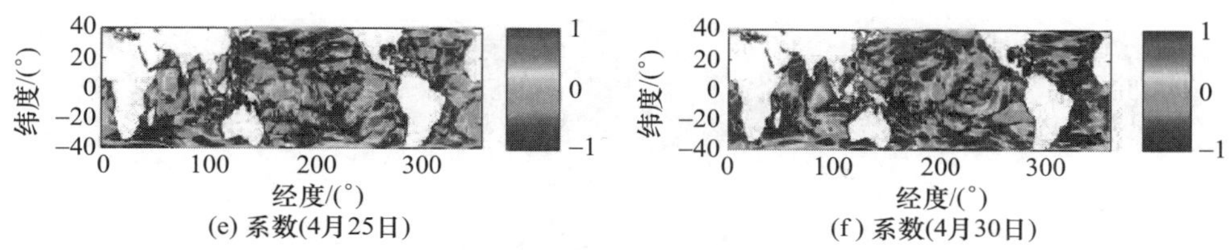

图 8.23 2017 年 4 月估计系数 a 的分布(见彩图)

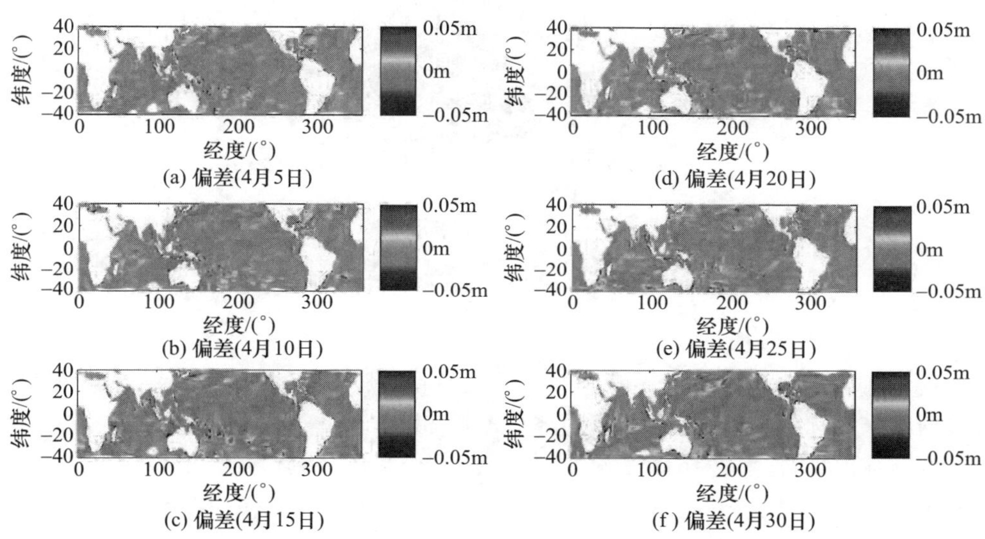

图 8.24 2017 年 4 月 CYGNSS SWH 估算残差分布(见彩图)

8.3.2.2 准确性评估

1) 与卫星高度计 SWH 观测比较

将 SWH 估计与 AVISO SWH 观测结果进行比较,由于 AVISO SWH 数据的空间分辨率为 1°×1°,SWH 估计的空间分辨率为 0.25°×0.25°,因此 SWH 估计值需要插值。CYGNSS SWH 估计值与 2017 年 4 月的 AVISO SWH 观测值之间存在高度相似的分布。

图 8.25 显示了相对于 AVISO SWH 的 CYGNSS SWH 估计值的差异分布直方图。可以看出,差异集中在 -0.4m 和 0.4m 之间。结合表 8.3 中的数据,可以看到 2017 年 4 月估算与 AVISO SWH 观测值之间的偏差绝对值小于 0.03m,RMSE 约为 0.3m,相关性高达 0.92。

表 8.3 CYGNSS SWH 估计值与 AVISO SWH 的精度分析

时期	Apr 05	Apr 10	Apr 15	Apr 20	Apr 25	Apr 30
Bias/m	0.0006	-0.0064	0.0238	0.0132	0.0043	0.0032
RMSE/m	0.3231	0.2931	0.2949	0.3242	0.2861	0.3265
R	0.9087	0.9229	0.9343	0.9322	0.9473	0.9228

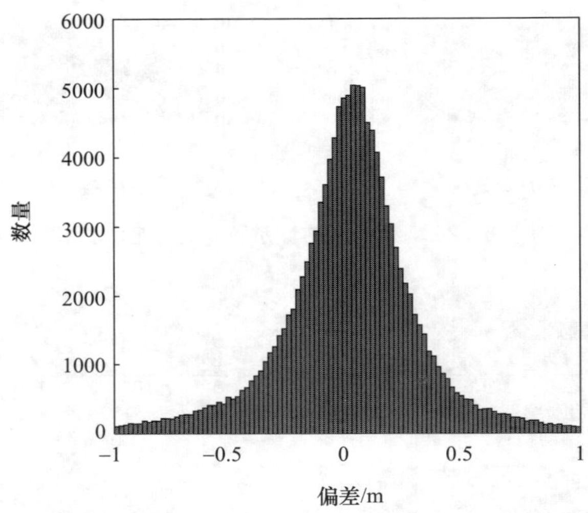

图 8.25　CYGNSS SWH 估计与 AVISO 卫星高度计 SWH 观测之间的差异分布

2）与浮标数据比较

这里我们基于 ECMWF SWH 模型计算线性参数，然后将 CYGNSS 估计数据与来自美国国家浮标数据中心（NDBC）的部分浮标 SWH 测量数据以及 AVISO 提供的卫星高度计数据进行比较。NDBC 每小时提供一次 SWH 观察。每个 SWH 值从 20min 的现场观察采样周期获得。对于海洋气象学和海洋-大气相互作用研究，AVISO 提供近实时 SWH 和风速模量。SWH 数据使用每个卫星可用的临时地球物理数据记录（IGDR）数据的最后 2 天进行处理，并使用 OSTM/Jason-2 作为参考进行交叉校准。我们使用的浮标站主要分布在（20°N，80°W）附近。浮标站和 CYGNSS 观测的镜面点的轨迹分布如图 8.26 所示。

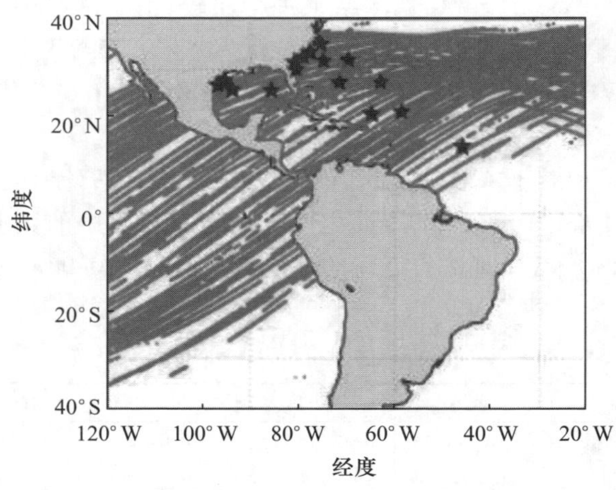

图 8.26　浮标站和 CYGNSS 观测的镜面点轨迹分布（见彩图）

根据之前提到的数据匹配方法，CYGNSS SWH 估计和浮标 SWH 测量的散点分布如图 8.27 所示。拟合线性方程为

$$\mathrm{SWH}_{\mathrm{bouy}} = 1.002\ \mathrm{SWH}_{\mathrm{CYGNSS}} + 0.0453$$

从表 8.4 中可以看出，CYGNSS SWH 估计与浮标 SWH 观测值的偏差小于 5cm，RMSE 为 0.2761m，相关系数为 0.9539，表明 CYGNSS SWH 估计与浮标观测之间具有良好的相关性。

表 8.4　CYGNSS SWH 估计与浮标 SWH 的精度分析

准确度指标	Bias	RMSE	*R*
量值	0.0496m	0.2761m	0.9539

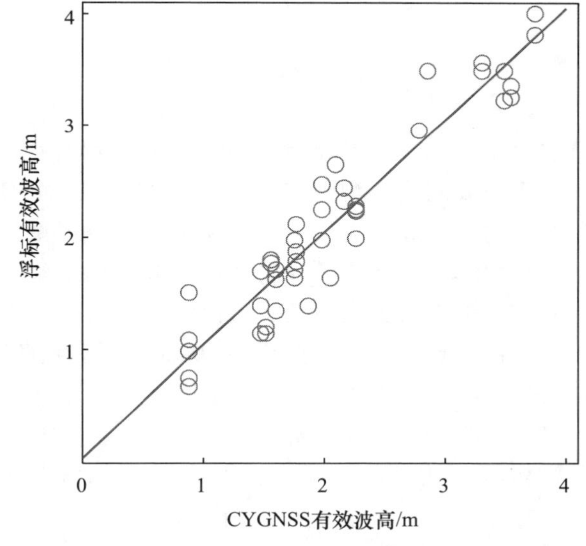

图 8.27　2017 年 4 月 1 日 CYGNSS SWH 估计和浮标 SWH 测量的离散分布（见彩图）

8.3.3　小结

在本节中，基于 SNR 的平方根和 SWH 之间的线性关系估计了 2017 年 4 月的 SWH，CYGNSS SWH 和 ECMWF SWH 模型之间的标准偏差达到 0.2153m，偏差为 -0.0137m，相关系数达到 0.9752，两者间具有很好的一致性。与 AVISO 的 SWH 产品相比，标准偏差值达到 0.3080m，偏差达到 0.0238m，相关系数达到 0.9473。由于陆地污染和近岸浅水的影响，卫星雷达高度计数据在近岸 50km 范围内有很大的误差，CYGNSS 估计值与 ECMWF 的值之间的偏差在近岸也较大，该地区受大陆北部和南部海岸降水的影响，因此，近岸区域的估计 SWH 精度低。

估计值与浮标 SWH 观测值之间的相关系数为 0.9539，偏差为 -0.0496m，标准偏差为 0.2761m。由于我们使用的浮标站并非全球分布，其中大部分都集中在大西洋,所以只能验证区域估计结果。需要在其他地区使用更多的浮标来验证全球 CYGNSS SWH 估算值。

基于 SNR 的 CYGNSS SWH 估计方法需要高空间分辨率,并且网格产生高精度 SNR 数据所需的时间也很长,因此获得的估计值的时间分辨率低。我们尚未深入分析卫星参数对信噪比的影响。应分析卫星轨道等其他卫星参数对 SNR 的影响,以减少这些影响。由于 CYGNSS 观测区域的覆盖限制,该方法只能估算南北纬 40°以内区域的 SWH。估计结果的准确性取决于估计系数的准确性,因此先验信息很重要。

目前,CYGNSS 主要用于估算海面风场。如果将诸如海面风速和方向的参数引入该函数,则可以提高估计系数的准确度,进而提高 SWH 估计的准确性。

8.4 结　　论

本章中,我们首次使用 BDS SNR 数据和三频载波相位组合观测值来估计 MAYG 站的海平面变化,其结果与验潮站观测值有很好的一致性,然而 BDS 测距码组合观测值的精度低,没有其他的结果好。当我们使用模拟的线性模型误差来获取不同天线高度的载波和相位峰值频率时,拟合了载波和相位峰值频率和验潮站观测值之间一个新的负线性模型,该模型提高了三频载波和相位组合观测值的精度,使其 RMSE 在 10 ~ 18cm 之间,并用星载 CYGNSS 提供的 DDM 数据反演得到平均海面高(MSSH),与 CNES - CLS 2015 模型结果平均绝对误差为 1.33m,均方根误差为 2.26m;与 DTU 10 模型相比,平均绝对误差为 1.20m,均方根误差为 2.15m,具有较好的一致性,还利用 CYGNSS 信噪比(SNR)估计了有效波高(SWH),与 ECMWF 模型结果的标准偏差为 0.2153m,与浮标观测结果的标准偏差为 0.2761m,具有很好的一致性。

参考文献

[1] NAJIBI N,JIN S G,WU X. Validating the variability of snow accumulation and melting from GPS-reflected signals:forward modeling[J]. IEEE Transactions on Antennas and Propagation,2015,63(6):2646-2654.

[2] JIN S G,QIAN X,KUTJOGLU H. Snow depth variations estimated from GPS-Reflectometry:a case study in Alaska from L2P SNR data[J]. Remote Sensing,2016,8(1):63.

[3] QIAN X,JIN S G. Estimation of snow depth from GLONASS SNR and phase-based multipath reflectometry[J]. IEEE Journal of Selected Topics in Applied Earth Observations and Remote Sensing,2016,9(10):4817-4823.

[4] LARSON K M,RAY R D,NIEVINSKI F G,et al. The accidental tide gauge:a GPS reflection case

study from Kachemak Bay, Alaska[J]. IEEE Geoscience and Remote Sensing Letters, 2013, 10(5): 1200-1204.

[5] JIN S G, NAJIBI N. Sensing snow height and surface temperature variations in Greenland from GPS reflected signals[J]. Advances in Space Research, 2014, 53(11): 1623-1633.

[6] MARTIN-NEIRA M. A passive reflectometry and interferometry system (PARIS): application to ocean altimetry[J]. ESA Journal, 1993, 17(4): 331-355.

[7] BARRICK D. Rough surface scattering based on the specular point theory[J]. IEEE Transactions on antennas and propagation, 1968, 16(4): 449-454.

[8] GARRISON J L, KATZBERG S J. The application of reflected GPS signals to ocean remote sensing [J]. Remote Sensing of Environment, 2000, 73(2): 175-187.

[9] ELFOUHAILY T S, THOMPSON D R, LINSTROM L. Delay-Doppler analysis of bistatically reflected signals from the ocean surface: theory and application[J]. IEEE Transactions on Geoscience and Remote Sensing, 2002, 40(3): 560-573.

[10] RIUS A, APARICIO J M, CARDELLACH E, et al. Sea surface state measured using GPS reflected signals[J]. Geophysical Research Letters, 2002, 29(23): 37-1-37-4.

[11] YANG D K, ZHANG Q S, ZHANG Y Q, et al. Design and realization of delay mapping receiver based on GPS for sea surface wind measurement[C] //2006 1ST IEEE Conference on Industrial Electronics and Applications, IEEE, 2006: 1-4.

[12] SOULAT F, CAPARRINI M, GERMAIN O, et al. Sea state monitoring using coastal GNSS-R [J]. Geophysical Research Letters, 2004, 31(21).

[13] GLEASON S. Remote sensing of ocean, ice and land surfaces using bistatically scanner GNSS signals from low earth orbit[D]. United Kingdom: University of Surrey, 2006.

[14] CARDELLACH E, RIUS A, MARTIN-NEIRA M, et al. Consolidating the precision of interferometric GNSS-R ocean altimetry using airborne experimental data[J]. IEEE Transactions on Geoscience and Remote Sensing, 2013, 52(8): 4992-5004.

[15] ZUFFADA C, LI Z, Nghiem S V, et al. The rise of GNSS reflectometry for earth remote sensing[C] //2015 IEEE International Geoscience and Remote Sensing Symposium (IGARSS), IEEE, 2015: 5111-5114.

[16] GLEASON S, HODGART S, SUN Y, et al. Detection and processing of bistatically reflected GPS signals from low earth orbit for the purpose of ocean remote sensing[J]. IEEE Transactions on Geoscience and Remote Sensing, 2005, 43(6): 1229-1241.

[17] WU S C, MEEHAN T, YOUNG L. The potential use of GPS signals as ocean altimetry observables [C]//1997 National Technical Meeting, Santa Monica, CA: The Institute Navigation, 1997.

[18] 胡媛,王一津,刘卫,等. 全球卫星导航反射信号遥感的镜面反射点快速计算[J]. 科学技术与工程,2018,18(8):108-113.

[19] MASHBURN J, AXELRAD P, LOWE S T, et al. Global ocean altimetry with GNSS reflections from TechDemoSat-1[J]. IEEE Transactions on Geoscience and Remote Sensing, 2018, 56(7): 4088-4097.

[20] CLARIZIA M P, RUF C, CIPOLLINI P, et al. First spaceborne observation of sea surface height u-

sing GPS-reflectometry[J]. Geophysical Research Letters,2016,43(2):767-774.

[21] ALPERS W,HASSELMANN K. Spectral signal to clutter and thermal noise properties of ocean wave imaging synthetic aperture radars[J]. International Journal of Remote Sensing,1982,3(4):423-446.

[22] HERON S F,HERON M L. A comparison of algorithms for extracting significant wave height from HF radar ocean backscatter spectra[J]. Journal of Atmospheric and Oceanic Technology,1998,15(5):1157-1163.

[23] CHEW C,SHAH R,ZUFFADA C,et al. Demonstrating soil moisture remote sensing with observations from the UK TechDemoSat-1 satellite mission[J]. Geophysical Research Letters,2016,43(7):3317-3324.

[24] CLARIZIA M P,GOMMENGINGER C P,GLEASON S T,et al. Analysis of GNSS-R delay-Doppler maps from the UK-DMC satellite over the ocean[J]. Geophysical Research Letters,2009,36(2):L02608.

第9章 海面风估计

海洋风场在天气和气候研究、海-气相互作用研究、海洋航运安全中均具有非常重要的作用。在广阔的海洋表面,传统的海洋风速观测技术难以提供高时空分辨率的风速信息以满足科研和商业应用需求。海洋浮标可以提供现场实测的高精度风速,但是浮标布设的成本较高,并且多数布设在近海沿岸,对全球海洋风场的观测存在极大的空间不均匀性。天基微波散射计尽管可以选择特定的工作频段遥感海面风速,但是同天基辐射计一样,容易受到云雨的影响。由于这些专项卫星部署成本很高,难以组建卫星星座,受到单颗卫星重访周期的限制,风速观测时效性较差。星载GNSS-R海洋遥感技术由搭载在LEO小卫星上的GNSS-R接收机接收海洋表面反射的GNSS信号,组成多基地雷达散射计,进行海面风速遥感。星载GNSS-R设备质量轻、功率小,极大地降低了这种遥感技术的部署成本,通过合理的卫星组网,可以实现对全球海面风速的连续快速观测,有效弥补传统的星载单基地散射计和辐射计时空分辨率较低的缺点。

直接采用GNSS导航定位信号作为对地遥感信号的思想最先由Hall和Cordey[1]提出。随后,Martin - Neira[2]提出利用GNSS - R技术可进行海洋测高。1996年,Katzberg[3]的研究揭示了GNSS-R的物理模型并极大地推动了它的应用,包括海洋状态和物理参数反演[2-4]。各国也积极开展了许多GNSS - R机载和星载实验,比如SIR-C、DMC、TDS-1和CYGNSS,为GNSS-R的研究提供了可靠的数据源[5-8]。

早期的空基和星载GNSS-R实验中,仅获得少量的观测数据,主要通过观测时延波形与理论波形的相关匹配反演地球物理参数[7]。当前在轨的UK TDS-1和CYGNSS星座提供了大量的DDM数据,采用类似后向散射计的海面风场反演方法[9-10],通过寻找最优的DDM可观测量直接与地表真值数据进行拟合,通过建立经验GMF进行海面风速的反演,可以获得更高的风速反演精度[11-12]。搭载在LEO卫星上的星载DDMI经过精确的标定和数字信号处理后输出DDM。DDM中不同像素内的散射功率是接收机下视天线接收的海面反射信号与接收机本地导航复制码或者直射信号的平均互相关功率。通过经验回归建立反演模型时,首先需要对DDM进一步标定,去除非地球物理效应的影响。Lin等[13]研究了UK TDS-1数据的标定和风速反演方法,CYGNSS项目中通过更加完善的观测元数据,可以将DDM标定为雷达散射截面[14-15]。Clarizia和Ruf[16-17]研究了CYGNSS DDM可观测量通过拟合方法建立经验GMF,根据观测量的信噪比自适应地进行最小方差(MV)风速反演以及贝叶斯估计方法在 GNSS-R 海面风速反演中的应用。这些研究结果表明使用 CYGNSS 数据在海面实际风速小于 20m/s 时，风速反演误差小于2m/s，在较高风速下的反演误差仍然较大[18]。

尽管可用浮标、数值天气预报（NWP）模型、散射计、辐射计、船只观测风速来建立抗差的经验 GMF 模型，但不同的观测数据提供的参考风速精度和时空分辨率有很大差异，而真实准确的地表参考风速对反演模型精度影响非常重要。无论是联合不同数据源的真实风速，还是像当前 CYGNSS 反演过程中仅采用 NWP 模型的风速产品进行不同海面状态下的海风反演，参考风速所引起的模型精度差异均需要进一步分析对比。因此，有必要对比不同数据源的风速训练集单独获得的模型结果，利用改进的风速反演算法，使用 3 种不同的地表真实风速数据源建立 GMF 模型，并对反演结果进行分析评价。

9.1 星载 GNSS-R 风速反演理论与方法

9.1.1 双基雷达方程

星载 GNSS-R 技术遥感地球物理参数的直接观测量是由星载的 DDMI 对接收到的海洋表面反射信号与接收机内部的本地复制码或者直射信号进行互相关。通常相关积分时间取 1ms，为了避免短时间相关时强闪烁噪声的影响，通常再进行 1s 非相干求和来获得 DDM。当前的 TDS-1 和 CYGNSS 项目均使用 cGNSS-R 技术。双基雷达方程从理论上解释了 DDM 的物理意义[4]，即在不同的时延和多普勒频移区间上的海洋表面平均散射功率，天基 GNSS-R 遥感原理图如图 9.1 所示。双基雷达方程如下：

$$\langle | Y_s(\hat{\tau},\hat{f}) |^2 \rangle = \frac{P_T G_T \lambda^2 T_I^2}{(4\pi)^3} \iint_A \frac{G_R \sigma^0}{R_R^2 R_T^2} \Lambda^2(\hat{\tau}-\tau)\,\mathrm{sinc}^2(\hat{f}-f)\,\mathrm{d}A \tag{9.1}$$

式中：P_T为发射机的发射功率；G_T为 GPS 发射机的天线增益；G_R为接收机的天线增益；λ 为发射信号的波长；T_I为相关积分时间；R_R为接收设备到海面反射点的距离；R_T为发射机到海面反射点的距离；$\Lambda(\hat{\tau}-\tau)$为 GNSS 相关函数；$\hat{\tau}$和 τ 分别为接收机本地复制信号和接收信号的时延；$\mathrm{sinc}^2(\hat{f}-f)$是多普勒未对准引起的衰减；$A$ 为海洋表面的有效散射面积，它近似为闪烁区；$\mathrm{d}A$ 为不同的散射面元；归一化双基雷达散射截面 σ^0可表示为

$$\sigma^0 = \frac{\pi |\mathfrak{R}|^2 \boldsymbol{q}^4}{q_z^4} P\left(-\frac{\boldsymbol{q}_\perp}{q_z}\right) \tag{9.2}$$

式中：$\mathfrak{R}$为与极化特性相关的菲涅耳反射系数；$\boldsymbol{q}$ 为散射单位矢量，即闪烁区域内入射信号和反射信号的角平分线方向；$\boldsymbol{q}_\perp$ 为散射单位矢量的水平分量；q_z为散射单位矢量的垂向分量（表面法线方向）的模；P 为表面粗糙海面斜率的概率密度函数。双基

地雷达信号在海洋表面的散射强度主要受海面粗糙度的影响,在双基雷达方程中散射系数和地球物理参数间建立了联系,对风速反演而言,由于受到本地风速的影响海面粗糙度会随风速而变化,海面粗糙度的变化会引起雷达散射截面改变。

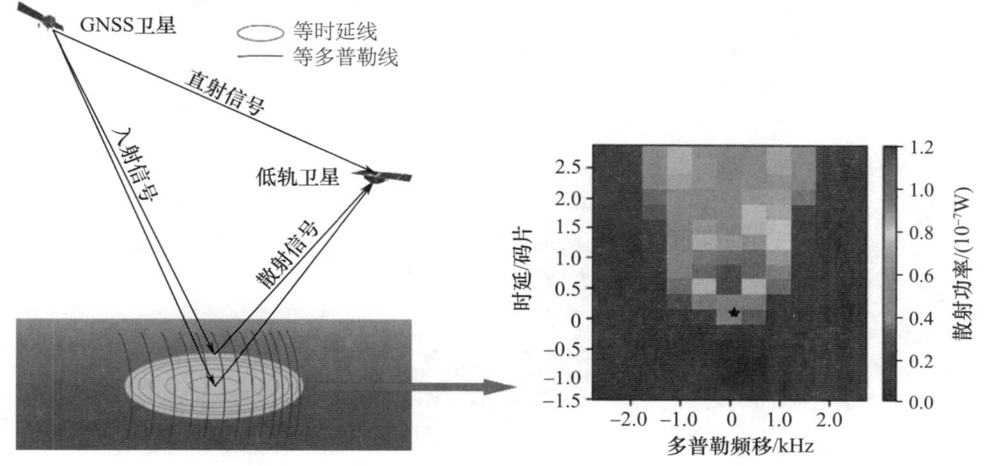

图9.1 天基GNSS-R遥感原理图(见彩图)

9.1.2 GNSS-R风速反演观测量

当前的风速反演方法主要有2种:①通过理论模型和实际观测DDM间的最优拟合获得地球物理参数;②通过DDM或DDM派生观测量与其他观测手段获得的地球物理参数进行时空匹配建立经验GMF,通过最优权值估计反演地球物理参数。由于观测噪声、接收机天线增益和GNSS卫星的有效全向辐射功率(EIRP)等参数不确定性的影响,难以建立非常准确的模型参考值,当前的GNSS-R遥感中多采用后一种反演方法。在建立经验模型之前,首先需要根据正演模型对原始的DDM进行标定,去除非地球物理参数效应的影响,通常将其标定为雷达散射截面。再根据反演空间分辨率的要求提取DDM中受观测噪声影响小且对反演物理量敏感的DDM派生量建立反演模型。需要根据风速反演空间分辨率的指标要求和观测几何结构确定DDM观测量计算窗口,再进一步考虑时间平均减弱噪声的影响[18]。

Clarizia等[16]利用UK-DMC提供的GNSS-R观测数据时建立了DDMA、LES、DDMV、ADDMV和TES五个DDM观测量。当前的UK TDS-1和CYGNSS数据只能建立DDMA和LES两种观测量。原因是UK TDS-1和CYGNSS直接提供了非相干求和平均后的DDM,并且所要求DDM的空间分辨率也不适合建立TES观测量。DDMA表示镜面点附近双基雷达截面(BRCS)的平均值,LES是积分时延波形(IDW)的前缘斜率,IDW由散射功率DDM在计算窗口沿多普勒维积分获得,CYGNSS反演观测量的计算参考[18]。

9.1.3 经验风速反演算法

天基 GNSS-R 风速反演算法的基本流程如图 9.2 所示:(a)计算 DDM 观测量;(b)在满足反演空间分辨率要求的情况下通过时间平均(TA)提高观测量的信噪比;(c)DDM 观测量匹配地表真值风速,建立训练数据集;(d)根据 DDM 观测几何关系建立风速和 DDM 观测量、入射角的二维 GMF;(e)平滑因噪声和训练数据不足引起的 GMF 抖动;(f)通过最小方差估计不同观测量风速权系数;(g)应用 GMF 进行风速反演。

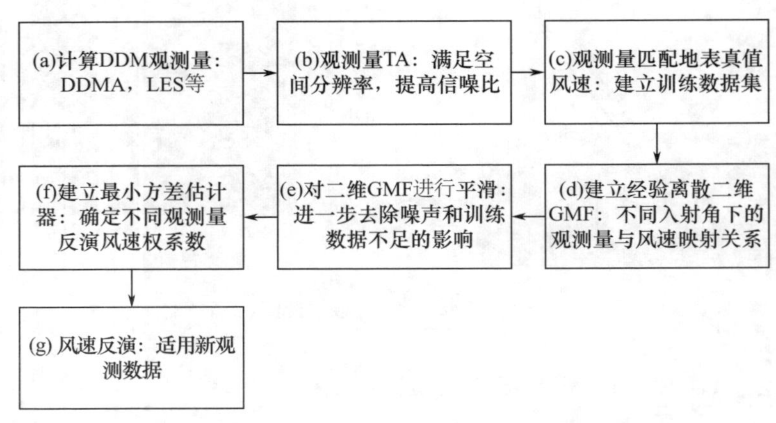

图 9.2 天基 GNSS-R 风速反演算法的基本流程图

本章采用改进自文献[12]的风速反演方法,地表真实风速数据分别采用数值天气预报模型和交叉校准多平台(CCMP)的风速产品与 DDM 进行时空匹配建立模型的训练数据集,通过对参考风速在空间上进行双线性内插,时间上进行线性内插获得 DDM 观测量对应的地表真实风速。反演模型所建立的 GMF 实际是一个函数簇,即在不同的入射角下分别建立一组观测量与风速的映射关系,以一定步长风速及对应观测量的散点表示。在建立 GMF 时,训练数据入射角范围取 0°~68°,风速范围取 0m/s~35m/s。

在入射角维上,从 0.5°开始以 1°为步长在不同的入射角下建立 GMF。在某一入射角下,再以 0.1m/s 的步长由 0.05m/s 风速起始至 35m/s,计算不同风速下的加权平均观测量,建立离散的经验映射关系。为了扩充训练集,允许建立 GMF 时训练数据可以相互重叠。在某一入射角下,取左右两个步长(步长为 1°)区间内的所有数据作为该入射角下的模型训练数据。在某一风速下,同样取左右两个步长区间内的数据计算加权 DDM 观测量,需要注意的是,此时风速区间步长需要根据风速概率密度重新确定大小,我们直接使用文献[12]的策略。在入射角维和风速维,不同的区间段使用不同的权值,距离某一入射角/风速一倍步长区间的观测量取两倍的权值,不同入射角和风速下经验 GMF 散点的加权策略如图 9.3 所示。

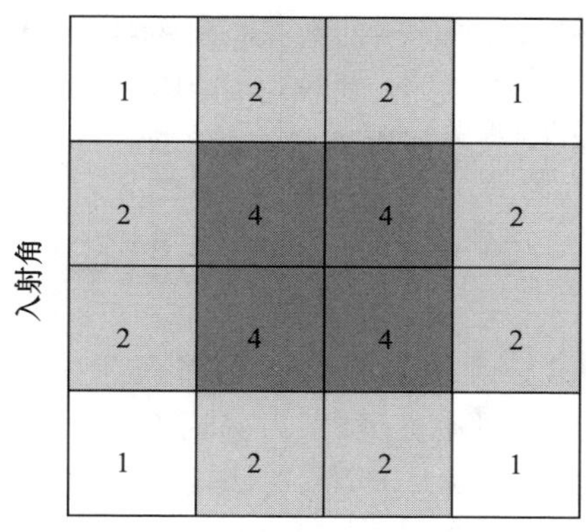

图9.3 不同入射角和风速下GMF散点加权策略(见彩图)

为了保证经验模型的准确性,首先计算各个入射角下训练数据风速分布的最大概率密度区间,因为风速概率密度会随信号入射角不同而变化。为了去除因训练数据量不足和噪声影响引起的散点抖动,由最大风速概率密度对应的风速开始计算对应的加权DDM观测量。再以0.1m/s的步长依次计算大于和小于该风速对应的观测量,并强制离散GMF为单调函数。最后再通过分段非线性函数对经验GMF进行平滑处理以获得最终的GMF。风速小于分段点和大于分段点的平滑函数如下式:

$$\text{obs} = a_0 + a_1 u^{-1} + a_2 u^{-2} \tag{9.3}$$

$$\text{obs} = b_0 + b_1 u + b_2 u^2 \tag{9.4}$$

式中:obs为DDM观测量;u为真实风速。

首先对风速小于分段点的离散点进行非线性最小二乘拟合,并要求式(9.3)的所有系数均大于0。对风速大于分段点的离散点,抛物线函数需要满足两个函数在分段点处函数值相等、一阶导数值相等、抛物线函数开口向下、对称轴位于分段点左侧的要求。这样对离散经验GMF的平滑就转化为一个非线性最小二乘拟合和凸二次规划问题,凸二次规划问题的标准形式为

$$\min \frac{1}{2}\boldsymbol{x}^{\mathrm{T}} P x + \boldsymbol{q}^{\mathrm{T}} \qquad \text{s.t.} \quad Gx \leqslant h \tag{9.5a}$$

$$Ax = b \tag{9.5b}$$

为了确定最优的分段点,首先在不同的离散点上进行平滑,寻找到拟合残差最小的离散点,然后在离散点周围设置搜索区间,以更小的步长再次寻找拟合残差最小的点作为最终的过渡点。在获得GNSS-R的GMF$u(\theta,\text{obs}_i)$后,其中(θ为入射角,i为DDMA或者LES),进行风速反演时首先根据DDM观测量的入射角将$u(\theta,\text{obs}_i)$线性内插到新数据对应的入射角θ下获得$u_\theta(\text{obs}_i)$,再线性内插获得观测量对应的风速u_{θ,obs_i}

对DDMA、LES两个观测量分别建立经验GMF可以进行反演风速相互检校和质

量控制,去除反演风速偏差大于 3m/s 的数据,最后通过 MV 估计方法动态调整因观测几何变化引起的 DDM 信噪比变化,加权不同 DDMA 和 LES 映射的风速获得最优风速估计量[16]。这里没有区分不同海面状态对 GNSS-R 反演风速的影响。

9.2 结果与验证

实验采用从 PO. DAAC 下载的 v2.1 版本的 CYGNSS L1 数据文件提取所需的反演数据。在建立 GMF 和反演风速过程中,为保证 GNSS-R 观测量的数据质量,要求观测数据的距离改正增益(RCG)大于10。训练数据采用2017 年7 月1 日至2017 年11 月 30 日共 5 个月的数据,2017 年 12 月的数据作为测试集。分别对比了 ECMWF 的 ERA5 和全球数值同化系统(GDAS)提供的风速产品联合作为地表真实风速、CC-MP 数据作为地表风速真实风速进行风速反演。并通过锚定浮标数据对反演风速进行进一步检验,图 9.4 给出了 2017 年 12 月 1 日所有 CYGNSS 卫星观测的镜面点在海洋表面分布及所采用的锚定浮标分布。

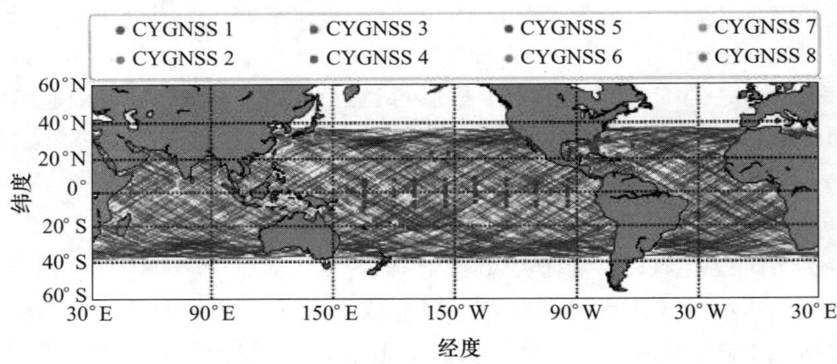

图 9.4 CYGNSS 卫星单天观测镜面点在海洋表面分布和锚定浮标位置(见彩图)

9.2.1 基于 ERA5 和 GDAS 的风速估计

采用 ADS 提供的 ECMWF ERA5 和 RDA 提供的 GDAS 大气再分析地表风速产品作为 GNSS-R 反演的地表真值风速。ERA5 是 ECMWF 提供的第五代大气再分析数值天气预报产品。ERA5 格网数据的空间分辨率为 0.25°×0.25°,时间分辨率达到 1h[19]。使用国家环境预报中心(NCEP)GDAS/FNL 全球表面通量网格产品,NCEP 运行的全球数据同化系统表面通量网格采用 T574 高斯全球格网,风速产品的时间分辨率为 6h[20]。两类数值天气预报产品均提供地表 U_{10} 风速场。分别对两组数值天气预报模型在空间上进行双线性内插,时间上进行线性内插,获得 DDM 观测量对应的参考风速,剔除掉两组真值风速偏差大于 3m/s 的数据建立训练数据集。风速小于20m/s时仅采用 ERA5 匹配的风速作为真值参考风速,风速大于 20m/s 小

于25m/s时采用两组匹配风速的平均值，风速大于 25m/s 时使用 GDAS 风速作为地表参考风速。

DDMA 和 LES 取 lg 尺度时，DDMA 和 LES 两组观测量分别回归的经验风速反演模型如图 9.5 所示。两组观测量对风速的敏感性存在差异，随着风速增加，观测量与风速的相关性降低。当风速大于 10m/s 时，GMF 一阶导数变化率很小，LES 观测量在风速达到 25m/s 时失去对风速的响应。在中强风速条件下 GMF 对观测量变化的响应非常敏感，当 DDM 噪声较大或者训练数据集比较小时，建模 GMF 过程中很容易产生建模误差导致模型失真，反演风速将会严重偏离真实风速。入射角在小风速时对反演模型的影响较小，随着风速的增加，观测量入射角对模型的影响变大。

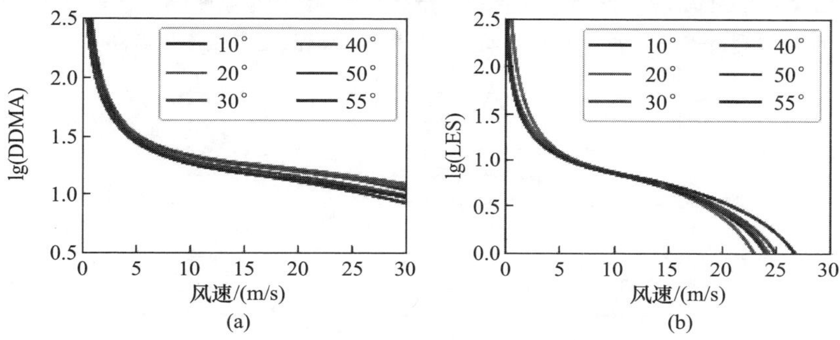

图 9.5 不同入射角下数值天气预报作为参考风速建立 DDMA(a)和 LES(b)的 GMF(见彩图)

数值天气预报作为地表真值风时，所建立的测试集共 12356042 组。反演风速与参考风速的偏差与参考风速、入射角、距离改正增益（RCG）的散点密度图如图 9.6所示。反演风速平均偏差和均方根（RMS）分别为 0.14m/s、1.84m/s。统计大于 10m/s 训练数据占训练集的 6.71%，反演 RMS 为 2.76m/s，大于 15m/s 风速占训练集的 0.19%，风速反演精度为 3.24m/s。图 9.7 给出了不同风速下的反演风速的偏差和 RMS，测试集反演最大风速 23m/s，偏差和 RMS 在 20m/s 处出现较大的波动，主要原因是测试集在 20m/s 风速区间数据量太少，这种现象也同样会出现在反演建模过程中。

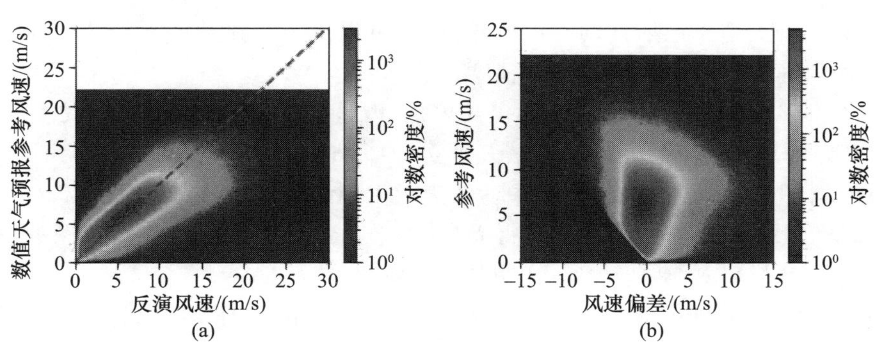

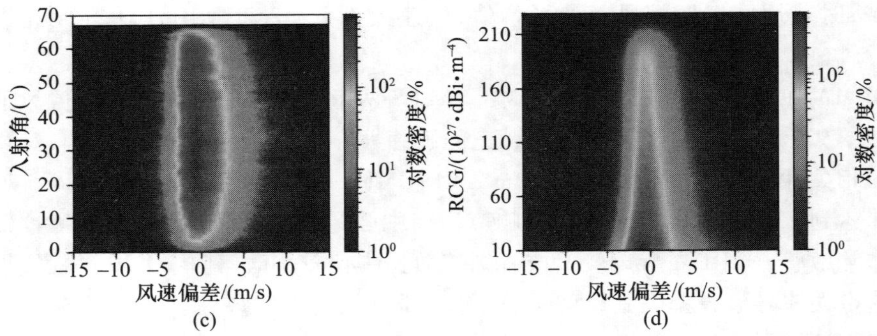

图 9.6 ERA5 和 GDAS 作为地表参考风速与反演风速的散点密度图(a),反演风速偏差与参考风速(b),反演风速偏差与入射角(c),反演风速偏差与距离改正增益的散点密度图(d)(见彩图)

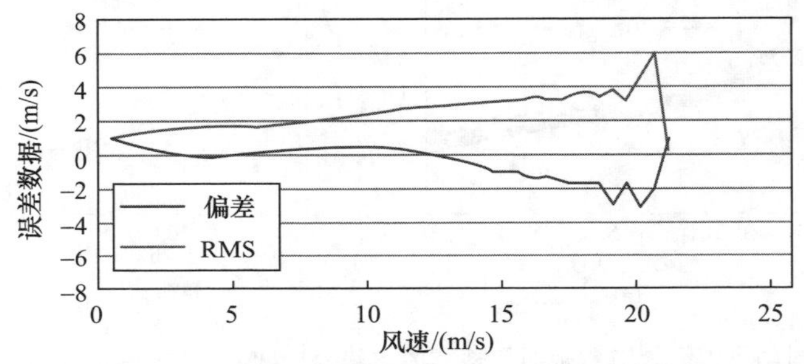

图 9.7 数值天气预报的 RMS 和偏差(见彩图)

9.2.2 基于 CCMP 的风速估计

CCMP 数据源包括浮标及不同天基主/被动辐射计和散射计数据,辐射计包括 SSM/I,SSMIS,AMSR,TMI,WindSat 和 GMI。散射计主要包括 QuikSCAT 和 ASCAT。CCMP 数据集使用 ECMWF ERA-Interim“再分析风”作为初始风场,采用变分分析法(VAM)将交叉校准卫星微波风与系泊浮标相结合,获得时间分辨率为 6h 空间分辨率为 0.25°×0.25°的格网风速产品[21]。采用 CCMP 风速数据集的主要原因是该数据集提供的风速产品主要基于空基微波散射测量和辐射计观测,天基 GNSS-R 技术实际工作原理类似于散射计的工作模式,这样可以进一步比较 GNSS-R 技术与其他基于空间风速遥感技术反演风速的精度。

对 CCMP 数据在空间上进行双线性内插,时间上进行线性内插,建立训练数据集,采用 9.1.3 节的经验风速反演方法建立 2D GMF,图 9.8 给出了入射角为 30°时的 DDMA 和 LES 建立的 GMF。图中蓝线表示由训练数据直接离散加权获得的经验散点 GMF,黑线表示经平滑处理后得到的 GMF。需要注意的是两幅子图的横轴范围,相较于 DDMA,观测量 LES 分布更加靠近纵轴。

由于 CCMP 数据集提供的风速产品截止于 2017 年 12 月 30 日,因此 CCMP 测试集参考风速数据为 30 天,匹配的测试数据集共 10272765 组。反演风速与参考风速、

风速偏差与参考风速、入射角、RCG 的散点密度图如图 9.9 所示。反演风速平均偏差和 RMS 分别为 0.05m/s，1.68m/s。统计大于 10m/s 训练数据占训练集的 8.48%，反演 RMS 为 2.56m/s，大于 15m/s 风速占训练集的 0.26%，风速反演精度为3.13m/s。图 9.10 给出了不同风速下的反演风速的平均偏差和 RMS，从图可见反演风速在大于 15m/s 之后平均偏差迅速增大，由于大于 20m/s 时的测试数据量更少，同样在建立 GMF 时，大于 20m/s 的训练数据也比较少，可能存在较大的建模误差，并且此时观测量对风速的变化非常敏感，因此反演精度有较大的波动。

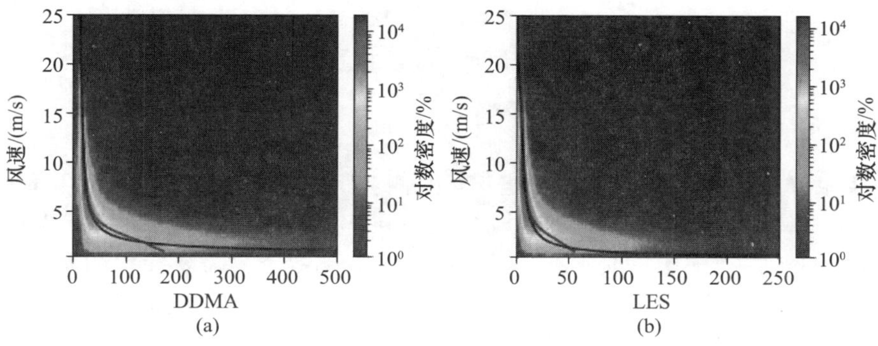

图 9.8　DDMA 和 LES 建立的 GMF（入射角 30°）（见彩图）

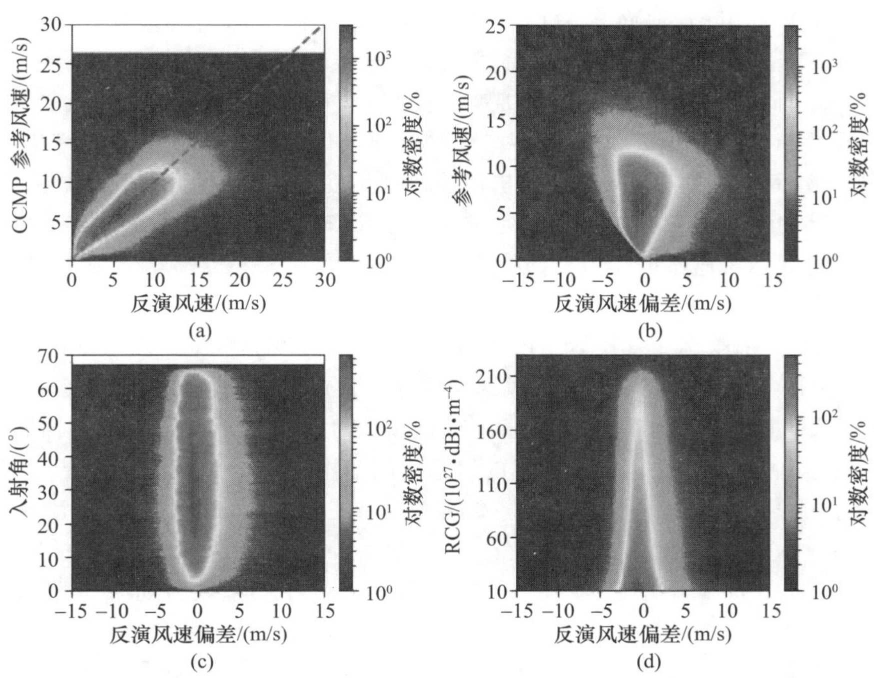

图 9.9　CCMP 作为地表参考风速与反演风速的散点密度图（a），反演风速偏差与参考风速（b）、反演风速偏差与入射角（c），反演风速偏差与距离改正增益的散点密度图（d）（见彩图）

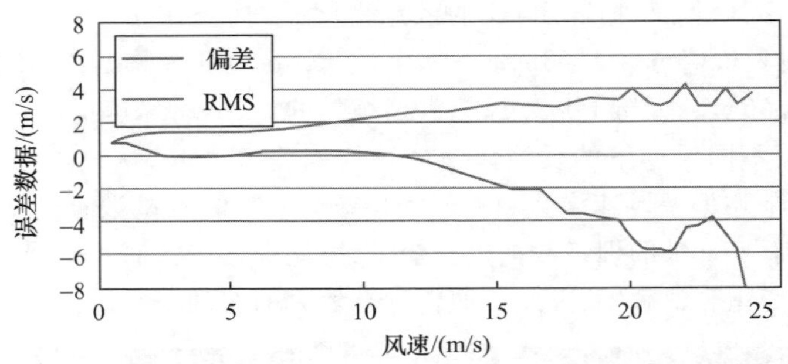

图 9.10　CCMP 的 RMS 和偏差(见彩图)

9.2.3　浮标数据评估

采用由 NDBC 提供的全球的锚定浮标观测获得的连续风速数据。采用 10min 的高时间分辨率的风速数据,观测风速动态范围在 0~35m/s,风速观测精度为 0.3m/s 或者 3%。我们共使用了 93 个锚定浮标的风速观测数据。需要注意的是 NDBC 所提供的热带大气海洋(TAO)阵列的锚定浮标数据并未标定到标准风速参考高度 U_{10},直接采用如下的公式进行修正[22]:

$$U_{10} = 8.87403 \times U_z / \ln(z/0.0016) \tag{9.6}$$

式中:U_z 为浮标实际在海面 z 高度处观测的风速。匹配浮标风速和 DDM,限定 DDM 镜面点距离浮标位置小于 50km,然后将浮标风速线性内插到 DDM 观测时刻。

尽管海面浮标风速数据通过直接观测获得,作为地表参考风速时精度最高,但由于大多数浮标布设在近海沿岸,最终在满足匹配条件的情况下获得的训练集数量非常小,难以建立二维的 GMF,并且分析训练数据集发现匹配获得的数据对中,参考风速几乎全部集中在 15m/s 以下。即使建立一维 GMF 对实际应用也缺乏参考意义,因此我们仅将浮标风速数据作为外部检验,进一步评价另外两组地表风速参考值的风速反演结果。

图 9.11 分别给出了 2017 年 12 月通过数值天气预报模型(ERA5 和 GDAS)和 CCMP 产品作为地表真值风反演的风速与浮标真值风速之间的散点图及各自的风速分布直方图,对反演风速和浮标风速进行抗差线性回归,RLM 表示抗差回归直线。由风速分布直方图可见,匹配风速对的风速区间基本在 0~15m/s。数值天气预报反演风速与匹配浮标风速的数据对仅有 23812 组,在进行精度统计时仅保留小于 4 倍中误差的数据,即图中阴影部分包含的散点,数值天气预报反演风速与浮标风速的平均偏差为 −0.18m/s,RMS 值为 1.91m/s,统计两者的相关系数为 0.78。CCMP 反演风速与浮标风速匹配获得的风速数据对有 20604 组,回归直线的斜率更大,反演风速的平均偏差和 RMS 分别为 0.11m/s 和 1.87m/s,统计两者的相关系数为 0.78。两组真值参考风速反演获得的结果精度相当,数值天气预报和 CCMP 数据可以作为 GNSS-R遥感海洋风速地表真值参考风速。

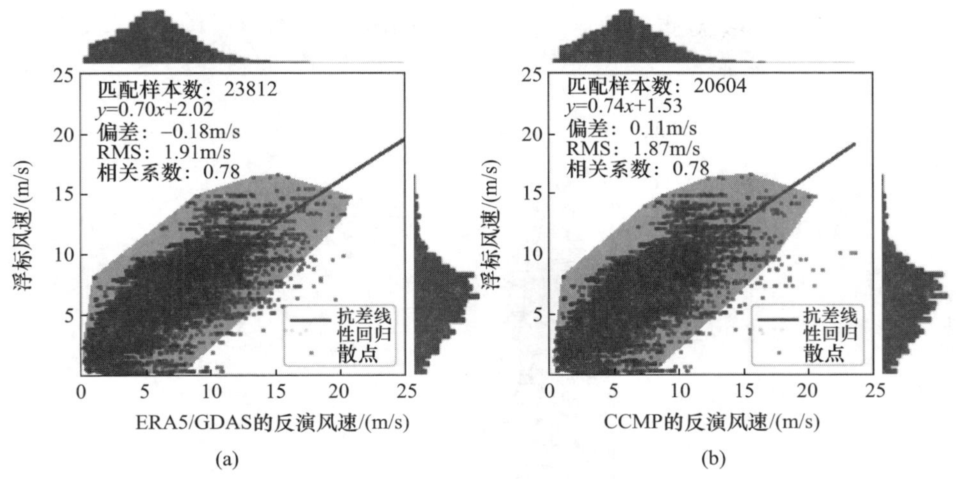

图 9.11 ERA5 和 GDAS 作为地表真值风反演的风速(a)、CCMP 作为地表真值风反演的风速(b)与浮标真值风速的抗差线性回归(见彩图)

9.3 影响分析

本章仅讨论了一种海面状态下的风速反演结果，反演风速动态范围限定在35m/s以下。通过不同参考风速下反演结果的对比可见，DDMA 和 LES 两种观测量随着风速的增大对风速变化的敏感性减弱，LES 在风速接近 25m/s 时完全失去对风速的响应。一方面是由于这两种风速指示计自身属性特征的影响。这也说明观测量的精确标定尤其对高风速下的反演精度提升尤为重要。另一方面是因为 GNSS-R 双基地雷达风速反演 GMF 强烈依赖训练数据集，实际的训练集多呈现如图 9.12 的分布，训练数据主要集中在 10m/s 以下。在 CCMP 训练数据集中，大于 10m/s 风速训练数据占训练集的 11.71%，大于 15m/s 风速训练集仅占 0.52%。因此要进一步提高中强风速区间的模型精度，就需要进一步扩充中强风速区间的训练数据量。值得注意的是 CCMP 作为地表真值风时，反演结果经质量控制，获得的大风速数据量优于数值天气预报，但在风速大于 15m/s 时反演风速较数值天气预报出现了较大的偏差。

为了进一步分析不同 GNSS PRN 卫星反演风速的差异，分别统计了不同 PRN 卫星对应的反演风速精度。图 9.13 中给出了数值天气预报和 CCMP 作为参考风速时不同 GPS 卫星对应的反演风速测试数据集大小、偏差和 RMS 的直方图。当前使用的最新 V2.1 版本的 CYGNSS 数据中去除了最新的 GPS Block Ⅱ-F 类卫星的数据，仅包含 GPS Block Ⅱ-R 和 GPS Block ⅡR-M 的数据。由图可见不同 PRN 卫星对应的风速反演精度基本相当，对于两组不同的参考风速，不同 GPS 卫星反演风速的精度相同。不同类型卫星间不存在明显的精度差异。文献[23]中通过模拟研究了不同的 GPS 卫星 PRN 自相关函数偏差会引起 DDM 间偏差最终影响风速反演的结果,在未对这种偏差做任何修正的情况下,通过图 9.13 的对比还未发现明显的差异。

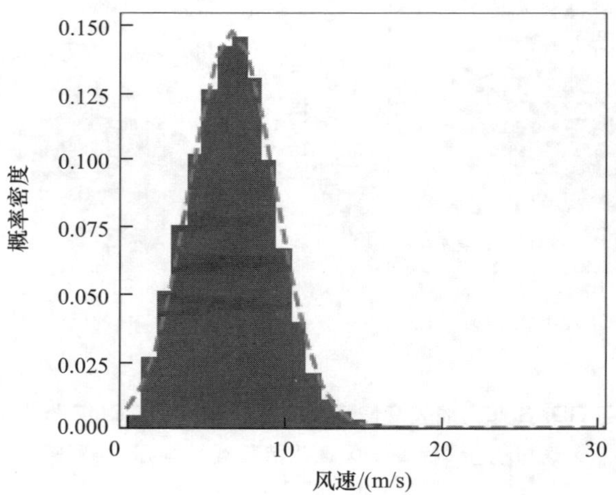

图 9.12 标准化的 CCMP 参考风速概率密度分布(见彩图)

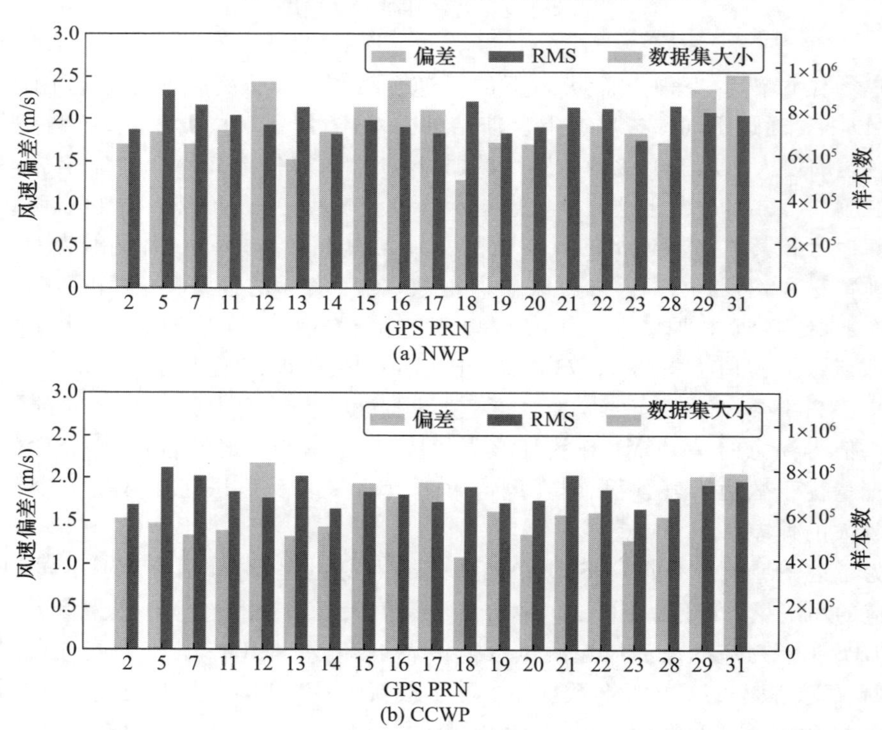

图 9.13 NWP 和 CCMP 作为参考风速时不同 GPS 卫星的数据集大小、偏差和 RMS(见彩图)

9.4 误差源分析

在风速反演过程中，最终的反演误差可以通过误差传播率计算不同的误差源对最终反演结果的影响：

$$\sigma_{U_{10}} = \left|\frac{\partial U_{10}}{\partial \mathrm{Obs}}\right| \Delta \mathrm{Obs} = \left|\frac{\partial \mathrm{Obs}}{\partial U_{10}}\right|^{-1} \left|\frac{\partial \mathrm{Obs}}{\partial x}\right| \Delta x$$

式中：x 为误差因素，反演误差主要由反演特征量的观测误差和反演统计模型提供的映射因子所决定。观测量的误差由观测量的标定精度所决定，因此对雷达系统的硬件进行准确有效的监测，对风速反演结果至关重要。同时接收信号需要经过一系列的数字信号处理完成降频、模数转换、重采样、互相关积分和非相关求和等，也会受到数字信号处理所引入的量化误差以及系统随机噪声的影响。此外，由于 GNSS-R 采用 L 频段的信号，信号波长较长，因此会响应较长的海面波信息，这组特定频谱的海浪除了受到本地风的影响之外，还会受到海面状态，如来自临近海域的涌浪及降雨的影响。尽管 L 频段的雷达信号不易受到云雨的影响，雷达信号穿过大气过程中也会受到大气微弱的散射影响。综上所述，观测量的误差源主要来自 GNSS-R 双基雷达系统本身的硬件误差（包括发射端和接收端）、随机噪声、海面状态和大气衰减的影响。来自模型部分的误差则主要由参考风速数据的误差和时空插值误差所决定，对这部分误差的消除，需要在兼顾模型时空分辨率的前提下，尽量选择高精度的参考数据，以及融合不同的数据源进行相互检校，加权最优的参考数据。

9.4.1 硬件误差

使用双基雷达方程对观测 DDM 进行标定建立反演算法时，由于双基雷达系统直接使用 GNSS 卫星作为发射端，其发射功率较低，通常准确详细的 GNSS 的天线发射功率信息难以获取，需要建立额外的 GNSS 发射功率监测系统，以获得不同 GNSS 卫星的有效全向辐射功率（EIRP）。借助天顶天线同时检测直射信号的功率，对接收的直射信号进行建模获得发射天线的天线方向图。需要注意的是不同型号的 GNSS 卫星的发射功率之间存在明显的差异，即使相同类型的卫星之间也会存在差别，并且会随着时间的推移内部硬件的老化等随时间呈现缓慢的波动。通过星载的 GNSS-R 天顶接收机可以监测采集不同 GNSS 卫星不同入射方向直射信号的功率来建立较准确的 GNSS 卫星天线的发射方向图，已有研究表明 EIRP 模型会在 DDM 标定中引入约 0.24dB 的不确定度。

在接收机端，尽管在 DDMI 发射前已经进行了详细的设备标定，但系统在工作过程中由于接收机的姿态确定误差，内部元器件的老化等原因，会引起本底噪声测量误差及接收机镜面点天线增益测量的不确定度。接收机端设备噪声等最终将会反应在 DDM 观测量中，这需要对硬件系统建立完善的标定和监测方法。当前在进行 DDM

标定过程中多采用镜面近似的方法，因此镜面点的天线增益确定对最终的反演结果具有不可忽略的影响，而其直接与接收机的空间姿态和接收机天线增益方向图相关，接收机处于地影中时，姿态信息的不确定度增加，最终会严重影响 DDM 的标定精度。此外由于不同的 GNSS-R 任务目标，接收机可能采用不同的链路增益模式，如测高和测风，前者需要接收机调节信号的输入范围，使输入信号达到模数转换器的最优电平，尽量降低模数转换器的量化误差，而后者需要根据增益信息进行 DDM 的标定，固定增益模式可以减小增益链路对反演误差的影响。

除此之外，在 GNSS-R 接收机内部的数字信号处理中也会引入量化误差。需要强调的是，硬件误差中的最大误差源来自发射机端的 EIRP。以 CYGNSS 为例，其他硬件误差项的总和约为 0.31dB。

9.4.2 随机误差

传统采用互相关反射信号和接收机本机复制码生成 DDM 的 GNSS-R 工作模式中，较短的相干积分时间会产生较严重的斑点噪声，为了消除这种随机噪声的影响，DDMI 在输出 DDM 之前会再进行一次非相干求和。当前已经在轨运行或者待部署的系统普遍采用 1ms 的相干积分时间和 1s 的非相干求和，需要注意的是非相干求和次数会影响 DDM 的空间分辨率。

9.4.3 海面状态误差

空基/天基 GNSS-R 技术在进行海洋遥感时，直接响应的是海洋表面的粗糙度信息，海面粗糙度不仅受到本地风的影响，由于 GNSS-R 系统采用较长的雷达波长，主要响应的海浪波长相当于 3 倍的入射波长左右，即会受到临近海域传播的涌浪的影响，除此之外在小风速条件下，海面较平静，此时降雨也会对海面粗糙度有所贡献。GNSS-R 实际观测的散射功率，是所有这些作用的叠加。因此，不同的海面状态会对海面风速产生影响，已有研究表明在风速小于 6m/s 时，有效波高会对海面风速产生影响。相较于降水的影响，涌浪对风速反演的影响更大，在实际的风速反演过程中剔除涌浪对反演结果的影响，还存在一定的困难，已有的研究表明涌浪对风速的影响主要也体现在小风速区间，模拟研究结果表明影响范围主要集中在风速小于 4m/s 的区间，对这类误差的进一步研究表明，需要进一步完善海浪谱模型，改善其在前向散射模式下的表现。CYGNSS 项目中的处理策略是在中低风速和大风速条件下分别建立地球物理模型函数（GMF），但参考大风速数据相对稀疏，因此模型不确定度也更大。估计不同的海面状态下的风速建模，当前还处在进一步的深入研究中。

9.4.4 大气衰减

类似 GNSS 定位中的大气延迟，除了信号发射后经历的自由空间损耗外，还有 GNSS-R系统反射信号两次穿越大气层，会受到大气的吸收和散射引起信号的衰减。

GNSS直射信号典型的衰减量为0.5dB,除此之外反射信号还会受到其他卫星导航信号的干扰、地表发射源的干扰、电离层闪烁的影响,这些额外的信号衰减和其他射频信号的干扰都将引起反射功率的测量误差,为了减小大气衰减引起的反演误差,可以应用大气衰减模型和干扰抑制算法,以修正大气衰减引起的射频干扰。

9.4.5 反演算法误差

GNSS-R对地遥感受到多种误差源的共同影响,由于空/天基GNSS-R系统本身采用被动非合作式的双基雷达工作模式,系统直接使用全球导航卫星系统的导航定位信号,而非像传统专题对地遥感技术中采用特定工作频段窗口那样,因此,应用空/天基GNSS-R双基雷达进行对地遥感时需要采用多种误差标定和剔除方法,以降低对地遥感产品的不确定度。对于风速、有效波高反演,主要采用的误差改正方法如下:

风速反演中使用半经验的GMF方法,其实质是一种统计建模方法,合理的训练数据清洗及残差处理方法将会进一步提高反演结果的准确性。在风速反演过程中,首先选择高精度的风速参考产品,如ERA5、GDAS、CCMP和锚定浮标等海面风速数据,在建立风速和DDM观测量过程中,对训练样本的标签数据进行交互检验,分别对DDM观测量内插ERA5和GDAS(或者REA5与CCMP),剔除两组参考风速差值大于3m/s的训练数据。对不同的DDM观测量分别建模获得GMF,预测新的风速时,如两组模型的预测值偏差大于3m/s,则判断为预测失败,不再作进一步的误差修正。在建模过程中分别采用前述数据清洗方法,同时对预测风速和参考风速大于6m/s的数据再进行剔除,获得最终的训练集。最后通过MV估计获得不同信噪比下不同DDM观测量的权值,加权获得最终的风速预测值,借助严格的训练数据筛选方法降低预测量的不确定度。

9.5 结论

本章应用数值天气预报模型和CCMP提供的地表风速作为GNSS-R遥感海洋表面风速的地表真值风建立二维GMF,对比不同数据源参考风速建立反演模型之间的差异,并采用浮标数据对两种反演风速结果进行检验。在建立反演模型过程中,为了保证模型的准确性,在平滑离散的经验GMF过程中,添加新的约束条件,保证平滑函数更符合离散点的分布趋势,进一步提高模型的准确性。反演方法并未区分不同的海面状态,在中强风速条件下,GMF对于观测量的变化响应非常敏感,因此在构建训练集匹配地表真实风速时必须非常小心,不仅需要考虑建立不同风速区间的训练集,更要注意选择地表真实风速时,它能否准确代表DDM所对应的本地真实风速,这就要求真实风速必须具备足够高精度的同时,兼具高时空分辨率的特点,以减弱匹配真实风速时所引起的插值误差。反演结果表明,数值天气预报模型给出的地表参考风速在风速小于 20m/s 时，反演精度可以达到 1.84m/s，CCMP 风速数据作为地表参考风速时风速小于 20m/s 的反演精度为 1.68m/s。两组参考风速数据的反演结果并未表现出较大差异。由训练集风速的分布可见，训练数据主要集中在 15m/s，建立风速反演模型时，进一步扩充高风速时训练集的大小将有利于提高模型反演风速的精度。

参考文献

[1] HALL C D, CORDEY R A. Multistatic scatterometry[C]//International Geoscience and Remote Sensing Symposium, 'Remote Sensing: Moving Toward the 21st Century', IEEE, 1988: 561-562.

[2] MARTIN-NEIRA M. A passive reflectometry and interferometry system (PARIS): application to ocean altimetry[J]. ESA Journal, 1993, 17(4): 331-355.

[3] KATZBERG S J, GARRISON Jr J L. Utilizing GPS to determine ionospheric delay over the ocean [M]. USA: NASA, 1996..

[4] ZAVOROTNY V U, VORONOVICH A G. Scattering of GPS signals from the ocean with wind remote sensing application[J]. IEEE Transactions on Geoscience and Remote Sensing, 2000, 38(2): 951-964.

[5] LOWE S T, LABRECQUE J L, ZUFFADA C, et al. First spaceborne observation of an earth-reflected GPS signal[J]. Radio Science, 2002, 37(1): 7-1-7-28.

[6] CLARIZIA M P, GOMMENGINGER C P, GLEASON S T, et al. Analysis of GNSS-R delay-Doppler maps from the UK-DMC satellite over the ocean[J]. Geophysical Research Letters, 2009, 36(2).

[7] FOTI G, GOMMENGINGER C, JALES P, et al. Spaceborne GNSS reflectometry for ocean winds: first results from the UK TechDemoSat-1 mission[J]. Geophysical Research Letters, 2015, 42(13): 5435-5441.

[8] RUF C S, ATLAS R, CHANG P S, et al. New ocean winds satellite mission to probe hurricanes and tropical convection[J]. Bulletin of the American Meteorological Society, 2016, 97(3): 385-395.

[9] WANG F, YANG D, ZHANG B, et al. Waveform-based spaceborne GNSS-R wind speed observation: demonstration and analysis using UK TechDemoSat-1 data[J]. Advances in Space Research, 2018, 61(6): 1573-1587.

[10] HERSBACH H, STOFFELEN A, DE HAAN S. An improved C-band scatterometer ocean geophysical model function: CMOD5[J]. Journal of Geophysical Research: Oceans, 2007, 112(C3).

[11] RUF C S, GLEASON S, MCKAGUE D S. Assessment of CYGNSS wind speed retrieval uncertainty [J]. IEEE Journal of Selected Topics in Applied Earth Observations and Remote Sensing, 2018, 12(1): 87-97.

[12] RUF C S, BALASUBRAMANIAM R. Development of the CYGNSS geophysical model function for wind speed[J]. IEEE Journal of Selected Topics in Applied Earth Observations and Remote Sensing, 2018, 12(1): 66-77.

[13] LIN W, PORTABELLA M, FOTI G, et al. Toward the generation of a wind geophysical model function for spaceborne GNSS-R[J]. IEEE Transactions on Geoscience and Remote Sensing, 2018,

57(2):655-666.

[14] GLEASON S, RUF C S, CLARIZIA M P, et al. Calibration and unwrapping of the normalized scattering cross section for the cyclone global navigation satellite system[J]. IEEE Transactions on Geoscience and Remote Sensing,2016,54(5):2495-2509.

[15] GLEASON S,RUF C S,O'BRIEN A J,et al. The CYGNSS level 1 calibration algorithm and error analysis based on on-orbit measurements[J]. IEEE Journal of Selected Topics in Applied Earth Observations and Remote Sensing,2018,12(1):37-49.

[16] CLARIZIA M P,RUF C S,JALES P,et al. Spaceborne GNSS-R minimum variance wind speed estimator[J]. IEEE Transactions on Geoscience and Remote Sensing,2014,52(11):6829-6843.

[17] CLARIZIA M P,RUF C S. Bayesian wind speed estimation conditioned on significant wave height for GNSS-R ocean observations[J]. Journal of Atmospheric and Oceanic Technology,2017,34(6):1193-1202.

[18] CLARIZIA M P,RUF C S. Wind speed retrieval algorithm for the cyclone global navigation satellite system(CYGNSS) mission[J]. IEEE Transactions on Geoscience and Remote Sensing,2016,54(8):4419-4432.

[19] HERSBACH H. Operational global reanalysis:progress,future directions and synergies with NWP[M]. UK:European Centre for Medium Range Weather Forecasts,2018.

[20] National Centers for Environmental Prediction/National Weather Service/NOAA/U. S. Department of Commerce. 2015,updated daily. NCEP GDAS/FNL global surface flux grids[DS]. Research Data Archive at the National Center for Atmospheric Research,Computational and Information Systems Laboratory. doi:10. 5065/D61N7Z6Q. Accessed-14 Nov 2018.

[21] WENTZ F J,SCOTT J,HOFFMAN R,et al. Cross-calibrated multi-platform ocean surface wind vector analysis product V2,1987-ongoing[DS]. Research Data Archive at the National Center for Atmospheric Research,Computational and Information Systems Laboratory,2016.

[22] THOMAS B R,KENT E C,SWAIL V R. Methods to homogenize wind speeds from ships and buoys[J]. International Journal of Climatology:A Journal of the Royal Meteorological Society,2005,25(7):979-995.

第10章　土壤湿度遥感

土壤湿度是影响全球气候变化和水循环的重要因素，其在地球系统中的存在形式和空间上的流动情况对全球的能量平衡起着至关重要的作用。土壤湿度是控制陆地和大气间水热能量交换的一个关键参数，与大气湿度之间存在着直接的联系，并影响陆地向大气热通量输送。对地表参数化大气环流模型的相关研究表明，土壤湿度和异常气候之间存在着很强的反馈关系。土壤湿度是水文学、气象学以及农业科学研究领域的重要指标参数，大范围的土壤湿度监测与反演是农业研究和生态环境评价的重要组成部分。同时土壤湿度也是联系地表水与地下水的纽带，是陆地生态系统水循环的重要组成部分。因此，土壤湿度信息对改善区域乃至预报全球气候模式、研究全球水循环规律、管理水资源、建立流域水文模型、监测农作物生长、估产农作物、监测环境灾害以及其他相关自然和生态环境问题的研究起着重要的作用[1]。传统方法采用离散站点或相应气象站点监测土壤湿度，但该方法的监测结果只能代表有限观测区域（10～100cm），且观测耗时费力，无法满足大范围、高效率土壤湿度观测的需求。同时这种传统监测方式，在空间尺度和时间精度方面无法与相应的天气及水文模型（0.1～10km）相匹配，因此该方法不能有效地研究土壤湿度对环境变化的影响。

卫星遥感可以高效率大范围获取土壤湿度信息，当前主要的遥感手段是光学、红外和微波遥感，其相应的传感器分别工作在电磁波谱的可见光、红外和微波频段。但是可见光和红外频段传感器容易受大气影响，在云雨天无法获取地表信息，不具备全天时全天候工作的能力。而微波遥感具有对云、雨、大气较强的穿透能力，能全天时、全天候地进行监测工作，且微波传感器对于植被特性的变化、地表土壤湿度和积雪参数十分敏感，故而是土壤湿度/植被监测和反演的有效手段之一。但微波遥感也具有一定的局限性：与微波辐射计相比，单基雷达对土壤湿度的敏感性较低，且后向散射容易受如表面粗糙度、土壤介电常数和植被结构等表面特性影响。同时其数据处理复杂，空间分辨率也比较低[2-3]。Shi 等[4]提出可以使用微波辐射计和单基雷达结合的方式进行土壤湿度反演。微波辐射计也是一种可以用来进行土壤湿度遥感的仪器，虽然其容易受背景亮温和人造无线电干扰（RFI）影响，同时时间分辨率比较低，但是辐射计能测量表面亮温，进而利用反射率信息反演土壤湿度，且该测量过程对表面粗糙度的敏感性较低，空间分辨率较高，数据处理过程简单[2,5]。因而使用微波辐射计和单基雷达结合的方式进行土壤湿度反演也是一种有效的方法[4]。

为了反演全球土壤湿度，ESA 和 NASA 已经分别发射了 L 频段星载土壤湿度和海洋盐度监测卫星（SMOS）及土壤湿度主/被动（SMAP）遥感卫星，其空间分辨率都在千米级尺度上。但是这些星载计划都需要全球观测网提供高时空分辨率的土壤湿度实际观测数据。不过，现有的地基观测存在着一定的局限性（半径大约 300m），宇宙中子可以提供几厘米深的土壤湿度观测。对于小尺度（半径大约 50cm），GNSS-R 可以提供 0 ~ 5cm 深的土壤湿度观测，与 SMOS 和 SMAP 数据非常接近[6]。由于海洋和大气介质相对均衡，极化特性不明显，使得该技术已经在海洋中尺度遥感和大气遥感中得到广泛应用[7]。而陆地表面特征复杂，加之 GNSS-R 不断变化的地表反射特征，导致其在陆面土壤湿度和植被遥感上的研究相对较晚。但从本质上讲，GNSS-R 是一种 L 频段多角度、多极化双基/多基雷达，具有高时空分辨率（时间连续，空间分辨率千米级尺度）、多角度、多极化和自定位、自定时等独有的观测特征。GNSS-R 水文遥感成为一种新兴的遥感手段。例如，Zavorotny 和 Voronovich[8] 在土壤湿度和接收机波形之间建立了量化关系。Rodriguez-Alvarez 等[9] 开发了地基 SMIGOL 反射计，利用 IPT 方法（干涉图）来反演诸如地形坡度、土壤湿度和植被高度等地物参数。除此之外，可以利用测绘或传统型 GNSS 接收机的多路径信息来反演土壤湿度和植被特性[10]。

GNSS-R 作为一种新型的遥感手段可以为星载计划提供中尺度的验证、校验数据。GNSS-R 进行土壤湿度遥感的基本原理与其他微波手段相同。但该方法也具有其独有的如下特点[8]。

（1）GNSS 可以提供长时间的、稳定无偿信号。GNSS-R 接收机采用被动接收的工作模式，体积小，重量轻和功耗小。

（2）GNSS 工作在 L 频段（如 1.57542GHz 和 1.22760GHz），适合进行土壤湿度反演。

（3）与微波辐射计相比，背景的热量变化对 GNSS 反射信号的影响很小。

（4）GNSS-R 接收机可以实时地接收视场内的多颗卫星信号，大大提高了时间和空间分辨率。

（5）GNSS-R 具有自定时、自定位功能，因此可以较容易地组建大范围的地理信息网络，从而建立大范围的土壤湿度观测网络。

鉴于此，GNSS-R 遥感可以作为 L 频段星载数据良好的补充，还能建立低成本的全球土壤湿度监测网络系统，进而对星载数据进行校验和验证。目前，国际上针对 GNSS-R 土壤湿度监测和定量反演方面的研究，主要是分析导航卫星直射信号和反射信号形成的干涉波形图。西班牙研究工作者采用专门研制的地基接收机接收直射和反射信号形成的相干波，并利用波形中的波谷（即波形中反射率最低点）个数、位置信息反演地物参数，取得了良好的反演精度[11]：裸土区土壤湿度反演精度为 3% ~4%，小麦和大麦覆盖区土壤湿度反演精度为 2% ~5%，植被高度反演精度 RMSE 为 3 ~ 5cm；以美国科罗拉多大学为主的 GPS 反射信号测量小组的研究学者提出可以用地球物理/大地测量学接收机，利用 GPS 多路径数据反演土壤湿度和植被参数[12-13]。研究表明 GPS 多路径数据的有效反射计高度、幅度和多路径相位与土壤湿度、植被生物参数有关,可以利用其对相应参数进行反演[14-15]。国内学者利用SMEX观测数据进行了针对性研究[16],并利用GPS-IR遥感对植被含水量进行估计[17]。

国内外现有研究多是依赖于地面观测数据,建立GNSS-R信号或者GPS多路径信号与土壤湿度和植被参数的相关性,建立区域性的定量反演算法,但对其散射特性机理模型的研究相对较少。Z-V模型最早用于表示海洋表面GPS反射信号的相关函数和相关功率[8]。该模型可以描述在不同时间延迟和多普勒频移下GPS散射信号的能量。本研究以海洋表面GPS散射信号模型为基础,采用高级积分方程模型(AIEM)来计算裸土的双基雷达散射截面,模拟分析裸土参数(土壤湿度和地表粗糙度)对时延-多普勒图像(DDM)的影响[18]。

由于电磁波的极化特性受目标物的介电常数、物理特性、几何形状和取向等因素影响,对GNSS-R极化特性的研究有利于探测目标参数的有效提取,因此对GNSS-R反射信号的极化特性研究是GNSS-R遥感研究的一个重要方面[19-20]。本研究采用极化合成的方法,使裸土GNSS散射信号模型具备全极化DDM波形图模拟分析的功能。发展建立裸土的基于微波散射模型的GNSS散射模型,准确理解和描述土壤的双站散射特征,是GNSS-R陆面土壤参数遥感的最重要的理论基础,也是分析和解释GNSS-R观测数据、GNSS-R数据仿真模拟、发展地表参数定量反演算法和新型传感器设计的关键工具[19]。

10.1 地基GNSS估计土壤湿度

该方法不需要研制专门接收机,直接采用传统的大地测量型接收机,即利用其接收的多路径信息(直射信号和反射信号的干涉信号)对地物参数进行遥感监测,该方法的空间分辨率约为1km,介于传统站点式传感器(小于$1m^2$)和星载观测(大于$100km^2$)之间。

对于传统型GNSS接收机,在高度角低于30°时,直射信号和反射信号的干涉图信息最为明显。利用该方法反演土壤湿度精度为$0.04m^3/m^3$,这意味着数以千计的GNSS台站数据可以用来近实时土壤湿度观测,为环境科学和水文遥感研究提供数据。本节主要介绍两种利用GNSS多路径信息反演土壤湿度的重要方法,即SNR反演方法与干涉模式技术方法。

10.1.1 SNR反演方法

GNSS信号主要受表层(0~5cm)土壤湿度的影响,利用SNR进行土壤湿度反演的空间分辨率很高。虽然GNSS多路径的振幅并没有经过Noach陆面模型的校正,但是多路径的振幅与附近的降雨记录之间有很好的相关性,如Larson等[12]对3个月范围内的地基Marshall和Colorada GPS站点的数据进行分析,实验中的接收机与

Earthscope 的相同,即 Trimble NetRS 接收机,天线为(TRM29659.00),相位中心距离地面 1.9m。实验结果表明当植被类型是低矮青草时,在地表 5cm 以上,利用 GPS 多路径获取的 300m^2 土壤湿度信息和传统的土壤湿度观测结果吻合较好。

该研究团队的长期目标就是利用理论模型[21]建立起利用 GPS SNR 数据估测地表土壤湿度的反演算法。研究表明 GPS 多路径 SNR 数据对水平范围 1000m^2,垂直距离 1～6cm 的土壤湿度非常敏感,其进一步研究分析表明当土壤越干燥时,GPS 信号穿透性越强,这种穿透深度的变化会导致 GPS 信号中频率和幅度的变化。7 个月的研究结果表明,GPS 反射信号频率的变化与传统的土壤湿度反射计传感器获取的结果相关性很好(r_2 = 0.9～0.76),而当土壤湿度含量小于 0.1cm^3/cm^3 时,二者的相关性较差[10]。

采用电磁单次散射前向模型验证近地表土壤湿度和 SNR 相关量的变化关系,研究表明地表 5cm 以上区域的土壤湿度变化会影响有效反射计高度、相位和幅度。而浅层(小于 1cm 深)的土壤湿度变化对其影响最大。土壤质地类型对其影响可以忽略。相位和表面土壤湿度呈线性相关,幅度、有效反射计高度也会受到土壤湿度的影响,但其之间的关系为非线性。因而相位是土壤湿度变化反演的最有效度量标准[14,22]。

在 SNR 数据中记录着 GPS 直射信号经地表反射后的多路径反射信息,而其中的振幅信息是土壤湿度的函数。研究结果表明,未经校验的 GPS 多路径振幅变化与降水信息以及陆面模型预测出的土壤湿度变化存在较好的相关性[12]。

土壤湿度变化会引起土壤介电常数的变化,进而影响有效反射高度、振幅及多路径的相位。下式为 SNR 的表达式:

$$\mathrm{SNR} = A(e)\sin(4\pi H\lambda^{-1}\mathrm{sin}e + \phi) \tag{10.1}$$

式中:$A(e)$为幅度项;H 为天线相位中心到反射面之间的距离;λ 为 GPS 电磁波波长;ϕ 为相位;e 为卫星高度角。故从 SNR 数据中可以获取相位、幅度和频率(或有效反射计高度)信息。

为了去除直射信号的趋势项影响,需要首先将 SNR 干涉图转换为线性尺度(单位是 volt/volt,即 V/V),如下式:

$$\mathrm{SNR}_{V/V} = 10^{\frac{\mathrm{SNR}_{dB-Hz}}{20dB-Hz}} \tag{10.2}$$

式中:SNR_{dB-Hz}为原始数据,$\mathrm{SNR}_{V/V}$为转换后的线性尺度数据,单位是 V/V。

然后用低阶多项式去除直射信号的影响,直射信号和反射信号的相干信号随卫星高度角的变化可以表示为

$$\mathrm{SNR}_{mpi} = A_{mpi}\cos\left(\frac{4\pi H}{\lambda}\mathrm{sin}e + \phi_{mpi}\right) \tag{10.3}$$

地表实测数据表明A_{mpi}和ϕ_{mpi}都随土壤湿度变化而变化[10]。振幅项会受到包括天线增益和多路径强度两项的影响,而二者都是随卫星高度角的变化而变化的,但是振幅所受高度角的影响却是比较小的。因此其研究中可以假定A_{mpi}不受高度角影响,其早期研究表明A_{mpi}和降雨之间有相关性。与A_{mpi}相比,ϕ_{mpi}受土壤湿度的影响更大一些,其相应的理论模型与实测结果也相符[21]。

10.1.2 干涉模式技术方法

干涉模式技术(IPT)方法就是利用直射信号和反射信号的相干信号进行地物参数(表面地形、土壤湿度及植被覆盖区土壤湿度、植被高度)的反演。然而在进行地形坡度反演的时候必须采用粗分辨率的 DEM 模型,同时植被高度是波谷数量和波谷位置的函数,可以独立于土壤水分和地表粗糙度进行反演[11]。为了接收相对较弱的 GNSS 反射信号,需要研制特殊的接收机。现在有两个常用的接收机天线:一个是指向天顶的用于接收直射信号的 RHCP,另一个是指向天底的用于接收反射信号的 LHCP。Larson 等[6]用传统型大地测量 GPS 接收机监测全球土壤水分变化。尽管这种类型的接收机最大化接收直射信号而抑制反射信号,但是实际上却无法完全去除反射信号。该种类型的接收机一般安置在低于 2m 的高度,所以其直射信号和反射信号的延迟时间很短,而且在接收天线处会产生相干。

该研究团队于 2008 年 2 月—2008 年 10 月之间在小麦地进行了一次实测研究,还进行了一次 GPS 与辐射计联合观测(GRAJO)实测研究[23,24]。这两次研究的区域包括裸土、草地和大麦。对于前一个实测研究,土壤水分的反演精度为 2.5% ~ 4.7% 。对于 GRAJO 研究,土壤水分反演误差在 2.0% ~3.2% ,但是对于小麦和大麦,植被高度反演结果较好:RMSE = 3 ~ 5cm,玉米高度反演结果为 RMSE = 6.3cm。因此 IPT 方法是一种有效的地物参数反演方法[9]。

Rodriguez-Alvarez 等[9]在 2008 年开发了地基 SMIGOL 接收机,并将其投入应用与实验研究。该技术与以前的 LHCP 天线不同,其采用了 v 极化的天线进行接收,直射和反射信号在天线处产生相干。接收的信号是 GPS 卫星高度角的函数,这些角度随 GPS 卫星移动而变化,其时间分辨率为 3h。同时 SMIGOL 可以放在不同的地表高度上,但是需要保证直射信号和反射信号必须在接收机天线处产生相干。

这里所采用的接收机即地基 SMIGOL 反射计,工作频率是 GPS L1(1.57542GHz),接收机在同一个 GPS 码片间隔内,记录下直射信号和反射信号相干叠加的干涉信号,每个采样点数据对应不同的 GPS 卫星高度角信息,因此接收的干涉能量是高度角的函数。

SMIGOL 反射接收机指向水平,同时,为提高反演精度,采用 H 极化、V 极化相位差来提高反演精度,因为 IPT 方法依赖于反射信号的相干散射,为使算法对相位差敏感,需采用瑞利准则对光滑表面进行判别。双极化 IPT 方法中的接收机为 PSMIGOL(两个天线,H 极化,V 极化)。

10.1.2.1 基本原理

早期的研究方法,基本都采用 LHCP 天线来接收地表反射信号。但是研究表明,当采用 LHCP 极化天线时,由于在 V 极化的布鲁斯诺角时存在空反射率,因此 H 极化会掩盖掉角度信息。附布鲁斯诺角定义:

$$\theta_B = \arctan\left(\sqrt{\frac{\varepsilon_{r2}}{\varepsilon_{r1}}}\right) \tag{10.4}$$

式中：ε_{r2}，ε_{r1}分别为土壤层、空气层的介电常数。

接下来对IPT法进行简单介绍，同时给出相应的模拟结果。假设接收机天线处的能量与天线辐射样图、直射信号和反射信号之和的平方成比例[12]：

$$\text{Power} \propto G(\theta,\varphi) \times |1 + R \times e^{j\varphi}|^2 \tag{10.5}$$

式中：$G(\theta,\varphi)$为天线辐射样图，如下式所示：

$$G(\theta,\varphi)_{[dB]} = G_0 - 12 \times \left(\frac{\theta}{\Delta\theta_{antenna}}\right)^2 \tag{10.6}$$

式中：G_0为天线的最大增益（假定天线指向与地面平行），这里给定$G_0 = 25dB$；θ为入射角；$\Delta\theta_{antenna}$为天线半功率带宽；且φ为反射信号的相位：

$$\varphi = \frac{4\pi}{\lambda_{GPS}} \cdot h \cdot \cos\theta \tag{10.7}$$

式中：λ_{GPS}为GPS的波长；h为接收机高度，这里假定$h = 200m$。

该研究团队利用全极化电磁散射模型可以计算如下场景：GPS电磁信号和植被作用；GPS信号与土壤-植被的相互作用；GPS信号与土壤-植被-土壤的相互作用。植被结构的模拟采用Lindenmayer systems（L-systems），植被的每个部分（树干、树枝，叶片及果实）采用各自的散射模型。

10.1.2.2 反演流程

下面介绍SMIGOL反演基本流程（表面坡度、植被高度、土壤湿度（植被覆盖区土壤湿度））。对于每颗卫星的原始数据，SMIGOL算法的主要流程如下。

（1）反射表面坡度信息$h_{surf}(sat,\theta,\varphi)$，表面坡度信息是卫星过境时的高度角$\theta$和方位角$\varphi$的函数。

（2）在（1）基础上获取植被高度信息$h_{veg}(sat,notch)$，该信息直接与波谷位置和数据有关，可以独立于土壤湿度、表面粗糙度的反演而获取。

（3）在获取植被高度、实测地表粗糙度的情况下，利用干涉能量幅度信息，获取相应的土壤湿度$SM(sat,\theta,\varphi)$。

现在重点研究利用IPT方法进行土壤湿度和植被参数反演。IPT方法中采用的植被和裸土物理模型：裸土时，地表采用的是基于菲涅耳反射系数的相干镜像反射模型，假定地表粗糙，是一个多层的土壤、植被时，采用的物理模型是UPC大学的一个L频段全极化发射率模拟。

该方法是利用测得的直射信号和反射信号的相干能量反演地形、植被覆盖区土壤湿度和植被高度参数，并建立完整的陆面参数反演过程，用IPT方法，是因为接收到的能量信号中波谷位置、振幅以及个数与地物参数有关。地形反演精度为RMSE = 27cm；植被覆盖区土壤相对湿度的精度为2% ~5%；植被高度的反演精度为RMSE = 3 ~5cm。

10.2 塔基/机载 GNSS-R 土壤湿度反演

10.2.1 塔基 BAO 塔观测

美国国家海洋与大气管理局的环境技术实验室下属的博尔德大气观测站(NOAA ETL BAO)的塔基实验中,首次在同一地点进行了土壤湿度季节性 GNSS-R 实验[25],该实验排除了地表粗糙度和植被的影响,信号变化只因土壤湿度变化导致。改进的 GPS 反射信号接收机放在 300m 高塔上(40°03′00.1″N,105°00′13.8″W)。接收机由 NASA 兰利研究中心提供,利用低增益指向天顶的 RHCP 天线接收直射信号,针对地表反射信号的接收采用的接收机天线包含多种天线类型:低增益半球 LHCP 天线;4 个高增益(约 12dB)(V、H、LHCP 和 RHCP)天线;高增益天线增加了接收机动态范围,降低了表面多路径电磁波干涉信息;天线的角度设置为 35°入射角(从天底处开始),方位角 245°。实验研究结果表明反射信号和降雨之间存在相关性:当土壤湿度含量较高时,其和反射信号之间存在较好的相关性;但是由于 L 频段穿透性的影响,当土壤比较干时,表层土壤湿度和反射能量之间的相关性较小。

为了分析极化特性对反射信号反演的影响,采用一阶 SSA 模型计算了 RHCP 发射,各种极化接收下的反射率信息[7]。其中入射角固定(60°,70°),在散射角变化或者土壤湿度变化情况下,LR、RR 之比和 HR、VR 之比信息进行模拟计算("R"、"L"、"V"和"H"分别代表右旋圆极化、左旋圆极化、垂直线极化以及水平极化)。该理论研究指出接收到的信号能量主要与两个因素有关:一个是和土壤介电特性相关的极化敏感因子;另外一个是和地表粗糙度相关的极化不敏感因子。而正交极化比则可以有效去除地表粗糙度影响,只保留土壤湿度信息。但是 BAO 塔实验的实测数据却无法验证该假设,原因可能是土壤湿度均一的初始假设过于简单,而模型今后发展的可能是土壤湿度坡面精确模型。但 BAO 塔实验中角度、极化信息为后续发展提供了重要方向。

10.2.2 机载实验

SMEX02 是 2002 年夏天在美国中西部的爱荷华州进行的地基和机载观测实验。SMEX02 的科学目的是理解地气相互作用,验证 AMSR 亮温、土壤湿度反演,以及在植被覆盖情况下的仪器观测和算法,同时 SMEX02 也用来评估新型仪器(如 GPS-R)进行土壤湿度遥感的技术。以往的海洋表面反射研究中,天线是半球形指向天底,在 SMEX02 中,天线仍然指向天底,但增加了接收机天线增益,在以获取多个卫星数据为代价的情况下,以期获得更好的 SNR 数据。实验中采用解析散射模型 Z-V 模型[7],该模型基于物理光学模型,采用 SMEX02 地形中估测出的粗糙面进行计算。该实验中 GPS 双基地雷达基于 NASA 兰利研究中心改进的普莱西 12 通道 C/A 码接收机。

Katzberg 等[26]利用 SMEX02 校正的 GPS 反射信号估测土壤反射率和介电常数，对 GPS 反射信号和土壤介电常数以及土壤体积含水量之间的关系进行了验证，发现利用 GPS 数据获取的介电常数和 Wang-Schmugge 理论模型能较好地吻合，但是均较低于实测土壤湿度数据。该研究中考虑了植被覆盖的衰减，并对一系列不一致的原因进行了探讨。

国内学者[27]基于 AIEM 模拟分析了土壤湿度、地表粗糙度和单频率下前向散射系数之间的关系，并利用 SMEX02 机载 GPS 实验数据分析了该试验中 8 个站点土壤湿度、大豆和玉米地土壤湿度和 GNSS-R SNR 之间的关系。3 次机载极化测量实验，获得了 RL 和 RR 极化反射信息，分析表明在低高度情况下，RL 和 RR 极化反射率都对土壤湿度和地表粗糙度敏感，极化比在中等地表粗糙度时，对粗糙度不敏感，有利于进行土壤湿度反演。但是当地表粗糙度大于 3cm 时，非相干散射占主导[28]。2014 年 5 月 30 日，中国进行了首次机载 GNSS-R 实验[29]，其实验目的是验证空间中心研制的 GNSS-R 接收机性能以及研究土壤湿度和高度计反演的算法，研究采用 RL 信号来反演土壤湿度信息，同时也接收和测试了 RR 极化信号。

10.3 星载 GNSS-R 土壤湿度反演

星载 GNSS-R 实验从 UK-DMC 开始，后继又进行了广泛的探索，包括 TDS-1、CYGNSS。其中 CYGNSS 除了跟踪 L1 C/A 码星载反射信号并产生相应的 DDM 外，它还首次探测和记录 GPS L2 星载反射信号。该任务标志着 GNSS-R 星载计划走向成熟[30-32]。

Camps 等[33]分析了土壤湿度和植被对 TDS-1 数据的影响，由于没有测量直射信号，也就是没有参考信号，TDS-1 数据没有经过校准。因此数据处理的时候采用 1ms 相干积分时间和 1000 次非相干平均计算得到 DDM 的 SNR 变化进行分析。结果表明 TDS-1 GNSS-R 数据建立 TDS-1 GNSS-R 反射信号和不同地表覆盖类型下（常绿针叶林、草地、常绿阔叶林区）的 SMOS 土壤湿度数据具有很好的相关性。Chew 等[34]采用 TDS-1 提供的 19 天数据进行了土壤湿度研究，结果表明反射信号和土壤湿度之间有 7dB 的敏感性。但是该研究中没有考虑植被对反射信号的影响。TDS-1 可以提供很多地表反射信号数据[35]。

在分析的时候只考虑镜面点的天线增益大于 5dB，即入射角是 0°～35°的数据，另外由于星上镜面点预报软件是面向海洋反射的，因此，在陆面应用时不考虑海拔高于 3000m 的反射点。在实际应用时，需要重新计算镜像点位置等，分析时只采用 DDM 的峰值能量，结果与 Masters 的文章中结果一致，即地表粗糙度的增加导致峰值能量降低，而介电常数的增加导致峰值能量的增加[3]。

影响 DDM 峰值能量的因素除了反射表面特性以外，还包括天线增益、距离、入射角等，而这些需要在使用时进行校正。为了得到有效峰值能量，校正方法基于双基雷达方程：

$$P_{\mathrm{r,eff}} \propto P_{\mathrm{rdB}} - N_{\mathrm{dB}} + (R_{\mathrm{sr}} + R_{\mathrm{ts}})^2_{\mathrm{dB}} - G_{\mathrm{rdB}} + \cos^2\theta_{\mathrm{dB}} \tag{10.8}$$

式中：$P_{\mathrm{r,eff}}$为 TDS-1 上的有效反射能量，由于其已经利用噪声进行归一化处理，因此就是 DDM 的 SNR；P_{rdB}为每个 DDM 的最高反射能量；N_{dB}为噪声项；R_{sr}和R_{ts}分别为接收机或者发射机到地表镜像点距离；θ_{dB}为入射角；G_{rdB}为天线增益；式中所有下角 dB 均表示该量的计算单位。

10.4 理论模拟与结果

10.4.1 理论模拟

本节以海洋表面 GPS 散射信号模型 Z-V 模型为基础[7]，如式(10.9)所示，Z-V 模型本质上为双基雷达的积分形式，通过修改后对裸土 GPS 散射信号波形图进行模拟分析：

$$\langle |Y(\tau)|^2 \rangle = T_{\mathrm{i}}^2 \iint \frac{\mathrm{D}^2(\boldsymbol{\rho})\,\Lambda^2[\tau - (R_0 + R)/c]}{4\pi R_0^2 R^2} \times |S[f_{\mathrm{D}}(\boldsymbol{\rho}) - f_{\mathrm{c}}]|^2 \sigma_0(\boldsymbol{\rho})\,\mathrm{d}^2\rho \tag{10.9}$$

式中：T_{i} 为相干积分时间；D 为天线增益，对于低增益天线，可以假定 $D=1$；$\boldsymbol{\rho}$ 为面元平面位置矢量；τ 为时间延迟；c 为光速。为简化分析，这里不考虑地球曲率的影响。相应散射坐标系如下所示：其中坐标原点为地表镜面反射点(0,0,0)，Z 轴指向本地水平面的法方向，Y-Z 平面包括发射机、接收机和镜面反射点。X 轴方向符合右手螺旋法则。在该坐标系下，发射机、接收机和地表镜像点的位置分别用 R_0 和 R 表示。f_{c}是用来补偿信号中多普勒频移f_{d}的本振频率，σ_0为双基雷达散射截面，模糊函数由三角函数 Λ 和多普勒滤波函数 S 近似而得，由二者分别确定的环形区和多普勒等值区如图 10.1 所示。

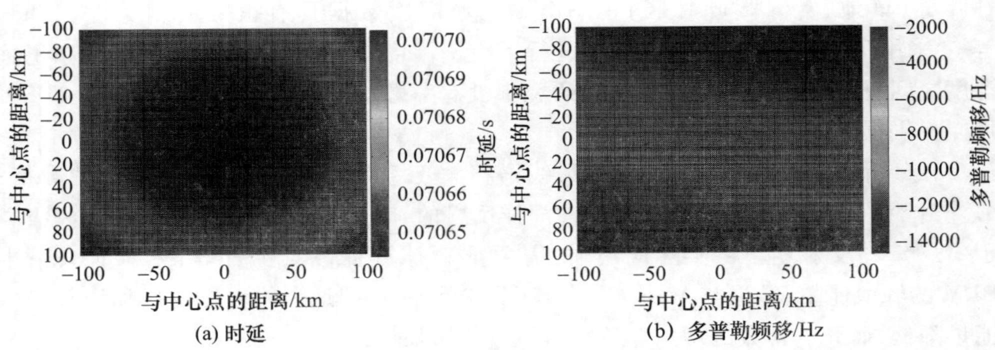

图 10.1 时延和多普勒频移示意图(见彩图)

10.4.1.1 雷达散射截面

GNSS散射信号模型，即公式(10.9)中，在海洋表面针对双基雷达散射截面的计算方法如公式(9.2)所示。

海洋表面的Z-V模型多基于几何光学近似，只包含海洋表面的漫散射部分，不包含布拉格散射效应。

Masters[3]将Z-V模型应用到陆地表面土壤湿度的研究上，其中的地表散射系数计算采用地球物理光学模型，但该模型适用范围有限：即粗糙度在水平方向上，相关长度必须大于电磁波波长，垂直方向均方根高度必须足够小，但实际地表的粗糙度情况是连续变化的，因此针对实际应用需要，应采用粗糙度范围连续变化的地表面散射模型进行计算。

10.4.1.2 双基雷达散射模型

GNSS卫星作为发射源，L频段(主要)的信号经裸土散射后被相应的机载/星载接收机接收，形成双基/多基雷达的工作模式。现在常用的裸土微波散射模型为针对传统的被动微波辐射计/主动单基雷达的发射率模型或后向散射模型。因此针对GNSS-R研究需要采用双基散射模型来计算裸土的雷达散射截面。这里针对裸土的雷达散射截面的计算，分为相干和非相干两部分。

其中相干部分采用Fung和Eom[36]相干雷达散射截面的公式进行计算。由于实际地表为随机粗糙表面，入射的导航卫星信号经地表散射后，散射能量中非相干部分的能量不可忽视。而常用的随机粗糙地表的面散射模型有KA模型、SPM模型、IEM以及后来进一步改进的AIEM[37]。

KA模型适用于微波浪表面，在驻留相位近似时得到的是几何光学(GO)模型，它适用于表面高度标准离差比较大的粗糙表面；KA模型在标量近似时得到物理光学(PO)模型，它适用于表面高度标准离差中等或者较小的中等粗糙度表面。而当表面标准离差和相关长度都小于波长时，KA模型不再适用，较为经典的是采用SPM模型；GO、PO和SPM 3种模型的粗糙度适用范围是不连续的，具体如表10.1所列。

表10.1 常用的地表面散射模型的适用范围

模型	适用范围	
GO	$s > \lambda/3, l > \lambda$，且$0.4 < m < 0.7$	$kl > 6; l^2 > 2.76s\lambda$
PO	$0.05\lambda < s < 0.15\lambda$，且$m < 0.25$	
SPM	$ks < 0.3, kl < 3$，且$m < 0.3$	

表10.1中：k为自由空间波数，且$k = 2\pi/\lambda$；s为地表均方根高度；l为地表相关长度；均方根坡度$m = s/l$。

为解决传统面散射模型粗糙度适用范围不连续的问题，1992年Fung等[36]发展了积分方程模型，其基本思想是在基尔霍夫近似的基础上，引入补偿场，使其能够在一个很宽的地表粗糙度范围对地表的散射特征进行再现。AIEM则在IEM的基础上进行改进,形式更为复杂,但是模型的精度得到了提高[18],AIEM 的基本形式可以概括为 3 项之和:基尔霍夫项σ_{rt}^{k},基尔霍夫补偿项σ_{rt}^{c}和二者的交叉项σ_{rt}^{kc},如式(10.10)所示。式中的 r、t 分别为接收和发射时的极化状态。

$$\sigma_{rt}^{0} = \sigma_{rt}^{k} + \sigma_{rt}^{kc} + \sigma_{rt}^{c} \tag{10.10}$$

10.4.1.3 极化合成

对于传统的发射率和后向散射模型,计算的为线极化发射率或雷达后向散射截面。而针对 GNSS-R 遥感来说,本研究采用极化合成的方法,即下式[37],计算圆极化各种极化雷达散射截面。

$$\sigma_{rt}(\psi_r, \chi_r, \psi_t, \chi_t) = 4\pi\ \tilde{Y}_m^r M Y_m^t \tag{10.11}$$

式中:σ_{rt}为计算而得的双基雷达散射截面;下角标 r 和 t 分别代表接收和发射的极化状态。通过对椭倾角 ψ 和椭率角 χ 的修改,可以得到不同极化下发射和接收的归一化斯托克斯矢量$\boldsymbol{Y}_m^t$和$\boldsymbol{Y}_m^r$,如下式所示:

$$\boldsymbol{Y}_m^r = \begin{bmatrix} \frac{1}{2}(1 + \cos 2\psi_r \cos 2\chi_r) \\ \frac{1}{2}(1 - \cos 2\psi_r \cos 2\chi_r) \\ \sin 2\psi_r \cos 2\chi_r \\ \sin 2\chi_r \end{bmatrix}, \quad \boldsymbol{Y}_m^t = \begin{bmatrix} \frac{1}{2}(1 + \cos 2\psi_t \cos 2\chi_t) \\ \frac{1}{2}(1 - \cos 2\psi_t \cos 2\chi_t) \\ \sin 2\psi_t \cos 2\chi_t \\ \sin 2\chi_t \end{bmatrix} \tag{10.12}$$

进而可以得到任意极化的双基雷达散射截面σ_{rt}。

图 10.2 中给出了极化的双基雷达散射截面(RR,LR,HR 和 VR 极化),模型的输入频率采用 GPS 的 L1 频段(1.58GHz),地表粗糙度参数设置为均方根高度为 0.45cm,相关长度为 18.75cm,入射角为 13°,散射天顶角在 0°~50°,散射方位角为 20°。

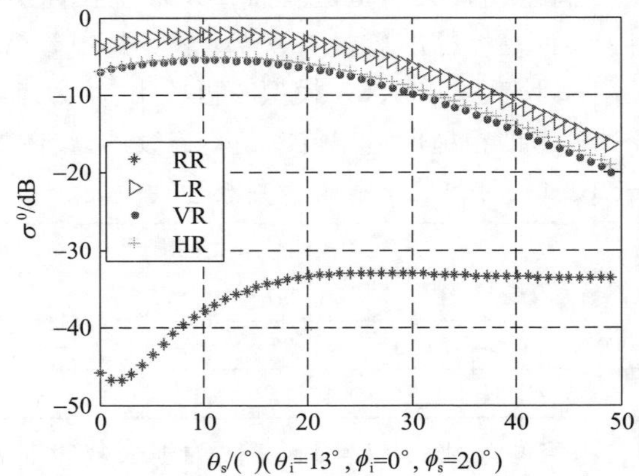

图 10.2 各种极化的双基雷达散射截面(入射的天顶角和方位角分别为$\theta_i = 13°$,$\varphi_i = 0°$;散射的方位角为$\varphi_s = 20°$)(见彩图)

针对上述参数的输入以及角度范围的设置,RR 极化的散射特性与 LR、VR 以及

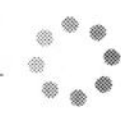

HR 的差别较大，且在该角度范围内，RR 极化的双基雷达散射截面最小，其余的 LR、VR、HR 的散射特性基本接近。

10.4.1.4　裸土 GPS 散射信号模型框架

图 10.3 给出了裸土 GPS 散射信号模型的工作流程，具体计算公式如式(10.9)至式(10.12)所示。在观测几何模块和 GPS 轨道数据库中得到相应的观测角度和频段信息，以及发射机、接收机位置/速度信息，用以计算出地表镜面点、多普勒等值区和环形区（距离等值线区）；将裸土参数和观测几何信息输入到随机粗糙面散射模型中，计算出各种极化的裸土双基雷达散射截面。将上述信息输入到基于 Z-V 模型的裸土 GPS 散射信号模型，得到裸土的时延-多普勒图，进而可以利用该模型模拟分析裸土参数对 DDM 波形的影响。该模型可以模拟分析任意观测几何下的任意极化的裸土 DDM 波形。

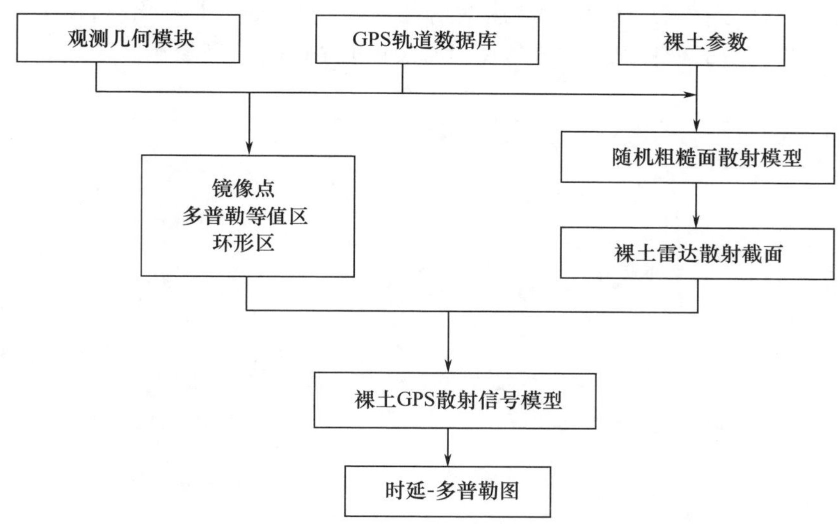

图 10.3　裸土 GPS 散射信号模拟的工作流程

10.4.2　模拟结果

根据上述发展建立的基于 Z-V 模型的裸土 GPS 散射信号模型，模拟分析不同极化和地表参数（地表粗糙度、土壤湿度）对 DDM 波形的影响。模型的输入参数设置如下：GPS 频率设置为 1.575GHz（GPS L1），土壤块密度为 1.6，土壤质地中沙土含量为 51.5%，黏土含量为 13.5%，土壤温度为 25℃。其中角度的设置为入射角度 13°，各个地表散射单元的散射天顶角设置为 -50° ~ 50°，散射方位角设置为 -90° ~ 90°，散射角度间隔设置为 5°。在以下模拟分析中，发射机、接收机的位置/速度矢量如式(10.13)所示，其中 tx_pos 和 tx_vel 分别为发射机的位置和速度矢量，**rx_pos** 和 **rx_vel** 分别为接收机的位置和速度矢量，且在下述模拟中该矢量保持不变，只模拟分析极化和裸土参数变化对 DDM 波形的影响。

$$
\begin{cases}
\mathbf{tx\_pos} = \begin{bmatrix} -11178792 \\ -13160191 \\ 20341528 \end{bmatrix}^{\mathrm{T}}, & \mathbf{tx\_vel} = \begin{bmatrix} 2523 \\ -361 \\ 1164 \end{bmatrix}^{\mathrm{T}} \\
\mathbf{rx\_pos} = \begin{bmatrix} -4069897 \\ -3583237 \\ 4527639 \end{bmatrix}^{\mathrm{T}}, & \mathbf{rx\_vel} = \begin{bmatrix} -47383 \\ -1796 \\ -5655 \end{bmatrix}^{\mathrm{T}}
\end{cases}
\tag{10.13}
$$

10.4.2.1 圆极化多极化双基雷达散射截面

在图 10.4 所示的环形区和多普勒等值区域内，固定土壤含水量 0.1，地表均方根高度 0.1cm，相关长度 10cm，图 10.4 中模拟了 RR、LR、VR 和 HR 极化时，在本地坐标系下的各种极化的双基雷达散射截面，从图 10.4 中可以看到 RR 极化和其余 3 种极化（LR、VR、HR 极化）双基雷达散射截面差别较大，RR 极化时，NRCS 的值最小。同图 10.4 中的模拟结果，LR/VR/HR 极化的 NCRS 差别较小。

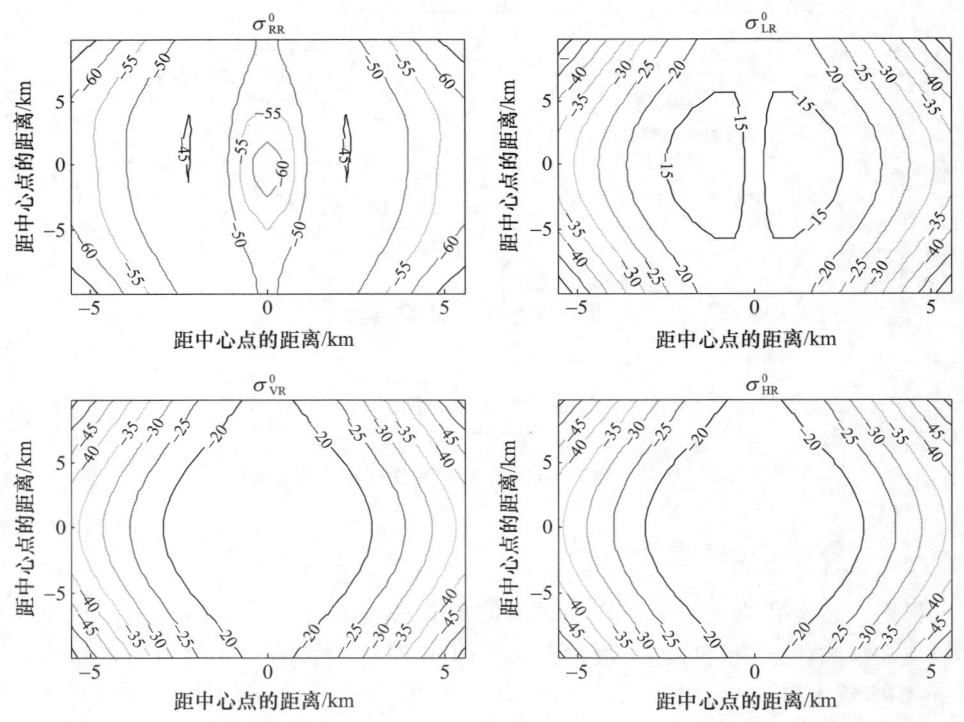

图 10.4 RR、LR、VR 和 HR 极化时裸土的双基雷达散射截面（见彩图）

10.4.2.2 土壤湿度对不同极化 DDM 的影响

在式（10.13）中导航卫星、GNSS-R 接收机位置/速度矢量相同情况下，图 10.5 中给出了海洋表面的 GPS 散射信号 DDM 波形；图 10.6 中给出了裸土的 RR 极化的

GPS 散射信号 DDM 波形，与图 10.5 相比，可以看出陆面裸土的 GPS 散射信号能量幅值要较海洋表面的小两个数量级。

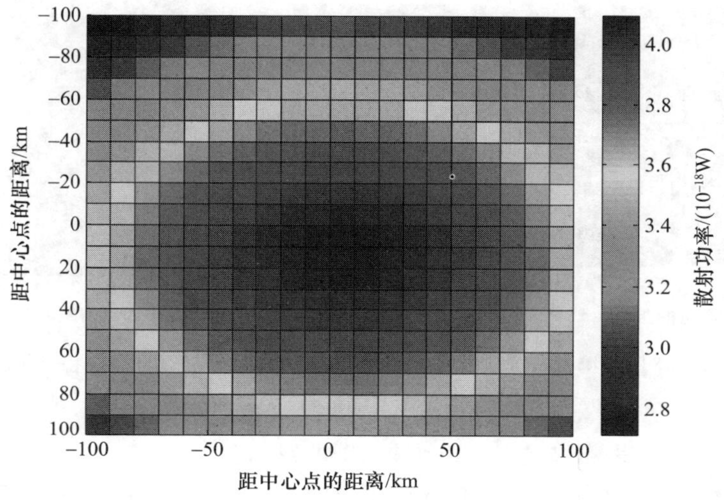

图 10.5 海洋表面的 GPS 散射信号 DDM 波形（见彩图）

图 10.6 和图 10.7 中模拟比较了干燥土壤（体积土壤湿度 vsm = 0.1）和潮湿土壤（vsm = 0.4）时，DDM 波形（RR、LR、HR、VR 极化）的差别。图 10.6 模拟了相应的 RR 极化 DDM 波形。从该图可以看出在 RR 极化时，土壤湿度由干燥（vsm = 0.1）变化到较湿润（vsm = 0.4）时，DDM 波形峰值变大，因此可以有效利用 RR 极化时 DDM 波形的变化，对土壤湿度的变化进行分析。

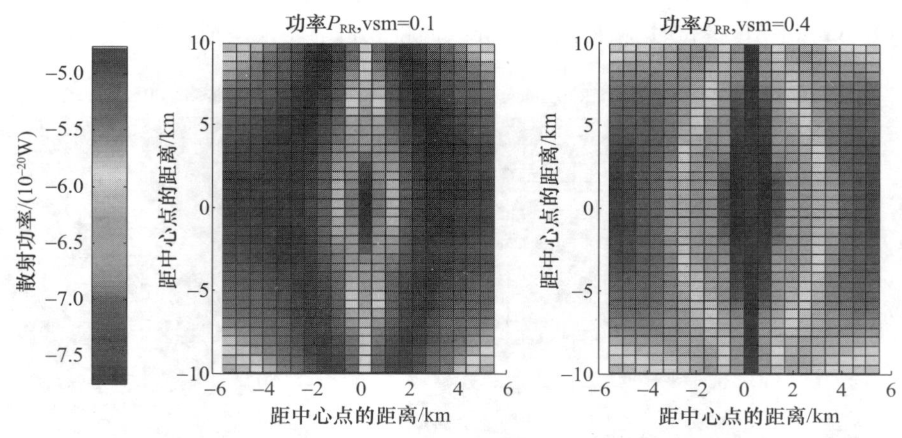

图 10.6 vsm = 0.1（左）和 vsm = 0.4（右），裸土的 RR 极化的 GPS 散射信号 DDM 波形（见彩图）

图 10.7 中给出了 LR、VR 和 HR 极化时，土壤湿度由 vsm = 0.1 变化到 vsm = 0.4 时的 GPS 散射信号能量差。从图 10.7 中可以看出在不同极化时，土壤湿度变化对

GPS 散射信号的影响不同。

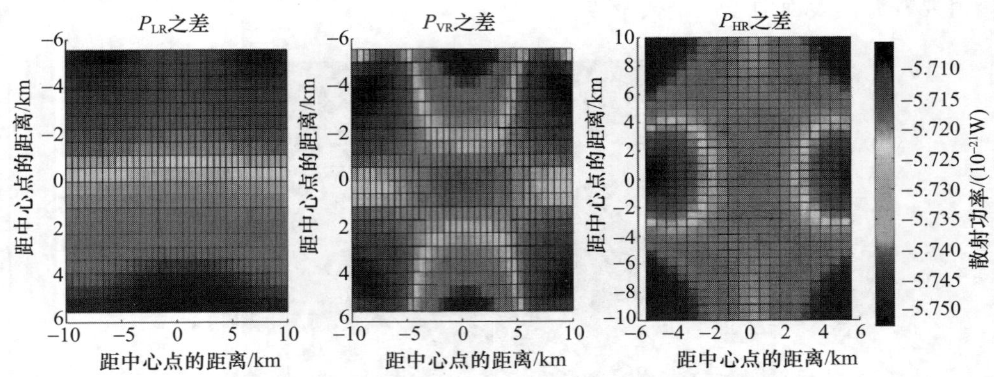

图 10.7　不同土壤湿度含量(vsm = 0.1 和 vsm = 0.4)时,LR、VR 和 HR 极化的 GPS 散射信号能量差(见彩图)

10.4.2.3　地表粗糙度对 DDM 波形图的影响

地表粗糙度是影响土壤湿度反演的重要因素。在固定导航卫星频率、导航卫星/接收机位置和速度的情况下,保持土壤湿度(vsm = 0.1)和土壤质地不变,考虑地表粗糙度变化(相关长度 cl 和均方根高度 rms)对 GPS 散射信号能量的影响。以下将两种不同的地表粗糙度分别记做 Roughness1,Roughness2,其具体的参数设置如下式所示:

$$\begin{cases}\text{Roughness1}: \text{rms} = 0.6\text{cm}, \text{cl} = 10\text{cm} \\ \text{Roughness2}: \text{rms} = 0.1\text{cm}, \text{cl} = 20\text{cm}\end{cases} \tag{10.14}$$

从图 10.8 可以看出,对于 RR 极化,地表粗糙度对 GPS 散射信号能量的影响较大。而在 LR、VR 和 HR 极化时,粗糙度变化导致的接收机的能量差别较小(图 10.9)。

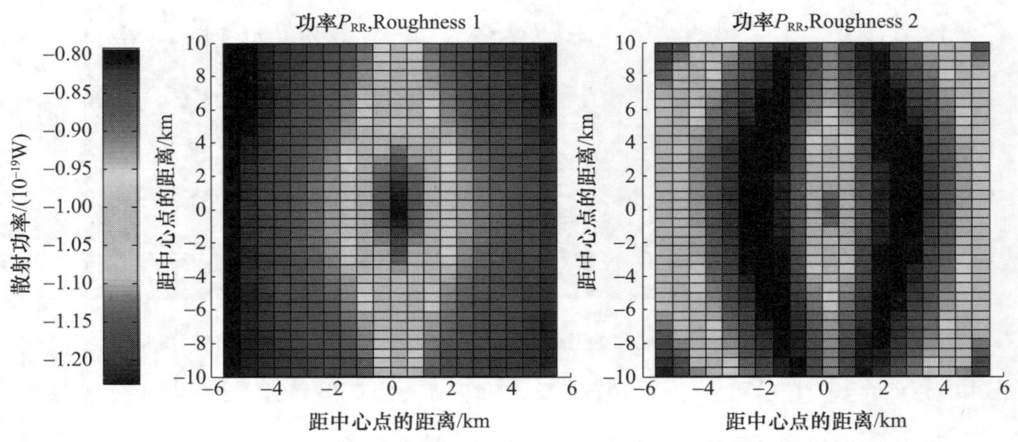

图 10.8　RR 极化时,不同粗糙度下的 GPS 散射信号波形图(见彩图)

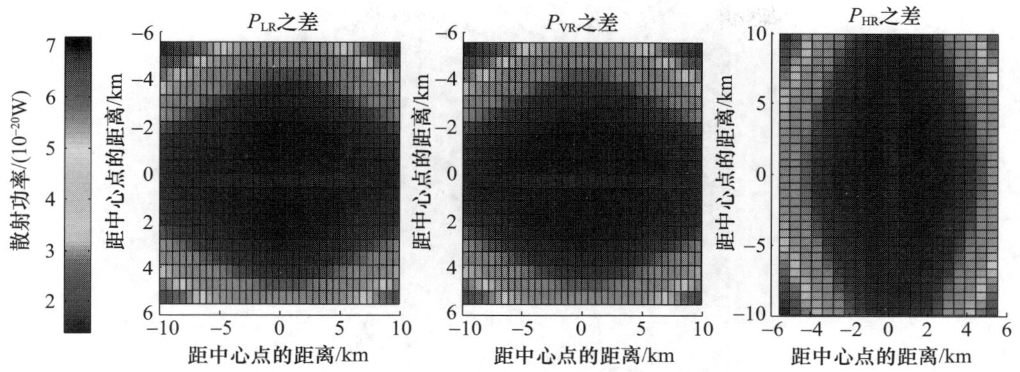

图 10.9　LR、VR 和 HR 极化时,地表粗糙度变化对 GPS 散射信号能量的影响(见彩图)

这里基于随机粗糙面散射模型即高级积分方程模型,在海洋表面 GPS 信号的相关函数和相关功率模型,即 Z-V(Zavorotny-Voronovich)模型的基础上发展建立了裸土的时延-多普勒图模型[8]。该模型对载波频率的适用范围包括 1.0～89GHz,可以模拟分析任意入射天顶角(0°～90°)、方位角(0°～360°)的时延-多普勒图波形信息,对地表参数中的粗糙度抽象为均方根高度和相关长度,该理论模型具备模拟分析土壤湿度对时延-多普勒图影响的功能。文献中给出了双站全极化随机粗糙面散射模型的验证分析[17-18],这里针对陆面的模拟结果与文献中海洋时延-多普勒图结果进行比对[7],同时模拟结果的数量级与文献中相同[37]。而针对具体参数的验证分析,将在后续研究中展开。通过变换发展建立时延-多普勒模型的载波频率,该模型具有模拟分析不同通信卫星的 DDM 波形功能。

10.5　土壤湿度试验观测

10.5.1　地基实验结果

Jia 等[38]于 2016 在完全干燥或潮湿的不同地面条件下,验证了 GNSS-R 对于土壤水分含量的敏感度。天线安装在沙地上方,距地面 3m 高,并固定在静态三脚架上的木杆顶部。天线波束轴向下并使其偏离地面方向 5°,以尽量避免三脚架结构对接收信号的干扰(图 10.10)。

在此实验期间,分别两次连续采集数据(40s)。在第一个时间段(图 10.11),地面几乎是干燥的。在第二个时段(图 10.12),我们人为地使地面潮湿(图 10.10)。这两幅图(图 10.11 和图 10.12)分别显示了在这两个时间段内,可观测到的 GPS 卫星(PRN24 和 PRN25)的第一菲涅耳区域和靠近天线(图中中心点)的湿土区域(蓝色区域)。绿色圆圈是投射到地面上的 LHCP 接收天线覆盖区。

图 10.10　沙地 GNSS-R 实验设备结构图(见彩图)

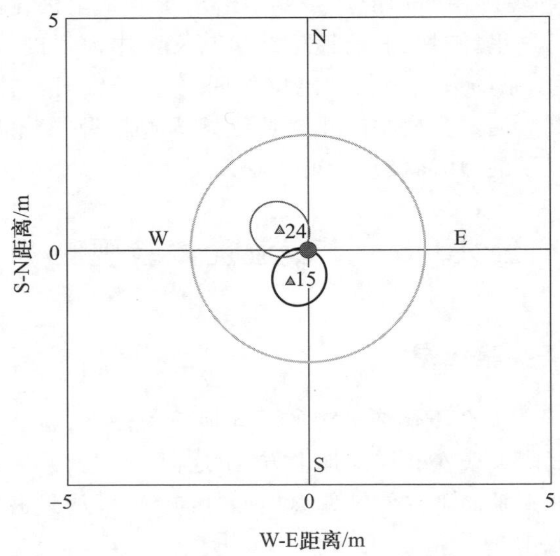

图 10.11　第一时间段里卫星菲涅耳反射区和天线接收覆盖范围(见彩图)

通过之前介绍的一系列的信号处理过程,这两个时间段内获取的 SNR 显示其分别对应于干燥和潮湿土壤地表(图 10.13)。在图 10.13 中考虑了两颗卫星 PRN 15 和 PRN 24。在第一个时间段,由于是在正常情况下测量干涉,所以这两颗卫星的信噪比都很低,它们的平均值很相近,约为 -7dB。此时,这两颗卫星的位置与天线位

置也非常对称(图 10.11)。在第二个时段,沙地变得潮湿,两个卫星的信噪比与第一个时段相比增加了很多。同时两颗卫星的信噪比有一定的差异,这是由于浇水区域在卫星覆盖区域的不均衡所引起的(图 10.12)。

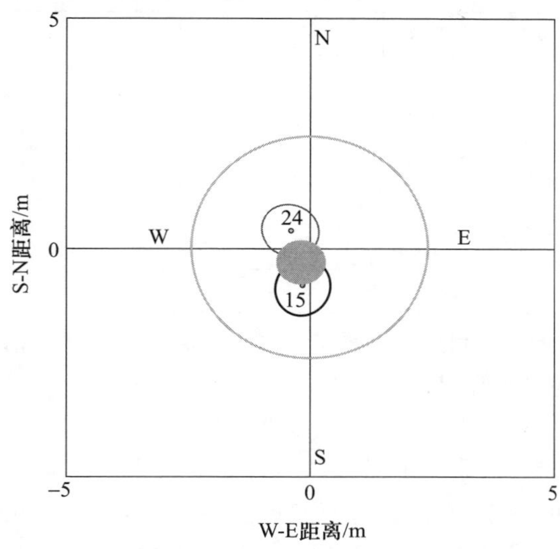

图 10.12 第二时间段里卫星菲涅耳反射区和天线接收覆盖范围(见彩图)

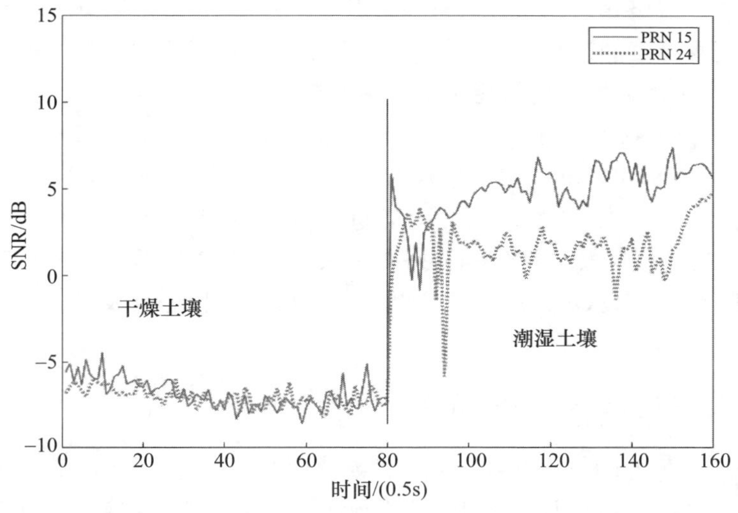

图 10.13 两次实验中接收到的 SNR(见彩图)

对接收到的结果进行统计,在表 10.2 中,这两种地表状态下测量的平均值和标准偏差可为图 10.13 做良好的互补性说明。从表 10.2 中可以看到,土壤含水量对 SNR 的敏感性很好,同样的结论也可以从图 10.13 所示的 SNR 随时间的变化中观察到。在潮湿的情况下,PRN 15 中发生的明显的信号增强,信噪比增加为 12dB,PRN

24 为 9dB,这是因为与 PRN 24 反射相关的第一菲涅耳区刚刚进入潮湿区域(呈现干/湿条件的混合状态),PRN15 覆盖的潮湿区域面积更大一些。

表 10.2 卫星 PRN15 和 PRN24 的 SNR 统计值

卫星	取值	干/dB	湿/dB
PRN15	中位数	-7.07	5.10
	平均值	-6.87	4.91
	标准差	0.86	1.48
PRN24	中位数	-7.05	1.71
	平均值	-7.06	1.72
	标准差	0.53	1.50

针对土壤湿度的研究,利用大地测量型 GPS 接收机的直射信号和反射信号的干涉信号进行土壤湿度的研究是一个重要方向,具有代表的研究工作是美国板块边界观测计划(PBO)H2O 的研究成果。土壤湿度变化会影响 SNR 干涉图的相位信息,为获取反演所需相位信息,需采用电磁前向散射模型[14-15,21]。最简单的模型假定反射来自于裸土,而复杂的模型则考虑了诸如草地、灌木、小麦和紫花苜蓿等不同植被覆盖类型[22]。PBO 反演算法中一般只考虑较少的植被含水量,比如小于 $1.5kg/m^2$。而 PBO H2O 的土壤湿度反演结果现在已被用于 SMAP 的校验中。

利用改进的线极化(V/H)接收机的直射信号和反射信号的相干能量反演地形、植被覆盖区土壤湿度和植被高度参数,并建立完整的陆面参数反演过程[9,11,23,39-42],用 IPT 方法时,是因为接收到的能量信号中凹槽位置、振幅(notch positon and amplitude)以及个数与地物参数有关。地形反演精度 RMSE = 27cm;植被覆盖区土壤相对湿度的精度为 2% ~5%;植被高度的反演精度 RMSE = 3 ~ 5cm。

2002 年夏天在美国中西部的爱荷华州进行的机载 GPS 反射信号实验[43],即 SMEX02 是早期具有代表性的 GPS 反射测量实验,围绕该实验国内外学者展开了详细的研究,其研究成果从定性的角度给出了利用反射信号进行表层土壤湿度研究的可行性[3,16,26,27,43-44]。

10.5.2 空基 GNSS-R 结果

围绕 TDS-1 展开的土壤湿度研究是目前的一个热点问题[31],目前最具代表性的是 Chew 等[34]采用 TDS-1 提供的 19 天的数据进行了土壤湿度研究,研究表明反射信号和土壤湿度之间有 7dB 的敏感性,但是该研究中没有考虑地表土壤湿度和植被对反射信号的影响。Camps 等[33]使用来自于 2014 年 9 月 1 日到 2015 年 2 月 5 日期间的 TDS-1 GNSS-R 的星载数据,与来自于 SMOS 的 L3 土壤湿度数据和来自于 NASA 的 Terra 卫星上搭载的中分辨率成像光谱仪(MODIS)的归一化植被指数(NDVI)数据进行匹配,联合分析了在不同植被覆盖下的 TDS-1 的信噪比 SNR 数据

与SMOS的SM数据,结果如图10.14所示。从图上可以看出,NDVI值越小,TDS-1的信噪比SNR数据的鲁棒拟合曲线的截距和斜率越小,这表明植被的存在会造成GNSS信号的衰减,并降低反射系数,进而削弱GNSS信号检测土壤湿度的灵敏度[33]。

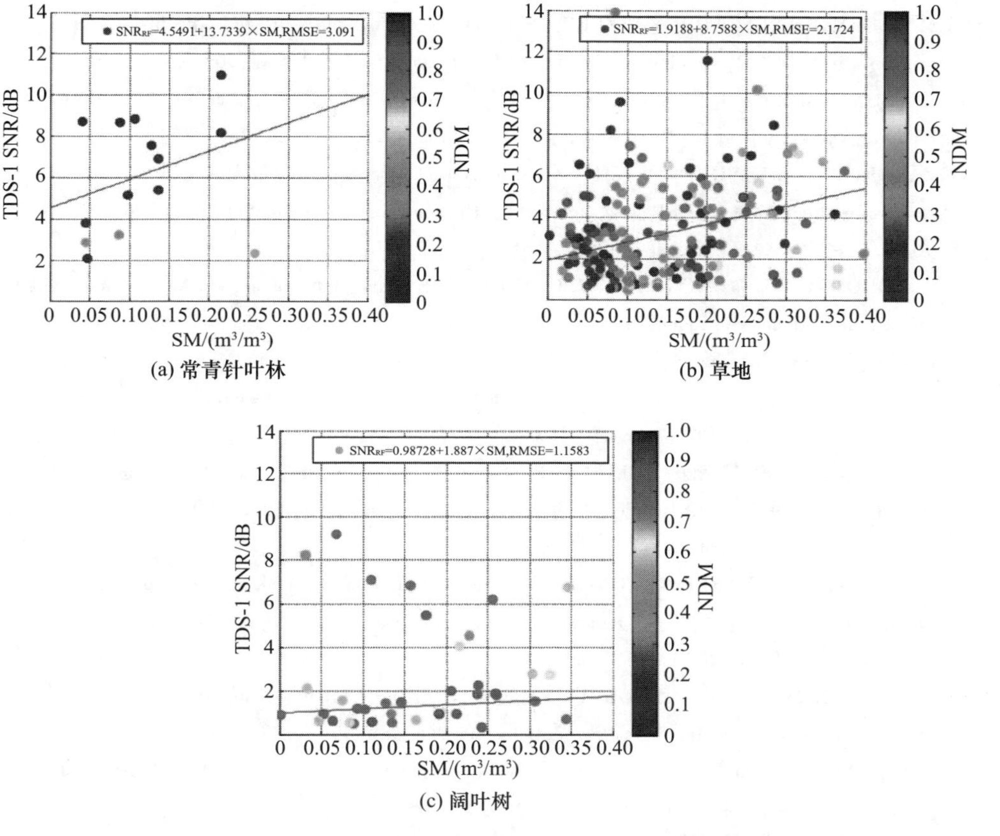

(a) 常青针叶林

(b) 草地

(c) 阔叶树

图10.14　TDS-1 GNSS-R信噪比数据与SMOS土壤湿度(SM)数据的散点图和拟合曲线图(见彩图)

Camps等[33]继续对TDS-1 SNR探测土壤湿度的灵敏度进行研究。当横坐标NDVI从0~1变化时,纵坐标所代表的反射率从5~1dB逐渐减小[33]。

参考文献

[1] WOOD E F. Global scale hydrology-advances in land surface modeling[J]. Reviews of Geophysics, 1991,29(S1):193-201.

[2] JACKSON T J,SCHMUGGE J,ENGMAN E T. Remote sensing applications to hydrology:soil mois-

ture[J]. International Association of Scientific Hydrology Bulletin,1996,41(4):517-530.

[3] MASTERS D S. Surface remote sensing applications of GNSS bistatic radar:soil moisture and aircraft altimetry[M]. Colorado:University of Colorado,2004.

[4] SHI J C,DU Y,DU J Y,et al. Progresses on microwave remote sensing of land surface parameters [J]. Science China Earth Sciences,2012,55(7):1052-1078.

[5] MASTERS D,AXELRAD P,KATZBERG S. Initial results of land-reflected GPS bistatic radar measurements in SMEX02[J]. Remote Sensing of Environment,2004,92(4):507-520.

[6] LARSON K M,SMALL E E,GUTMANN E D,et al. Use of GPS receivers as a soil moisture network for water cycle studies[J]. Geophysical Research Letters,2008,35(24):851-854.

[7] ZAVOROTNY V U,VORONOVICH A G. Scattering of GPS signals from the ocean with wind remote sensing application[J]. IEEE Transactions on Geoscience & Remote Sensing,2000,38(2):951-964.

[8] ZAVOROTNY V U,VORONOVICH A G. Bistatic GPS signal reflections at various polarizations from rough land surface with moisture content[C]//IGARSS 2000:IEEE,2000,7:2852-2854.

[9] RODRIGUEZ-ALVAREZ N,CAMPS A,VALL-LLOSSERA M,et al. Land geophysical parameters retrieval using the interference pattern GNSS-R technique[J]. IEEE Transactions on Geoscience & Remote Sensing,2010,49(1):71-84.

[10] LARSON K M,BRAUN J J,SMALL E E,et al. GPS Multipath and its relation to near-surface soil moisture content[J]. IEEE Journal of Selected Topics in Applied Earth Observations & Remote Sensing,2010,3(1):91-99.

[11] RODRIGUEZ-ALVAREZ N,MONERRIS A,BOSCH-LLUIS X,et al. Soil moisture and vegetation height retrieval using GNSS-R techniques[C]//Proceedings of the Geoscience & Remote Sensing Symposium,F:IEEE,2009,3: Ⅲ-869- Ⅲ-872.

[12] LARSON K M,SMALL E E,GUTMANN E,et al. Using GPS multipath to measure soil moisture fluctuations:initial results[J]. GPS Solutions,2008,12(3):173-177.

[13] SMALL E E,LARSON K M,BRAUN J J. Sensing vegetation growth with reflected GPS signals [J]. Geophysical Research Letters,2010,37(12):245-269.

[14] CHEW C C,SMALL E E,LARSON K M,et al. Effects of near-surface soil moisture on GPS SNR data:development of a retrieval algorithm for soil moisture[J]. IEEE Transactions on Geoscience & Remote Sensing,2013,52(1):537-543.

[15] CHEW C C,SMALL E E,LARSON K M,et al. Vegetation sensing using GPS-interferometric reflectometry:theoretical effects of canopy parameters on signal-to-noise ratio data[J]. IEEE Transactions on Geoscience & Remote Sensing,2015,53(5):2755-2764.

[16] 王迎强,严卫,符养,等. 机载 GPS 反射信号土壤湿度测量技术[J]. 遥感学报,2009,13(4):670-685.

[17] WEI W,BAI W,ZHAO L,et al. Initial results of China's GNSS-R airborne campaign:soil moisture retrievals[J]. Science Bulletin,2015,60(10):964-971.

[18] CHEN K S,WU T D,TSANG L,et al. Emission of rough surfaces calculated by the integral equation method with comparison to three-dimensional moment method simulations[J]. IEEE Transactions

on Geoscience & Remote Sensing,2003,41(1):90-101.

[19] 吴学睿,李颖. GNSS-R 陆面遥感中反射信号的极化特性研究[J]. 地球科学进展,2012,27(8):895-900.

[20] WU X,JIN S G. GNSS-Reflectometry:forest canopies polarization scattering properties and modeling[J]. Advances in Space Research,2014,54(5):863-870.

[21] ZAVOROTNY V U,LARSON K M,BRAUN J J,et al. A physical model for GPS multipath caused by land reflections:toward bare soil moisture retrievals[J]. IEEE Journal of Selected Topics in Applied Earth Observations & Remote Sensing,2011,3(1):100-110.

[22] CHEW C. Soil moisture remote sensing using GPS- interferometric reflectometry[D]. Colorado:University of Colorado,2015.

[23] RODRIGUEZ- ALVAREZ N, MARCHAN- HERNANDEZ J F, CAMPS A, et al. Soil moisture retrieval using GNSS- R techniques:measurement campaign in a wheat field[C]//Proceedings of the IEEE International Geoscience & Remote Sensing Symposium, F:IEEE,2008,2: Ⅱ-245- Ⅱ-248.

[24] MONERRIS A,RODRIGUEZ-ALVAREZ N,VALL-LLOSSERA M,et al. The GPS and radiometric joint observations experiment at the REMEDHUS site(Zamora- Salamanca Region, Spain)[C]//Proceedings of the Geoscience & Remote Sensing Symposium, F:IEEE,2009,3:Ⅲ-286-Ⅲ-289.

[25] ZAVOROTNY V, MASTERS D, GASIEWSKI A, et al. Seasonal polarimetric measurements of soil moisture using tower-based GPS bistatic radar[C]//proceedings of the IEEE International Geoscience & Remote Sensing Symposium, F:IEEE,2003,2:781-783.

[26] KATZBERG S J,TORRES O,GRANT M S,et al. Utilizing calibrated GPS reflected signals to estimate soil reflectivity and dielectric constant:results from SMEX02[J]. Remote Sensing of Environment,2006,100(1):17-28.

[27] 毛克彪,王建明,张孟阳,等. 基于 AIEM 和实地观测数据对 GNSS-R 反演土壤水分的研究[J]. 高技术通讯,2009,19(3):295-301.

[28] EGIDO A, PALOSCIA S, MOTTE E, et al. Airborne GNSS- R polarimetric measurements for soil moisture and above- ground biomass estimation[J]. IEEE Journal of Selected Topics in Applied Earth Observations & Remote Sensing,2017,7(5):1522-1532.

[29] WAN W, LARSON K M, SMALL E E, et al. Using geodetic GPS receivers to measure vegetation water content[J]. Gps Solutions,2015,19(2):237-348.

[30] GLEASON,S. Remote sensing of ocean,ice and land surfaces using bistatically scattered GNSS signals from low earth orbit[D]. UK:University of Surrey,2006.

[31] UNWIN M,DUNCAN S,JALES P,et al. Implementing GNSS- reflectometry in space on the TechDemoSat-1 Mission[J]. Proc. Institute Navigation,2014:1222-1235.

[32] RUF C S,GLEASON S,JELENAK Z,et al. The CYGNSS nanosatellite constellation hurricane mission[C]//Proceedings of the Geoscience & Remote Sensing Symposium,F:IEEE,2012:214-216.

[33] CAMPS A,PARK H,PABLOS M,et al. Soil moisture and vegetation impact in GNSS-R TechDemosat-1 observations[C]//Proceedings of the Geoscience & Remote Sensing Symposium, F:IEEE, 2016:1982-1984.

[34] CHEW C,SHAH R,ZUFFADA C,et al. Demonstrating soil moisture remote sensing with observations from the UK TechDemoSat-1 satellite mission[J]. Geophysical Research Letters,2016,43(7):3317-3324.

[35] FOTI G,GOMMENGINGER C,JALES P,et al. Spaceborne GNSS-reflectometry for ocean winds: first results from the UK TechDemoSat-1 mission:Spaceborne GNSS-R:First TDS-1 results [J]. Geophysical Research Letters,2015,42(13):5435-5441.

[36] FUNG A K,EOM H. Coherent scattering of a spherical wave from irregular surface[J]. IEEE Transactions on Antennas & Propagation,1983,31(1):68-72.

[37] ULABY F T,ELACHI C. Radar polarimetry for geoscience applications[J]. Norwood,MA:Artech House 1990.

[38] JIA Y,SAVI P,CANONE D,et al. Estimation of surface characteristics using GNSS LH-Reflected signals:land versus water[J]. IEEE Journal of Selected Topics in Applied Earth Observations & Remote Sensing,2016,9(10):4752-4758.

[39] RODRIGUEZALVAREZ N,BOSCHLLUIS X,CAMPS A,et al. Soil moisture retrieval using GNSS-R techniques:experimental results over a bare soil field[J]. IEEE Transactions on Geoscience & Remote Sensing,2009,47(11):3616-3624.

[40] RODRIGUEZ-ALVAREZ N,MARCHAN-HERNANDEZ J F,CAMPS A,et al. Topographic profile retrieval using the interference pattern GNSS-R technique[C]//Proceedings of the Geoscience & Remote Sensing Symposium,F:IEEE,2009,3:Ⅲ-420-Ⅲ-423.

[41] ALONSO-ARROYO A,CAMPS A,AGUASCA A,et al. Improving the accuracy of soil moisture retrievals using the phase difference of the dual-polarization GNSS-R interference patterns [J]. 2014,11(12):2090-2094.

[42] ALONSO-ARROYO A,CAMPS A,MONERRIS A,et al. On the correlation between GNSS-R reflectivity and L-band microwave radiometry[J]. IEEE Journal of Selected Topics in Applied Earth Observations & Remote Sensing,2017,9(12):5862-5879.

[43] JACKSON T J,JACKSON T J,JACKSON T J. Soil moisture experiments 2003(SMEX03)[C]// Proceedings of the August Fall Meeting,F,San Francisco:AGU,2002.

[44] MASTERS D,KATZBERG S,AXELRAD P. Airborne GPS bistatic radar soil moisture measurements during SMEX02[C]//Proceedings of the IEEE International Geoscience & Remote Sensing Symposium,F:IEEE,2003,2:896-898.

第11章　植被遥感

植被的强衰减和强散射性使得土壤湿度的反演较为困难，然而，植被生物量监测在碳循环、温室效应监测等方面起着重要作用。与传统的主动和被动遥感技术，如合成孔径雷达和辐射测量技术相比，GNSS-R技术具有体积小、重量轻、能耗低、时空分辨率高等优点，为遥感领域提供了一种新的技术。目前，一些研究机构正在采用定性分析的方法对GNSS-R植被遥感进行研究。研究人员[1-2]使用地基SMIGOL-反射计（在L频段上的土壤湿度干涉模式GNSS观测）进行地球物理参数反演。本章采用干涉模式技术（IPT）测量由于反射干涉信号产生的多路径效应引起的直射信号变化。最小振幅称为缺口，其数量和位置是土壤湿度和植被高度的函数[1-2]。Small等[3]利用GPS多路径信息来定性估计植被的生长状况，使用板块边界观测计划（PBO）网络的GPS站信息发现NDVI（归一化植被指数）与多路径效应振幅负相关。由于在森林地区设置的GPS观测站较少，该方法仅适用于农田、草地和灌木林地，不适用于森林地带。

Ferrazzoli等[4]利用Tor Vergata大学开发的电磁模型进行了一些散射理论模拟，在圆极化下沿镜像反射方向散射。对于GNSS-R，植被理论响应随生物量的增加呈下降趋势，且没有显示出雷达后向散射测量的典型饱和状态，认为森林生物量的测量在理论上是可行的。Wu等[5-6]利用改进的Bi-Mimics模型对GNSS-R研究森林和作物生物量进行了一些理论模拟并确认了其可行性。但是对植被生物量的散射响应，特别是其极化特性还有待进一步研究。

与传统的线性微波遥感技术不同，GNSS发射RHCP信号以克服电离层效应。从地球表面反射后，信号的原始相关函数发生变化，形状不再是正三角形。同时，反射信号的极化特性发生了转变[7]，需对反射信号的极化特性进行研究和分析。众所周知，电磁波的极化特性在土壤湿度、植被生物量、地表地形等各种地球物理遥感探测中具有潜在的应用价值，它与目标的方向、形状和介电性有关。然而，地表对GNSS-R极化的影响尚不清楚。

早在2000年，Zavorotny和Voronovich就指出了反射信号在海洋表面的极化问题[7]。与RHCP散射分量相比，LHCP分量在较高和中等高度角处要强得多，且两分量在低入射角下开始收敛[7]。模拟中使用的模型是局部菲涅耳反射率[7]和小坡度近似[8]。对于海洋部分，Clarizia等人发现UK-DMC卫星数据的DDM（时延-多普勒图像）与Z-V模型之间存在显著差异[9]，且对来自海面的L频段双站散射回波进行了模拟,Facet 方法用于表示极化效应。结果表明波谷的主要散射组分为 HH。

Cardellach 等提出接收到的散射同极化分量与模拟的波形不一致,因此必须研究同极化散射分量模型[10]。对于陆地部分,将改进后的 DMR 用于 SMEX02 和 SMEX03 机载 GPS-R 实验,为了接收反射信号,只有 LHCP 天线配置了 15°~30°的入射角。在 BAO 塔实验[11]中也考虑了多种极化(线极化和圆极化),以排除粗糙度效应并保留介电效应的影响。然而,实测的数据并不支持他们最初的假设,需要详细研究土壤的散射特性。

实验研究发现,如果使用 LHCP,水平极化中的角度信息会被掩盖。因此,在地面接收器中使用的是垂直极化天线,遗憾的是,没有对这种天线极化配置进行物理散射机制的详细分析。虽然菲涅耳反射系数在目前的工作中经常被使用,但这种简单的散射模型只能解释光滑的表面,对于实际中的随机粗糙表面是不够的。然而,微波散射机制的准确描述在遥感数据解释、数据模拟、定量反演算法和新型传感器的设计中具有重要意义。在考虑天线极化匹配时,天线的极化方式应该对观测参数敏感,使极化损耗最小,反射信号最大,对于微弱的 GNSS 反射信号而言更为重要。这里使用一阶辐射传输方程 Bi-Mimics 模型[13]对 GNSS-R 极化信号的植被物理散射机理进行分析。经过波形合成修正后,可以计算任意发射和接收信号的极化。在 Mimics(密歇根微波冠层散射模型)手册[14]中,由树干和树叶组成的山杨树作为一种常见的落叶树被用做模型输入,对同极化和交叉极化信号进行了理论散射模拟分析。

11.1 散射模型

11.1.1 Mimics 模型

Mimics 模型是一种适用于森林冠层的雷达后向散射模型[15],其适用频率范围为 0.5~10GHz,入射角应大于 10°且小于 90°。林冠分为树冠层(C)、树干层(T)和地面层(G)3 层,如图 11.1 所示,这 3 种成分都被视为单一散射体。冠层由叶、针、枝组成,树干层由垂直方向的树干组成,对于地面层,表面粗糙度用均方根高度和相关长度表示。Mimics 模型是基于辐射传输方程的一阶解,一阶是指涉及单个散射的散射过程是由各层分别进行的,而双次散射是由每一层组对进行的。利用消光矩阵和相位矩阵描述了微波在层中传播时强度的变化,在 Mimics 模型中包含 7 种散射机制。有关更多详细信息请参考手册[15]。

11.1.2 Bi-Mimics 模型

除了 Mimics 模型[15]所描述的 7 种散射机制(双基方向上测量)外,Bi-Mimics 模型还包括了镜面方向的地面反射,散射机制如图 11.1 所示。最初的 Mimics 模型是

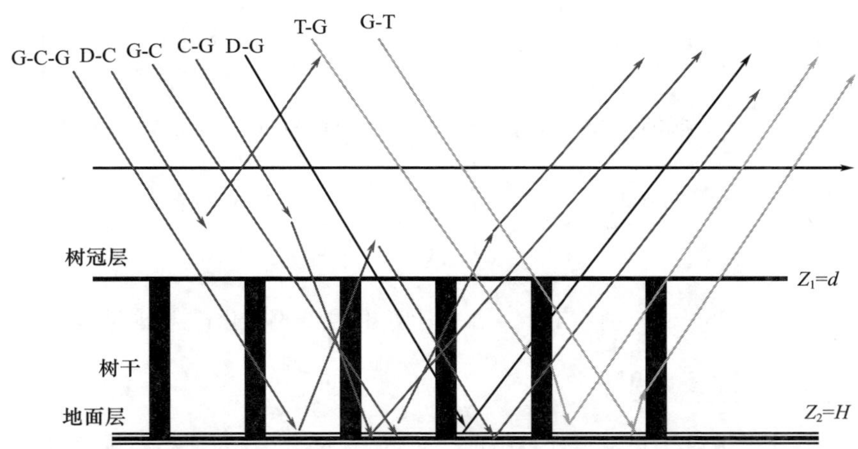

图11.1　一阶 Bi-Mimics 模型中的散射机制，包括 G-C-G（地表反射-冠层散射-地表反射），C-G（冠层散射-地表反射），D-C（直接冠层后向散射项），G-C（地面反射-冠层散射），G-T（地表反射-树干散射），D-G（直接地表散射）和 T-G（树干散射-地表反射），镜面反射未在图中示出，冠层深度 $Z_1=d$，树干层深度 $Z_2=H$（见彩图）

双站散射[15]。对于入射强度I_i，(θ_i,ϕ_i)分别为入射天顶角和入射方位角，(θ_s,ϕ_s)分别为散射天顶角和方位角，散射强度用I_s表示。在 Bi-Mimics 模型中，入射强度和散射强度与一阶双站变换矩阵 $\boldsymbol{T}$ 有关[13,15]。

$$I_s(\theta_s,\varphi_s)=\boldsymbol{T}(\theta_s,\varphi_s)I_i(\theta_i,\varphi_i) \tag{11.1}$$

式中：$\boldsymbol{T}$ 根据消光矩阵和相位矩阵给出，可以通过平均修改的 Mueller 矩阵计算[13,15]。

与 Mimics 模型相比，Bi-Mimics 模型的实现需要加入散射天顶角和方位角。因此，冠层、树干层和地面层的消光矩阵和相位矩阵中的角度都应该修改[13]。Mimics 模型[15]最初计划分3个阶段建立，这里采用1.5版本的 Mimics 模型作为基本模型。根据 Liang 等[13]和 Mimics 手册[15]中提到的方法，通过对 Mimics 模型的相应修改，建立了 Bi-Mimics 模型。

11.1.3　波形合成

Bi-Mimic 是一个完整的极化散射模型，包含任何发射和接收极化[15]。下面的波形合成方程给出了双基散射的截面：

$$\sigma_{rt}(\psi_r,\chi_r,\psi_t,\chi_t)=4\pi\,\tilde{\boldsymbol{Y}}_m^r\,\boldsymbol{M}_m\,\boldsymbol{Y}_m^t \tag{11.2}$$

式中：(ψ_r,χ_r)，(ψ_t,χ_t)分别是接收和发送极化的方向角和椭圆角；$\boldsymbol{M}_m$ 是实数修正后的 4×4Mueller 矩阵[15]。修改后的 Stokes 矢量$\boldsymbol{Y}_m^t$和 $\boldsymbol{Y}_m^r$ 如下所示[15]：

$$\boldsymbol{Y}_{\mathrm{m}}^{\mathrm{t}}=\begin{bmatrix}\frac{1}{2}(1+\cos2\psi_{\mathrm{t}}\cos2\chi_{\mathrm{t}})\\ \frac{1}{2}(1-\cos2\psi_{\mathrm{t}}\cos2\chi_{\mathrm{t}})\\ \sin2\psi_{\mathrm{t}}\cos2\chi_{\mathrm{t}}\\ \sin2\chi_{\mathrm{t}}\end{bmatrix},\quad \boldsymbol{Y}_{\mathrm{m}}^{\mathrm{r}}=\begin{bmatrix}\frac{1}{2}(1+\cos2\psi_{\mathrm{r}}\cos2\chi_{\mathrm{r}})\\ \frac{1}{2}(1-\cos2\psi_{\mathrm{r}}\cos2\chi_{\mathrm{r}})\\ \sin2\psi_{\mathrm{r}}\cos2\chi_{\mathrm{r}}\\ \sin2\chi_{\mathrm{r}}\end{bmatrix} \tag{11.3}$$

利用归一化 Stokes 矢量$\boldsymbol{Y}_{\mathrm{m}}^{\mathrm{t}}$和$\boldsymbol{Y}_{\mathrm{m}}^{\mathrm{r}}$，可以计算出相应的极化散射截面。

11.1.4 镜面散射

反射信号由相干和非相干分量组成，对于海洋部分，其表面粗糙度尺度通常等于或大于 GNSS 波长（$\lambda \approx 19\mathrm{cm}$）。因此，接收功率主要来自闪烁区的非相干散射。但就陆地表面而言，其表面粗糙度尺度远低于 GNSS 波长。因此接收功率被认为是来自第一菲涅耳区的相干散射分量[4,16]，并且镜面方向的散射更强。

当接收机高度远低于信号源高度时，第一菲涅耳区的大小受入射角和接收机高度的影响，其形状为椭圆[4,16]。

对于 GNSS-R 植被遥感，需要研究镜面散射（$\theta_{\mathrm{s}}=\theta_{\mathrm{i}},\phi_{\mathrm{s}}=\phi_{\mathrm{i}}=0°$）。首先，可以将 Bi-Mimics 模型中的角度设置为镜面反射方向进行计算；其次，应在设置镜面反射方向后修改相应的消光矩阵和相位矩阵。为此开发了计算镜面散射的 Spec-Mimics 模型，其散射机制与 Bi-Mimics 模型相同[13]。

11.1.5 模型验证

目前，双基散射和前向散射测量技术尚不成熟，但后向散射 Mimics 模型已经通过单基雷达实验数据进行了验证。Liang 等[13]比较了 Bi-Mimics 模拟的后向散射截面与原始 Mimics 模型[14]。在模型输入相同的情况下，由于后向散射是一种特殊的双基散射，两种模型得出了相同的后向散射截面结果。对于圆形散射截面，将修正后的 Stokes 矢量设置为线性以与原始线性 Bi-Mimics 模型进行比较，并将 Bi-Mimics 模型的散射角设置为镜面散射角，与由 Spec-Mimics 计算的镜面散射截面进行比较。对于相同的模型输入，它们的结果是相同的。虽然该模型尚未得到实验数据的验证，但在过去的几年中，反向散射 Mimics 模型已经通过实验验证，并被认为是一种有效的冠层后向散射模型。因此，修改后的模型与原始 Mimics 模型之间的一致性表明它（修改后的模型）具有可信度[13]。通过对波形合成方法的改进，该模型可以作为一种分析工具计算 XR 极化散射系数，其中 R 表示传输的 RHCP，X 表示接收到的任何其他极化，如 RHCP、LHCP、H、V 和 ±45°线性极化。下面将对不同极化的一些模拟进行分析。

11.2　森林冠层在镜像反射方向上的偏振特性

11.2.1　圆极化

Cardellach 等[10]指出,同极化分量应该包含在模型中,其每个周期都与模拟的波形相匹配。图 11.2 展示了同极化(RR)和交叉极化(RL)散射与入射角的关系,RR 散射是整个入射角范围(10° ~80°)的重要组成部分。在 RR 极化下的散射低于其他的 XR 极化($\theta \leqslant 50°$),并且在 $50° < \theta \leqslant 70°$ 时增加。VR 随入射角的增大先缓慢增大(在 30°之前),然后随入射角的增大而缓慢减小($30° < \theta \leqslant 40°$),但随着入射角的增大,其散射趋势急剧减弱($40° < \theta \leqslant 70°$),在入射角为 70°和 80°时 VR 有明显下降。RR 和 VR 的散射动力远大于其他极化方式(LR,HR, +45°R, -45°R)。

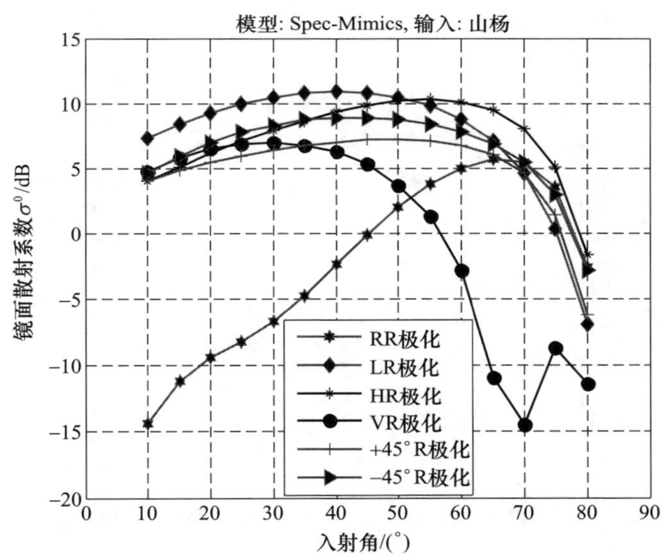

图 11.2　XR 极化时的镜面散射与入射角的关系(见彩图)

11.2.2　其他交叉极化

本节将重点介绍不同 XR 极化的散射模拟。为了比较不同的极化方式,图 11.2 中还显示了 RR 和 LR。我们可以看出,XR 极化在整个入射角范围都存在。在较小的入射角下($\theta \leqslant 40°$),RR 极化的散射系数比其他极化要小得多,也就是说,如果 $\theta \leqslant 40°$,那么 LR > VR > RR。假设 GNSS-R 接收器可以接收上述观测几何结构中的反射信号(镜面观测高度角范围从 10° ~80°),则天线与反射信号之间的极化方式不匹配会使天线的极化损耗变大,天线的选择应根据极化情况而定。而 RHCP、V 极化的动态范围较大,其散射趋势也有很大的不同,因此在接收 GNSS-R 反射信号的过程中,采用 RHCP 和 V 极化作为天线的极化类型是非常有利的。这些各种各样的极化方式适用于山杨林。

11.2.3 各分量对总散射的贡献

这里,我们给出了在 RR,LR 和 VR 极化下各分量对总散射的影响,总冠层、总树干层、直接地表项和地表镜像部分的总散射和散射分量如图 11.3 至图 11.5 所示。总冠层包括 C-G 分量、G-C 分量和 G-C-G 分量,而 T-G 和 G-T 分量包含在整个树干层部分中。有关散射机制的详细信息,请参阅文献[13,15]。对于 RR 极化,不同分量对总镜面散射的贡献如图 11.3 所示,从图 11.3 的模拟结果可以看出,总散射主要由总树干层散射分量和 S-G(地表镜像反射)分量控制。D-G 散射(直接地表散射)低于 S-G 散射,并且来自冠层的散射相对较少($20° \leqslant \theta \leqslant 75°$)。

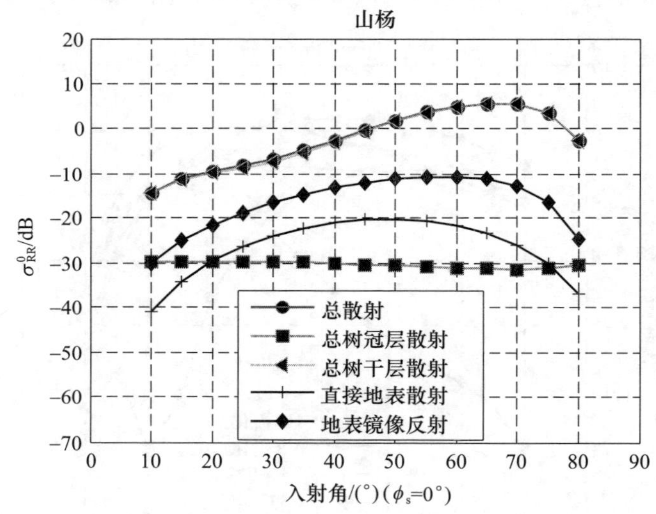

图 11.3 RR 极化散射中各分量与入射角的关系(见彩图)

对于 LR 极化,总冠层散射存在于整个入射角范围,如图 11.4 所示。但它不是主要的部分,总散射主要由树干层决定,在该入射角范围内也存在总树干层分量、地表镜像反射和直接地表分量,且它们按顺序减小(总树干层分量的散射振幅大于地表镜像反射分量,后者又大于直接地表分量)。需要注意的是:对于山杨来说,由于树干的原因,存在很强的镜面散射;冠层分量在整个入射角范围内都存在,其散射振幅最小。除非在入射角很大时($\theta \geqslant 75°$),D-G 分量最小。

从图 11.5 中可以看出,对于 VR 极化,总散射主要由总树干层散射决定,而且两者(总散射和总树干层散射)在整个入射角范围都存在。总散射的第 2 个影响因素是镜像反射分量,其变化趋势与总散射基本一致,直接地表分量低于地表镜像反射分量。当入射角在 10°到 50°之间时,总冠层分量对总散射的贡献最小;但当入射角在

55°～80°时，总冠层分量比直接地表分量大，但比地表镜像反射分量小。

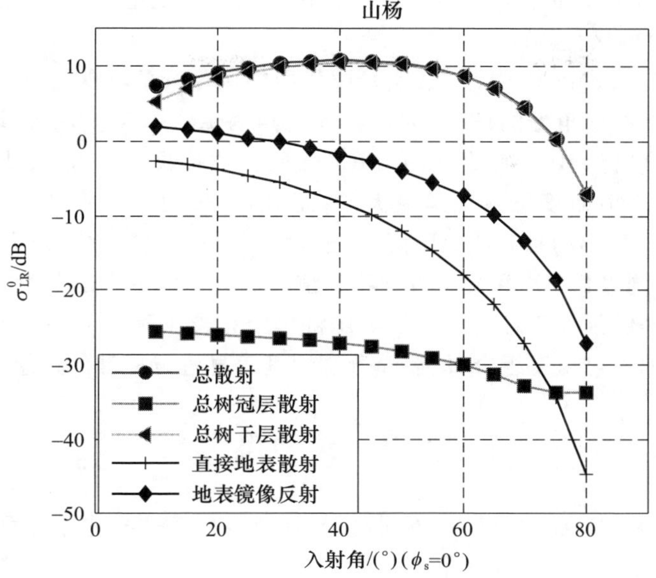

图 11.4　LR 极化散射中各分量与入射角的关系(见彩图)

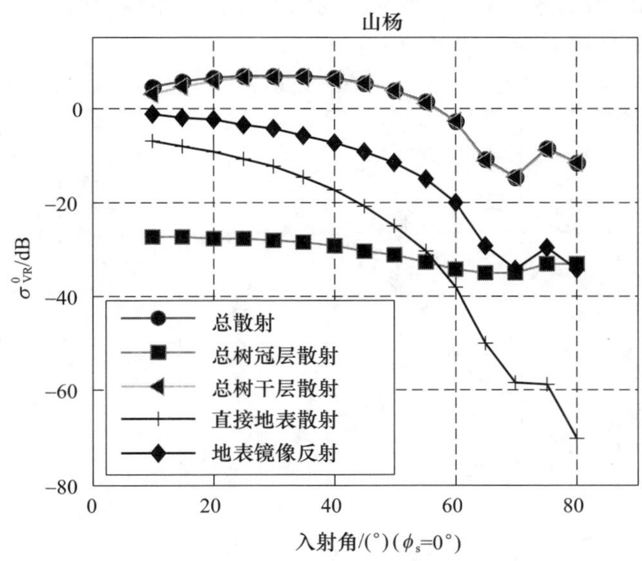

图 11.5　VR 极化散射中各分量与入射角的关系(见彩图)

11.2.4　讨论

之前的模拟都是针对具有垂直方向上树干层的山杨，其主干的单次散射在镜像反射方向具有很强的散射。接下来还应在镜像反射方向上进行其他种类的植被散射实验,以确定植被散射特性。但至少对于像山杨这样的植物来说,上面的模拟可以显示出 XR 极化时的极化响应。

在 SMEX02 和 SMEX03[17] 机载实验中使用的接收机是改良的 DMR,它被设计成跟踪视野中最高高度角处的信号,因此其入射角为 15° ~ 35°。用天顶定向的 RHCP 接收天线接收直射信号,天底定向的 LHCP 接收天线接收反射信号,从模拟结果中可以看出,在这些入射角度下,LR 是最大的,而 RR 是最小的。但对于较大的入射角($\theta \geq 55°$),RV 是最小的且有明显下降,其散射趋势与其他极化有很大的不同。对于较大的入射角,同极化 RR 和交叉极化将为植被监测提供更多的信息,也可为其他的地球物理参数提供额外信息。下一步工作将集中在裸土和作物极化研究上,尝试找到最佳的极化和入射角度组合,然后充分利用其信息进行稳健的遥感。

11.3 灵敏度分析

在 RR、RL 和 RV 极化下设置不同树干高度和树冠深度,进行镜面散射分析。此外,本节也研究了散射方位角的影响。

从图 11.6 可以看出,树干高度只影响 RR、RL 和 RV 极化镜面散射系数的幅度。也就是说,对于相同的极化散射趋势是相同的。在入射角相同时,对于 RR、RL 和 RV 极化,较高的树干高度对应的散射较强。

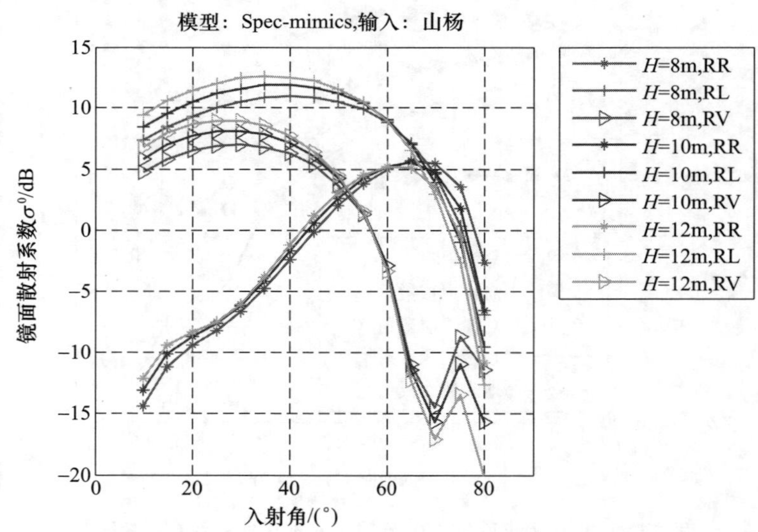

图 11.6 不同树干高度(8m、10m 和 12m)下各类极化(RR、RL 和 RV)的镜面散射系数与镜面入射角的关系(见彩图)

图 11.7 表明,冠深(D)对不同极化下的镜面散射的影响非常小,实际上小于

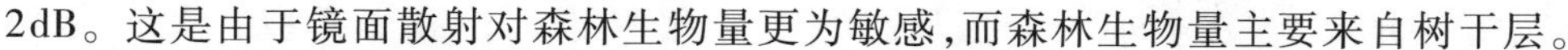

2dB。这是由于镜面散射对森林生物量更为敏感,而森林生物量主要来自树干层。

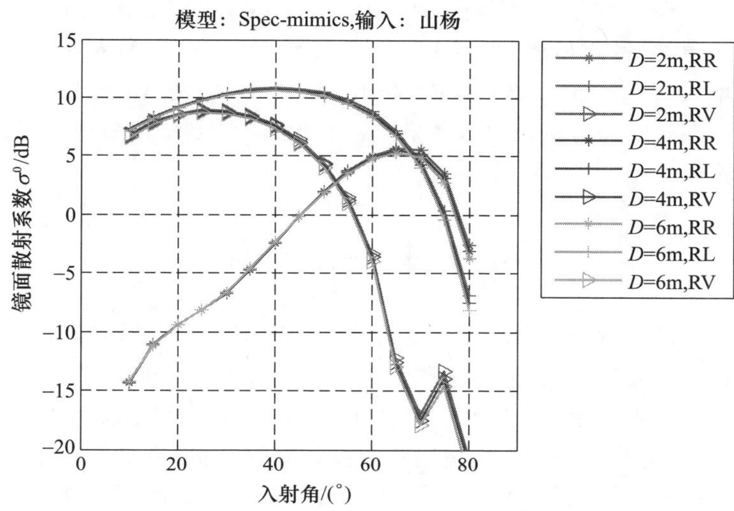

图 11.7　不同树冠深度(2m、4m 和 6m)下各类极化(RR、RL 和 RV)的镜面散射系数与镜面入射角的关系(见彩图)

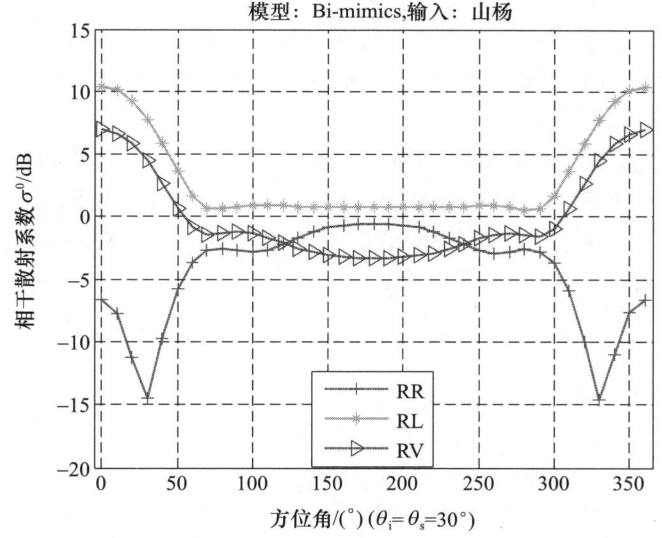

图 11.8　不同极化方式(RR、RL 和 RV)下散射方位角($\boldsymbol{\theta}_i=\boldsymbol{\theta}_s=30°$)对双站散射的影响(见彩图)

目前,常见的 GNSS-R 散射集中在平面内($\varphi_i=\varphi_s$)的镜面散射,即相干散射。但 GNSS 星座的几何结构正在发生变化,其方位角范围为 0~360°,虽然研究表明镜像反射方向上的相干散射比其他方向强,但随着 GNSS-R 接收机的发展,例如接收机增益的增强,其他方向上的相干散射可能会受到影响。因此,我们展示了方位角对平面外双站散射的影响($\theta_i = \theta_s = 30°$),从图 11.7 中很容易看出,由于模型的假设,散射具有方位角对称性。当方位角低于 120°时,RL > RV > RR,也就是说在这些方位角下,RR 是最小值,其散射最弱($\phi_s = 30°$)。当 $120° < \phi_s \leqslant 180°$时,RL > RR > RV,随着方位角的增大($50° \leqslant \phi_s \leqslant 180°$),RL 和 RV 减小了,但是 RR 先减小($\phi_s \leqslant 30°$)随后增加($30° \leqslant \phi_s \leqslant 50°$)。从该模拟结果可以看出,散射方位角效应对最终散射趋势的影响非常重要。

11.4 结 论

为了克服电离层效应,GNSS 发射的信号采用 RHCP。在从地球表面反射之后,其偏振方向大部分发生了变化,通常被认为是信号转变为 LHCP,然而这种偏振特性的变化目前还没有得到很好的解释。事实上,信号转变的程度取决于反射表面的介电特性,这里研究的是 GNSS-R 植被遥感的极化散射机制,采用 Bi-Mimics 模型。根据 GNSS-R 的配置使用 Spec-Mimics 模型模拟了镜面圆形散射特性,包括同极化和交叉极化。具体来说,除了常用的 LR 极化外,VR、HR、+45R 和 -45R 都包含在交叉极化的模拟中。理论计算表明,在整个入射角范围内都存在 RR 极化,但在入射角较小时($\theta \leqslant 50°$)最小。此外,书中模拟了不同分量在 RR、LR 和 VR 极化下的贡献,在整个入射角范围内,总树干层分量在总散射(RR、LR 和 VR 极化)中占主要地位,而总冠层分量的影响要小得多,VR 则倾向于较大的入射角(70°),在进行反演时,还应考虑 VR 极化分量。

不同树干高度对 RR、LR 和 VR 的散射幅度有影响,但对散射趋势没有影响,树冠深度则对 RR、LR 和 VR 的散射影响不大。同时,还应该考虑同极化和交叉极化的角度响应,方位角对不同极化方式的散射有影响。极化对 GNSS-R 散射的影响是一个值得关注的问题,在地面目标探测中具有潜在的应用价值,今后还需要进行进一步的研究和试验。

参考文献

[1] RODRIGUEZ-ALVAREZ N, CAMPS A, VALL-LLOSSERA M, et al. Land geophysical parameters retrieval using the interference pattern GNSS-R technique[J]. IEEE Transactions on Geoscience & Remote Sensing, 2010, 49(1): 71-84.

[2] RODRIGUEZ-ALVAREZ N, BOSCH-LLUIS X, CAMPS A, et al. Review of crop growth and soil moisture monitoring from a ground-based instrument implementing the interference pattern GNSS-R technique[J]. Radio Science, 2011, 46(6): RS0C03.

[3] SMALL E E, LARSON K M, BRAUN J J. Sensing vegetation growth with reflected GPS signals [J]. Geophysical Research Letters, 2010, 37(12): 245-269.

[4] FERRAZZOLI P, GUERRIERO L, PIERDICCA N, et al. Forest biomass monitoring with GNSS-R: theoretical simulations[J]. Advances in Space Research, 2011, 47(10): 1823-1832.

[5] WU X, YING L, LI C. Research on crop biomass monitoring using GNSS-R technique based on bi-mimics model[J]. Remote Sensing Technology & Application, 2012, 27(2): 220-230.

[6] WU X, YING L, JIN X. Theoretical study on GNSS-R vegetation biomass[C]//Proceedings of the Geoscience & Remote Sensing Symposium, F: IEEE, 2012: 6380-6383.

[7] ZAVOROTNY V U, VORONOVICH A G. Scattering of GPS signals from the ocean with wind remote sensing application[J]. IEEE Transactions on Geoscience & Remote Sensing, 2000, 38(2): 951-964.

[8] ZAVOROTNY V U, VORONOVICH A G. Bistatic radar scattering from an ocean surface in the small-slope approximation[C]//Proceedings of the IEEE International Geoscience & Remote Sensing Symposium, F: IEEE, 1999, 5: 2419-2421.

[9] CLARIZIA M P, GOMMENGINGER C, BISCEGLIE M D, et al. Simulation of L-band bistatic returns from the ocean surface: a facet approach with application to ocean GNSS reflectometry [J]. IEEE Transactions on Geoscience & Remote Sensing, 2012, 50(3): 960-971.

[10] CARDELLACH E, FABRA F, NOGUéS-CORREIG O, et al. GNSS-R ground-based and airborne campaigns for ocean, land, ice, and snow techniques: application to the GOLD-RTR data sets [J]. Radio Science, 2011, 46(6): RS0C04.

[11] ZAVOROTNY V U, VORONOVICH A G. Bistatic GPS signal reflections at various polarizations from rough land surface with moisture content[C]//IGARSS 2000, IEEE, 2000, 7: 2852-2854.

[12] RODRIGUEZALVAREZ N, BOSCHLLUIS X, CAMPS A, et al. Soil moisture retrieval using GNSS-R techniques: experimental results over a bare soil field[J]. IEEE Transactions on Geoscience & Remote Sensing, 2009, 47(11): 3616-3624.

[13] LIANG P, PIERCE L E, MOGHADDAM M. Radiative transfer model for microwave bistatic scattering from forest canopies[J]. IEEE Transactions on Geoscience & Remote Sensing, 2005, 43(11): 2470-2483.

[14] ULABY F T, MCDONALD K, SARABANDI K, et al. Michigan microwave canopy scattering models (MIMICS)[J]. International Journal of Remote Sensing, 1990, 11(7): 1223-1253.

[15] ULABY F T, ELACHI C. Radar polarimetry for geoscience applications[J]. Geocarto International, 1990, 5(3): 38.

[16] BECKMANN P, SPIZZICHINO A. The scattering of electromagnetic waves from rough surfaces [M]. Norwood: Artech House, 1987.

[17] MASTERS D, AXELRAD P, KATZBERG S. Initial results of land-reflected GPS bistatic radar measurements in SMEX02[J]. Remote Sensing of Environment, 2004, 92(4): 507-520.

第 12 章　冰雪遥感

12.1　干雪监测

干雪长期处于零下环境中,而且不会融化。干雪密度很低,因此 L 频段的微波信号能穿透几百米雪深。干雪区出现在格陵兰岛和南极冰盖内陆地区,它的雪厚度可深达几千米,积雪越深代表雪龄越高。L 频段信号向下可以穿透到的积雪层,对应的是过去几千年来积累的雪[1-3](它取决于积累率和积雪垂直剖面的密度的实际时间序列)。了解这些地区的气候对研究这些冰川受气候变化可能的影响非常重要。研究和预测南极冰川的持续变化需要更好的积雪累积分布图,同时积雪累积分布图对研究海平面变化也很重要[4-5]。而一个可行的未来空基 GNSS-R 任务可以实现这些地区的密集采样[6]。

2009 年 12 月在南极的 Dome Concordia 地区进行了为期 12 天的 GNSS-R 实验。这个实验有效地利用了两个 GNSS 天线,包括一个用于接收直射信号的向上 RHCP 天线,一个用于接收地面反射信号的双极化天线(RHCP + LHCP)。这个系统被安置在约 45m 高的美国塔顶部,连接了一个专用 GNSS-R 的 GOLD-RTR 接收机,并且指向平整光滑的原始积雪表面[7]。实验详细信息请参考 Cardellach 和 Fabra 等的论述[6,8]:

(1) L 频段的 GNSS 信号能穿透干雪表层,可以到达 200 ~ 300m 的深度。

(2) 从平滑雪面反射回来的信号与时间有很长的时间相干。

(3) 干涉条纹是由通过不同内部雪层的反射信号之间形成干涉而产生的。

该实验使用了一种基于几何光学的多个射线模型和滞后全息图的技术来估算反射层的深度,其中滞后全息图可以在整个时延波形(不仅仅是峰值)上进行无线电全息观察。正如 Hawley 等[9]所提出的那样,通过结合内部雪层的几何形状以及某定点的密度分布以计算雪的累积速度是该技术的一个潜在应用。

12.1.1　干雪反射模型

反射信号不仅来自于冰雪外表层,也来自于内部积雪层的反射,且从多个明确的干涉模式实验观测数据中发现,可以考虑忽略该反射过程中的体积散射[10]。我们假设有一局部水平层,平行入射光线,并且假定射线在各雪层反射和透射的过程中满足 Snell 定律,同时该过程只涉及共极圆极化入射和交叉圆极化反射,则可以建立如下干雪反射模型。该模型考虑了一组影响总的接收信号的射线,所有射线最终只会产

生一条反射射线，所以这个模型被称为多射线单反射（MRSR）模型。该模型基于几何光学，对总接收场内的反射信号进行分解，将反射信号看作入射信号在不同雪层进行跳跃后的干涉融合，不同的射线对融合结果有不同的贡献程度[8]。

次雪层分布可以由积雪密度的垂直剖面图给出，积雪密度的垂直剖面图可以转化为积雪介电常数的垂直剖面图[11]。相对介电常数的实部ϵ'可由下式得到，而它的虚部ϵ_i''可以由下二式计算得到：

$$\frac{\epsilon' - 1}{3\epsilon_i'} = v_i \frac{\epsilon_i' - 1}{\epsilon_i' + 2\epsilon'} \tag{12.1}$$

$$\epsilon'' = 3 v_i \epsilon_i'' \frac{(\epsilon')^2 (2\epsilon' + 1)}{(\epsilon_i' + 2\epsilon')(\epsilon_i' + 2(\epsilon')^2)} \tag{12.2}$$

式中：ϵ_i'，ϵ_i''分别为干雪的相对介电常数的实部和虚部，分别设为 2.93 和 0.001[11]。v_i 是冰在雪中的容积率，由雪的密度 ρ 决定：

$$v_i = \frac{\rho}{0.916} \tag{12.3}$$

下式描述振幅 U_i 和相位时延 ρ_i 的关系，其中时延 ρ_i 指一条射线入射穿过雪层到达第 i 层后反射回来，穿过雪和空气的接触面，最后被接收机接收的相位差。详情请见文献[8]。

$$U_i = R_{i,i+1} \prod_{k=1}^{k=i} T_{k-1,k} T_{k,k-1} \mathrm{e}^{-2\alpha_k d_k} \tag{12.4}$$

式中

$$d_k = \frac{H_k}{\cos(\theta_k)}$$

而相位ρ_i可以如下式计算：

$$\rho_i = \rho_0 + \sum_{k=1}^{k=i} 2 n_k \frac{H_k}{\cos(\theta_k)} - \left(\sum_{k=1}^{k=i} D_k\right) \sin(\theta_0) \tag{12.5}$$

式中

$$D_k = 2 H_k \tan(\theta_k) \tag{12.6}$$

式中：$R_{i,i+1}$为菲涅耳定理在 i 层和 $i+1$ 层交界面处交叉极化反射和共极化入射的系数；$T_{k-1,k}$为菲涅耳定理在 $k-1$ 层和 k 层交界面处交叉极化反射和共极化入射的系数；$T_{k,k-1}$为菲涅耳定理在 k 层和 $k-1$ 层交界面处交叉极化反射和共极化入射的系数；α_k为 k 层的衰减系数，$\alpha_k = \frac{2\pi}{\lambda} | Ima\{\sqrt{\epsilon_k}\} |$；$H_k$为 k 地层的厚度；θ_k为该层的入射角，并服从 Snell 反射定律 $\sqrt{\epsilon_{k-1}} \sin\theta_{k-1} = \sqrt{\epsilon_k} \sin\theta_k$；$\rho_0$为雪-大气镜面反射信号与直接链接信号的差分时延，$\rho_0 = 2 H_0 \cos\theta_0$；$n_k$为第 k 层的折射率，$n_k = \sqrt{\epsilon_k}$。

下式为菲涅耳系数的计算公式（T 为偏振信号的入射系数，R 为反射系数）：

$$T = T_{co} \frac{1}{2} (T_{/\!/} + T_{\perp}) \tag{12.7}$$

$$R = R_{\text{cross}} = \frac{1}{2}(R_{/\!/} + R_{\perp}) \tag{12.8}$$

式中

$$T_{\perp} = \frac{2\cos\theta_{k-1}}{\cos\theta_{k-1} + \sqrt{\dfrac{\epsilon_k}{\epsilon_{k-1}} - \sin^2\theta_{k-1}}} \tag{12.9}$$

$$R_{\perp} = \frac{\epsilon_{k-1}\cos\theta_{k-1} - \sqrt{\epsilon_{k-1}\epsilon_k - (\epsilon_{k-1}\sin\theta_{k-1})^2}}{\epsilon_{k-1}\cos\theta_{k-1} + \sqrt{\epsilon_{k-1}\epsilon_k - (\epsilon_{k-1}\sin\theta_{k-1})^2}} \tag{12.10}$$

$$R_{/\!/} = \frac{\epsilon_k\cos\theta_{k-1} - \sqrt{\epsilon_{k-1}\epsilon_k - (\epsilon_{k-1}\sin\theta_{k-1})^2}}{\epsilon_k\cos\theta_{k-1} + \sqrt{\epsilon_{k-1}\epsilon_k - (\epsilon_{k-1}\sin\theta_{k-1})^2}} \tag{12.11}$$

$$T_{/\!/} = \frac{2\cos\theta_{k-1}}{\cos\theta_{k-1} + \sqrt{\dfrac{\epsilon_k}{\epsilon_{k-1}} - \left(\dfrac{\epsilon_k}{\epsilon_{k-1}}\sin\theta_{k-1}\right)^2}} \tag{12.12}$$

接收机获取的复杂回波波形不是简单的所有雪层回波信号的叠加，为了方便处理，需要对该 GNSS 反射信号进行调制。第 i 层的贡献可以由 i 层反射信号相对于入射信号的相位时延 ρ_i，通过转换得到的 GPS C/A 码的自相关函数（三角函数），并且乘上 i 层反射信号的振幅 U_i 表示。同时，在接收机坐标中，i 层的反射信号相位不同于直接反射信号相位，两者之间有复杂的空间旋转。相位可以表示为

$$\varphi_i = 2\pi\frac{\rho_i}{\lambda} \tag{12.13}$$

因此总的接收波可以表示为

$$Y(\tau) = Y^{\text{dir}}(\tau) + \sum_{i=0}^{N_{\text{layers}}}\left[\left(1.0 - \frac{|\rho_i - \tau|}{L_{\text{C/A}}}\right)U_i\,\mathrm{e}^{\mathrm{j}\varphi_i}\right] \tag{12.14}$$

式中：τ 为沿波形方向的延迟变量；$Y^{\text{dir}}(\tau)$ 为以标称零延迟为中心的 GPS C/A 码自相关函数（三角函数），它表示水平天线接收到的垂直信号的信号泄露；$L_{\text{C/A}}$ 为 GPS C/A 码三角函数的长度；j 为复数单位，$\mathrm{j} = \sqrt{-1}$；φ_i 为地表粗糙度参数。式（12.14）就是 MRSR 模型的表达式。

从模型可以得到从 i 层反射信号和直接获得的信号之间的干涉频率的理论值：

$$f_i = \frac{-1}{\lambda}\frac{\mathrm{d}\rho_i}{\mathrm{d}t} \quad (\text{Hz}) \tag{12.15}$$

特别指出，直射信号和从外表面镜面反射回来的信号之间的相位干涉为

$$f_{\text{surf}} = \frac{-2H_0}{\lambda}\frac{\mathrm{d}e}{\mathrm{d}t} \quad (\text{Hz}) \tag{12.16}$$

式中：e 为高度角。直射信号和从地下层表面反射回来的信号之间的相位干涉的频率低于式（12.16）中的频率。

12.1.2　干雪观测

无线电全息技术可以从其他射线轨迹中获取主光线的最大空间压缩信息。这使得它不仅可以估计在每个轨迹上的无线电波强度,还可以从参考线确定相应的频率位移。参考波场(由参考射线组成)可以用于揭示总的接收场的光谱。

在这里我们提出一种新的利用每个接收波波形的延迟的全息观测方法。我们使用直射信号(无反射)作为参考场,该方法试图找出数据中存在的可能的影响因素(大气多路径效应,表面、下一层表面反射等)。当在参考场中反向旋转反射信号的相位,就可以进行频谱分析了。在无线电掩星应用中,全息摄影技术应用于接收的完全波形波峰(因为这是唯一的由标准的无线电掩星接收机接收到的数据)。滞后全息图可以由下面几步生成。

(1) 水平向天线的 N 复数波形的时间序列为 $Y(\tau_i,t_j)$。

(2) 每个波形滞后τ_i的相位由直接信号的相位反向旋转得到。直接信号在这里定义为垂直方向天线接收波的峰值:$Y(\tau_i,t_j)\mathrm{e}^{-\mathrm{i}\varphi_{\mathrm{dir}}(\tau_{\mathrm{peak}},t_j)}$。

(3) 每个延迟τ_i的时间序列的傅里叶分析不相干,滞后全息图 LH 表达如下:

$$\mathrm{LH}(\tau_i,f)=\mathrm{FT}\{Y(\tau_i,t_j)\,\mathrm{e}^{-\mathrm{i}\varphi_{\mathrm{dir}}(\tau_{\mathrm{peak}},t_j)}\}$$

(4) 由于随时间变化的几何参数(从而迫使潜在干扰变化)是高度角,所以以高度变化速率(振荡周期/高度角)为单位来表示频率比以赫兹(振荡周期/s)为单位更实用。它们可以根据下式来进行转换:

$$f\left[\frac{\mathrm{cycle}}{(^\circ)}\right]=\frac{f[\mathrm{Hz}]}{\frac{\mathrm{d}e}{\mathrm{d}t}[(^\circ)/\mathrm{s}]}=\frac{f[\mathrm{Hz}]}{\frac{\mathrm{d}e}{\mathrm{d}t}[\mathrm{rad/s}]}\frac{2\pi}{360}\tag{12.17}$$

(5) 这样,每个滞后全息波的时延τ_i归一化了,并与其他的延迟不相关:

$$\mathrm{LH}^{\mathrm{norm}}(\tau_i,f_j)=\frac{1}{\sum_k\|\mathrm{LH}(\tau_i,f_k)\|}\mathrm{LH}(\tau_i,f_j)\tag{12.18}$$

图 12.1 给出了实地测量数据的滞后全息图和 MRSR 模型的范例[8]。它表明除直接信号(频率为 0)外,其他的影响因素来自雪-大气接触面和次级表面的反射波。滞后全息图也表明不同滞后的波形可以捕捉到不同的子表面反射。这归因于码延迟相关的滤波影响。这就是说,来自 k 层延迟的超过 C/A 码带宽(约 300MHz)的光线不能加大光线的强度。为了获得深层反射必须观测不同于镜面反射的延迟波的频谱内容。

图 12.1(a)给出了康科迪亚站(南极)GNSS-R 干雪实验中 $N=128$ 时 1s 的复杂波形时间序列滞后全息图。它来自 GPS 星座 PRN13 号卫星在 2009 年 12 月 16 号的观测值,其高度角为 44.5°~45.5°。这里频率以干涉周期/高度角为单位(通过式(12.17)转换得到)。直接光线为频率为 0 的参考场。根据式(12.16),频率低于 −5.8cycle/(°)的全息图是通过扫描冰雪-大气接触面下面的反射面得到。波形不同

的延迟有不同的光谱内容。图 12.1(b)是一系列 128 组合成的复杂波形的全息图，它们的几何关系符合图 12.1(a)中 128 个实际波形的几何关系[8]。

一旦获得实地测量数据的滞后全息图，利用 MRSR 模型可以将频率分布转换为雪深。这样：①模型计算得到的相位ρ_i可以利用式(12.5)中加入观测值得时间序列的高程范围来生成滞后全息图；②获得它(数值)对高度角的导数。Cardellach 等人在他们的研究中使用了利用实验数据识别次表面反射层的方法，实验层分别位于 10m、70m、130m、240m 的雪深处，且垂直分辨率介于 5 和 10 之间[8]。识别反射层的垂直分辨率主要由生成频谱分析的时间序列的长度决定。其他因素与几何图形有关，它们是高度角的函数。

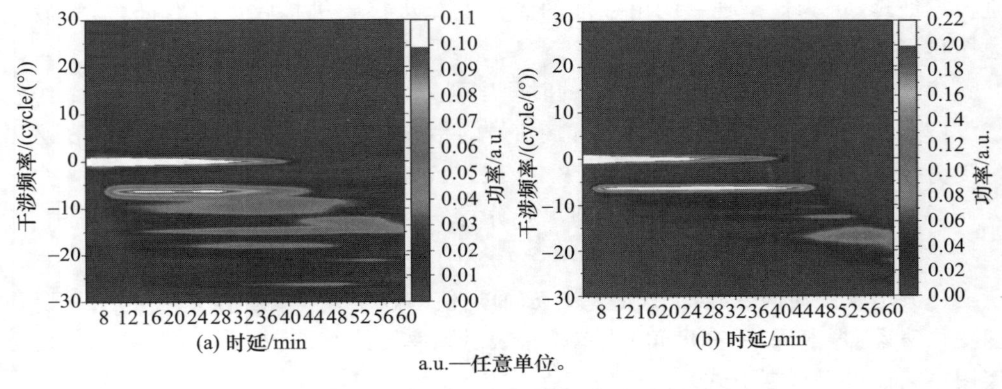

图 12.1 滞后全息图和组合全息图(见彩图)

12.2 湿雪监测

12.2.1 概述

陆地湿雪不仅是气候系统的重要组成部分，也是水循环的关键储存器。源自融雪水的地表径流是一种重要的水资源，喂养着全世界六分之一的人口[12]。通过对积雪进行测量，我们能够了解到积雪存储了多少淡水资源，然而由于其在空间和时间上的高速变化，对积雪变化进行探测变得十分困难。且由于遥感数据的不精确性，因此只能对积雪进行大尺度的观测，例如美国积雪遥测(SNOTEL)网提供的数据[13]。同时，冰的厚度不仅与反射信号的振幅有关，还与通过不同极化方式获得的反射信号相对振幅有关，且反射信号的振幅是关于入射角的函数，所以冰雪厚度可以由 GNSS 反射信号计算得到[14]。根据观测模式的不同，GNSS-R 观测分为星载 GNSS-R 观测和地基 GNSS-R 观测。

Komjathy 等[15]基于星载 GNSS-R 观测模式在北极海冰和阿根廷、阿拉斯加等地附近的冰块进行了实验，获得 GPS 反射波，并从中得出海洋冰和淡水冰分布和冻土

中冰的结冰/解冻状态。GPS前向扫描观测与RADARSAT后向扫描观测有连续的相关性。这明确表明冰状态的敏感性,也说明GPS反射信号可以用于确定冰的状态和特征。Gleason[16]探讨了使用来自两种不同冰密度的信号利用低轨卫星遥测海冰的可能性。他们的结果表明GPS观测值和AMSR的估计值在某些方面是一致的,但是由于使用的数据很少,所以没有明确给出结论。

在地基GNSS-R观测方面,当前主要的测量技术包括手动测量技术和自动测量技术[17]。手动测量技术包括对积雪深度和密度的观测,测量精度高但时间分辨率较低。与手动测量相比,自动测量如回声测深测量、雪枕和γ辐射测量具有更高的时间分辨率,但是会失去现场的空间变化信息[17]。地基GNSS-R观测能利用GPS反射计,根据雪表面GPS反射信号的物理反射和极化特征测量积雪深度变化。

GNSS-R具有高时间分辨率和高空间分辨率的优点,即能随时从IGS网站获得永久、持续的GNSS观测数据,且就空间分辨率而言,GNSS-R的传感空间有1000m^2。更重要的是,目前GNSS网络包含一个大面积范围,能够直接使用而不需要额外的积雪传感器。有了这些优点,GNSS-R就能够对传统的积雪测量进行补充。GNSS-R理论和模型已经得到研究和探讨,可以通过使用唯一的双天线GNSS接收器估计地球物理参数:一个天线接收直射信号,另一个天线接收反射信号。

Zavorotny[18]提出的利用GPS反射信号基于波形相关的方法只能用于海洋遥感,之后该方法被拓展到土壤湿度和植被生长的监测应用领域。Larson等[19]首先证明了利用传统大地测量GPS接收机反演的积雪深度与现场深度测量结果之间具有良好的一致性,这表明大地测量GPS接收机能够对积雪深度进行估计。随后,基于GPS L2C信号的SNR数据的GNSS-R技术得到发展,并被运用到积雪深度的反演。该方法采用直接信号和反射信号之间相互干扰产生的多路径SNR数据,同时多路径SNR的振荡频率会随着天线高度的变化而变化,利用这种关系就能对积雪深度进行反演。基于Larson和Nievinski提出的方法,Chen等[20]通过偶极天线GPS L2C信号评估了积雪深度的测量,该方法与典型的大地测量设备相比有大的提升。此外,图12.2是Jacobson[21]利用GPS第10号卫星测量得到的覆盖在12.7cm、26.7cm、39.4cm、54.7cm和68.7cm深雪层顶部0.3cm雪层的积雪层理论与实测高程图,它表明39.4cm的理论冰厚度与一次反射的测量值是统一的。

12.2.2　反演理论与方法

12.2.2.1　反演方法

对传统GPS应用来说,多路径效应被视为误差源。当直射和反射信号同时被GPS接收机接收时,它们将会在天线上发生干涉并产生误差。尽管反射信号能够被最短基线GPS接收机的增益天线抑制,但在低卫星高度角(5°~25°)处反射信号仍然存在。由于多路径效应,GPS观测数据将出现震动(图12.3(a)),使得信噪比信号

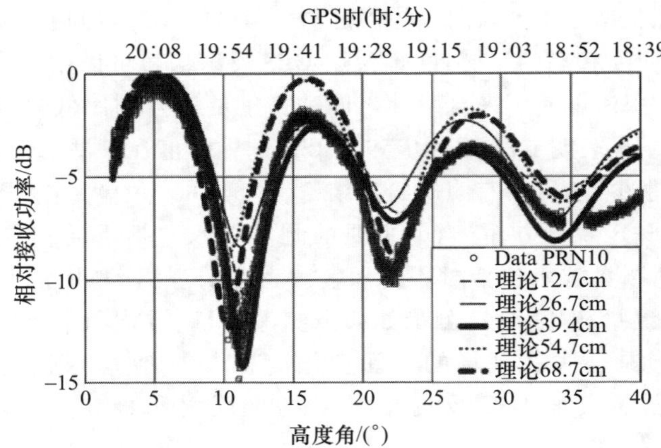

图 12.2 覆盖在 12.7cm、26.7cm、39.4cm、54.7cm 和 68.7cm 深雪层顶部 0.3cm 雪层的积雪层理论与实测高程(GPS 第 10 号卫星可以测量高程为 $h=50.5$cm 雪层[21])

(通过信号强度和测量误差之比获得)也成了 GPS 的可观测量,可以用来评估典型的 GPS 测量的信号质量和噪声特性。在 GPS RINEX 文件中,SNR 测量通常由 S1/S2(单位为 dB)表示。与载波和伪距相比,通过 GPS 观测数据中可获得的 SNR 提取多路径效应非常方便,其 SNR 可表示为[22]

$$\mathrm{SNR} \propto P_{\mathrm{d}} + P_{\mathrm{r}} + \sqrt{P_{\mathrm{d}} P_{\mathrm{r}}} \cos\varphi \tag{12.19}$$

式中:P_{d} 为直射强度;P_{r} 为反射信号强度;φ 为干涉相位。在无多路径效应的情况下,SNR 测量值在低高度角会有从 16dB ~ 33dB 平缓上升的趋势(图 12.3(a)),同时由于多路径效应或信号干涉的影响,在低卫星高度角的 SNR 会发生一些振荡。在 GPS 多路径反射中,直射强度和反射强度并不是一个固定不变的值,它们导致 SNR 测量值的上升趋势。在改变该趋势后,能够获得多路径的模拟图(图 12.3(b)),简单描述如下:

$$\mathrm{dSNR} = A\cos(4\pi H \lambda^{-1} \mathrm{sin}e + \phi) \tag{12.20}$$

式中:dSNR 为 SNR 的趋势;A 为振幅;H 为反射器高度;λ 为 GPS 载波波长;e 为卫星高度角;ϕ 为相位。为了消除直接趋势,我们常用低阶多项式来模拟 SNR 测量值。在模拟测量值以前,我们将 dB 的非线性尺度转化为线性尺度,就像线性的伏特,用公式 $\mathrm{SNR}\left(\frac{\mathrm{volts}}{\mathrm{volts}}\right) = 10^{\frac{\mathrm{SNR(dBHz)}}{20}}$ 表示。从图 12.3(b)中可以清楚地看到 SNR 时间序列的调制。SNR 的趋势用式(12.20)表示,这个方程式提供了常量正弦高度角 e 下的多路径调制频率。通过式(12.20)能够获得反射器高度和多路径调制频率之间的关系为

$$H = \frac{1}{2}\lambda f \tag{12.21}$$

在反演频率 f 时，能够获得反射器高度和积雪深度。为了获得调制的频率，会用到 Lomb-Scargle 周期图（图 12.3(c)）。

至此，从 GPS SNR 反演积雪深度的主要过程能够归结如下：

（1）通过使用低阶多项式函数来模拟 GPS SNR 时间序列并且消除直接趋势，可以获得多路径振动曲线。

（2）多路径振动的主要频率能够通过 Lomb-Scargle 周期图获得。

（3）主要频率能够转化为反射器的高度。

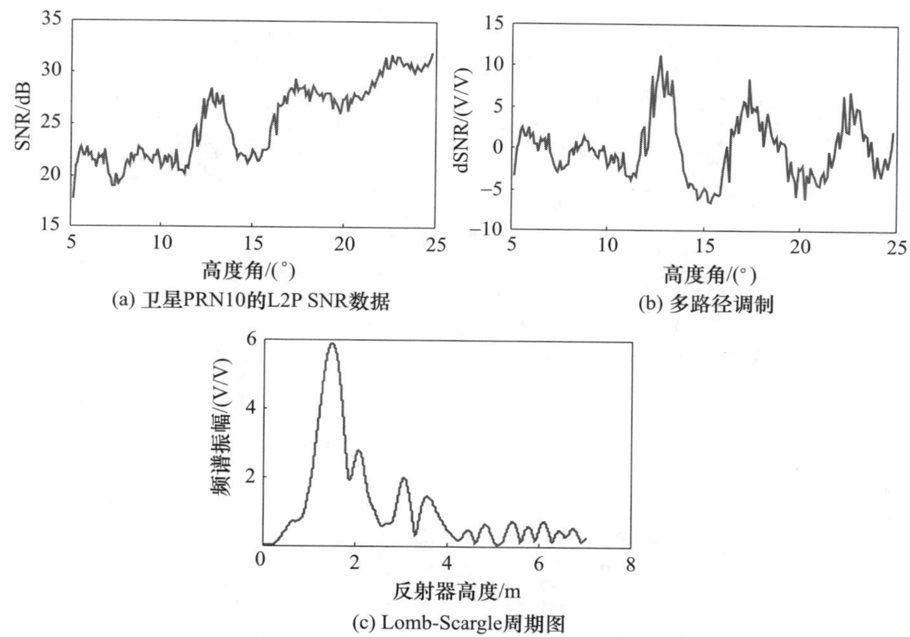

图 12.3　GPS 台站 AB22 L2P SNR 观测数据，多路径调制和 Lomb-Scargle 周期图

12.2.2.2　理论模拟

基于 Nievinski 和 Larson[23] 提出的多路径模拟器，能够估计模拟的 L1C/A 和 L2P SNR 的可观测值。多路径模拟器考虑了直射信号和反射信号的相关性，以及天线和表面反应的组合值。为了解 L1C/A 和 L2P 信号的差异，将其调制信息列出，见表 12.1。

表 12.1　GPS L1C/A 和 L2P 信号比较

GPS 信号	波长/cm	频率/MHz	码片速率/(Mchip/s)	信号长度/chip	最小接收功率/dBW
L1C/A	19.0	154 × 10.23	1.023	1023	−158.5
L2P	24.4	120 × 10.23	10.23	6.187×10^{12}	−164.5

SNR 是信号强度和噪声强度之比,所以最小强度是最重要的差异。接收到的最小强度会造成 L2P SNR 测量值的一个弱强度。在此过程中,假设陆地表面是密度为 0.5g/cm^{3}且粗糙度很小的干雪。L2P SNR 大约比 L1C/A 小 15dB。除了弱强度,L2P SNR 测量值中仍然存在振动。这些振动如图 12.4(a)所示。在消除了直接趋势以后,低振幅调制如图 12.4(b)所示。从图 12.4(c)中可以看到除 L2P 信号的弱强度振幅以外,从调制频率数据得到的反射器高度没有显著的差异。例如图 12.5 所示的 AB33 处卫星 PRN10 测量的 L1C/A 和 L2P SNR 测量值之间的差异。

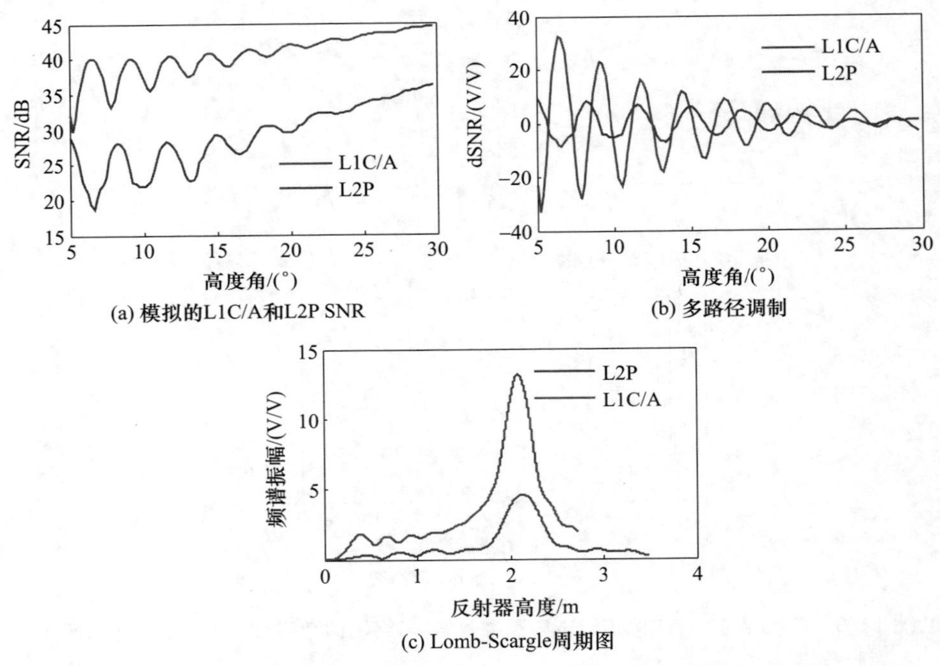

(a) 模拟的L1C/A和L2P SNR

(b) 多路径调制

(c) Lomb-Scargle周期图

图 12.4 模拟的 GPS L1C/A 和 L2P SNR 观测量(见彩图)

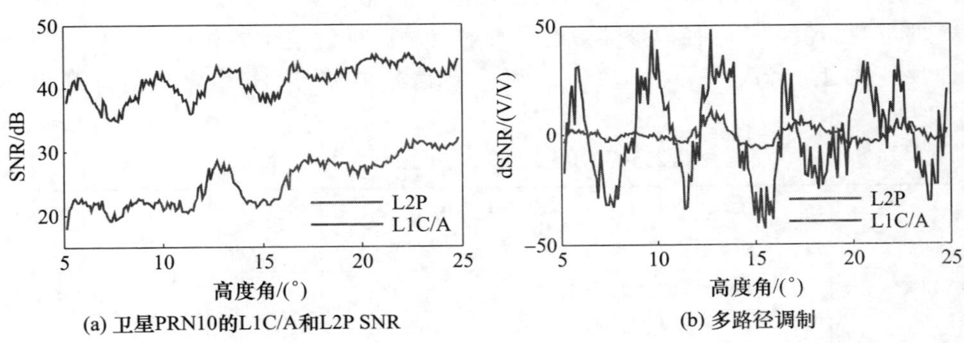

(a) 卫星PRN10的L1C/A和L2P SNR

(b) 多路径调制

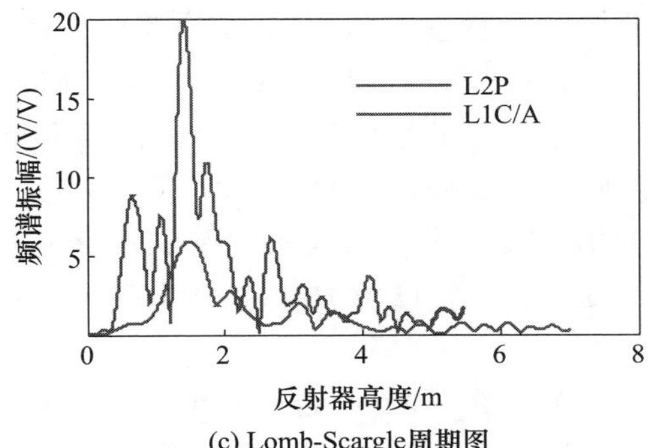

(c) Lomb-Scargle周期图

图 12.5　GPS 台站 AB33 L1/CA 和 L2P SNR 观测数据、多路径调制和 Lomb-Scargle 周期图(见彩图)

积雪密度是积雪测量中一个最重要的参数,其值在 0.2g/cm^3(新雪)到0.9g/cm^{3}之间变化。此外,积雪密度在不同的积雪或者融雪阶段是不同的,这意味着积雪的组成部分一直在变化。其组成部分将会对反射信号造成影响,所以需要评估积雪密度变化所造成的影响。由于反射表面和几何形状的变化,GPS 右旋极化信号从表面反射后会变成左旋偏振极化信号。因此,Nievinski 和 Larson 考虑了表面反射特性并将其体现在他们提出的模拟器中。模拟器中应用的介电模型与密度相关,所以计算了在线性偏振和圆偏振中不同积雪密度的相干散射系数(图 12.6)。图 12.6 中,VV 表

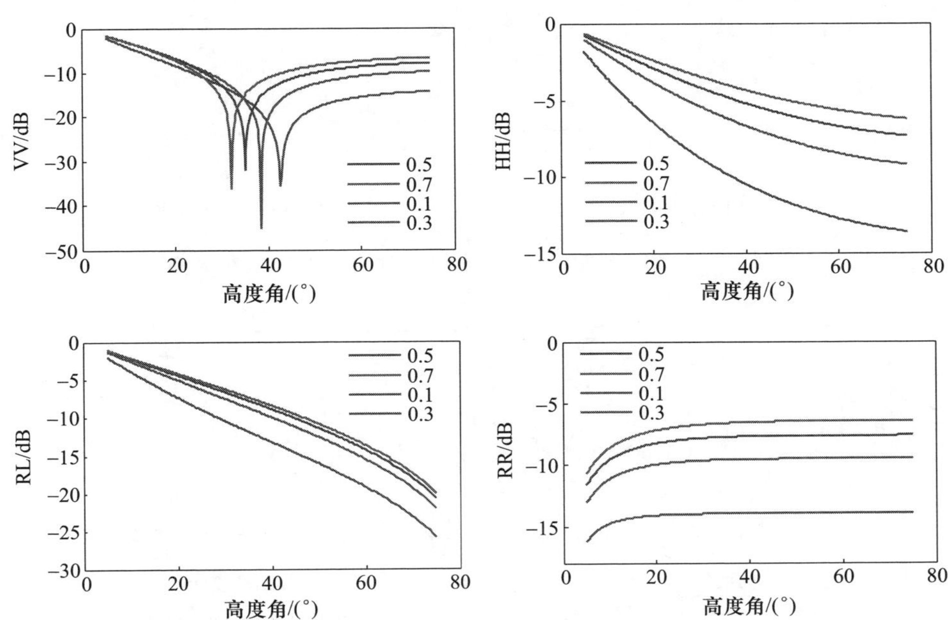

图 12.6　在线性偏振(VV 和 HH)和圆偏振(RR 和 LR)中不同积雪密度(g/cm^3)的相干散射系数(见彩图)

示垂直传播和垂直接收的相干散射系数,HH 表示水平传播和水平接收的相干散射系数。RR 是 RHCP 到 RHCP 的相干散射系数,它表示 RHCP 信号不改变偏振方向,同时 RL 表示 RHCP 到 LHCP 的散射系数。从模拟器中得出,积雪密度对相干散射系数有着强烈的影响。随着积雪密度的增加,散射系数也增加。图 12.7 表示不同积雪密度的模拟 SNR 调制。积雪密度不影响多路径频率,同时振幅也随不同的积雪密度有着强烈的变化。当密度增加时,由于散射系数的增加,调制的振幅也增加。

对于多路径反射,平面应该是平滑的,这有利于相干反射。但实际上,反射表面是具有一定粗糙度的,在多路径模拟器中,表面粗糙度用粗糙因子表示。

$$F_s = e^{-2ks\cos(\theta)^2} \tag{12.22}$$

式中:k 是波数;s 是 RMS 高度(表面高度标准偏差);θ 是入射角。将 RMS 高度设置为 5cm、15cm、25cm 后,再来比较 SNR 调制(图 12.8(a))。我们能看到 RMS 高度增加时,SNR 调制不明显(图 12.8(a))。在频域上,振幅峰值出现在 RMS 高度大约为 25cm 的地方。随着 RMS 高度的增加,强烈的镜面反射会变弱,原因是 RMS 高度增加时,漫反射占主导地位。

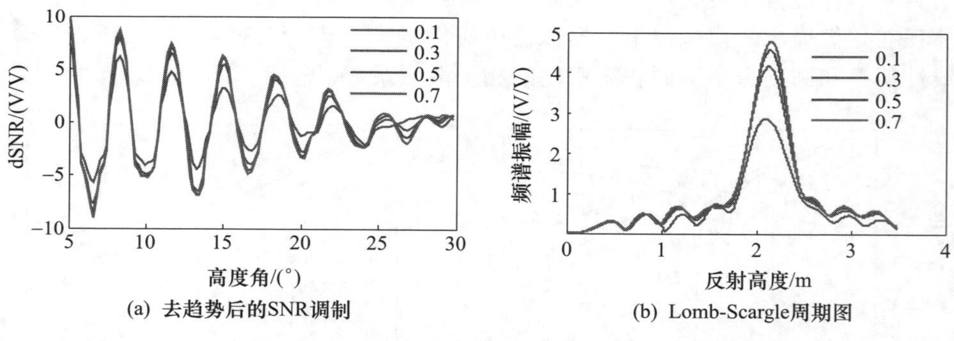

(a) 去趋势后的SNR调制　(b) Lomb-Scargle周期图

图 12.7　不同积雪密度(g/cm^3)下的模拟 SNR 调制(见彩图)

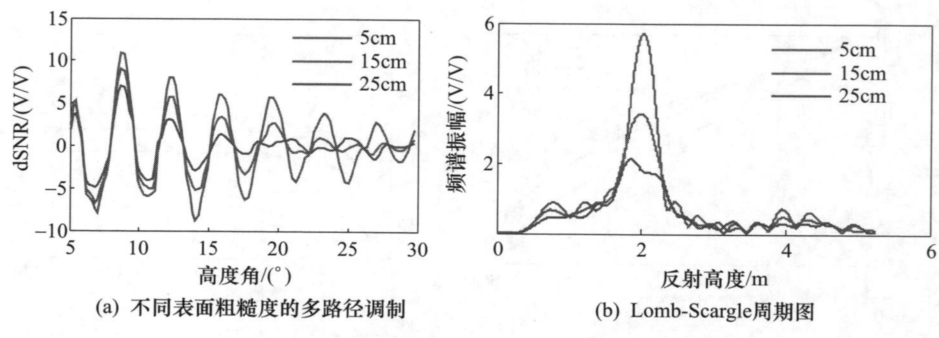

(a) 不同表面粗糙度的多路径调制　(b) Lomb-Scargle周期图

图 12.8　不同表面粗糙度下的模拟 L2P 频段 SNR 调制对比(见彩图)

12.3　GNSS 监测湿雪厚度

12.3.1　GPS 监测湿雪厚度

12.3.1.1　GPS 观测数据

Earthscope 网站运行的 PBO 旨在测量边界板块形变，其拥有上百个永久 GPS 站。我们只在阿拉斯加州选择了 3 个同位的可以现场进行积雪测量的 GPS 站：SG27（纬度：71.3229°，经度：－156.6103°，海拔：9.4m）、AB39（纬度：66.5593°，经度：－145.2126°，海拔：147.7m）和 AB33（纬度：67.2510°，经度：－150.1725°，海拔：334.8m）（图 12.9 和图 12.10）。

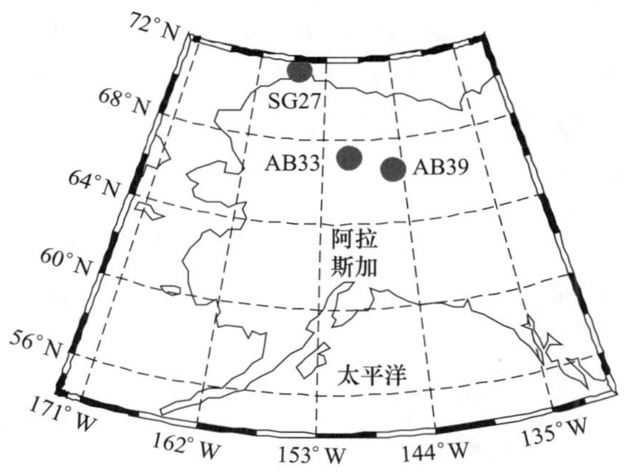

图 12.9　GPS 观测台站位置（见彩图）

图 12.10　GPS 台站的 SG27、AB39 和 AB33 天线

12.3.1.2 气候数据

利用从国家气候数据中心(NCDC)和国家水和气候中心(NWCC)获得实测积雪深度数据。同位 SG27 的气候站为 BARRROW(纬度:71.2833°,经度:-156.7814°,海拔:9.4m)。日平均积雪深度测量值由国家气候数据中心提供。积雪遥测(SNOTEL)网站上的 Fort Yukon 站(纬度:66.57°,经度:-145.25°,高度:131.1m)和 Coldfoot 站(纬度:67.25°,经度:-150.18°,高度:317.0m)分别测量同位 AB39 和 AB33 气候站。它们的日平均积雪深度由国家水和气候中心提供。

12.3.1.3 雪厚度变化

利用 Larson 和 Nievinski[22] 提出的方法,对每天的数据,我们根据设置 GPS 卫星轨道将 SNR 数据分为两部分。不是所有的轨迹都是有用的,我们只保留了峰值振幅超过背景噪声 4 倍的部分,然后,通过 LSP 方法计算每个上升或者设置的 SNR 轨迹来获取反射器高度。我们选择夏季的反射器高度来估计无雪地面的高度。日积雪深度是从每个有效的 GPS 追踪器获得的所有深度的平均值。图 12.11 比较了从 L2P SNR 数据获取的 GPS 估计积雪深度和在 AB33,AB39 和 SG27 实地测量的深度。

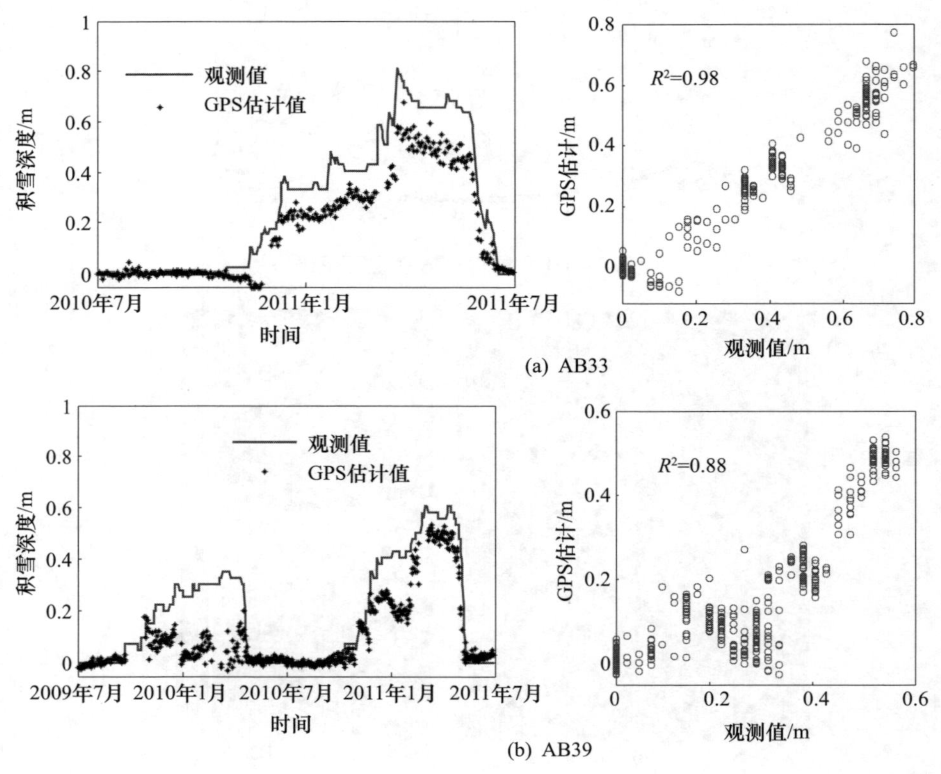

(a) AB33

(b) AB39

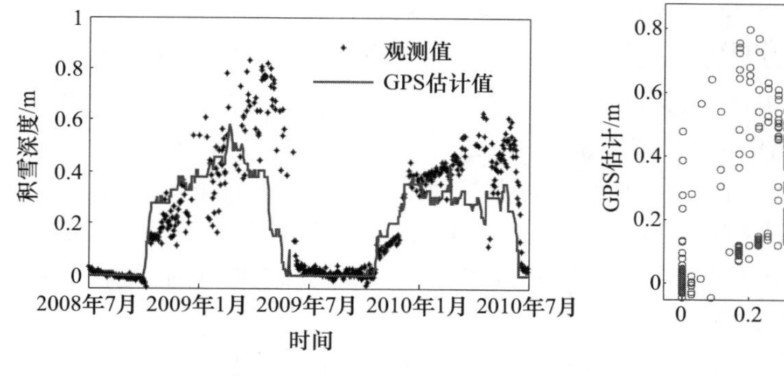

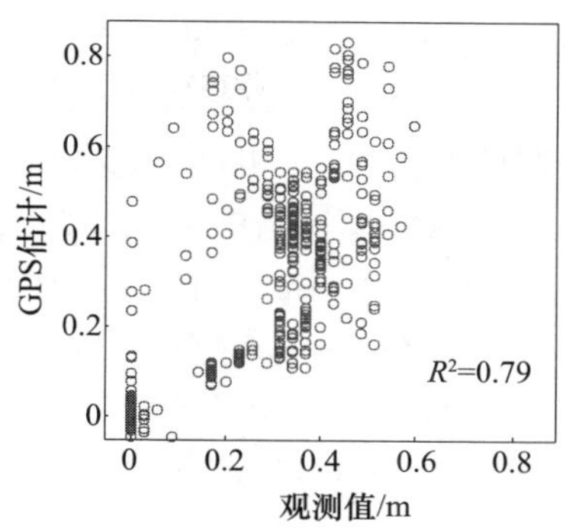

(c) SG27

图 12.11 GPS 估计值与 AB33,AB39 和 SG27 站点处的实地测量数据对比(见彩图)

在 AB33 站,实地积雪深度在 2011 年冬季比 GPS 估计深度稍微高一点,但是有相同的变化趋势。同时 GPS 和实地测量积雪深度值之间有相同的变化,并且它们在 2011 年春季有相同的峰值。之后积雪加速融化。它们的相关系数为 0.98,所以 GPS 估计值与实地测量值的吻合程度很高。图 12.11(b)展示了 AB39 站 L2P SNR 数据的 GPS 积雪深度估计值。在 2009 年冬季和 2010 年春季 GPS 积雪深度比实地测量值低,并且 GPS 估计值有不同的时间变化趋势,然后,在 2011 年冬季 GPS 估计值和实地测量值有相同的变化并且其相关系数为 0.88,RMSE 为 0.12m。积雪深度的差异可能由其他因素造成,比如风等因素。图 12.11(c)比较了 SG27 站 L2P SNR 数据得到的 GPS 估计值和实地测量值。在 2009 年春季,GPS 估计值比实地测量值高并且有一个明显的时间变化。GPS 估计值和实地测量值的相关系数和 RMSE 分别为 0.79 和 0.14m。尽管它的相关系数比 AB33 和 AB39 的小,但其 GPS 估计值和实地测量值也几乎吻合(表 12.2)。

表 12.2 GPS L2P SNR 估计雪厚度和实地测量值比较

台站	时间	相关系数	RMSE/m
AB33	2010 年 5 月—2011 年 5 月	0.98	0.12
AB39	2009 年 5 月—2011 年 5 月	0.88	0.12
SG27	2008 年 5 月—2010 年 5 月	0.79	0.14

12.3.1.4 比较与影响分析

1) L1 C/A 和 L2P 结果比较

通过以上的分析和验证,L2P SNR 数据能够很好地用来反演积雪深度并且与实地测量值能够很好地吻合。由于 L1C/A 信号比 L2P 信号大 15dB,L1C/A SNR 观测值的调制非常明显。我们通过使用 L1C/A SNR 数据进一步估计了 L2P SNR 数据的积雪深度。

图 12.12(a)表明 AB33 站的 L1C/A SNR 数据积雪深度估计值与实地测量值

一致,其相关系数为 0.98。在 2011 年冬季,其趋势几乎相同并且在 2011 年 3 月有相同的峰值。L1C/A 估计的积雪深度值比 L2P 估计的值稍微大一点,但是它们在相同的时间都有相同的变化(图 12.12(b))。其相关系数为 0.97,RMSE 为 0.07m,这意味着 L1C/A 和 L2P 估计值之间没有显著差异。图 12.13 比较了 AB39 站 L1C/A 和 L2P 的计算结果。L1C/A 估计值与实地测量值的相关系数为 0.94,表明它们有很好的一致性。该站上 L1C/A 和 L2P 估计值的相关系数为 0.93。图 12.14 比较了 SG27 站上 L1C/A 和 L2P 的计算结果,它们的相关系数为 0.94,RMSE 为 0.11m。

尽管 L1C/A 的强度大于 L2P,但 AB33、AB39 和 SG27 站上 L1C/A 和 L2P 结果的均值偏差分别为 0.07m,0.09m 和 0.11m,表明二者间并无显著差异。因此,L2P 信号能够通过大信噪比天线很好地反演积雪深度。这里 3 个测站没有 L2C 记录,但是积雪深度变化能够通过 L1C/A 或者 L2P SNR 数据估计得到。

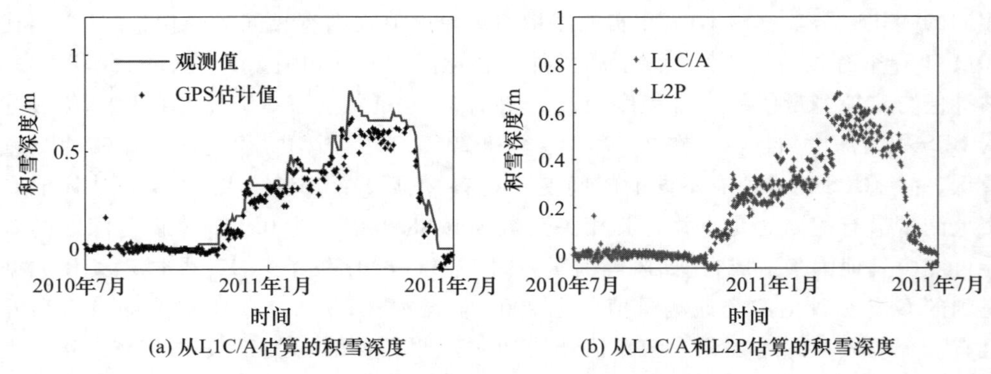

(a) 从L1C/A估算的积雪深度　　(b) 从L1C/A和L2P估算的积雪深度

图 12.12　站点 AB33 处频段 L1C/A 和频段 L2P 计算结果对比(见彩图)

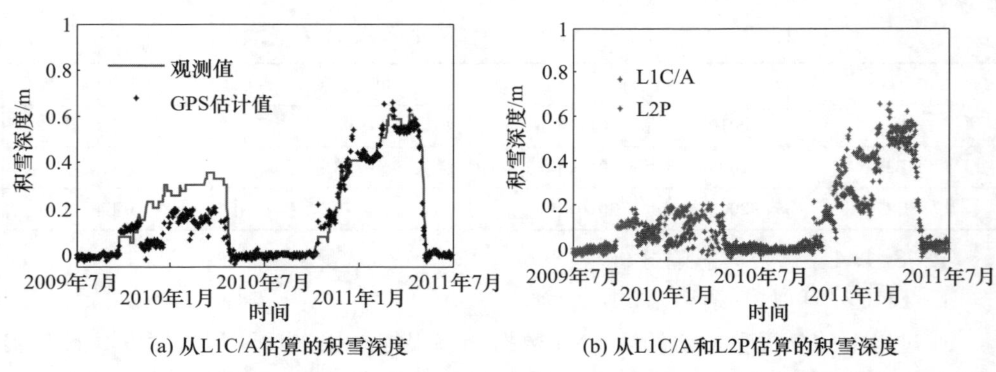

(a) 从L1C/A估算的积雪深度　　(b) 从L1C/A和L2P估算的积雪深度

图 12.13　站点 AB39 处频段 L1C/A 和频段 L2P 计算结果对比(见彩图)

2) 卫星高度角影响

反射信号主要来自一个特定高度角的第一菲涅耳带。对一个规划表面,第一菲

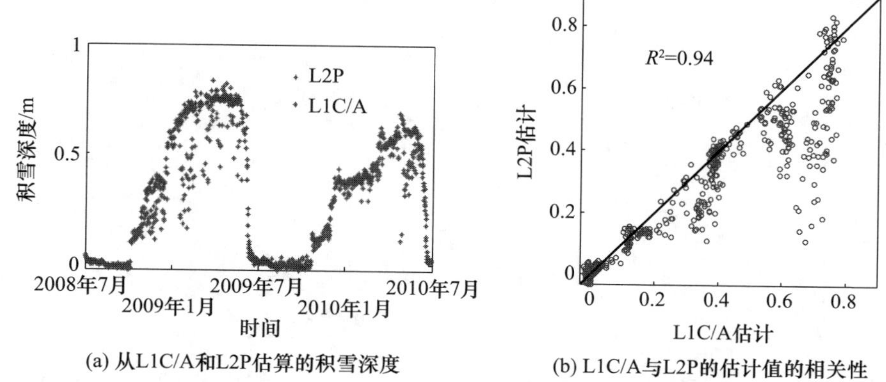

图12.14　站点SG27处频段L1C/A和频段L2P计算结果对比(见彩图)

涅耳带表示如下：

$$a = \frac{b}{\sin e}, b = \sqrt{\frac{\lambda h}{\sin e} + \left(\frac{\lambda}{2\sin e}\right)^2} \tag{12.23}$$

式中：e为卫星高度角；h为天线高度；λ为载波波长。对一个给定的SNR，感应范围是不同卫星高度角第一菲涅耳带的总面积。第一菲涅耳带与卫星高度角e相关，所以第一菲涅耳带随高度角的变化而变化(图12.15)。随着卫星的升高，第一菲涅耳带变小并且更靠近天线。

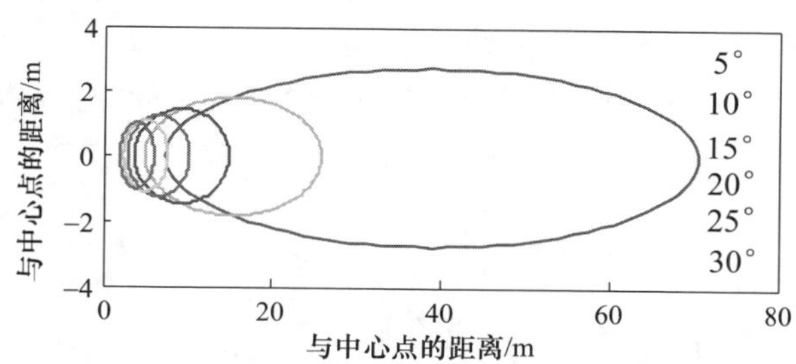

图12.15　固定天线高为2m时不同高度角下的第一菲涅耳带(见彩图)

如前所述，多路径调制值存在于低卫星高度角，如5°～25°。感应范围会随高度角的增加变得越来越小，这说明接收的反射信号的振幅会变小。为了解其对积雪深度反演的影响，我们比较了AB39站上不同高度角(5°～30°,5°～35°和5°～25°)的积雪深度(图12.16)。5°～25°和5°～30°的积雪深度差异较小，其相关系数为0.98，RMSE为0.03m。同时5°～35°的结果差于5°～30°的结果，其相关系数为0.96，RMSE为0.04m。这表明卫星高度角变大会对积雪深度估计造成影响。因此在高度角低于30°的情况下用GPS SNR数据能更好地反演积雪深度。

3）数据采样率的影响

随着GPS观测值采样率的增加，观测值个数会减少，这表明多路径调制会变得

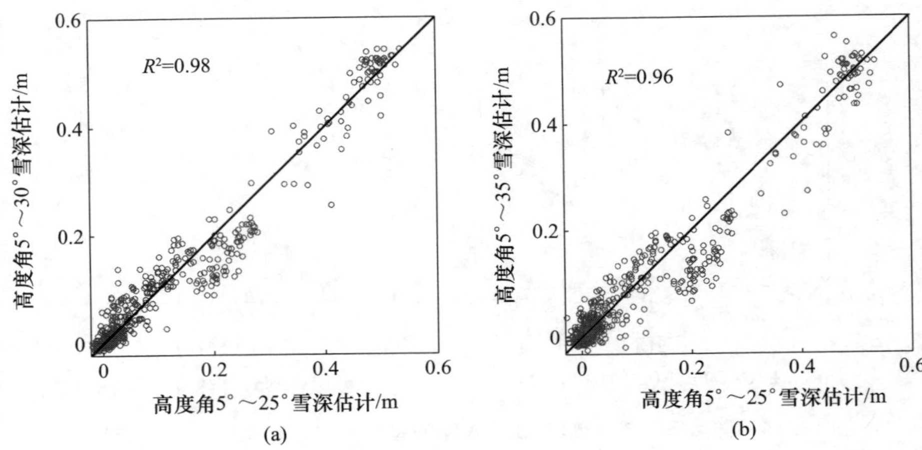

图 12.16　站点 AB39 处不同高度角范围(5°～25°,5°～30°和 5°～35°)下的雪深估计对比(见彩图)

平滑。平滑的调制会丢失一些高频变化的信息。因此,数据采样率会影响积雪深度的估计。在之前 Larson 和 Nievinski 的研究中所使用的 SNR 数据的采样率为 1s(1s 采样 1 次),因为 1s 的样本能减少高频噪声的影响。然而,许多 IGS 站和其他 GPS 站的采样率为 15s(15s 采样 1 次)或者 30s。图 12.17 比较了 AB39 站 15s 和 60s 采样率的多路径模式和 Lomb Scargle 周期图。在 60s 时,多路径模式变得平滑,这说明高频信息已经丢失。在转变为 Lomb Scargle 周期图后,峰值也产生了差异。为了找到采样率对结果的影响,我们比较了不同采样率(30s 和 60s)与 15s 采样率的结果(图 12.18)。

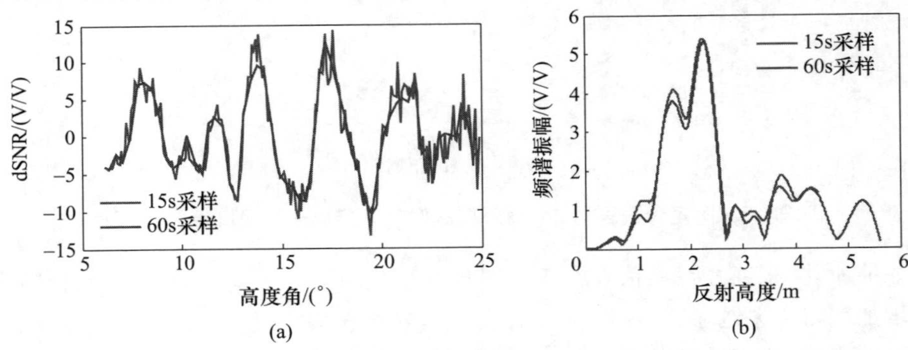

图 12.17　AB39 站在 15s 和 60s 采样率下的多路径模式和 Lomb Scargle 周期图对比(见彩图)

30s 采样的结果与 15s 采样的结果有一些差异,其相关系数为 0.99,RMSE 为 0.02m。60s 和 15s 的结果的相关系数为 0.98,RMSE 为 0.04m。当采样率为 60s 时,一个信噪比跟踪上升或设置跟踪将会减少观测数。观测数的减少会对调制频率的反演造成影响。对大部分国际 GNSS 服务(IGS)站和其他 GPS 网络来说,采样率通常为 30s。基于以上分析,30s 的数据能够用来反演精确的积雪深度值。更重要的是,

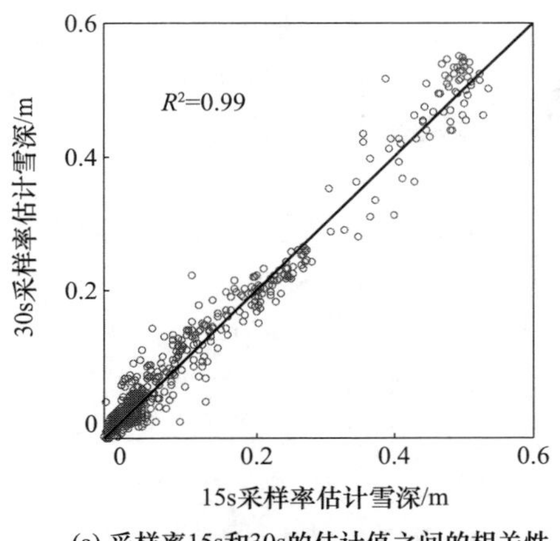

(a) 采样率15s和30s的估计值之间的相关性

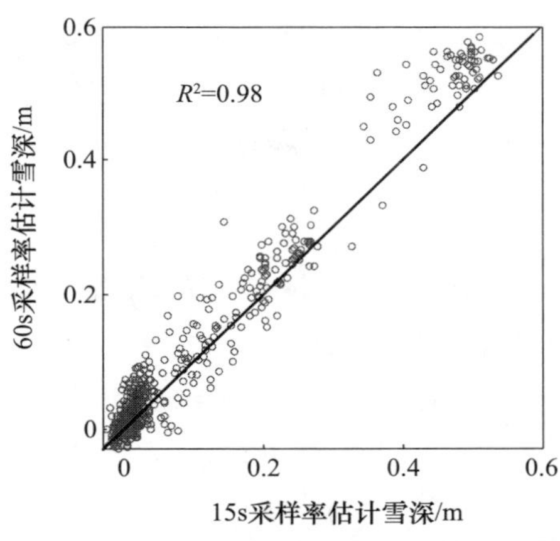

(b) 采样率15s和60s的估计值之间的相关性

图 12.18　站点 AB39 在不同采样率(30s 和 60s)下的积雪深度估计对比(见彩图)

其结果与低采样率的结果相比有更小的差异。

12.3.2　GLONASS 监测湿雪厚度

GLONASS 由俄罗斯研制,最早由苏联在 1976 年研制。GLONASS 空间部分由 3 个卫星轨道平面上的 24 颗卫星组成(被 120°升交点赤经分开),轨道半径为 25500km,轨道倾角为 65°。

我们用斯洛伐克的一个跟踪 GLONASS 和 GPS 卫星并且有实地测量数据的 IGS 站来估计积雪深度,站名为 GANP(纬度:49.034°,经度 20.323°,海拔:745.20m)。因为使用了 TRIMBLE NETR9 接收机和没有外部雷达的 TRM55971.00 天线,所以能跟踪新的 L5 信号。为了估计积雪深度,我们使用了从两个雪季获得的 GNSS 观测数据:一个为 2011 年 11 月到 2012 年 3 月,另一个为 2012 年 9 月到 2013 年 4 月。图 12.19是 GANP 站的天线,其高度为 2.8m。与 GANP 相同位置处的气候站是

图 12.19　GANP 站天线(见彩图)

POPRAD 站（高度:696m），与 GANP 站相距 6.5km。由于相同的海拔，POPRAD 站获取的积雪深度能够代表 GANP 站的积雪深度。能够从网站上获取实地的日积雪深度数据（www.weatheronline.co.uk），然而并不是每天都能获取。

12.3.2.1 SNR 估计

图 12.20(a)和 12.20(b)比较了 2013 年雪季的积雪深度估计值和实地测量值，表明 SNR1 和 SNR2 结果与实地测量在某些程度上具有一致性。SNR 估计在 2013 年 2 月出现峰值，与实地观测数据相同。在雪季末，SNR1 和 SNR2 估计值比实地测量值高。这种情况同样发生在组合值结果中，故而很难去描述真实的季节。主要原因是实地观测值和估计值的差异。由于气象站离 GANP 站较远，实地观测值并不是天线周围真实的积雪深度数据，只能作为参考数据。另一方面，估计无雪反射高度的时期是雪季前几天，并且假设的无雪反射高度也不是准确的，这将会影响雪季结束的测量结果，SNR1 和 SNR2 的相关系数分别为 0.92 和 0.89，RMSE 分别为 0.07m 和 0.09m。

图 12.20(c)和 12.20(d)比较了 2012 年雪季的积雪深度估计值和实地测量值。在雪季，SNR1 和 SNR2 获得的估计值比实地测量值高一些，但它们的变化趋势还是相同的。在雪季的高偏差是由于实际测量值与估计值之间的差异。SNR1 和 SNR2 的相关系数都为 0.92，RMSE 分别为 0.06m 和 0.09m（表 12.3），图 12.21 是 2012 和 2013 年雪季 GLONASS SNR 估计值和实地测量值的残差，表明残差主要在 −0.1 ~ 0.1m。当然，偶尔有一些天残差会大于 0.2m，这也是正常现象。

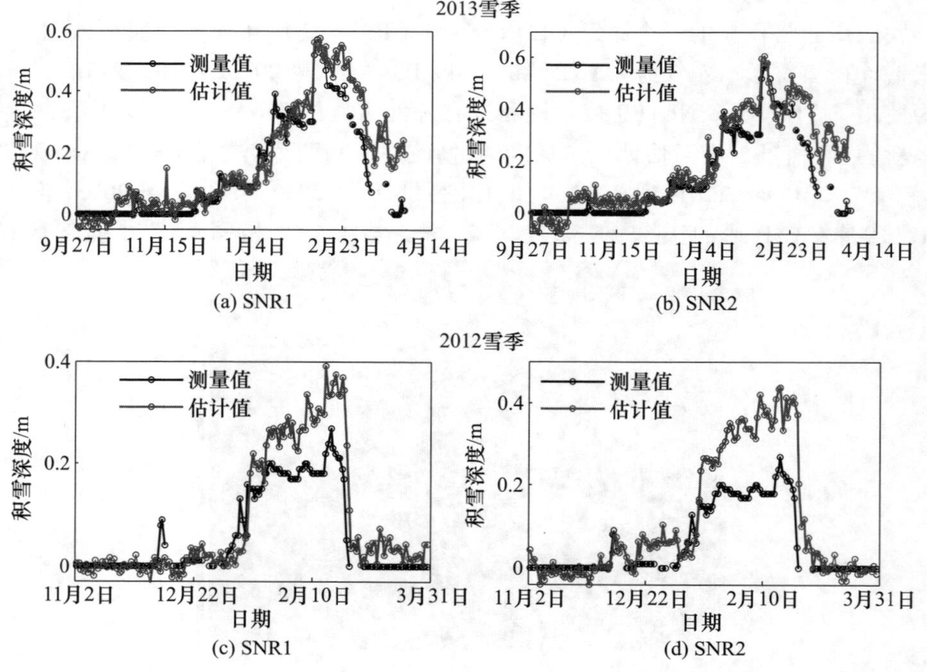

图 12.20 2012 年和 2013 年雪季 GLONASS 积雪厚度估计值与实地测量数据比较（见彩图）

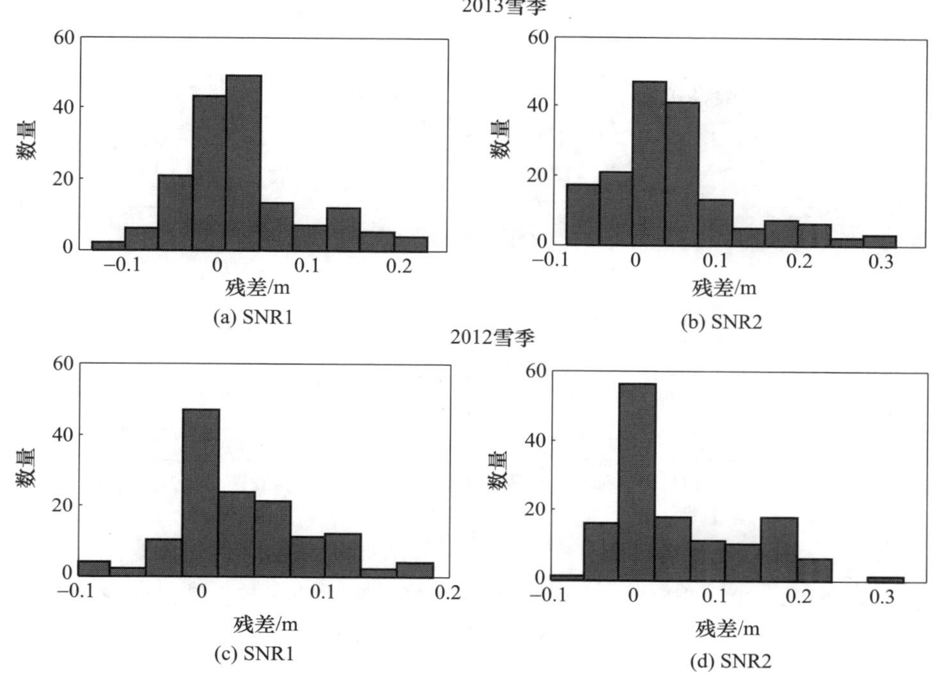

图 12.21 2012 年和 2013 年雪季 GLONASS SNR 估计值和实地测量数据的残差

12.3.2.2 L4 估计

图 13.22(a)比较了 2013 年雪季的 L4 的积雪深度估计值与实地测量值。L4 积雪深度估计值并不是特别理想,有很大的波动。图 13.22(c)中,残差值很小,在 -0.3~0.3m。估计值和实地测量值的相关系数为 0.64,RMSE 为 0.13m。图 13.22(b)比较了 2012 年雪季的 L4 积雪深度估计和实地测量值。由于较差的结果,L4 的估计值比 SNR 的估计值少,2012 年雪季的相关系数为 0.54,RMSE 为 0.08m。

从表 12.3 和表 12.4 可以看到 GLONASS SNR 和 L4 结果的相关系数和 RMSE,L4 的结果比 SNR 的结果差一些。原因可能是 L4 组合观测值并不只包含多路径还包含其他的误差(电层延迟和噪声),这将会对结果造成影响。尽管我们使用了多项式拟合来消除这些影响,但还有一些仍然存在并对结果产生影响。在处理数据的过程中,我们也发现 L4 多路径模式易受到高频噪声的影响,但当将其转变为 Lomb Scargle 周期图时,对大多数卫星来说并没有出现频率域受到过多影响,进而造成估计值损失的情况。另一方面,如图 12.23 所示 L4 多路径的 Lomb Scargle 周期图有两个峰值,我们很难知道哪个是有噪声的 L1 和 L2 最高的峰值,尽管 L2 的峰值明显高于 L1。L4 组合观测值适合两种载波,其波长与 GPS L2 和 L5 信号的相似。在这种情况下,L4 组合观测值只有一个峰值域。为了解电离层误差的影响,我们使用了无

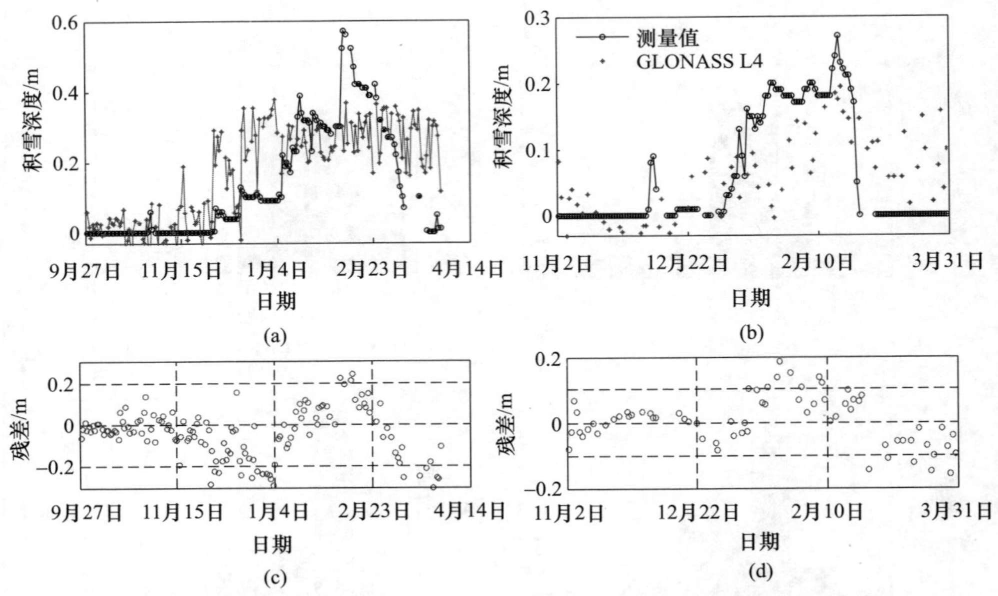

图 12.22 2013 年((a)和(c))和 2012 年((b)和(d))L4 积雪深度估计值与实地测量数据的对比(见彩图)

电离层线性组合来确定电离层残差是否将导致结果的精度低。无电离层线性组合的公式可以写作下式:

$$L_4 = L_1 - L_2 = I(f_1) - I(f_2) + M_1 - M_2 + \text{noise}_1 - \text{noise}_2 \tag{12.24}$$

式(12.24)消除了电离层误差。在获得多路径误差后,我们评估了 Lomb Scargle 周期图,如图 12.24 所示。对大多数卫星来说,无主峰值的现象仍然存在,也就是说电离层误差并不是结果精度低的主要因素。高频噪声也许会对结果造成影响。因此,我们需要在未来做更多的工作来提高 L4 方法。

表 12.3 估计值与实地测量数据之间的相关性和 RMSE

雪季	GNSS	观测类型	相关系数	RMSE/m
2012	GLONASS	SNR1	0.94	0.06
		SNR2	0.94	0.09
	GPS	SNR1	0.93	0.05
		SNR2	0.89	0.07
	组合 SNR		0.95	0.06
	GLONASS	L4	0.54	0.08
	GPS	L4	0.71	0.07
	组合 L4		0.65	0.07

（续）

雪季	GNSS	观测类型	相关系数	RMSE/m
2013	GLONASS	SNR1	0.92	0.07
		SNR2	0.89	0.09
	GPS	SNR1	0.87	0.07
		SNR2	0.89	0.07
	组合 SNR		0.93	0.060
	GLONASS	L4	0.64	0.13
	GPS	L4	0.66	0.12
	组合 L4		0.65	0.11

表 12.4　GLONASS L4 与 SNR 估计之间的相关性和 RMSE

雪季	L4 观测值	SNR 观测值	相关系数	RMSE/m
2013	L4	SNR1	0.67	0.13
	L4	SNR2	0.70	0.12
2012	L4	SNR1	0.62	0.11
	L4	SNR2	0.59	0.14

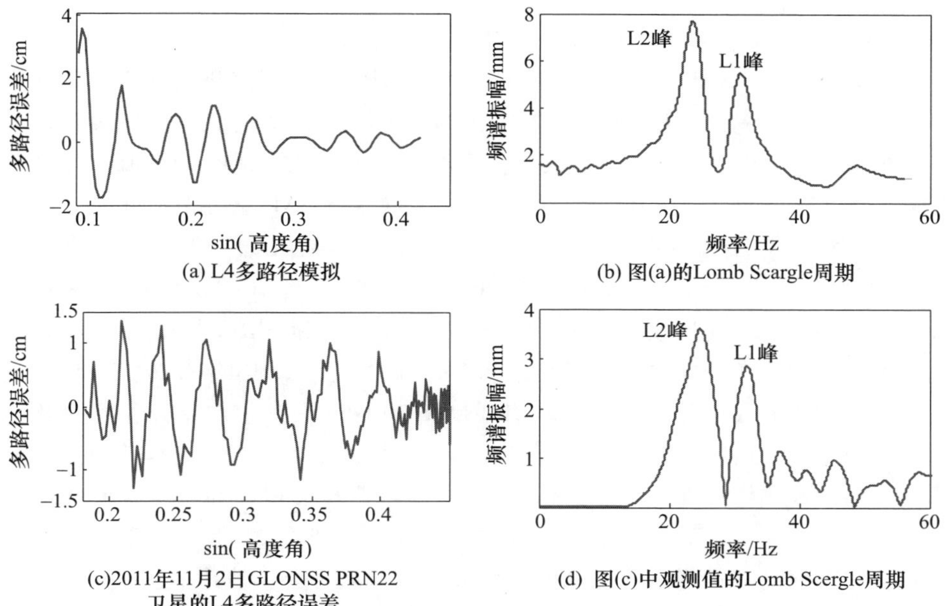

图 12.23　GLONASS 的多路径分析

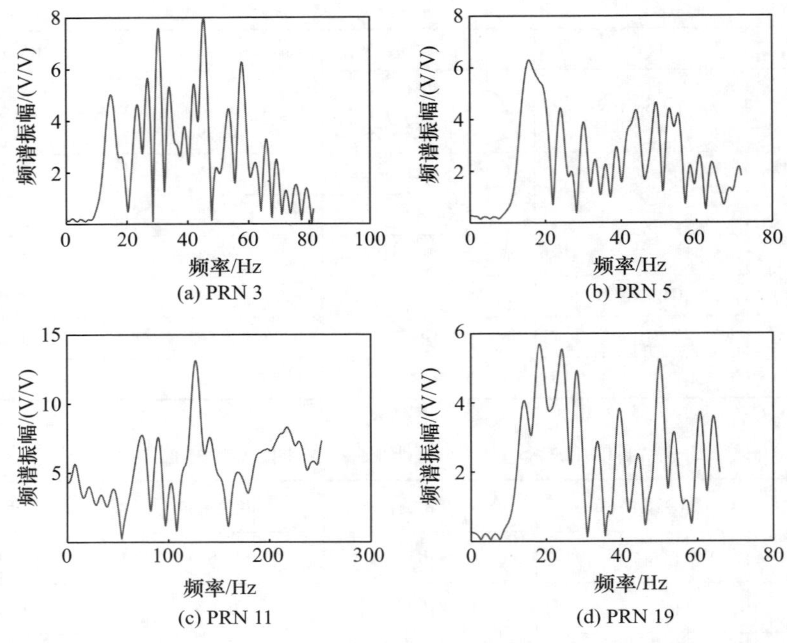

图 12.24 2012 年 11 月 2 日不同卫星的自由电离层线性组合周期图

12.3.3 GPS 和 GLONASS 联合估计

12.3.3.1 GPS 和 GLONASS 比较

为了体现 GLONASS-R 的性能,我们使用了 GPS 结果与之进行比较。GPS SNR 和 L4 方法的相关系数和 RMSE 如表 12.3 所示。GPS SNR 进行的积雪深度估计和实地测量值有很好的相关性,而 L4 则劣于 SNR,这种比较结果和 GLONASS 的比较结果相同。图 12.25 展示了 2013 年雪季 GPS 和 GLONAS SNR 估计值的残差。我们将 GPS SNR1 和 SNR2 与 GLONASS SNR1 和 SNR2 进行了比较(表 12.5)。大多数残差很小,其绝对值一般小于 0.15m。图 12.26 表明 2012 年雪季 GPS 和 GLONASS SNR 估计值的残差,表 12.6 比较了 GPS 和 GLONASS SNR1 和 SNR2 的结果。2012 年雪季的相关系数都大于 0.9,RMSE 都小于 0.1m。通过比较 2013 年和 2012 年雪季,我们发现两个雪季有一个相同的现象。GLONASS 和 GPS 估计值的差异在雪季开始时很小,随着积雪深度的增加它们的差异越来越大,特别是在积雪达到峰值时期。原因是雪季开始时积雪深度几乎为零,所以此时的反射器高度估计和无雪时期的反射器高度偏差为 0。另一方面,当积雪变化率随着积雪深度变化时,无雪时期的地面估计高度将会出现误差。同样积雪深度的突增或突减与风将会在估计中造成误差。由于估计中的大误差存在,GLONASS 和 GPS 估计的偏差将会随着积雪深度的增加而变大。

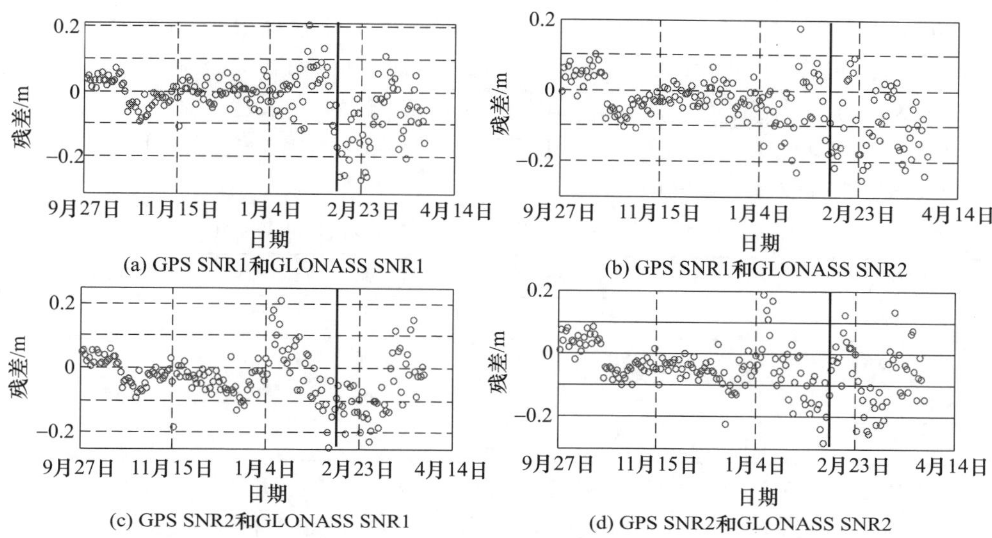

(a) GPS SNR1和GLONASS SNR1
(b) GPS SNR1和GLONASS SNR2
(c) GPS SNR2和GLONASS SNR1
(d) GPS SNR2和GLONASS SNR2

图 12.25 2013 年雪季 GPS 与 GLONASS SNR 估计值的残差(黑线表示积雪达到峰值的时间)

表 12.5 2013 年雪季估计结果的相关性和 RMSE

GPS 观测值	GLONASS 观测值	相关系数	RMSE/m
SNR1	SNR1	0.90	0.08
SNR1	SNR2	0.90	0.09
SNR2	SNR1	0.90	0.08
SNR2	SNR2	0.89	0.08

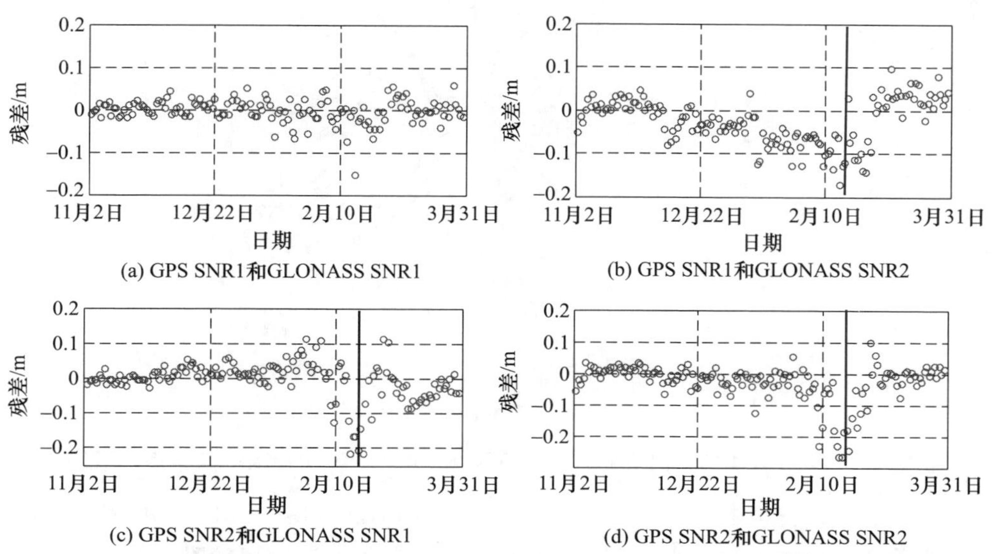

(a) GPS SNR1和GLONASS SNR1
(b) GPS SNR1和GLONASS SNR2
(c) GPS SNR2和GLONASS SNR1
(d) GPS SNR2和GLONASS SNR2

图 12.26 2012 年雪季 GPS 与 GLONASS SNR 估计值的残差(黑线表示积雪达到峰值的时间)

此外,图 12.26 中 GANP 站的 GPS 和 GLONASS 多路径反射点有一点不同。在南部地区,分布的 GPS 和 GLONASS 追踪器位置几乎相同,而在北方地区存在一些差异。显然在方位角为 360°时没有 GPS 追踪信号,这对结果造成了一定的影响。表 12.6中 GPS 和 GLONASS 的结果几乎不相同,主要原因是覆盖区域上 GPS 和 GLONASS的追踪信号是不同的。

表 12.6　2012 年雪季估计结果的相关性和 RMSE

GPS 观测值	GLONASS 观测值	相关系数	RMSE/m
SNR1	SNR1	0.98	0.03
SNR1	SNR2	0.96	0.06
SNR2	SNR1	0.90	0.05
SNR2	SNR2	0.92	0.07

12.3.3.2　GPS 和 GLONASS 联合估计

我们知道测站上每个历元可观察到大约 9 个卫星,如果包括 GPS 可观测的卫星,每个历元大约可以观测到 20 个卫星。图 12.27 为 GANP 站上 GPS 和 GLONASS 的多路径反射点,是当地天线附近水平面上名义上的镜面反射点,能够通过 Fresnel zones 表达式计算。图 12.27 中每个跟踪信号表示 GPS 或者 GLONASS 上升和下降的轨迹。从图 12.26 中可以了解到,如果联合 GPS 和 GLONASS 的观测值,将会获得更多的跟踪信号。同时,地面上存在更多的反射点,说明天线附近覆盖了更大的感知范围。

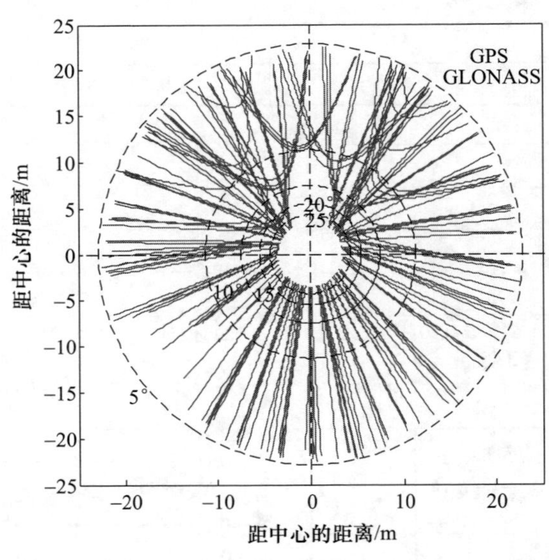

图 12.27　2013 年 1 月 1 日 GANP 站上 GPS 和 GLONASS 的多路径反射点(见彩图)

图 12.28 进行了 2012 年和 2013 年雪季 GPS + GLONASS SNR 和 L4 估计结果与实地观测值的比较。与 GPS 或 GLONASS 单系统观测值进行比较时,组合观测的积

雪深度估计值更加平缓,波动较小。从表12.3可以看到GPS和GLONASS组合观测值和它们各自单系统观测值的差异。在2012年和2013年雪季,SNR和L4的组合估计值的相关值和RMSE优于单系统的观测估计值,这表明组合后的结果局部得到了优化,但是并不明显。原因可能是无雪时反射器高度在夏季获取的数据精度更高,与真值更为相近。每天有更多的跟踪信号,感测区域将会覆盖天线周围更多的地方,说明不同跟踪信号的无雪反射器高度的所有卫星将覆盖更多的区域。对很多无雪反射器高度来说,很容易检测到异常值。同时,在改变反射器高度为雪季的积雪深度时,我们将会获得更多的估计值,这将会帮助我们检测到异常值。另一方面,表面并不完全是下坡或者上坡的偏差。求日积雪深度估计值的均值,得到的许多估计值的均值将更加接近于真实的积雪深度。

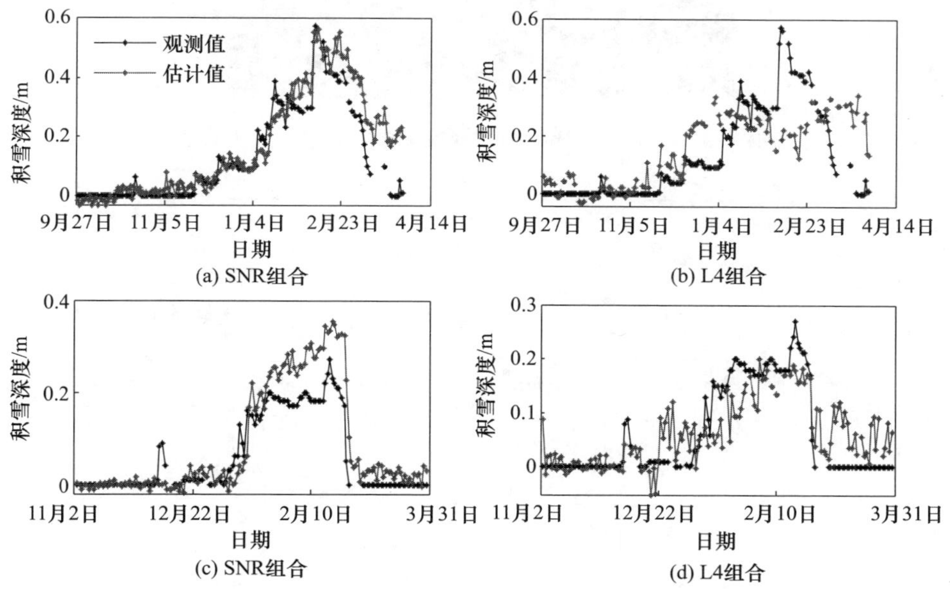

图12.28 2013年和2012年雪季GPS+GLONASS SNR和L4组合估计值与实地测量数据的比较(见彩图)

12.3.3.3 方位角和穿透性影响

以上的积雪深度估计值是所有方位角的均值,没有考虑方位角的影响。在这里分析了基于GANP站周围环境的4个方位角上不同的估计值。从图12.29能看到在西南地区有一些树和一个建筑,其反射状况并不好,所以这个地区的结果很不理想,甚至GLONASS没有结果(图12.30和图12.31)。由于东南地区有一些道路和建筑,导致这里的估计值并不理想。因此,只能获取很多北方远离人群区域的估计值。另一方面,东北区域GLONASS和GPS获取的估计值都比实地测量值要高,而东北地区的估计值正常,说明了2012年雪季估计值大于观测值的原因。造成方位角不同的原因很多,如风、表面倾斜和凹凸,所有这些因素都能影响积雪变化的测量。

图 12.29　GANP 站周围环境(该图来自谷歌地图)(见彩图)

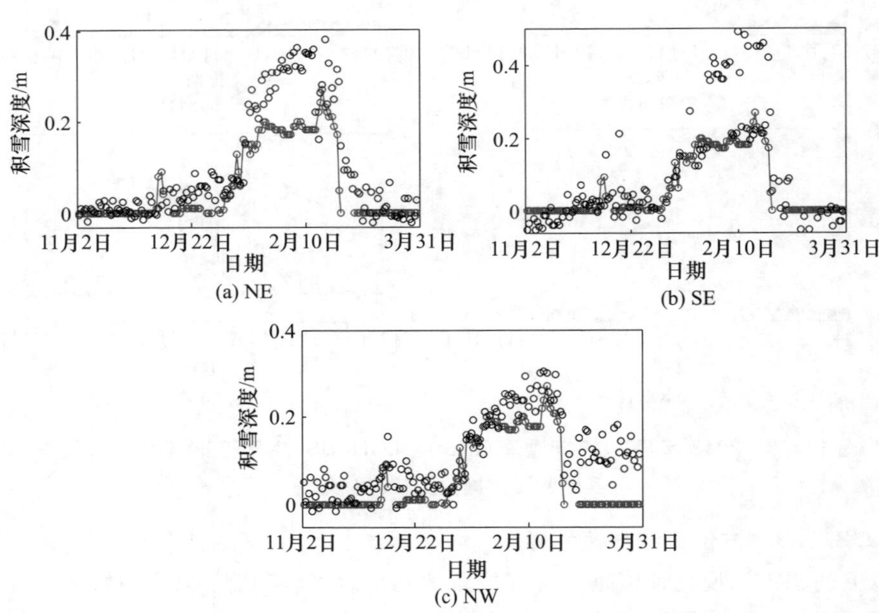

图 12.30　2012 年雪季 GLONASS SNR1 数据对不同方位地区积雪厚度的估算值与实地测量数据比较(见彩图)

除了方位区域的差异,这里同样还有一种影响因素,即还需考虑穿透。GPS 和 GLONASS 信号都属于 L 频段,除了在雪表面反射,信号同样会穿透到积雪内部,这说明积雪将会有少许的穿透距离。尽管没有明显的估计值与实地观测值进行比较,这种情况也在早前的研究中出现,表明 3 种算法的百分比(SNR、L4 和 3 频组合观测)

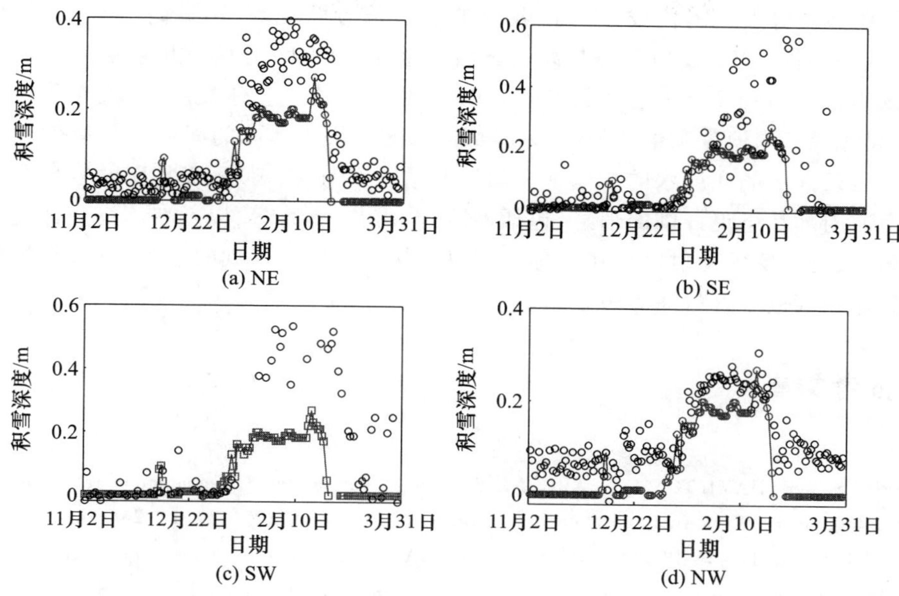

图 12.31　2012 年雪季 GPS SNR1 数据对不同方位地区积雪厚度的估算值与实地测量数据比较(见彩图)

的估计值是不同的。同样我们开发了一个干雪前向模型来感测子层结构。然而,多路径反射大多用来感测湿雪变化。基于干雪的前向模型,多路径反射中的渗透也应该在未来被考虑进去。

12.4　探测海冰状态

海冰的状态十分复杂且时刻都在变化,它不仅处在一个人类无法到达的环境中,且一直都被云层覆盖着,这些状况导致传统的仪器难以检测海冰变化,因此,雷达卫星技术是观测海冰状况的主要技术手段。然而,没有一种传感器能够单独获取到全部观测值。合成孔径雷达图像有足够的空间分辨率去获得海冰的细节特征,但是现存卫星的重复周期对于浮冰自由碎块的变化速度来说还是太长,这一点可能在后续的卫星中得到改进。此外,合成孔径雷达在进行图像采集和数据处理时成本很高。虽然星载被动微波接收器在不同波长范围有着更宽的频率范围,但是这样就大大降低了空间分辨率。所以选择光热传感器时,应充分考虑分辨率和空间采样率的影响,可在 SAR 和被动微波卫星中折中选择,同时也应当考虑云层覆盖和可见条件的影响。

GNSS 反射测量法可作为一种测量海冰状况的新技术。Komjathy 等[15]分析北极海冰和阿根廷、美国阿拉斯加等地附近冰块进行的机载 GPS 反射实验,发现 GPS 前向扫描观测与 RADARSAT 后向扫描观测的相关性表明 GPS 反射信号能提供的海冰状态信息。中等航高的机载 GPS 接收机的反射信号变化与沿轨峰值功率变化相当一致。这表明了 GPS 反射信号与冰状态的敏感性，也说明了 GPS 反射信号可以用于确定冰的状态和特征。因为冰的有效介电常数与很多因素有关，如冰块成分、密度、冰龄、起源，盐度、温度和形态等[24]。内部的冰态取决于冰冻的海面冰的有效介电常数和一定条件下的底层水的介电常数的反射系数[25]。在未来，GPS 反射信号可能会提供海冰内部状态更详细的信息，包括浮冰脊、霜花、碎冰等，以及在冰雪表面更精确的观测。因此，GPS 反射信号在遥感调查海冰状态方面有很大的潜力和应用，特别是无法到达和气候不好的海冰覆盖区域。

参考文献

[1] SPIKES V B, HAMILTON G S, ARCONE S A, et al. Variability in accumulation rates from GPR profiling on the West Antarctic plateau[J]. Annals of Glaciology, 2004, 39(1): 238-244.

[2] ARTHERN R J, WINEBRENNER D P, VAUGHAN D G. Antarctic snow accumulation mapped using polarization of 4.3-cm wavelength microwave emission[J]. Journal of Geophysical Research Atmospheres, 2006, 111(D6): D06107.

[3] FUCHS S, KUHLICKE C, MEYER V. Spatial and temporal variability of snow accumulation rate on the East Antarctic ice divide between Dome Fuji and EPICA DML[J]. The Cryosphere, 5, 4(2011-11-28), 2011, 5(4): 1057-1081.

[4] WINGHAM D J, RIDOUT A J, SCHARROO R, et al. Antarctic elevation change from 1992 to 1996 [J]. Science, 1998, 282(5388): 456-458.

[5] HOUGHTON J T, DING Y, GRIGGS D J, et al. Climate change 2001: the scientific basis[M]. The Press Syndicate of the University of Cambridge, 2001.

[6] FABRA CERVELLERA F. GNSS-R as a source of opportunity for remote sensing of the cryosphere [D]. Catalunya: University Politècnica de Catalunya, 2013.

[7] NOGUÉS-CORREIG O, GALÍ E C, CAMPDERRÓS J S, et al. A GPS-reflections receiver that computes Doppler/delay maps in real time[J]. IEEE Transactions on Geoscience and Remote sensing, 2006, 45(1): 156-174.

[8] CARDELLACH E, FABRA F, RIUS A, et al. Characterization of dry-snow sub-structure using GNSS reflected signals[J]. Remote sensing of environment, 2012, 124: 122-134.

[9] HAWLEY R L, MORRIS E M, CULLEN R, et al. ASIRAS airborne radar resolves internal annual layers in the dry-snow zone of Greenland[J]. Geophysical Research Letters, 2006, 33(4): L04502.

[10] WIEHL M, LEGRÉSY B. Potential of reflected GNSS signals for ice sheet remote sensing [J]. Progress in Electromagnetics Research, 2003, 40: 177-205.

[11] ULABY F T, MOORE R K, FUNG A K. Microwave remote sensing: Active and passive, vol. iii, volume scattering and emission theory, advanced systems and applications [M]. Norwood: Artech House, 1986.

[12] NIEVINSKI F G, LARSON K M. Inverse modeling of GPS multipath for snow depth estimation—part

Ⅱ :application and validation[J]. IEEE Transactions on Geoscience and Remote Sensing,2014,52(10):6564-6573.

[13] SERREZE M C,CLARK M P,ARMSTRONG R L,et al. Characteristics of the western United States snowpack from snowpack telemetry(SNOTEL) data[J]. Water Resources Research,1999,35(7):2145-2160.

[14] LOWE S T, KROGER P, FRANKLIN G, et al. A delay/Doppler- mapping receiver system for GPS-reflection remote sensing[J]. Ieee Transactions on Geoscience and Remote Sensing,2002,40(5):1150-1163.

[15] KOMJATHY A, MASLANIK J, ZAVOROTNY V U, et al. Sea ice remote sensing using surface reflected GPS signals [C] //IGARSS 2000. IEEE 2000 International Geoscience and Remote Sensing Symposium. Taking the Pulse of the Planet: The Role of Remote Sensing in Managing the Environment. Proceedings(Cat. No. 00CH37120). IEEE,2000,7:2855-2857.

[16] GLEASON S. Towards sea ice remote sensing with space detected GPS signals: demonstration of technical feasibility and initial consistency check using low resolution sea ice information [J]. Remote Sensing,2010,2(8):2017-2039.

[17] GUTMANN E D,LARSON K M,WILLIAMS M W,et al. Snow measurement by GPS interferometric reflectometry: an evaluation at Niwot Ridge, Colorado[J]. Hydrological Processes,2012,26(19):2951-2961.

[18] ZAVOROTNY V U,VORONOVICH A G. Scattering of GPS signals from the ocean with wind remote sensing application[J]. IEEE Transactions on Geoscience and Remote Sensing,2000,38(2):951-964.

[19] LARSON K M,GUTMANN E D,ZAVOROTNY V U,et al. Can we measure snow depth with GPS receivers? [J]. Geophysical Research Letters,2009,36(17).

[20] CHEN Q,WON D,AKOS D M. Snow depth sensing using the GPS L2C signal with a dipole antenna [J]. EURASIP Journal on Advances in Signal Processing,2014,2014(1):106.

[21] JACOBSON M D. Snow-covered lake ice in GPS multipath reception-theory and measurement [J]. Advances in Space Research,2010,46(2):221-227.

[22] NIEVINSKI F G,LARSON K M. Forward modeling of GPS multipath for near-surface reflectometry and positioning applications[J]. GPS Solutions,2014,18(2):309-322.

[23] NIEVINSKI F G,LARSON K M. An open source GPS multipath simulator in Matlab/Octave [J]. Gps Solutions,2014,18(3):473-481.

[24] SHOKR M E. Field observations and model calculations of dielectric properties of Arctic sea ice in the microwave C-band[J]. IEEE transactions on Geoscience and Remote Sensing,1998,36(2):463-478.

[25] MELLING H. Detection of features in first-year pack ice by synthetic aperture radar(SAR)[J]. International Journal of Remote Sensing,1998,19(6):1223-1249.

第 13 章 监测地表冻融特性

季节性冻土和永久性冻土占地球陆地总面积的 35%，主要分布在高纬度和高海拔地区。陆地表层土壤冻/融状态转换随季节每年都会重复发生，与人类生活环境密切相关，地表冻融强烈影响地气能量交换、地表径流和碳循环等。由于土壤中水的相态变化，这一过程强烈地影响着地表辐射能量的转换，蒸散过程和产生地表径流的强度，是地表能量平衡和水分平衡的重要影响因素，也是气候变化的指示器，因此有效监测地表冻融状态的时空分布及其相关物理参数变化十分重要。可见光和热红外遥感受天气条件限制，微波遥感可以全天时全天候地观测，主/被动微波遥感（雷达/辐射计）是地表冻融状态监测的主要手段之一。星载观测将空前提高土壤水分和地表冻融监测的空间分辨率，但其时间分辨率不能满足冻融监测的科学需求。

GNSS-R 是利用导航卫星的反射信号对地观测，是一种成本低、功耗小、覆盖广、时空分辨率高的新型遥感手段。GNSS-R星载观测，如UK-DMC计划，可以成功接收来自全球海洋、陆面和雪冰表面的 GNSS 反射信号[1]。近年来，该技术的发展愈加受到关注，美国和欧盟相继有多颗 GNSS-R 卫星发射：ESA 提出在轨 PARIS 演示卫星，即 PARIS IoD，其目的是对 GNSS-R 中尺度高度计可行性应用进行研究，2012 年底该计划已经完成阶段 A（可行性）测试；2011 年欧洲空间局提出 GEROS-ISS 计划[2]，其主要目的是进行气候变化研究；2014 年 7 月发射的 TechDemoSat-1 中搭载了GNSS-R传感器[3]；而 NASA CYGNSS 计划于 2016 年 12 月 12 日发射，利用 8 颗卫星，接收反射信号，其发射目的是飓风遥感探测，也为陆面参数研究提供了重要契机[4]。

GNSS-R 本质上是双基雷达，接收机接收到的信号处理为时延-多普勒图。机载/星载 GNSS-R 在陆地表面上的应用涉及土壤水分、植被生长状况及积雪特性监测。与研制专门的地表反射信号接收机不同，GNSS 干涉反射测量（GNSS-IR）遥感可以利用测绘或者地球物理现有的接收机对地表土壤水分、植被参数和积雪厚度进行遥感监测[5-8]。监测过程中使用有效反射计高度、相位和幅度进行参数反演。利用 PBO GPS 站点数据研究发现相位与地表土壤水分之间存在线性关系[9]；PBO 和 SNOTEL 的实验数据表明有效反射计高度与积雪厚度之间相关系数在 0.7～0.9[10]；针对植被数量的研究表明，当植被的湿质量在 $1.5\text{kg}\cdot\text{m}^{-2}$以下时，幅度是植被数量监测的有效参数[11]。

针对 GNSS-R 相关功率或者 GNSS-IR 的多路径研究，对地表冻融特性的监测研究相对较少。近年来，我们[12]提出了利用其进行地表冻融特性的监测，并进行了初

步研究和验证工作[13-14]。本章将 GNSS-R/GNSS-IR 的研究拓展到地表冻、融特性上，模拟分析了地表冻融转换时对时延-多普勒图和 GPS 多路径数据的影响，并对 GPS-IR 的初步结果进行验证。

13.1　理论模型

13.1.1　介电常数模型

根据电磁特性，土壤可以看作由空气、固体颗粒、自由水和束缚水组成[15-17]。

$$\varepsilon_{\mathrm{m}}^{\alpha} = \sum_i V_i \varepsilon_i^{\alpha} \tag{13.1}$$

式中：α 是形状因子；ε_i是第 i 种物质的介电常数；V_i是第 i 种物质所占有的体积。对于冻结土壤，介电常数计算中增加了冰的介电常数的计算[18]，具体如下：

$$\varepsilon^{\alpha} = V_{\mathrm{s}} \varepsilon_{\mathrm{s}}^{\alpha} + V_{\mathrm{a}} \varepsilon_{\mathrm{a}}^{\alpha} + V_{\mathrm{fw}} \varepsilon_{\mathrm{fw}}^{\alpha} + V_{\mathrm{bw}} \varepsilon_{\mathrm{bw}}^{\alpha} + m_{\mathrm{vi}} \varepsilon_{\mathrm{i}}^{\alpha} \tag{13.2}$$

式中：下角标 s,a,fw,bw,i 分别指固体土壤、空气、自由水、束缚水和冰颗粒。总的介电常数是各种物质的和。

13.1.2　反射率模型

冻融地表相干部分的反射率计算通过菲涅耳反射率及粗糙度校正因子计算而得[19]：

$$R^{\mathrm{v}} = \frac{\varepsilon \sin\theta - \sqrt{\varepsilon - \cos^2\theta}}{\varepsilon \sin\theta + \sqrt{\varepsilon - \cos^2\theta}} \tag{13.3}$$

$$R^{\mathrm{H}} = \frac{\sin\theta - \sqrt{\varepsilon - \cos^2\theta}}{\sin\theta + \sqrt{\varepsilon - \cos^2\theta}} \tag{13.4}$$

$$F_{\mathrm{s}} = \exp(-2 k_0 s \cos^2(\theta)) \tag{13.5}$$

式中：R^{v}和R^{H}分别为 V 极化和 H 极化的菲涅耳反射率；θ 为入射角；ε 为冻融土介电常数；k_0为自由空间波束；s 为表面粗糙度 RMS 高度。

导航卫星信号与裸土表面的相互作用除了包含镜像部分的相干散射外，还包括随机粗糙表面的漫散射部分。常用模型包括：基尔霍夫模型，SPM 模型，积分方程模型(IEM)和后来发展起来的高级积分方程模型(AIEM)[20]。AIEM 适用于粗糙度范围更为连续的随机粗糙地表，该模型整体计算包括基尔霍夫项、基尔霍夫补偿项和二者的交叉项 3 部分[21]：

$$\sigma_{\mathrm{qp}}^{0} = \sigma_{\mathrm{qp}}^{k} + \sigma_{\mathrm{qp}}^{\mathrm{kc}} + \sigma_{\mathrm{qp}}^{c} \tag{13.6}$$

式中：σ^0 为双基雷达(散射)截面(BRCS)；下标 q、p 分别为接收和发射时的极化状态。

13.1.3 随机粗糙面散射模型

针对随机粗糙地表的面散射模型有基尔霍夫近似(KA)方法、SPM、IEM 以及后来进一步改进的 AIEM。基尔霍夫模型适用于微波浪形表面,对于表面高程标准离差值大的表面,采用驻留相位近似法(stationary-phase approximation)得到几何光学(GO)模型;对于表面高程标准离差值中等或较小的表面,采用标量近似法(scalar approximation),得到物理光学(PO)模型;当表面标准离差和相关长度都小于波长时,基尔霍夫方法不再适用,此时,比较经典的方法是 SPM,它要求表面标准离差小于电磁波波长的5% 左右[12]。但是,PO,GO 和 SPM 模型的粗糙度适用范围是不连续的,因此不符合地表粗糙度连续变化的现实世界,需要一个粗糙度适用范围更为广泛的面散射模型(即 IEM)和在此基础上改进得到的 AIEM[14]。

13.1.4 极化合成

为克服电离层影响,GNSS 卫星发射的为右旋圆极化信号,该信号经地表反射后,极性会发生变化。现有的微波散射模型多为线极化散射模型。因此必须对现有的随机粗糙面散射模型进行改进,使其可以计算圆极化散射特性。这里采用极化合成的方法来计算圆极化散射特性[22]。极化合成的计算公式如下:

$$\sigma_{qp}^{0}(\psi_q,\tau_q;\psi_p,\tau_p) = \boldsymbol{Y}_q \cdot \boldsymbol{Q} \cdot \boldsymbol{M} \cdot \boldsymbol{Y}_p \tag{13.7}$$

式中:σ_{qp}^{0}为双基雷达截面,下标 q 和 p 分别为接收和发射的极化状态;ψ 和 τ 分别为椭倾角和椭率角,不同的极化对应不同的椭倾角和椭率角;$\boldsymbol{Y}$ 为修改的 Stokes 矢量,如下式所示;$\boldsymbol{Q}$ 为旋转矩阵;$\boldsymbol{M}$ 为散射矩阵如下面第 2 式所示:

$$\boldsymbol{Y} = \begin{bmatrix} 0.5(1+\cos2\tau\cos2\psi) \\ 0.5(1-\cos2\tau\cos2\psi) \\ \cos2\tau\sin2\psi \\ \sin2\tau \end{bmatrix} \tag{13.8}$$

$$\boldsymbol{M} = \begin{bmatrix} \langle |S_{vv}|^2\rangle & \langle |S_{vh}|^2\rangle & \mathrm{Re}\langle S_{vv}S_{vh}^*\rangle & -\mathrm{Im}\langle S_{vv}S_{vh}^*\rangle \\ \langle |S_{hv}|^2\rangle & \langle |S_{hh}|^2\rangle & \mathrm{Re}\langle S_{hv}S_{hh}^*\rangle & -\mathrm{Im}\langle S_{hv}S_{hh}^*\rangle \\ 2\mathrm{Re}\langle S_{vv}S_{hv}^*\rangle & 2\mathrm{Re}\langle S_{vh}S_{hh}^*\rangle & \mathrm{Re}\langle S_{vv}S_{hh}^*+S_{vh}S_{hv}^*\rangle & \mathrm{Im}\langle S_{vh}S_{hv}^*-S_{vv}S_{hh}^*\rangle \\ 2\mathrm{Im}\langle S_{vv}S_{hv}^*\rangle & 2\mathrm{Im}\langle S_{vh}S_{hh}^*\rangle & \mathrm{Im}\langle S_{vv}S_{hh}^*+S_{vh}S_{hv}^*\rangle & \mathrm{Re}\langle S_{vv}S_{hh}^*-S_{vh}S_{hv}^*\rangle \end{bmatrix} \tag{13.9}$$

13.1.5 前向 GPS 多路径模型

Nievinski 和 Larson[23] 发展建立的全极化前向 GPS 多路径模型可以同时考虑 GPS 信号极化、天线和地表响应。

$$P_d = P_d^R G_d^R W_d^2 \tag{13.10}$$

$$P_r = P_d^R | XSW_r |^2 \tag{13.11}$$

式中：P 为电场能量；G 为天线增益；W 为 Woodward 模糊函数，下标 d 和 r 分别代表直射和反射分量；X 为地表和天线耦合系数；S 为信号能量。

$$X^R = R^S \sqrt{G_r^R} \exp(\mathrm{i}\,\Phi_r^R) \tag{13.12}$$

$$X^L = R^X \sqrt{G_r^L} \exp(\mathrm{i}\,\Phi_r^L) \tag{13.13}$$

式中：角标 R 和 L 分别为 RHCP 和 LHCP 极化；i 为虚数单位；Φ 为干涉相位；R^S 和 R^X 分别为同极化和交叉极化，二者是 H 极化和 V 极化的线性组合。

$$R^S = (R^H + R^V)/2 \tag{13.14}$$

$$R^X = (R^H - R^V)/2 \tag{13.15}$$

13.1.6　全极化冻融地表时延-多普勒模型

全极化冻融地表时延-多普勒模型本质上是双基雷达的积分形式[22,24]。

$$Y_s(\hat{\tau},\hat{f}) = \frac{T_I^2 P_T \lambda^2}{(4\pi)^3} \iint_A \frac{G_T\,\sigma^0\,G_R}{R_R^2\,R_T^2} \Lambda^2(\hat{\tau} - \tau)\,\mathrm{sinc}^2(\hat{f} - f)\,\mathrm{d}A \tag{13.16}$$

式中：Y_s 为接收到的 GPS 反射信号能量，是时延 $\hat{\tau}$ 和频率 $\hat{f}$ 的函数；P_T 为 GPS 卫星发射的能量；G_T 为发射机天线增益；G_R 为接收机天线增益；R_R 为接收机到地面反射点的距离；R_T 为发射机到地表镜像反射点的位置；λ 为电磁波波长；T_I 为信号处理时采用的相干积分时间；σ^0 为无维，冻融地表双基雷达散射截面；$\Lambda^2(\hat{\tau} - \tau)$ 为 GPS 相关函数（三角函数），$\hat{\tau}$，τ 分别为复制信号和入射信号延迟；$\mathrm{sinc}^2(\hat{f} - f)$ 为多普勒滤波函数；$\hat{f}$，f 分别为复制信号和入射信号的频率；A 为有效散射面积，接近闪烁区；dA 为 A 区域内的积分面积。

13.2　理论模拟结果

13.2.1　冻融土介电常数差别

图 13.1 给出 GPS L1 载波频率利用该模型模拟在不同土壤水分含量下，土壤介电常数实部和虚部随土壤温度的变化情况。从中可以看出当土壤从冻结转换到融化状态过程时，在各种土壤水分含量下，介电常数的实部和虚部均变化明显，在土壤温度大于 0℃时，土壤水分含量对介电常数影响（实部，虚部）明显，在土壤温度小于 0℃时，由于冰的存在，土壤水分对实部有影响但不明显，对于虚部的影响完全可以忽略。

对于不同的 GPS 载波频率，土壤的介电常数如表 13.1 所列，由表可知在冻/融转换时，GPS 载波频率（均为低频 L 频段）对介电常数的影响可以忽略，因此在后续模拟分析中只采用 L1 载波频率时的介电常数开展分析。

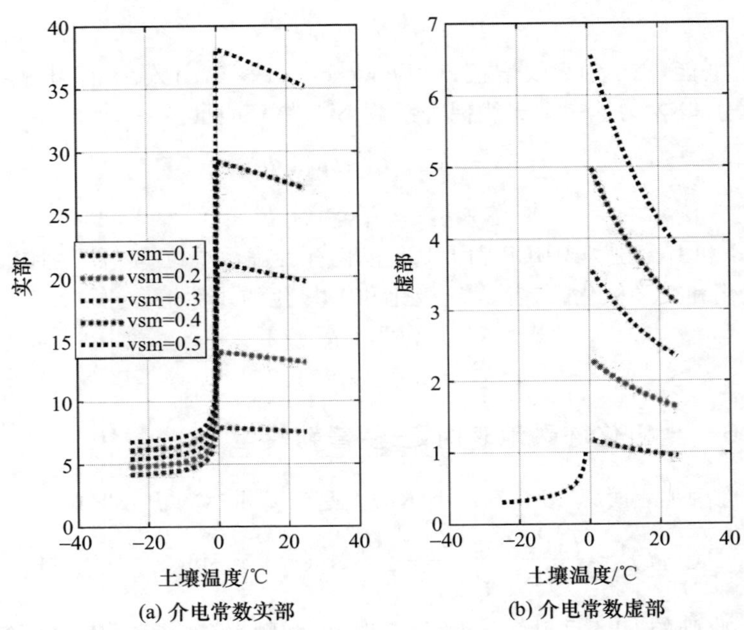

图 13.1　GPS L1 载波频率在不同土壤水分含量下，介电常数实部和虚部随土壤温度的变化情况（见彩图）

表 13.1　GPS L1、L2 和 L5 载波频率下冻（−1℃）、融（1℃）土壤的介电常数

T_s/℃	L1 载波频率		L2 载波频率		L5 载波频率	
	实部	虚部	实部	虚部	实部	虚部
−1	8.66769	1.03403	8.70793	1.16876	8.71293	1.19762
+1	21.10970	3.54415	21.27701	3.49827	21.29776	3.51016

13.2.2　地表反射率模拟

从图 13.2 可以看出，当土壤温度由冻结（−0.5℃）转换为融化（0.5℃）时，会引起不同极化（VV，RR 和 VR 极化）反射率差异，大概在 2～5dB。对于 VV/VR 极化，图中凹槽处即为布鲁斯诺角，在高度角小于布鲁斯诺角时，冻土反射率高于融土反射率，在高度角大于布鲁斯诺角附近时，反射率趋势正好相反。如果土壤温度确定，VV/VR 极化菲涅耳反射率随高度角增加而降低（高度角小于布鲁斯诺角），当高度角大于布鲁斯诺角时，VV/VR 反射率随高度角增加而增加。

当导航卫星直射信号与地表相互作用时，除了相干部分的散射外，非相干部分的散射也可以被接收机接收。以下采用高级积分方程模型计算地表漫反射部分。通过冻融土介电常数模型（土壤温度函数）计算得到的介电常数作为随机粗糙表面散射模型的输入，当土壤温度由 −0.5℃ 上升到 0.5℃ 时，各种极化的漫散射截面差异如图 13.3 所示。当土壤温度有 1℃ 的变化时，RR、VR 和 HR 极化的双基雷达散射截面

反射率差别大约为 4dB，但是 LR 极化的散射差别较小，大约为 -1.6dB。针对该理论模拟，我们认为 LR 极化对土壤温度的敏感性较低。

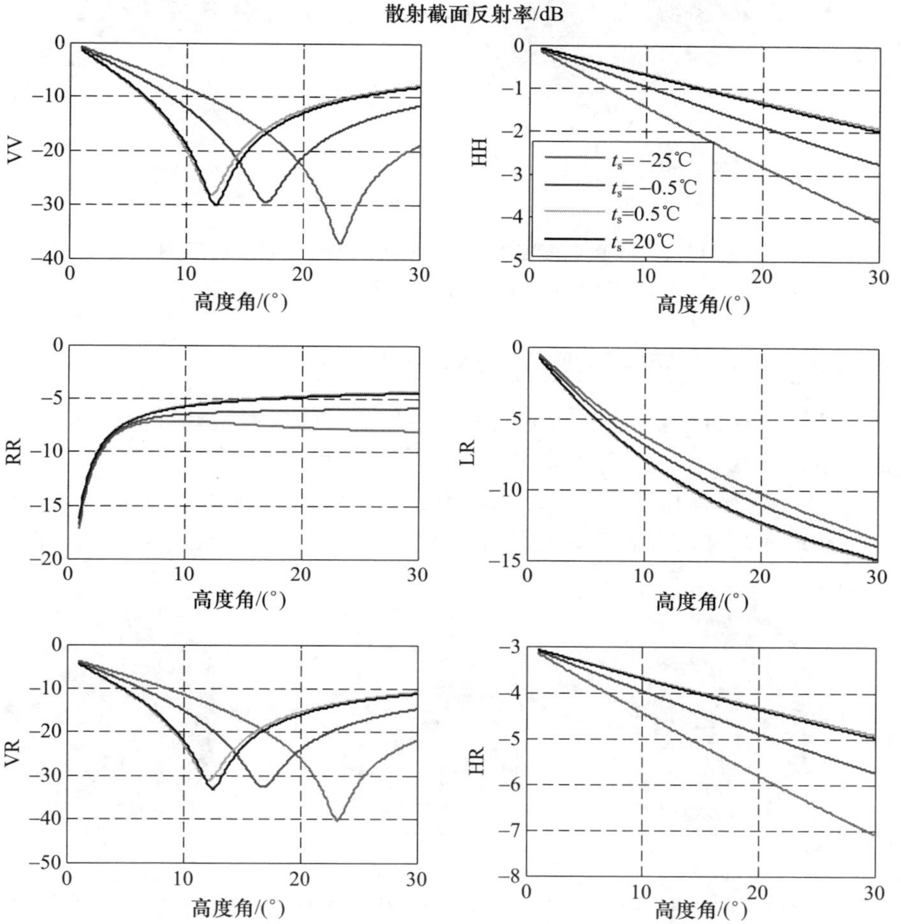

图 13.2 不同土壤温度下 XR 极化的相干散射截面反射率(见彩图)

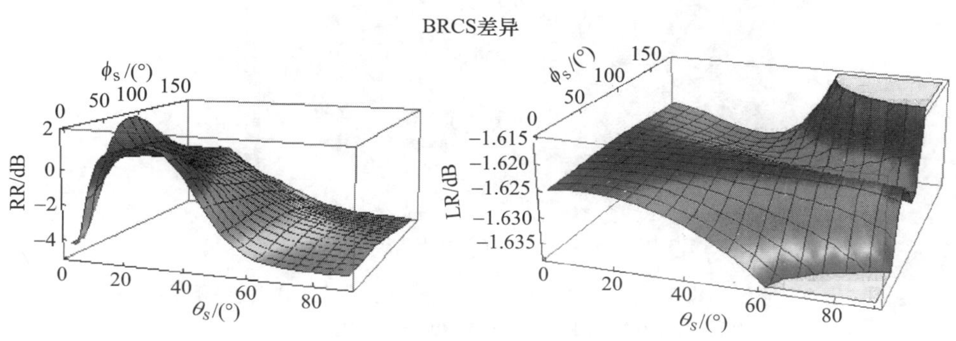

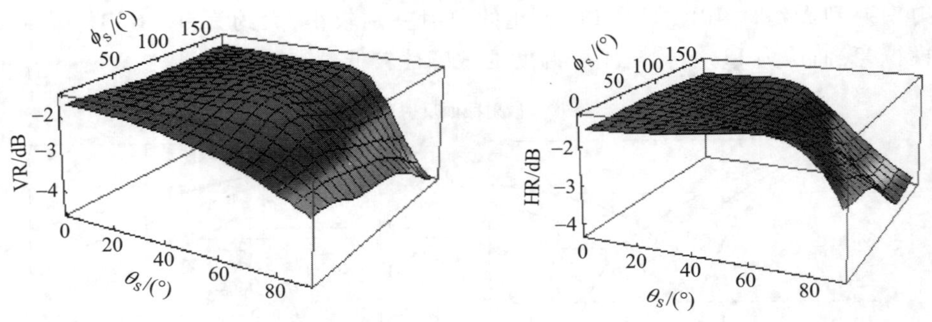

图 13.3　土壤温度变化 1℃时对应的漫散射截面差异图
（入射天顶角为 30°，入射方位角为 0°）（见彩图）

13.2.3　冻/融转换时双基雷达截面的变化

实际地表为随机粗糙表面，入射的导航卫星信号经地表散射后，散射能量中的非相干部分不可忽视。根据 13.2 节中所述，双基雷达截面（BRCS）可用式（13.6）计算。图 13.4 是利用极化合成方法计算得到的地表冻/融转换时各种极化 BRCS 的变化情况。在地表从冻结到融化转换的过程中，BRCS 在各种极化和角度时，变化差异

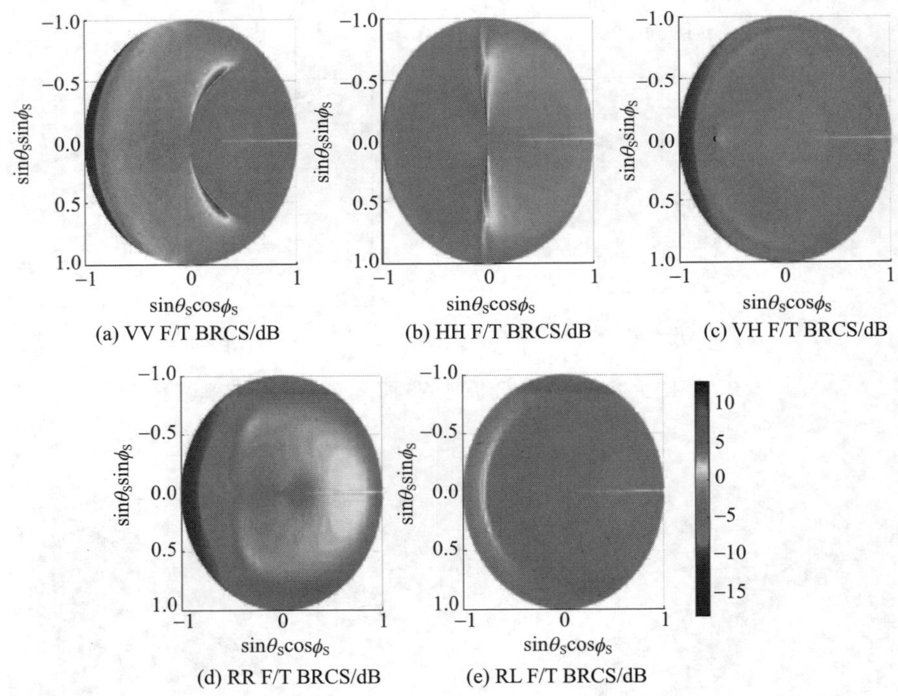

图 13.4　冻（−1℃）、融（1℃）转换时各种极化（线极化、圆极化）下 BRCS
变化差异（F/T 表示冻/融）（见彩图）

明显，即观测几何中的天顶角和方位角以及观测的各种极化都会导致冻/融转换时 BRCS 的变化。如何从角度和极化信息中提取有效冻/融转换敏感参数是后续研究重点内容之一。

13.2.4　冻、融土 DDM 波形差

当土壤发生冻/融转换时，土壤介电常数的巨大差别导致反射率变化的差异，是利用 GNSS-R 进行地表冻融状态监测的理论依据。表 13.2 给出土壤温度 -1℃ 和 1℃ 时，对应的介电常数实部和虚部分别由 8.7 变化到 21.3，由 1.2 变化到 3.5。

表 13.2　不同土壤温度时，介电常数的实部和虚部

T_s/℃	实部	虚部
-1	8.70793	1.16876
+1	21.27701	3.49827

地表冻/融状态转换时，对应的各种极化下的双基雷达散射截面变化情况如图 13.5 所示。图 13.6 给出不同极化下的时延-多普勒波形差异图。当地表发生冻/融转换时，DDM 波形在各种极化下都有明显差异。因此从理论模型中验证了可以利用 GNSS-R 遥感进行地表冻/融状态转换监测的可行性。

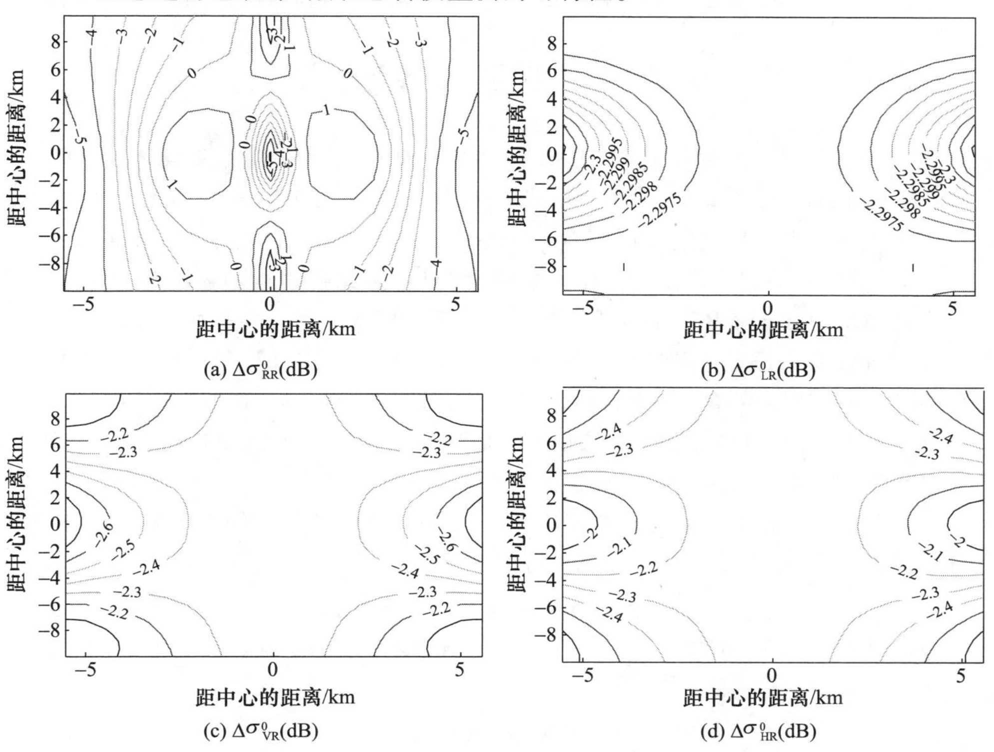

图 13.5　各种极化下冻融土反射率差别(见彩图)

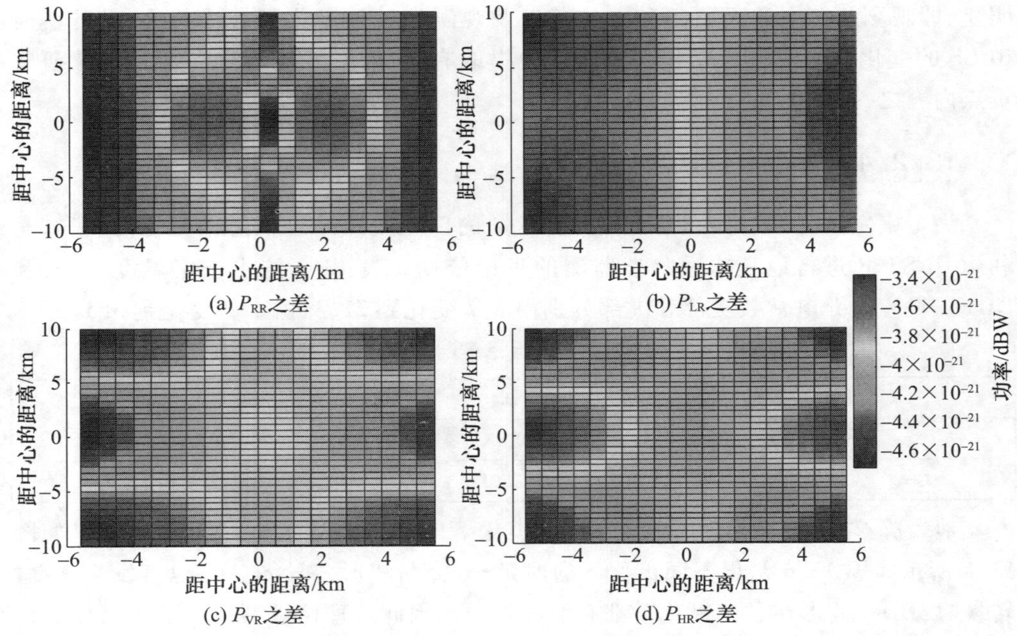

图 13.6 各种极化时冻融土 DDM 波形(功率)差异图(见彩图)

13.3 实测结果与验证

我们采用实测数据对利用 GNSS-IR 方法进行地表冻融特性的监测研究进行分析和验证[14],分析时采用虚拟双基雷达的概念以简化变化几何问题,分析站点选择 GPS 站点(AB33)和 GPS-IR 空间分辨率内的 SNOTEL(Site Coldfoot)站点进行验证分析。

土壤水分和积雪厚度均影响 GPS 多路径变化,因此在进行地表冻融监测时需考虑二者的影响。美国 NRCS 自 1991 年开始展开土壤水分和土壤温度计划,并聚焦土壤水分对气候变化的影响研究。我们采用 NRCS 中的 SNOTEL 阿拉斯加 Coldfoot 站点(Site ID 958)(经度:67.25,纬度:-150.18,海拔:316.99m)数据进行分析[14]。

针对 GPS 站点,则采用 PBO 中 Coldfoot_AK2006 站点(ID AB33,经度:67.251,纬度:-150.1725,海拔:334.76m)数据进行分析(图 13.7)

AB33 站点数据以 ASCⅡ码形式提供给用户与接收机无关的交换格式(RINEX)文件。分析时采用 L2 载波频率,SNR 可表示为

$$\mathrm{SNR} \propto P_d + P_r + 2\sqrt{P_d P_r}\cos\varphi \tag{13.17}$$

式中:P_d、P_r和 φ 分别为直射能量、反射能量和干涉相位。去掉趋势项影响的 SNR 数据为

$$\mathrm{DSNR} = 2\sqrt{P_d P_r}\cos\varphi \tag{13.18}$$

在数据分析时,采用低阶多项式去掉长时间趋势项的影响。

图 13.7　AB33 站点图

13.3.1　单天单星观测验证

SNOTEL Site 958 站点在选定时间范围内的土壤信息如表 13.3 所列。

表 13.3　SNOTEL Site 958 站点在选定时间范围内的土壤信息

时间	SM/%	SD/cm	ST/℃
2011 年 DOY 318	15.2	20	0.2
2011 年 DOY 319	15	20	0.1
2011 年 DOY 320	15	20	0
2011 年 DOY 321	15	20	-0.1
2011 年 DOY 322	14.1	20	-0.1
2011 年 DOY 323	13.5	20	-0.2
注:SM 是 5cm 深处的土壤相对湿度;SD 是雪深;ST 是 5cm 深处的土壤温度			

选取代表性的两天:DOY318 和 DOY322 分析了去掉趋势项的 SNR 变化情况(图 13.8)。当土壤温度由融化转换为冻结状态时,会导致多路径 SNR 调制波形的变化,即幅度和相位偏移。

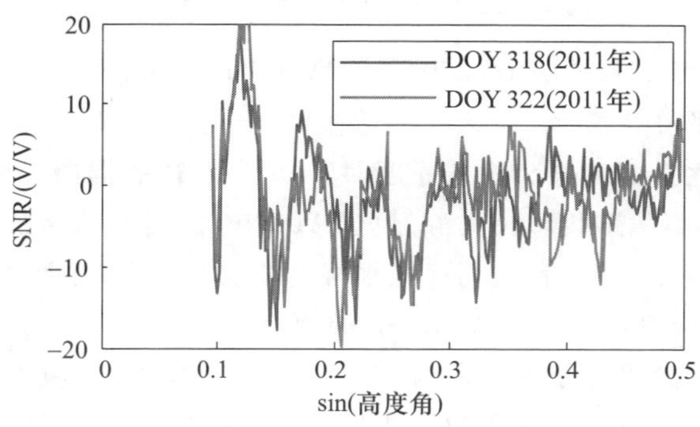

图 13.8　DOY318(2011 年)(土壤温度在 0℃以上)和 DOY322(2011 年)(土壤温度在 0℃以下)实测 GPS 信噪比数据(卫星 PRN06)(见彩图)

13.3.2 多天多星观测验证

选取 2009 年到 2015 年间 4 组实验数据进行分析，数据选取标准见文献[14]。

图 13.9 中给出 GPS 站点(AB33)和 SNOTEL 站点(ID958)在 2009 年 DOY270 到 DOY295 时间内，卫星高度角 20°时的分析结果。图(a)给出在该时间范围内土壤水分和积雪厚度的变化情况，土壤水分从 0% 变化到 1%，即土壤非常干燥，并且在此期间内无积雪降落。因此土壤水分和积雪厚度对多路径数据无影响，但在该时间范围内土壤发生了冻/融转换。当土壤温度由零下转换为零上时，平均去趋势信噪比(ADSNR)发生变化，相对相关系数为 0.72。ADSNR 和此期间范围的土壤温度之间相关性较好。

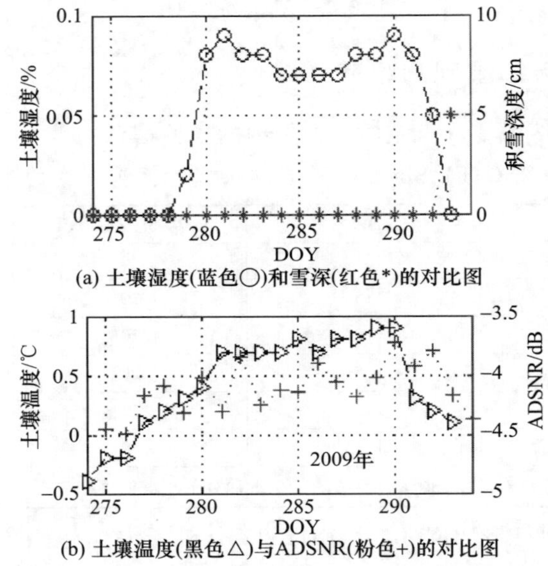

图 13.9 GPS 站点(AB33)和 SNOTEL 站点(ID 958)在 2009 年 DOY270 到 DOY295 时间内，高度角为 20°时的分析结果(见彩图)

图 13.10 中给出 2012 年 DOY270 到 DOY305 时间内，土壤温度、土壤水分、积雪厚度以及 ADSNR 的变化关系，在该时间范围内，土壤水分低于 0.04，即土壤非常干燥，并无积雪。因此土壤水分和积雪厚度对 GPS 多路径数据的影响可以忽略。在图 13.10(b)给出当土壤从融化转化为冻结时，ADSNR 数据开始增加，即土壤温度变化引起 ADSNR 数据变化，且二者之间存在很好的相关性，相关系数为 0.90。

图 13.11 中给出 2013 年 DOY142 和 DOY162 时间范围内，GPS 站点(AB33)和 SNOTEL 站点(958)之间的分析结果，在此范围内，无积雪，土壤水分从 0.08 变化到 0.15，即土壤水分会导致介电常数微弱变化。当土壤从冻结转换为融化时，土壤温度和 GPS SNR 之间的比较结果如图第 2 行所示，ADSNR 对应于土壤温度变化时有增加，且相关系数为 0.65。

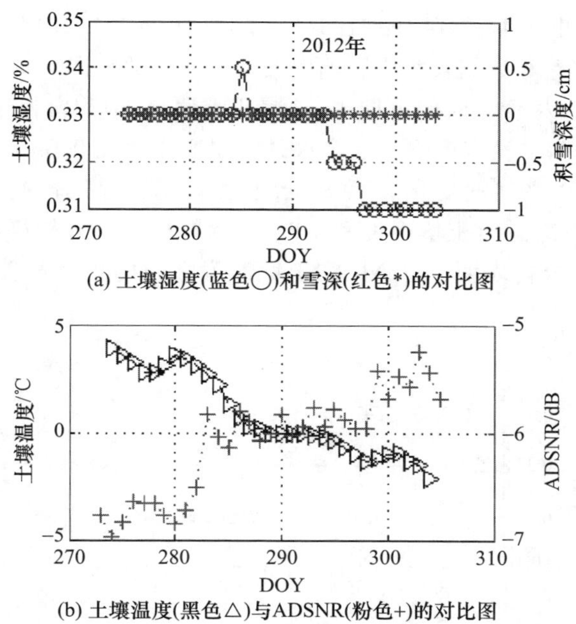

(a) 土壤湿度(蓝色○)和雪深(红色*)的对比图

(b) 土壤温度(黑色△)与ADSNR(粉色+)的对比图

图 13. 10　GPS 站点(AB33)和 SNOTEL 站点(ID 958)在 2012 年 DOY270 到 DOY305 时间内，高度角为 20°时的分析结果(见彩图)

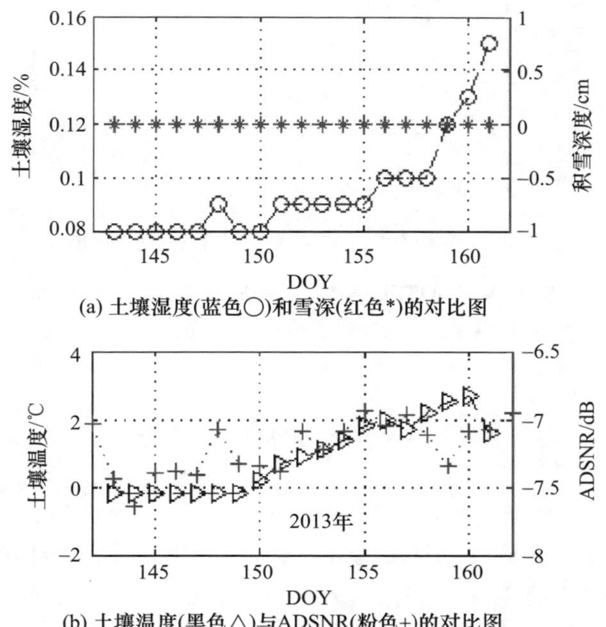

(a) 土壤湿度(蓝色○)和雪深(红色*)的对比图

(b) 土壤温度(黑色△)与ADSNR(粉色+)的对比图

图 13. 11　GPS 站点(AB33)和 SNOTEL 站点(ID 958)在 2013 年 DOY142 到 DOY162 时间内，高度角为 20°时的分析结果(见彩图)

图 13.12 中给出 2014 年在 DOY295(2014)到 DOY 325(2014)时间范围内,卫星高度角是 20°时,多路径数据及相应影响因素间的变化关系图。图(a)是土壤水分和积雪厚度变化信息,尽管该时间范围内,地表积雪覆盖,但积雪厚度保持在 13cm,因此其对多路径数据基本没有影响。土壤水分体积变化率在 0.03 以下,图(b)给出了土壤温度和 ADSNR 之间的变化关系图,当土壤温度从融化转换为冻结时,会导致 ADSNR 增加。地表冻融时土壤温度和 GPS SNR 数据之间有较好相关性,相关系数为 0.70。上述四组分析表明,ADSNR 和土壤温度之间的正负相关性与冻融或者融冻状态有关。

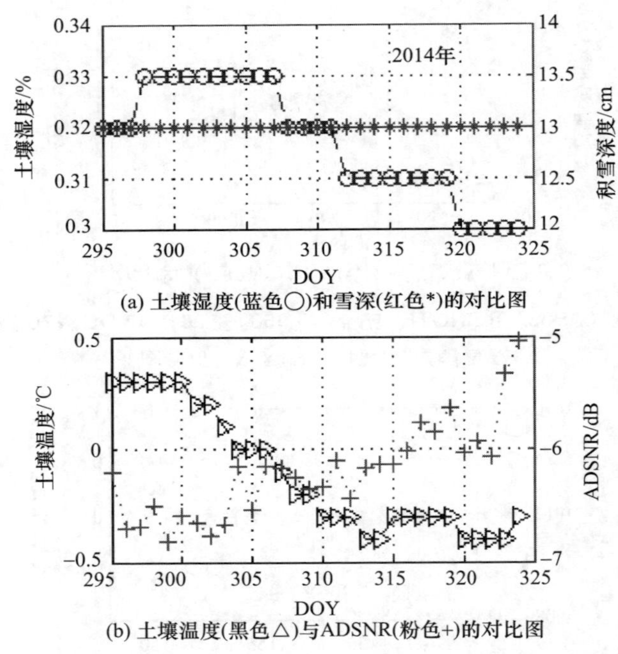

(a) 土壤湿度(蓝色○)和雪深(红色*)的对比图

(b) 土壤温度(黑色△)与ADSNR(粉色+)的对比图

图 13.12　GPS 站点(AB33)和 SNOTEL 站点(ID 958)在 2014 年 DOY295 到 DOY325 时间内,高度角为 20°时的分析结果(见彩图)

13.4　影响与讨论

在进行地表冻融状态监测时,需要考虑 GPS 接收机温度、土壤水分和积雪厚度的影响。针对一般 GPS 接收机材质的介电特性而言,当外部温度在小范围变化时,不会导致 GPS SNR 数据明显的变化。但在地表温度发生冻/融转换时,由于土壤中液态水的相变,介电常数会变化明显。因此在地表冻/融转换时,接收机温度的影响可以忽略。同时考虑去除热噪声的影响[14]。

积雪厚度也是影响 GPS 多路径变化的主要因素,因此模拟分析时选取了无积雪

覆盖或者积雪厚度保持不变的区域进行分析。针对土壤水分,选取分析区域则是针对较干燥土壤或者研究期间土壤水分无变化区域进行分析,而后期研究中怎样剥离积雪厚度和土壤水分对多路径数据的影响,进行地表冻融监测是研究的重点和难点内容。

13.5 结 论

GNSS-R 和 GNSS-IR 是近年来兴起的对地观测方式,在国内外引起广泛关注。本章将该遥感应用领域从现有的土壤水分、植被和积雪厚度研究拓展到地表冻、融状态监测上。理论模拟表明当地表发生冻/融转换时,土壤介电常数存在较大差别,进而导致相干反射率和漫散射在不同极化的变化。反射率的差别导致 GPS 多路径幅度的变化,而针对 GNSS-R 遥感,反射率的差别引起时延-多普勒图各种极化的变化。因此本章从理论上证明了用 GNSS-R 遥感和 GNSS-IR 遥感进行地表冻、融状态监测的可行性。极化是电磁波重要特性,地表反射信号的极化信息携带地表重要信息,极化比是土壤水分反演和植被状态研究的重要信息参数[27-28],地表冻、融过程中,不同极化的反射信号的双基散射特性和 DDM 波形信息的差异性表明极化/极化比信息在地表冻融状态的监测领域具有重要前景。

GNSS-R/IR 本质上是双基雷达,由于电磁波散射的空间异质性,在各个散射天顶角和方位角下,包含地物的不同信息,有效利用不同角度(天顶角和方位角)信息是提高地物监测时后向反演的重点和难点问题。GNSS + R 遥感是指除了可以利用 GNSS 导航卫星的反射信号进行遥感监测外,亦可以利用通信卫星或数字广播卫星的反射信号遥感地物参数。本章模拟分析时重点考虑 GPS L1 载波频率下的散射特性、多路径以及 DDM 差异,但同时本章所提及的模型,同样为利用其他数字通信卫星开展地表冻、融监测提供了基本理论模型和依据。土壤水分、积雪和植被都是复杂寒区冻、融地表的重要地表参数,直接影响着相应多路径和 DDM 波形的变化,本章节给出了裸土情况下,地表冻、融状态对 GNSS-R/IR 接收机信号的影响,复杂寒区地表的积雪、植被覆盖等是后续模型中发展的重点。

参考文献

[1] GLEASON S T, HODGART S, SUN Y, et al. Detection and processing of bistatically reflected GPS signals from low earth orbit for the purpose of ocean remote sensing[J]. IEEE Transactions on Geoscience & Remote Sensing, 2005, 43(6): 1229-41.

[2] CARRENO-LUENGO H, CAMPS A, RAMOS-PEREZ I, et al. 3Cat-2: A P(Y) and C/A GNSS-R experimental nano-satellite mission[C]//Proceedings of the Geoscience & Remote Sensing Symposium, F: IEEE, 2013: 843-846.

[3] UNWIN M, DUNCAN S, JALES P, et al. Implementing GNSS - reflectometry in space on the TechDemoSat-1 mission[C]//Proceedings of the 27th International Technical Meeting of the Satellite Division of the Institute of Navigation, Florida: ION GNSS. 2014:1222-1235.

[4] RUF C S, GLEASON S, JELENAK Z, et al. The CYGNSS nanosatellite constellation hurricane mission [C]//Proceedings of the Geoscience & Remote Sensing Symposium, F: IEEE, 2012:214-216.

[5] LARSON K M, SMALL E E, GUTMANN E, et al. Using GPS multipath to measure soil moisture fluctuations: initial results[J]. Gps Solutions, 2008, 12(3):173-7.

[6] LARSON K M, GUTMANN E D, ZAVOROTNY V U, et al. Can we measure snow depth with GPS receivers? [J]. Geophysical Research Letters, 2012, 36(17):L17502.

[7] SMALL E E, LARSON K M, BRAUN J J. Sensing vegetation growth with reflected GPS signals[J]. Geophysical Research Letters, 2010, 37(12):245-69.

[8] LARSON K M. GPS interferometric reflectometry: applications to surface soil moisture, snow depth, and vegetation water content in the western United States[J]. Wiley Interdisciplinary Reviews: Water, 2016, 3(6):775-87.

[9] CHEW C, SMALL E E, LARSON K M. An algorithm for soil moisture estimation using GPS-interferometric reflectometry for bare and vegetated soil[J]. GPS Solutions, 2016, 20(3):525-537.

[10] MCCREIGHT J L, SMALL E E, LARSON K M. Snow depth, density, and SWE estimates derived from GPS reflection data: Validation in the western U. S[J]. Water Resources Research, 2015, 50(8):6892-909.

[11] CHEW C C, SMALL E E, LARSON K M, et al. Vegetation sensing using GPS-interferometric reflectometry: theoretical effects of canopy parameters on signal-to-noise ratio data[J]. IEEE Transactions on Geoscience & Remote Sensing, 2015, 53(5):2755-64.

[12] WU X, JIN S G. Can we monitor the bare soil freeze-thaw process using GNSS-R?: a simulation study[C]//Proc. of SPIE, 2014, Vol. 9264:92640 I-1.

[13] WU X, LIANG C, JIN S G, et al. Initial results for near surface soil freeze-thaw process detection using GPS-interferometric reflectometry[C]//Proceedings of the Geoscience & Remote Sensing Symposium, F: IEEE, 2016:1989-1992.

[14] WU X, JIN S G, CHANG L. Monitoring bare soil freeze-thaw process using GPS-interferometric reflectometry: simulation and validation[J]. Remote Sensing, 2017, 10(1):14.

[15] DOBSON M C. Microwave dielectric behavior of wet soil-Part Ⅱ: Dielectric-mixing models[J]. Geoscience & Remote Sensing IEEE Transactions on, 1985, GE-23(1):35-46.

[16] HALLIKAINEN M T. Microwave dielectric behavior of wet soil-part Ⅰ: empirical models and experimental observations[J]. IEEE Transactions on Geoscience and Remote Sensing, 1985, 23(1):25-34.

[17] PEPLINSKI N R, ULABY F T, DOBSON M C. Dielectric properties of soils in the 0.3-1.3-GHz range[J]. IEEE Transactions on Geoscience and Remote Sensing, 1995, 33(3):803-7.

[18] ZHANG L, SHI J, ZHANG Z, et al. The estimation of dielectric constant of frozen soil-water mixture at microwave bands[C]//Proceedings of the IEEE International Geoscience & Remote Sensing Symposium, F: IEEE, 2003, 4:2903-2905.

[19] FUNG A K, EOM H. Coherent scattering of a spherical wave from irregular surface [J]. IEEE Transactions on Antennas & Propagation, 1983, 31(1): 68-72.

[20] ULABY F T, MOORE R K, FUNG A K. Microwave remote sensing: active and passive, vol. Ⅲ — volume scattering and emission theory, advanced systems and applications [M]. Massachusetts: Artech House, Inc, 1986.

[21] CHEN K S, TZONG-DAR W, LEUNG T, et al. Emission of rough surfaces calculated by the integral equation method with comparison to three-dimensional moment method simulations [J]. IEEE Transactions on Geoscience and Remote Sensing, 2003, 41(1): 90-101.

[22] ZAVOROTNY V U, VORONOVICH A G. Scattering of GPS signals from the ocean with wind remote sensing application [J]. IEEE Transactions on Geoscience & Remote Sensing, 2000, 38(2): 951-64.

[23] NIEVINSKI F G, LARSON K M. Forward modeling of GPS multipath for near-surface reflectometry and positioning applications [J]. Gps Solutions, 2014, 18(2): 309-22.

[24] MARCHAN-HERNANDEZ J F, CAMPS A, RODRIGUEZ-ALVAREZ N, et al. An Efficient algorithm to the simulation of Delay-Doppler maps of reflected global navigation satellite system signals [J]. IEEE Transactions on Geoscience & Remote Sensing, 2009, 47(8): 2733-40.

第 14 章　总结和机遇

14.1　GNSS 遥感现状

14.1.1　海洋遥感

近几年,研究人员开展了一系列的海洋遥感实验并取得了大量成果。2000 年 10 月,美国国家海洋与大气管理局(NOAA)的“飓风猎人”号飞机搭载了 GNSS-R 设备从南卡来罗纳州海岸飞入“迈克尔”飓风内,通过分析从热带气旋海面上反射回来的 GPS 信号得到了风速结果[1];UK-DMC 卫星利用搭载的 GNSS-R 设备成功反演了海面粗糙度等地球表面物理系数[2];近海区域的 GPS 反射信号同样可以得到高精度的测高结果[3]。目前,利用海面反射的 GPS 信号进行海面高度测量是一个热门研究课题[4-5]。Cardellach 和 Ruis 于 2007 年利用 GPS 信号进行了海面粗糙度和海洋风遥感的研究。然而,电磁场散射理论、能量和多普勒系数恢复方法[6]以及 L 频段斜面概率密度函数特征等方面的精确分析还需要进一步研究。

14.1.2　水文遥感

陆面反射的 GNSS 信号包含土壤湿度、介质常数、地面粗糙度以及植被覆盖等方面的信息[7]。有关实验利用 GPS 反射信号成功估计了土壤湿度。例如,Katzberg 等[8]在爱荷华州埃姆斯市附近进行的“土壤水分实验 2002”(SMEX02)中,利用一架 HC130 飞机上搭载的 GPS 反射仪获得了土壤反射系数和介质常数,其结果与 L 频段上其他微波技术得到的结果一致。Ferrazzoli 等[9]通过模拟实验论证了利用 GNSS 反射信号遥测森林生物量的可能性。另外,地基 GNSS 网的多路径效应可能与近地表土壤湿度有关。Larson 等人发现利用 GPS 多路径反演的近地表土壤水分波动与利用传统传感器测量的 5cm 厚度的顶层土壤水分波动几乎是一致的[10-11]。但是,由于地面上植物、树叶以及玻璃杂物等因素的存在,GNSS 多路径信号包含的信息是非常复杂的,从地基 GNSS 多路径信号中提取土壤水分参数的信息时,首先必须剔除其他因素的影响。

14.1.3　冰冻圈遥感

Komjathy[12]等通过机载 GPS 反射实验推导了美国阿拉斯加巴罗附近北极海冰和淡水冰的形成条件以及冻土的冻结/解冻状态条件。向前散射的 GPS 反射与

RADARSAT的向后散射测量的相关性是一致的,根据发射信号特征的差异可以判断冰的不同状态及特征。

14.2　未来发展和机遇

14.2.1　密集 GNSS 观测网和星座

全球范围内正在建造越来越多的 GNSS 永久测站,目前已有 300 多个 IGS 全球测站,数千个 GNSS 区域测站,日本 GPS 地球观测网大约有 1000 个连续测站,中国也建成了超过 300 个 GPS 连续测站。目前,新一代的卫星导航系统,包括俄罗斯的现代化 GLONASS,欧盟的 Galileo 系统,中国的北斗卫星导航系统,GNSS 正向多频、多模的方向发展[13]。结合区域或空基增强系统(QZSS、IRNSS 等),地基 GNSS 测网可以接收更多穿越大气层和电离层的多频 GNSS 直射与反射方向信号,这将大大提高时空分辨率,更好地估计近地土壤水分。总之,全球 IGS 测站以及区域性 GNSS 测站的不断增多,为全球水文研究及气候变化提供了一个新的工具。

14.2.2　高级 GNSS 接收机

美国喷气推进实验室(JPL)研发的“Blackjack”GPS 接收机目前广泛应用于精密定轨及无线电掩星等空基 GNSS 任务中[14],例如 SAC-C(2000)、CHAMP(2000)、JSON-1(2000)、ICESat(2001)以及 GRACE(2002)等。为满足未来新任务以及准实时数据处理能力的需求,新型 GNSS 接收机不仅能够接收和跟踪 GPS 信号,还将能够接收 Galileo 系统、GLONASS 以及中国北斗卫星导航系统等新型 GNSS 的信号。目前 JPL 正在研发新一代的 GNSS 多频接收机 TriG(Tri-GNSS,GPS + Galileo + GLONASS)用于精密定轨及无线电掩星观测。通过跟踪 GPS 的 L1 C/A,L2,新的 L2C 和 L5 以及 Calileo 系统、GLONASS 等新型系统的信号,TriG 可以进一步实施多频 GNSS 信号折射和反射测量。

为利用 GNNS 反射信号推演海面高度、海况及土壤湿度等相关地球物理参数,加泰罗尼亚理工大学的信号理论和通信部门(TSC)研发了“高级 GNSS 无源反射仪”(griPAU),griPAU 设备利用 GPS L1 频段的 C/A 码,可以实时、高精度地得到时延-多普勒图像(DDM)相关值,并可根据不同的分辨率配置及选择相关或非相关的积分时间来计算 24 × 32 复杂点的 DDM。griPAU 的高灵敏度提高了地球物理参数的恢复质量(Jin 等 2011)。随着现代化的多频 GPS、未来的 Galileo 系统,以及建成的 BDS 等带来了更多的卫星星座、新的信号和频段,越来越多研究机构正在进行 GNSS-R 设备研发、GNSS 信号散射和反射应用等方面的研究。

另外,为进一步发掘 GNSS 遥感在大地测量、海洋学、冰冻圈以及大气科学等方面的应用潜力，萨里卫星技术有限公司（SSTL）与国家海洋中心（NOC）、巴斯大学以及萨里大学萨里空间中心（SSC）正在合作研发可用于反射、无线电掩星应用的下一代空基 GNSS 遥感设备（SGR-ReSI）[15]。

加拿大一些大学正在研究一种基于软件接收机原理并计划向全球科学界公布数据以进行应用验证的简易替代方法[16]。尽管这种方法性能不如其他设备，但是却可以获得地基、空基等无线电掩星（RO）和反射数据，尤其是反射测量数据和设备设计将在开源许可下向公众开放。这种小尺寸、低成本、低能源消耗的设备对于大学研发的微小卫星是非常有吸引力的，相信在未来会有类似设备出现在卫星上。

14.2.3 新观测卫星计划

星载 GNSS 反射和折射实验，例如中国台湾地区和美国合作的有 6 颗卫星的 FORMOSAT-3/COSMIC（气象、电离层和气候的星座观测系统）任务，成功地估计了地球大气层、电离层的信息。但是，由于时空分辨率较低，这些任务仍然有一些局限，并且大部分接近中止。因此，各国都推出了大量新的计划以推进 GNSS 遥感方面的应用。例如，FORMOSAT-3/COSMIC 任务于 2011 年达到它的设计寿命，因此美国国家海洋与大气管理局（NOAA）和国家太空中心（NSPO）在 2014 年—2017 年之间发射了下一代的FORMOSAT-7/COSMIC-2 卫星。新一代的卫星系统拥有 6 颗搭载 GNSS RO 接收机的卫星，可接收 GPS、GLONASS 以及 Galileo 卫星信号。因此它可以收集大量的掩星点数据以用于台风、飓风和太空天气监测，以及气候、气象、电离层和大地测量等方面的研究。

地球连续无线电掩星群计划（CICERO）是 COSMIC 的后继任务，它由更广泛的 GNSS-RO 科学研究和用户团体共同设计、开发和管理运行。CICERO 包含 100 颗低轨卫星用于 GNSS 无线电掩星（GNSS-RO）和 GNSS 表面反射（GNSS - SR）测量（图 14.1），该星座设计可以更好地研究地球以及从太空获取新类型的数据。CICERO任务计划最初先发射 20 颗卫星并最终达到 100 颗卫星的阵列。全部的星座每天可以提供近 10 万个大气剖面数据[17]，同时，装载的 GNSS 反射设备也可以探测更多的地球表面特征和时变演化信息。

2003 年发射的 UK-DMC 反射实验卫星表明 GNSS 信号可用来分析海洋、冰面和陆地等表面特征。为进一步研究 GNSS-R，英国发射一颗装载 GNSS-R 设备、名为 TechDemoSat-1 的新卫星[15]，它可以进行多种类型的地球观测，包括定向均方坡度（DMSS）、海冰边缘线提取、海冰出水高度测量以及电离层延迟等，并方便相关领域的研究人员验证合适的反演模型。海洋的 DMSS 是一个重要的参数，因为它对实际应用人员（航运，海运）和研究人员（海浪、天气和气候模型）都是重要的。其他参数，比如海冰边缘线提取、海冰浓度、电离层折射以及土壤湿度都可以通过 GNSS-R 测量得到。

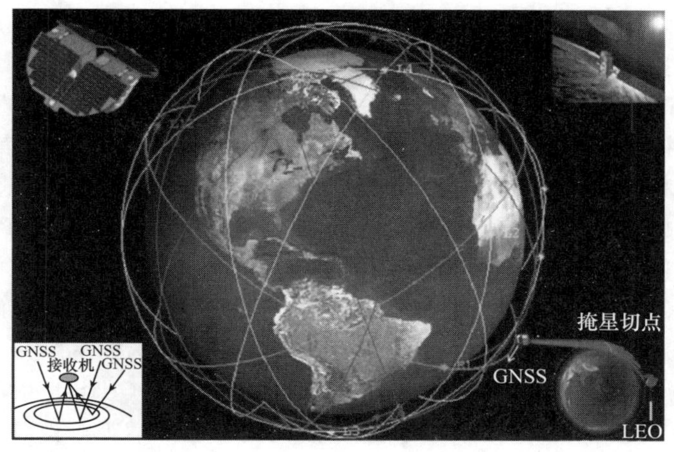

图14.1 拥有100颗卫星的CICERO星座[17]（左下角小图是GNSS反射原理图，右下角则是GNSS无线电掩星观测）（见彩图）

14.2.4 新兴应用

确定海面粗糙度和冰冻圈有很多种方法，然而缺少足够的星载数据来验证这些方法以及监测更多的细节，而传统方法实时性不足且空间分辨率较低。在未来的几年里，将有更多搭载下一代GNSS遥感接收机的反射和折射实验卫星发射升空。在环境遥感的各个领域，高时空分辨率、准实时的GNSS-R将得到更多的应用，比如监测海冰、海况、海洋涡流、海面浮油、地质灾害以及航天飞机测控等。这些准实时的GNSS反射数据将向公共领域开放，而对这些数据的分析将在预报强风、危险海况、洪涝灾害、海洋涡流以及风暴潮等方面发挥重要作用。此外，高采样率的海面粗糙度数据也将从未来大量的GNSS反射信号中估计出来，这将加深人们对洋面海气通量、浮冰脊、霜花、破冰以及冰雪交界处的粗糙度的认识，尤其是那些无法接近且环境恶劣的海冰区域。

同时，星载GNSS-R和用于研究地震与大地测量的地基观测站一起组成了地质灾害预警系统。德国和印度尼西亚在2004年12月苏门答腊大地震后组建了印度洋海啸早期预警系统（www. gitews. de），下一步利用新一代的空基GNSS反射和散射技术将把预警区域扩展到地中海和大西洋地区。新一代的GNSS包括现代化的GPS、重新启用的GLONASS、正在建设的Galileo系统以及北斗卫星导航系统。此外，未来的GNSS-R将与其他传感技术，例如合成孔径雷达技术，联合监测地壳变形以及全球动力学过程。

14.3 结　　论

目前GNSS折射、反射以及散射信号作为一种遥感工具，被广泛应用于大气、海洋、陆地、水文以及冰冻圈等研究领域。随着越来越多的全球永久 IGS 跟踪站和区域性 GNSS 连续跟踪站,未来的多频 GNSS 导航卫星星座以及空基增强系统,例如 GPS、GLONASS、Galileo 系统、北斗卫星导航系统、QZSS 以及 IRNSS 投入使用,GNSS 地面跟踪站将能够接收到越来越多的 GNSS 卫星多路径信号和视线方向信号,这将监测到更多的全球和区域性地表特征细节以及大气层、电离层廓线的演化过程。

随着将来越来越多的空基 GNSS 反射和折射实验任务的实施(如 FORMOSAT-7/COSMIC-2 任务,CYGNSS 和 TechDemoSat-1 任务),人们将获取更多的高时空分辨率的地表特征信息以及大气层、对流层信息[18]。另外,相关人员正在研发更加先进的 GNSS 接收机:为了能够满足不同的应用需求而改进了算法,为满足未来空基高性能任务的需求而具有准实时数据处理能力(例如具备多模 GNSS 反射和折射技术的下一代 Tri-GNSS 接收机)。未来几年里,公众使用一些大学等机构研发的低成本卫星将成为可能,GNSS 信号在遥感领域的应用也将扩展到全球范围内。

参考文献

[1] KATZBERG S J, WALKER R A, ROLES J H, et al. First GPS signals reflected from the interior of a tropical storm: preliminary results from Hurricane Michael[J]. Geophysical Research Letters, 2001, 28(10): 1981-1984.

[2] GLEASON S T, HODGART S, SUN Y, et al. Detection and processing of bistatically reflected GPS signals from low Earth orbit for the purpose of ocean remote sensing[J]. IEEE Transactions on Geoscience & Remote Sensing, 2005, 43(6): 1229-1241.

[3] GLEASON S, GOMMENGINGER C, CROMWELL D. Fading statistics and sensing accuracy of ocean scattered GNSS and altimetry signals[J]. Advances in Space Research, 2010, 46(2): 208-220.

[4] MARTIN-NEIRA M, CAPARRINI M, FONT-ROSSELLO J, et al. The PARIS concept: an experimental demonstration of sea surface altimetry using GPS reflected signals[J]. IEEE Transactions on Geoscience & Remote Sensing, 2001, 39(1): 142-150.

[5] KATZBERG S J, DUNION J. Comparison of reflected GPS wind speed retrievals with dropsondes in tropical cyclones[J]. Geophysical Research Letters, 2009, 36(17): 119-34.

[6] LOWE S T, KROGER P, FRANKLIN G, et al. A delay/Doppler-mapping receiver system for GPS-reflection remote sensing[J]. IEEE Transactions on Geoscience & Remote Sensing, 2002, 40(5): 1150-1163.

[7] MASTERS D S. Surface remote sensing applications of GNSS bistatic radar: soil moisture and aircraft altimetry[M]. Colorado: University of Colorado, 2004.

[8] KATZBERG S J, TORRES O, GRANT M S, et al. Utilizing calibrated GPS reflected signals to estimate soil reflectivity and dielectric constant: results from SMEX02[J]. Remote Sensing of Environment, 2006, 100(1): 17-28.

[9] FERRAZZOLI P, GUERRIERO L, PIERDICCA N, et al. Forest biomass monitoring with GNSS-R:

theoretical simulations[J]. Advances in Space Research,2011,47(10):1823-1832.

[10] LARSON K M, SMALL E E, GUTMANN E, et al. Using GPS multipath to measure soil moisture fluctuations: initial results[J]. Gps Solutions,2008,12(3):173-177.

[11] LARSON K M, SMALL E E, GUTMANN E D, et al. Use of GPS receivers as a soil moisture network for water cycle studies[J]. Geophysical Research Letters,2008,35(24):851-854.

[12] KOMJATHY A, MASLANIK J, ZAVOROTNY V U, et al. Sea ice remote sensing using surface reflected GPS signals[C]//Proceedings of the IEEE International Geoscience & Remote Sensing Symposium, F: IEEE,2000,7:2855-2857.

[13] WU Y, JIN S G, WANG Z M, et al. Cycle slip detection using multi-frequency GPS carrier phase observations: a simulation study[J]. Advances in Space Research,2010,46(2):144-9.

[14] MONTENBRUCK O, KROES R. In-flight performance analysis of the CHAMP BlackJack GPS receiver[J]. Gps Solutions,2003,7(2):74-86.

[15] UNWIN M, VAN STEENWIJK R D V, GOMMENGINGER C, et al. The SGR-ReSI-a new generation of space GNSS receiver for remote sensing[C]//Proceedings of the 23rd International Technical Meeting of the Satellite Division of the Institute of Navigation 2010: Institute of Navigation, 2010:1061-1067.

[16] GLEASON S. Towards sea ice remote sensing with space detected GPS signals: demonstration of technical feasibility and initial consistency check using low resolution sea ice information [J]. Remote Sensing,2010,2(8):2017-2039.

[17] YUNCK T, MCCORMICK C, LENZ C. The CICERO project: a community initiative for continuing Earth Radio Occultation[C]//Proceedings of the COSMIC Workshop, Boulder, CO, F,2007:22-24.

[18] JIN S G, FENG G P, GLEASON S. Remote sensing using GNSS signals: current status and future directions[J]. Advances in Space Research,2011,47(10):1645-53.

缩略语

2SCM	Two-Scale Composite Model	双尺度符合模型
ACF	Auto-Correlation Function	自相关函数
ADDMV	Allan Delay-Doppler Map Variance	艾伦时延-多普勒图方差
ADSNR	Average Detrending Signal-Noise Ratio	平均去趋势信噪比
AIEM	Advanced Integral Equation Model	高级积分方程模型
AltBOC	Alternate Binary Offset Carrier	交替二进制偏移载波
AMSR-E	Advanced Microwave Scanning Radiometer for Earth Observing System	先进微波扫描辐射计-地球观测
ASK	Amplitude Shift Keying	幅移键控
BAO	Boulder Atmospheric Observatory	博尔德大气观测站
BDS	BeiDou Navigation Satellite System	北斗卫星导航系统
BDT	BDS Time	北斗时
BOC	Binary Offset Carrier	二进制偏移载波
BPSK	Binary Phase-Shift Keying	二进制相移键控
BRCS	Bistatic Radar Cross Section	双基雷达截面
BSM	Beckmann-Spizzichino Model	Beckmann-Spizzichino 模型
CBOC	Composite Binary Offset Carrier	复合二进制偏移载波
CCMP	Cross-Calibrated Multi-Platform	交叉校准多平台
CDMA	Code Division Multiple Access	码分多址
CICERO	Community Initiative for Continuing Earth Radio Occultation	地球连续无线电掩星群计划
CORE	China Ocean Reflection Experiment	中国海洋反射测量实验
COSMIC	Constellation Observing System for Meteorology, Ionosphere and Climate	气象、电离层和气候的星座观测系统
CS	Commercial Service	商务服务
CYGNSS	Cyclone Global Navigation Satellite System	气旋全球卫星导航系统
cGNSS-R	Conventional GNSS-R	传统型 GNSS-R
D-RHCP	Direct Right-Handed Circular Polarization	右旋圆极化直射(信号)
DAP	Double Antenna Pattern	双天线模式

DCF	Derivative of the Correlation Function	相关函数导数
DDM	Delay-Doppler Map	时延-多普勒图像
DDMA	Delay-Doppler Map Average	时延-多普勒均值
DDMI	Delay-Doppler Map Instrument	时延-多普勒设备
DDMR	Delay-Doppler Map Receiver	DDM 接收机
DDMV	Delay-Doppler Map Variance	时延-多普勒方差
DM	Delay Map	时延图
DMSS	Directional Mean Square Slope	定向均方坡度
DMR	Delay Mapping Receiver	延迟映射接收机
DOY	Day of Year	年积日
DSSS	Direct Sequence Spread Spectrum	直接序列扩频
ECMWF	European Centre for Medium-Range Weather Forecasts	欧洲中尺度天气预报中心
EIRP	Effective Isotropic Radiated Power	有效全向辐射功率
ESA	European Space Agency	欧洲空间局
ETL	Environmental Technology Laboratory	环境技术实验室
FDMA	Frequency Division Multiple Access	频分多址
FSK	Frequency Shift Keying	频移键控
GDAS	Global Data Assimilation System	全球数值同化系统
GDOP	Geometry Dilution of Precision	几何精度衰减因子
GEO	Geostationary Earth Orbit	地球静止轨道
GEROS-ISS	GNSS Reflectometry, Radio Occultation and Scatterometry Onboard the International Space Station	国际空间站上的 GNSS 反射测量、无线电掩星和散射测量
GLONASS	Global Navigation Satellite System	(俄罗斯)全球卫星导航系统
GLONASST	GLONASS Time	GLONASS 时
GMF	Geophysical Model Function	地球物理模型函数
GNSS	Global Navigation Satellite System	全球卫星导航系统
GNSS-IR	GNSS Interferometric Reflectometry	GNSS 干涉反射测量
GNSS-R	Global Navigation Satellite System-Reflectometry	GNSS 反射测量
GNSS-RO	GNSS Atmospheric Radio Occultation	GNSS 大气掩星
GNSS-SR	GNSS Surface Reflection	GNSS 表面反射
GO	Geometrical Optics	几何光学
GPS	Global Positioning System	全球定位系统
GPST	GPS Time	GPS 时
GRAJO	GPS and Radiometric Joint Observations	GPS 与辐射计联合观测
ICE	Institute of Space Sciences	空间科学研究所

ICF	Interferometric Complex Field	干涉复数场
IDW	Integrated Delay Waveform	积分时延波形
IEEC/CSIC	Institut d'Estudis Espacials de Catalunya/Higher Council for Scientific Research	加泰罗尼亚西班牙研究学院/高等科学研究委员会
IEM	Integral Equation Model	积分方程模型
IGDR	Interim Geophysical Data Record	临时地球物理数据记录
IGS	International GNSS Service	国际 GNSS 服务
IGSO	Inclined Geosynchronous Orbit	倾斜地球同步轨道
INS	Inertial Navigation System	惯性导航系统
IPT	Interference Pattern Technique	干涉模式技术
IRNSS	Indian Regional Navigation Satellite System	印度区域卫星导航系统
iGNSS-R	Interferometric GNSS-R	干涉型 GNSS-R
JPL	Jet Propulsion Laboratory	(美国)喷气推进实验室
KA	Kirchhoff Approach	基尔霍夫近似
KGO	Kirchhoff Geometrical Optics	基尔霍夫几何光学
LEO	Low Earth Orbit	低地球轨道
LES	Leading Edge Slope	前缘坡度
LHCP	Left-Hand Circular Polarized	左旋圆极化
MAE	Mean Absolute Error	平均绝对误差
MBOC	Multiplexed Binary Offset Carrier	复用二进制偏移载波
MEO	Medium Earth Orbit	中圆地球轨道
MODIS	Moderate-Resolution Imaging Spectroradiometer	中分辨率成像光谱仪
MRSR	Multiple-Ray Single-Reflection	多射线单反射
MSS	Mean Square Slope	均方坡度
MSSH	Mean Sea Surface Height	平均海面高
MV	Minimum-Variance	最小方差
NASA	National Aeronautics and Space Administration	美国国家航空航天局
NCDC	National Climatic Data Center	国家气候数据中心
NCEP	National Centers for Environmental Prediction	国家环境预报中心
NDBC	National Data Buoy Center	国家浮标数据中心
NDVI	Normalized Difference Vegetation Index	归一化植被指数
NOAA	National Oceanic and Atmospheric Administration	(美国)国家海洋与大气管理局
NOC	National Oceanography Centre	国家海洋中心
NRCS	Normalized Radar Cross-Section	归一化(双基)雷达散射截面
NSPO	National Space Organization	国家太空中心

NWCC	National Water and Climate Center	国家水和气候中心
NWP	Numerical Weather Prediction	数值天气预报
OCX	Next Generation Operational Control System	下一代运行控制系统
OS	Open Service	开放服务
PARIS	Passive Reflectometry and Interferometry System	被动反射和干涉测量系统
PBO	Plate Boundary Observatory	板块边界观测计划
PDF	Probability Density Function	概率密度函数
PNT	Positioning, Navigation and Timing	定位、导航与授时
PO	Physical Optics	物理光学
PPP	Precise Point Positioning	精密单点定位
PPS	Precise Positioning Service	精确定位服务
PRN	Pseudo Random Noise	伪随机噪声
PRS	Public Charter Service	公共特许服务
PSK	Phase Shift Keying	相移键控
QPSK	Quadrature Phase Shift Keying	四相相移键控
QZSS	Quasi-Zenith Satellite System	准天顶卫星系统
R-LHCP	Reflective Left-Handed Circular Polarization	反射左旋圆极化
R-RHCP	Reflective Right-Handed Circular Polarization	反射右旋圆极化
RAIM	Receiver Autonomous Integrity Monitoring	接收机自主完好性监测
RCG	Range Correction Gain	距离改正增益
RCS	Radar Cross Section	雷达散射截面
RDSS	Radio Determination Satellite Service	卫星无线电测定业务
RFI	Radio Frequency Interference	无线电干扰
RHCP	Right-Hand Circular Polarization	右旋圆极化
RINEX	Receiver Independent Exchange Format	与接收机无关的交换格式
RMS	Root Mean Square	均方根
RMSE	Root Mean Square Error	均方根误差
RNSS	Radio Navigation Satellite Service	卫星无线电导航业务
RO	Radio Occultation	无线电掩星
RTK	Real Time Kinematic	实时动态
RUS	Russia	俄罗斯
SA	Selective Availability	选择可用性
SAP	Single Antenna Pattern	单天线模式
SIR-C	Spaceborne Imaging Radar-C	C 频段星载雷达成像
SM	Soil Moisture	土壤湿度

SMAP	Soil Moisture Active/Passive	土壤湿度主/被动(遥感卫星)
SMEX02	Soil Moisture Experiments in 2002	(爱荷华州)2002 年土壤水分实验
SMIGOL	Soil Moisture Interference - Pattern GNSS Observations at L- Band	L 频段土壤水分干扰模式 GNSS 观测
SMOS	Satellite for Monitoring Soil Moisture and Marine Salinity	土壤湿度和海洋盐度监测卫星
SNOTEL	Snow Telemetry	(美国)积雪遥测(网)
SNR	Signal- Noise Ratio	信噪比
SOLS	Safety- of- Life Services	生命安全服务
SPM	Small Perturbation Method	小扰动法
SPS	Standard Positioning Service	标准定位服务
SSA	Small Slope Approximation	小坡度近似
SSC	Surrey Space Centre	萨里空间中心
SSH	Sea Surface Height	海平面高度
SSHA	Sea Surface Height Anomaly	海面高度异常
SSTL	Surrey Satellite Technology Limited	萨里卫星技术有限公司
SWH	Significant Wave Height	有效波高
TA	Time Average	时间平均
TAO	Tropical Atmosphere/Ocean	热带大气海洋(阵列)
TDS	Technique Demonstration Satellite	技术验证卫星
TES	Trail Edge Slope	后缘坡度
TG	Tide Gauge	验潮仪
TSVD	Truncated Singular Value Decomposition	截断奇异值分解
UK- DMC	UK Disaster Monitoring Constellation	英国灾害监测星座
USNO	United States Naval Observatory	美国海军天文台
UTC	Coordinated Universal Time	协调世界时
VAM	Variational Analysis Method	变分分析法
WAF	Woodward Ambiguity Function	伍德沃德模糊度函数
WS	Wind Speed	风速